ABHANDLUNGEN
DER AKADEMIE DER WISSENSCHAFTEN DER DDR
Abteilung Mathematik — Naturwissenschaften — Technik

Jahrgang 1982 · Nr. 2N

Biotechnologie

2. Symposium der sozialistischen Länder
veranstaltet vom Institut
für Technische Chemie der Akademie
der Wissenschaften der DDR
und der Sektion Mikrobiologie
der Biologischen Gesellschaft der DDR
vom 2.—5. Dezember 1980 in Leipzig

Herausgegeben von
Manfred Ringpfeil

Redaktion
Lothar Dimter

AKADEMIE-VERLAG · BERLIN · 1982

Herausgegeben im Auftrag des Präsidenten
der Akademie der Wissenschaften der DDR
von Vizepräsident Prof. Dr. Heinrich Scheel

Erschienen im Akademie-Verlag, DDR-1086 Berlin, Leipziger Straße 3—4

Lizenznummer: 202 · 100/480/82
Gesamtherstellung: VEB Druckhaus „Maxim Gorki“, 7400 Altenburg
Bestellnummer: 763 023 7 (2001/82/2N) · LSV 1345
Printed in GDR
DDR 56,– M

Inhalt

Plenarvorträge

Grundlagen mikrobiologischer Prozesse

Grundlagen biochemischer Prozesse

Automatisierung mikrobiologischer und biochemischer Prozesse, Meßtechnik, Maßstabsvergrößerung und Optimierung

Reaktorgestaltung

Trennung, Reinigung und Isolation von Produkten

Applikation von Produkten aus mikrobiologischen und biochemischen Prozessen

Folgende Vorträge des Symposiums werden in der Acta Biotechnologica, Akademie-Verlag, Berlin veröffentlicht:

Е. Р. Давидов, Н. Ф. Деманова, Ю. И. Соколов, А. Д. Головов (СССР)
Кинетика ассимиляции углеводородов дрожжами рода Candida

P. Heitmann, D. Meyer (DDR)
Spezielle Anwendungsmöglichkeiten mikrobieller Proteasen

V. R. Srinivasan, T. F. Miller (USA)
Bioconversion of Cellulose Wastes to Protein and Sugar

К. А. Калунянц (СССР)
Производство биологически активных веществ

J. Placek, E. Ujcova, M. Musilkova, Z. Fencl (CZECH)
The role of mechanical shear and cavitation on the behaviour of molds

A. Prokop (CZECH)
Bioreactor design fundamentals: Hydrodynamics, mass transfer, heat exchange, control and scale-up

J. Votruba (CZECH)
Practical aspects of mathematical modeling of fermentation processes: methods of description, simulation, identification and optimalization

M. Zlokarnik (BRD)
Verfahrenstechnische Grundlagen der Reaktorgestaltung

J. E. Shvinka, U. E. Viestur, M. P. Ruklish, A. L. Baburin, N. I. Galynina (USSR)
Energetic and carbon metabolism regulation in lysine producing Brevibacterium flavum strains

A. B. Lozinow, T. V. Finogenova (USSR)
Einfluß der Limitation des Wachstums von Hefen auf den oxidativen Stoffwechsel und die Bildung einiger Produkte

M. Prause, K. Soyer (DDR)
Effektivität von Modellierung und Optimierung mikrobieller Prozesse

August Kirchenstein Institute of Microbiology,
Latvian SSR Academy of Sciences, Riga, Latvian SSR, USSR

New application fields of anaerobic fermentation

M. J. Beker

Introduction

Unlike aerobic fermentation processes anaerobic ones are simpler as to the technology and equipment, require less energy (though their biomass accumulation rate is lower than that of aerobic ones) and can be effectively applied for organic substrate bioconversion.

Table 1
System productivity at anaerobic fermentation

Process	Producer	Product	Productivity	
			units of measurement	quantity
Alcohol production	*Saccharomyces cerevisiae*	Ethanol	g/l hour	2.0
Lactic acid production	*Lactobacillus delbruckii*	Calcium lactate	g/l hour	0.5
Spontaneous fermentation of juice from sugar beet tops	Association	Sum of acids	g/l hour	1.0
Aceton-butyl production	*Clostridium acetobutilicum*	Acetone + Butanol	g/l hour	0.2
Methane fermentation of molasses alcohol slops	Association	a) Sum of acids b) Methane	g/l hour m^3/m^3 day	0.1 3.0
Methane fermentation of municipal wastes and manure	Association	Methane	m^3/m^3 day	2.0

Productivity of some anaerobic processes is given in Table 1 [1]. The formation of ethanol by yeast at alcohol fermentation makes 1 to 2 g/l hr which corresponds to the system productivity for such products as citric acid (1.5 g/l hr) or lysine or glutamic acid (1 g/l hr). Moreover, recently it has been established that bacteria *Zymomonas* mobilis form ethanol from glucose 2—3 times faster than yeast [2]. For anaerobic microorganism such substances as aldehydes, ketones, hydrogen, etc., serve as electron acceptors. At anaerobic fermentations it results in the formation of energy rich compounds though the energy yield by all is low — about 1 mole ATP per mole substrate.

Anaerobic microorganisms, in turn, possess a high catabolitic activity which compensates a shortage in the energy yield [3].

Acid fermentation

Research workers of the August Kirchenstein Institute of Microbiology of the Latvian SSR Academy of Sciences have studied the process of spontaneous anaerobic fermentation of a natural product — plant leaf juice, obtained from alfalfa by mechanical pressure [4]. The juice contains 5 to 9% dry matters, 1 to 2% reducing substances (RS), 6 to 9% total nitrogen of dry matters and a rich mineral complex. Under conditions of Baltic republics numerous microorganisms are found on alfalfa surface (2 to 64 ml per 1 g green mass). The microflora development on alfalfa juice under anaerobic conditions is given in Table 2.

Table 2

Development of microflora on alfalfa juice under anaerobic conditions (amount in ml $\times 10^6$)

Group of microorganisms	Before fermentation	Under anaerobic conditions	
		after 48 hr	after 8 days
Total quantity of bacteria	841	1760	1087
Acid-producing bacteria	0.02	1670	816
Proteolitic bacteria	5.5	0.001	0
Yeast	0.001	0.001	0,5

In 48 hours of anaerobic fermentation the total number of bacteria doubles, the number of acid forming bacteria increases $8 \cdot 10^4$ times, and they make over 90% of the total cell number. Carbohydrates are fermented to organic acids — lactic, acetic, propionic; pH of the medium decreases to 3.8—4.2. Further, however, in 8 days, particularly, the amount of acid forming bacteria decreases.

Under aerobic conditions, as expected, yeast is developing intensively. Changes in pH of the medium during anaerobic fermentation of juice result in coagulation of

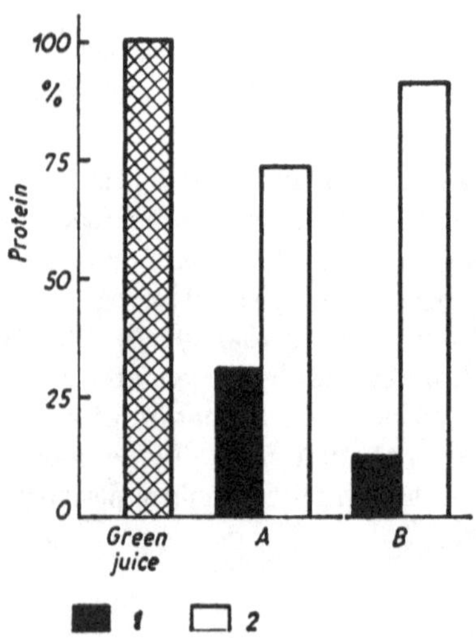

Fig. 1. Protein contents (according to BERNSTEIN) in thermal (A) and fermentative (B) coagulate (2) and brown juice (1)

plant protein, the content of which in the juice reaches 0.5%. In the acid medium inactivation of saponines and tripsine inhibitor occurs [5]. Due to an increase in the amount of bacterial biomass at juice fermentation the amount of true protein and its quality increase (fig. 1).

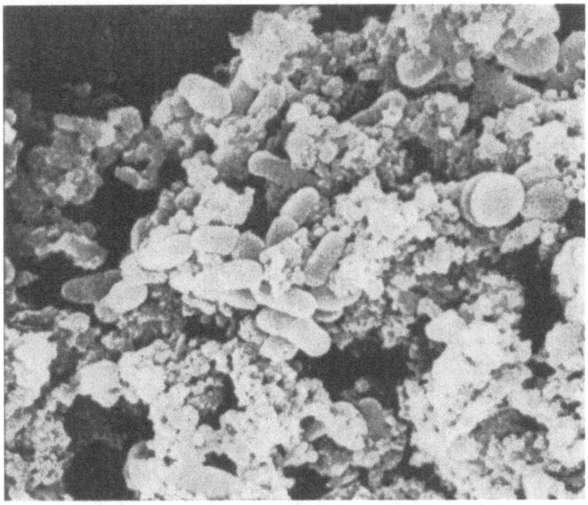

Fig. 2. Bacterial cells in protein coagulate of alfalfa juice after anaerobic fermentation (electron microscopy by V. Ose in scanning regime)

The presence of bacterial biomass in the juice coagulate is demonstrated by electron microphotography (fig. 2). The bacterial protein is known, as compared to the yeast one, to be richer in sulphur-containing amino acids which results in the coagulate of the juice anaerobic fermentation containing 10 to 13% more methionine than the thermal coagulate (Table 3).

Table 3

Methionine and lysine contents in protein concentrate from alfalfa and sugar beet tops depending on the method of coagulation

Protein concentrate characteristics	Raw protein (N × 6.25), % dry matter	$\frac{N_{prot}}{N_{total}} \cdot 100$	Methionine, % of prot.	Lysine, % of prot.
Thermal coagulation, from alfalfa	57.1	90.8	1.31	6.39
Fermentative coagulation, from alfalfa	50.6	92.8	1.59	5.51
Thermal coagulation, from sugar beet tops	45.7	92.8	1.62	5.12
Fermentative coagulation, from sugar beet tops	47.6	95.2	1.87	5.43

Based on our studies a new technology has been elaborated for fractioning of plant green mass which is demonstrated in figure 3. The technology allows to obtain from plant mass protein concentrates containing 45 to 60% protein and practically no cellulose (only 3—5%), saponines and tripsine inhibitor. Such concentrates can be used to feed monogastric animals (pigs, fowl) and, after a corresponding treatment, also humans.

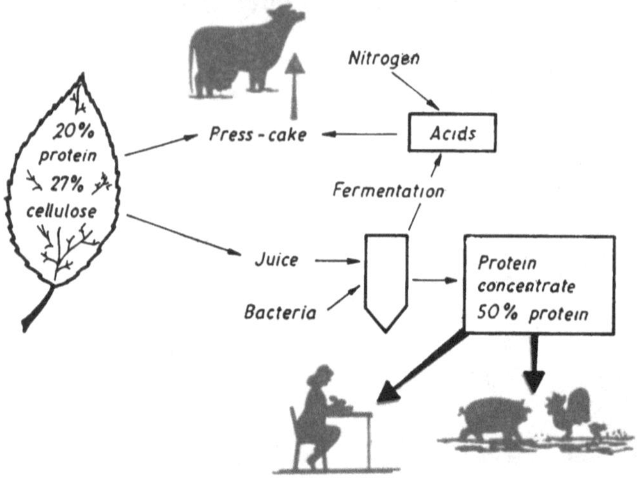

Fig. 3. Basic diagram of obtaining protein concentrates from plant green mass using anaerobic fermentation of juice

Rationally proteinless brown juice after treatment with nitrogen is added to cellulose containing press cake. This manipulation allows to restore their initial feed value for ruminants. An acid protein concentrate can be used in both, dried and cake form.

Brown juice, including the acid one, can be used as substrate for yeast production, like it has been suggested by the Hungarian technology [6].

When speaking of plant green mass fractionation I would like to mention works undertaken in New Zealand on utilizing cellulose-containing press cake to obtaiu ethanol [7]. According to the cited authors it is possible to obtain 0.1 to 2.5 t ethanol from 1 t dry mass after chemical or fermentative hydrolysis of cellulose and following alcoholic fermentation. If the protein concentrate is sold at $ 500/ton, the ethanol cost would be about $ 250/ton. The abovesaid demonstrates the role of anaerobic processes and new approaches to solving the problems of protein and energy by transformation of photosynthesis products.

The anaerobic organic acid-producing fermentation can be intensified by removing the formed product from the medium (by the dialysis procedure, for instance, like it is done to produce lactate on the basis of lactic whey [8]).

Worth mentioning are the studies on lactic acid fermentation used to transform liquid fraction of manure diluted (1:1) with lactic whey in order to obtain feed ammonium lactate concentrate.

Cellulose-containing plant mass is also a perspective raw material for production of soluble sugars. For instance, in the process of anaerobic fermentation of *Clostridium thermocellum* in the medium containing 25 g/l solka floc 14 g/l RS get formed, including 50% glucose, 25% cellopiose, 21% xylobiose and 4% xylose [10].

Alcohol fermentation

Lately many works have been devoted to the problems of alcohol fermentation. In Brasil and other countries ethanol is being used instead of petroleum products.

At present ethanol is being obtained not only from traditional substrates, containing soluble carbohydrates or starch, but also from cellulose-containing plant raw materials by chemical or enzymatic hydrolysis. Alcoholic fermentation of soluble carbohydrates by yeasts has been profoundly studied. We shall note here only that new ways are searched for to intensify fermentation by recycling of biomass or by immobilization of cells [11].

The use of bacteria for ethanol production seems of interest. *Zymomonas mobile* can be mentioned as a perspective culture which, under anaerobic conditions metabolizes carbohydrates by the Entner-Daudorof pathway and utilizes glucose, fructose, sucrose, though it is not capable of utilizing disaccharides — lactose and maltose. I have to note that *Zymomonas mobile* is well growing at low pH 4.5 and at increased temperatures (36 °C). The rate of glucose utilization and ethanol formation by this organism is 2—3 times higher than those by yeasts. Besides, the culture produces alcohol, even if sugar concentrations are 20—30%. The reached yield of ethanol makes 98% of the theoretically possible [2]. At present continuous processes of ethanol production using recycling or immobilization of bacterial cells are being worked out.

Investigators are paying much attention to fermentation of cellulose-containing raw materials. Two variants are being discussed — hydrolysis of cellulose substrate by microbial enzymes with subsequent cultivation of yeast or bacteria forming ethanol — cultivation of bacterial cultures possessing cellulase activity and enzymes of alcohol fermentation on cellulose media.

The best results have been obtained when cultivating two organisms together, namely: *Clostridium thermocellum* which ferments hexoses and *Clostridium thermosaccharolyticum* capable of utilizing also pentoses [12]. Such a process enables to obtain not only ethanol but also some organic acids and the complex of cellulases [13].

Methane fermentation

In connection with the problems of fuel and environment protection methane fermentation has been studied for quite a long period of time. In a spontaneous microbiological process under anaerobic conditions, methane fermentation commences after organic acids have formed from various organic substances (fig. 4).

Methane formation under anaerobic conditions can be demonstrated by the following equation:

$$C_nH_aO_b + \frac{4n - a - 2b}{4} H_2O \rightarrow \frac{4n - a + 2b}{8} CO_2 + \frac{4n + a - 2b}{8} CH_4$$

A number of microorganisms usually take part in methane fermentation (Table 4).

Usually in an anaerobic process of municipal and industrial wastes associations of microorganisms take part, the composition of which depends mainly on the substrate. Methane-forming bacteria have to possess the cyanocobalamin containing system. Cellulose-containing substrates can also be subjected to methane fermentation. In such a case at least one of the microbial association components has to possess the system of cellulases, which has been well demonstrated on the model of *Acetivibria cellulolyticus* and *Methanosarcina barkerii* [15].

In some countries such as India, China, etc. small installations are widely used for producing biogas from local wastes (manure, household wastes) [16]. Wastes are diluted with water in ratio 1 :1 which makes the content of dry matters in the mass

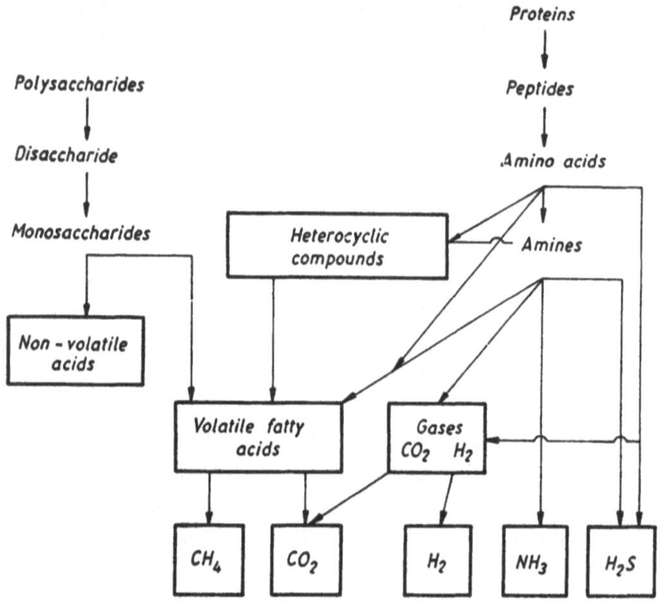

Fig. 4. Diagram of organic substance fermentation to gaseous products

Table 4

Methane-producing bacteria

Bacteria	Substrate
Methanobacterium formicicum	Formic acid. $CO + H_2$
Methanobacterium sohngenii	Acetic acid.
Methanobacterium ruminantium	H_2, formic acid
Methanobacterium thermoautotrophicum	$CO_2 + H_2$
Methanococcus mazei	Acetic acid, methanol, $CO_2 + H_2$
Methanococcus vannie i	Formic acid, H_2
Methanosarcina vacuolata	Acetic acid, methanol, $CO_2 + H_2$
Methanosarcina barkerii	Methanol, acetic acid, CO_2, H_2

8—11%. The construction of such installation is very simple (fig. 5). The temperature of mesophylls 30—40 °C, for thermophylls 50—60 °C, pH 6.0—8.0. The fermentation period in such installations is usually 2 to 4 weeks. The biogas composition includes 65% methane, 30% carbon dioxide and 1% hydrogen sulphide. Biogas meets the energetic requirements, namely: heating and lighting of a family consisting of 4 persons and having 3 cows.

The productivity of gas formation P ($m^3/m^3 \cdot day$) is characterized by the following model:

$$P = \frac{L}{1 + 10^{pK-pH}} \left(\alpha + \beta \frac{k_\tau}{1 + k_\tau} \right),$$

where

L — daily load of dry substrate ($kg/m^3 \cdot day$)
τ — retention time (days)
α — coefficient characterizing the nature of manure carbohydrates
β — the same of nitrogen fraction, constants pK and K (day^{-1}) depend only on temperature

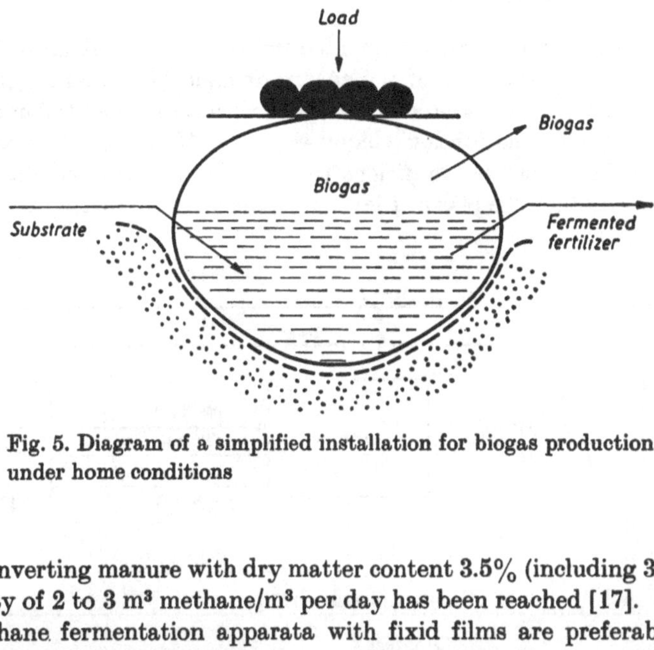

Fig. 5. Diagram of a simplified installation for biogas production under home conditions

When converting manure with dry matter content 3.5% (including 3% solid fraction), productivity of 2 to 3 m^3 methane/m^3 per day has been reached [17].

For methane fermentation apparata with fixid films are preferable [18]. Methane fermentation of bean blanching wastes, containing 0.84% dry matters different apparata systems demonstrated the following productivities:

1.5—2.0 $m^3/m^3 \cdot day$ — contact devices;
3.8—5.3 $m^3/m^3 \cdot day$ — apparata with fixed film;
0.5—0.7 $m^3/m^3 \cdot day$ — apparata for fully mixed fermentation.

Literature is available on producing biogas by anaerobic fermentation of dense media (solid phase fermentation), namely: municipal or agricultural wastes [19].

In the Soviet Union methane fermentation is well known on the example of vitamin B_{12} feed concentrate production from acetone-butyl and alcohol plant slops [20]. Workers of the August Kirchenstein Institute of Microbiology of the Latvian SSR Academy of Sciences took part in elaborating the technology of vitamin B_{12} feed concentrate production by methane fermentation of alcohol production molasses slops [21, 22]. They demonstrated that the process could be carried out in a continuous system at the dilution rate D = 0.005 hr^{-1}, the system being well regulated, and its productivity as to vitamin B_{12} production and gas formation depending on the medium composition and cultivation conditions. The process is stimulated by specific substrates (methanol, ethanol, cobaltous, vitamin B_{12} precursors) and by ensuring anaerobic conditions.

At present the country disposes of sufficient capacities for feed vitamin B_{12} production on the basis of thermophyll methane fermentation of industrial wastes but methane fermentation acquires new significance in view of environment protection and gas production to replenish energetic resources. Calculations, done on methane fermentation of agricultural and municipal wastes demonstrate that such fermentation can ensure 100 bln m³ methane gas a year, about 30% its year gain in the country [23].

Biomass as energy source

S. Bruin considers that anaerobically fermented industrial and agricultural wastes can globally provide not more than 6% of the energy demand [14]. Plant biomass, in his opinion, is a perspective energy source in countries with a low population density and favourable climatic conditions for high biomass yields. However, the possibilities of plantraising cannot be considered sufficient to meet the global energetic demand in future as to the year of 2050 the planned level of population will reach 9.2—12.2 billion.

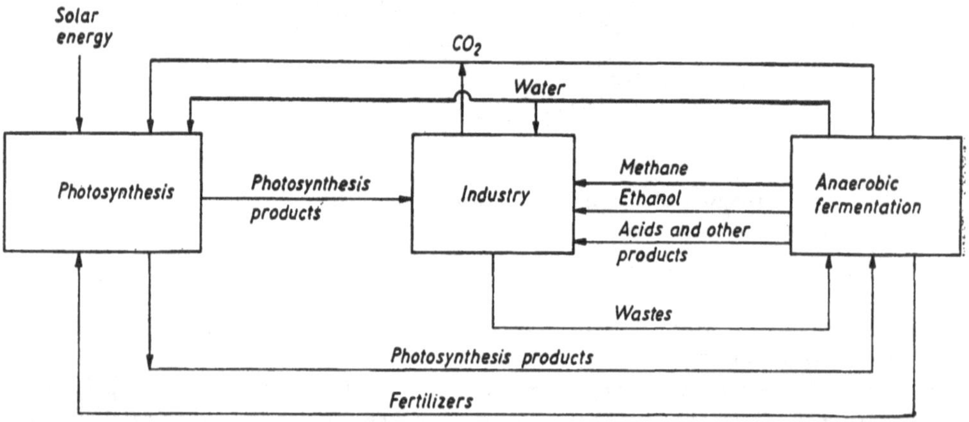

Fig. 6. The role of anaerobic fermentation processes for conversion of photosynthesis products and industrial wastes

Plant-raising is viewed as a low effective surface fermentation at which about 0.5% solar energy is practically fixed by plants. A progress in obtaining biomass by photosynthesis can be done cultivating single-cellulars.

Pirt [24] reported in his plenary speech on the VIth International Symposium on Fermentation that cultivating photosynthesizing algae in modern reactors under regulating conditions it is possible to conduct a process enabling to obtain 200 t of dry biomass a year from 1 ha in North West Europe. In such a case the effecticity of energy utilization reaches 18%.

At present, integrated systems for biomass production by algae cultivation with its subsequent anaerobic fermentation are being investigated.

I would like to note interrelation of the photosynthesis and anaerobic fermentation has to be observed not only from the point of view of raw material supply and waste utilization, but also from the point of view of environmental protection as well, as it is shown in figure 6. Application of anaerobic processes in industry and agriculture enables to find rational approaches to solving a number of global problems. Biotechnologists have to scientifically base rational technologies for anaerobic fermentation processes.

Резюме

Анаэробные процессы ферментации являются перспективными для биоконверсии органических субстратов, но не для получения микробной биомассы. Они успешно могут быть использованы при решении самых актуальных глобальных проблем, какими являются проблемы пищи, энергии, защиты окружающей среды. Приводятся результаты исследований, предпринятых в Институте микробиологии им. Августа Кирхенштейна Академии наук Латвийской ССР по анаэробному сбраживанию растительных соков при получении белковых концентратов с целью коалуляции белков, накоплению органических кислот, инактивации сапонинов и ингибитора трипсина, а также материалы о получении кормового концентрата витамина B_{12} путем метанового сбраживания отходов спиртого производства. Обобщены новейшие литературные данные по использованию анаэробной ферментации при получении органических кислот, этанола и метана из различных субстратов.

Literature

[1] Бекер, М. Е.: Известия Академии Наук Латвийской ССР, (1979), II, с. 98—107.

[2] Rogers, P. L., Kye Joon Lee, Mary L. Skotnicki and D. E. Tribe: Ethanol fermentation by highly productive strain of *Zymomonas mobilis*. Abstracts, VIth IFS and Vth ISY, Canada, 1980, p. 82.

[3] Dellweg, H.: Electron acceptors in anaerobic fermentations. Abstracts, VIth IFS and Vth ISY, Canada, 1980, p. 72.

[4] Бекер, М. Е., А. А. Упит, И. Я. Краузе, и. др.: Известия АН Латв. ССР (1979), 5, с. 61—68.

[5] Bekers, M. J., A. A. Upitis, D. J. Upite, A. A. Klintsare, V. F. Bekere, V. P. Ose and V. E. Ramnietse: VIth IFS and Vth ISY, Canada, 1980, p. 104.

[6] Холло, Я., Е. Гёрёг, Л. Кох и И. Загваи: Способ получения свободного от волокон экстракта зеленой массы. Авт. свид. (патент) 332598 от 1970 г.

[7] Swan, J. E., R. M. McDonald, R. A. Mills and P. E. Donelly: Integration of ethanol production with leaf protein concentrate extraction from forage. Abstracts, VIth IFS and Vth ISY, Canada, 1980, p. 83.

[9] Reddy, C. A., and M. D. Erdman: US—USSR Conference, Cambridge, Massachusetts, 1979.

[10] Cooney, C.: Possible applications of enzyme technology in rural areas. Conference — Bioconversion of organic residues for rural communities. Guatemala, 1978.

[11] Linko, P.: Immobilized live cells. Abstracts, VIth IFS and Vth ISY, Canada, 1980, p. 128.

[12] Avgerinos, G. C., H. Y. Fang, I. Biocic and D. I. C. Wang: A novel, single-step microbiological conversion of cellulosic biomass to a liquid fuel, ethanol. Abstracts, VIth IFS and Vth ISY, Canada, 1980, p. 80.

[13] Zeikus, J. G.: In: Enzyme Microb. Technol., IPC Business Press, Guildford, England, 1 (1979), pp. 243–251.

[14] Bruin, S.: Biomass as a source of energy. Abstracts, VIth IFS and Vth ISY, Canada, 1980, pp. 2–22.

[15] Khan, A. W., and V. M. Laube: Degradation of cellulose to methane by a coculture of *Acetivibrio cellulolyticus* and *Methanosarcina barkerii*. Abstracts, VIth IFS and Vth ISY, Canada, 1980, p. 75.

[16] Da Silva, E. J.: Conference — Bioconversion of organic residues for rural communities. Guatemala, 1978.

[17] Scharer, J. M., M. Moo-Young, M. Fujita and Bythell: Methane production by anaerobic digestion of animal manures. Abstracts, VIth IFS and Vth ISY, Canada, 1980, p. 72.

[18] Van Den Berg, L., C. P. Lentz and D. W. Armstrong: Methane production rates of anaerobic fixed film fermenters as compared to those of anaerobic contact and fully mixed continuous fermenters. Abstracts, VIth IFS and Vth ISY, Canada, 1980. p. 73.

[19] Wise, D. L., S. E. Sadek, L. C. Kispert, L. C. Anderson and D. H. Walker: Biotechnology and Engineering Symposium, New York, Wiley, 5 (1975).

[20] Панцхава, Е. С. В кн.: Витаминные ресурсы и их использование. М., Изд-во АН СССР, 1963, сборн. 6, с. 15–40.

[21] Сарма, З.: Прикладная биохимия и микробиология (1966), I, с. 74–82.

[22] Бекер, М. Е.: Обезвоживание микробной биомассы. ,,Зинатне'', 1967, 361 с.

[23] Панцхава, Е. С.: Роль корриноидов в биосинтезе метана у *Methanobacillus Kuznecovii*. Автореф. дисс. на соиск. уч. ст. д-ра биол. наук. Ин-т биохимии им. А. М. Баха АН СССР, М., 1978, 37 с.

[24] Pirt, S. J.: Fermentation — a question of life. Abstracts, VIth IFS and Vth ISY, Canada, 1980, pp. 1–2.

Институт биохимии и физиологии микроорганизмов АН СССР, Пущино, СССР

Биотехнология за пределами индустрии

М. В. Иванов

Судя по названиям пленарных докладов, наше сегодняшнее заседание посвящается главным образом перспективам биотехнологического использования микроорганизмов, новым областям биотехнологии. Областью моих научных интересов является геологическая микробиология, и поэтому я попытаюсь на отдельных примерах использования жизнедеятельности микроорганизмов в горнодобывающей промышленности продемонстрировать возможности управления микробиологическими процессами в природных условиях.

Ключевая роль микроорганизмов во многих реакциях круговорота таких элементов как углерод, азот, сера и кислород стала проясняться в начале нашего века после появления классических работ С. Н. Виноградского по изучению физиологии серобактерий и нитрифицирующих бактерий. В последующие годы наибольшее внимание исследователей привлекали микробиологические процессы круговорота элементов в почвах, особенно в почвах сельскохозяйственных угодий. Успехи микробиологов в изучении круговорота важнейшего для плодородия элемента — азота общеизвестны и не нуждаются в подробном обсуждении.

В последние пятнадцать-двадцать лет значительное внимание уделяется также породообразующей и минералообразующей деятельности микроорганизмов, их роли в биогеохимических процессах образования и разрушения месторождений полезных ископаемых (Ivanov, 1968; Каравайко и др., 1972, Розанова и Кузнецов, 1974). К настоящему времени доказана решающая роль микроорганизмов в образовании месторождений торфа, угля и самородной серы. Многие крупные месторождения марганца, железа, сульфидных руд и природного газа также образовались за счет жизнедеятельности микроорганизмов. Не вызывает сомнения значительное участие микроорганизмов на отдельных этапах сложного процесса нефтеобразования.

Наконец, интенсивное изучение роли микроорганизмов как участников процесса выветривания привело исследователей к заключению о том, что окислительная деятельность микроорганизмов в значительной мере ответственна за разрушение многих минералов, горных пород и целых месторождений полезных ископаемых.

Огромное значение для понимания геологической роли микроорганизмов имеет количественная оценка масштабов их жизнедеятельности в природных условиях. Эти работы особенно активизировались в самые последние годы в связи с повышенным интересом широкой общественности к проблемам загрязнения окружающей среды и возможностям использования микроорганизмов как защитников среды от некоторых видов загрязнения.

Полученные оценки геохимической активности микроорганизмов в природных экосистемах производят довольно сильное впечатление. Достаточно сказать, что геохимическая активность группы сульфатредуцирующих бактерий, восстанавливающих сульфатную серу до сульфидной, в осадках мирового океана оценивается величиной порядка 350—400 миллионов тонн серы в год, что в 7—8 раз превышает ежегодную мировую добычу всего серосодержащего сырья. Еще большими цифрами, порядка десятков миллиардов тонн углерода в год оценивается деятельность аэробной микрофлоры, минерализующей на суше и в океане растительные остатки.

При оценке геохимической активности микроорганизмов окружающей среды необходимо еще учесть, что в большинстве природных экосистем они функционируют в условиях жесточайшего лимита либо по органическому углероду, либо по кислороду. Поэтому их потенциальная активность значительно выше и при возникновении или искусственном создании благоприятных условий эта активность может быть значительно усилена.

1. $FeS_2 + 3{,}5\,O_2 + H_2O \rightarrow FeSO_4 + H_2SO_4$

   Thiobacillus ferrooxidans
   + химическое окисление

2. $2\,FeSO_4 + 0{,}5\,O_2 + H_2SO_4 \rightarrow Fe_2(SO_4)_3 + H_2O$

   Thiobacillus ferrooxidans

3. $Fe_2(SO_4)_3 + FeS_2 \rightarrow 3\,FeSO_4 + 2\,S$

   химическим путем

4. $2\,S + 3\,O_2 + 2\,H_2O \rightarrow 2\,H_2SO_4$

   Thiobacillus thiooxidans

Рис. 1. Основные реакции микробиологического и химического выщелачивания сульфидных руд.

Наиболее детально к настоящему времени изучена биогеотехнология микробного выщелачивания металлов из сульфидных руд (Каравайко и др., 1972, Голомзик и др., 1976). Как видно из приводимой на рис. I схемы, в многоступенчатом процессе перевода металла из нерастворимой сульфидной формы в растворимую сульфатную микроорганизмы ответственны за три реакции: прямое окисление сульфида металла, окисление элементной серы до серной кислоты и окисление закисного железа до окисной формы. Первая и третья реакции осуществляются микроорганизмами, близкими к *Thiobacillus ferrooxidans*, вторая реакция проводится *Thiobacillus thiooxidans*.

Оба этих организма являются аэробными и поэтому ключевое значение для активизации процесса выщелачивания имеет обеспечение процесса кислородом. В этом отношении процесс микробного выщелачивания не отличается принципиально от других биотехнологических процессов, основанных на использовании аэробных микроорганизмов. Однако по всем остальным параметрам процесс микробного выщелачивания металлов весьма сильно отличается от привычных нам, микробиологам, процессов.

Прежде всего, проводящие этот процесс тионовые бактерии относятся к группе автотрофных организмов и поэтому процесс проходит в растворах и пульпах без органического вещества. Оба ключевых микроорганизма развиваются только в ультра-кислых средах, поэтому существенным регулирующим процессом, особенно в его начале, является подкисление среды до величины pH ниже 3.

Наконец, в отличие от большинства хорошо изученных биотехнологических процессов основной энергетический субстрат — сульфиды металлов — находятся в твердой фазе. Поэтому огромное значение для оптимизации процесса приобретает увеличение площади соприкосновения микроорганизмов и сульфидов и, следовательно, степень дробления сульфидсодержащей породы.

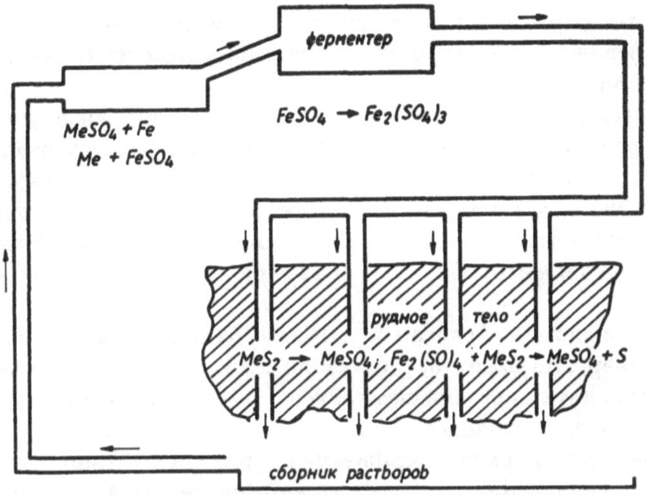

Рис. 2. Принципиальная технологическая схемя микробиологического подземного выщелачивания.

В настоящее время разработано несколько технологических схем микробного выщелачивания металлов, основными из которых являются методы чанового, кучного и подземного выщелачивания. Кучный и особенно чановый методы выщелачивания по своей технологии наиболее близки к биотехнологическим методам, используемым в промышленной микробиологии, и на их детальном рассмотрении я останавливаться не буду, тем более, что по этим вопросам проводятся специализированные симпозиумы и имеется огромная специальная литература.

Технология подземного бактериального выщелачивания металлов основана на активации микробиологических процессов в горных породах в их естественном залегании путем введения растворов через систему специальных скважин. Именно этот способ является основным методическим подходом к осуществлению всех процессов биогеотехнологии в месторождениях полезных ископаемых и поэтому некоторые особенности технологии подземного выщелачивания будут рассмотрены в настоящем докладе.

Принципиальная технологическая схема этого процесса приведена на рис. 2. В ферментере с интенсивной аэрацией и подкислением среды смешанная популяция микроорганизмов окисляет закисное железо до его окисной формы. Затем по системе трубопроводов раствор, обогащенный клетками микроорганизмов и раствором окисного железа и насыщенный кислородом, подается к скважинам, по которым производится закачка в рудное тело. Растекаясь по трещинам и порам рудного тела, раствор контактирует с сульфидными минералами пород, активируя реакции химического и микробиологического окисления сульфидов и переводя сульфиды металлов в растворимые в кислой среде сульфаты. В галерее-сборнике, расположенной в нижней части рудного тела, обогащенные металлами растворы собираются и перекачиваются на поверхность, где эти металлы могут быть извлечены из раствора либо электролизом, либо на ионно-обменных смолах, либо за счет обменных реакций с железом.

В последнем случае растворы обогащаются закисным железом и эти растворы поворачивают в ферментер, где происходит микробное окисление закисного железа и весь цикл повторяется заново.

В настоящее время подобная технология используется в ряде стран для промышленного получения меди и урана из руд с некондиционным содержанием металла (Голомзик и др., 1976). При более детальной разработке эта технология может полностью заменить подземную добычу руды на некоторых месторождениях с хорошими коллекторскими свойствами пород и хотя бы частично привести к решению важнейшей социальной проблемы — снижению числа людей, занятых тяжелым шахтерским трудом.

По своей же сущности технология подземного бактериального выщелачивания представляет пример многократного усиления интенсивности природного микробиологического окислительного процесса, играющего огромное значение в процессе выветривания сульфидсодержащих пород.

Другой интересный пример активизации природного микробиологического процесса для очистки грунтовых вод от сильного нефтяного загрязнения описан в работах микробиологов американской нефтяной компании Sun Oil Company (Jamison et al., 1975). При аварийном разрыве подземного нефтепровода этой компании в районе Филадельфии более 500 тонн высокооктановой нефти поступило в пористые и трещиноватые доломиты, служившие водоносным горизонтом питьевых вод большого и густонаселенного района.

Через специально пробуренные скважины удалось откачать всего лишь около одной трети разлившейся нефти. После того как было рассчитано, что естественные процессы вымывания и окисления нефти в подземных водах снизят содержание нефти до предельно допустимой концентрации в питьевой воде только через 100 лет, была предпринята попытка активизировать деятельность углеводородокисляющих бактерий самих подземных вод. В уже пробуренные скважины стали вводить растворы азотных и фосфорных солей и проводить принудительную аэрацию подземных вод.

Как видно из данных, приведенных на рисунке 3, сразу же после начала закачки солей и воздуха в феврале 1973 года в подземных водах загрязненного участка началось резкое повышение общей численности микроорганизмов (темные кружки) и численности углеводородокисляющих бактерий (светлые кружки). В контрольных скважинах вне зоны нефтяного загрязнения и аэрации численность микроогранизмов в течение всего срока наблюдений оставалась на значительно более низком уровне (рис. 4).

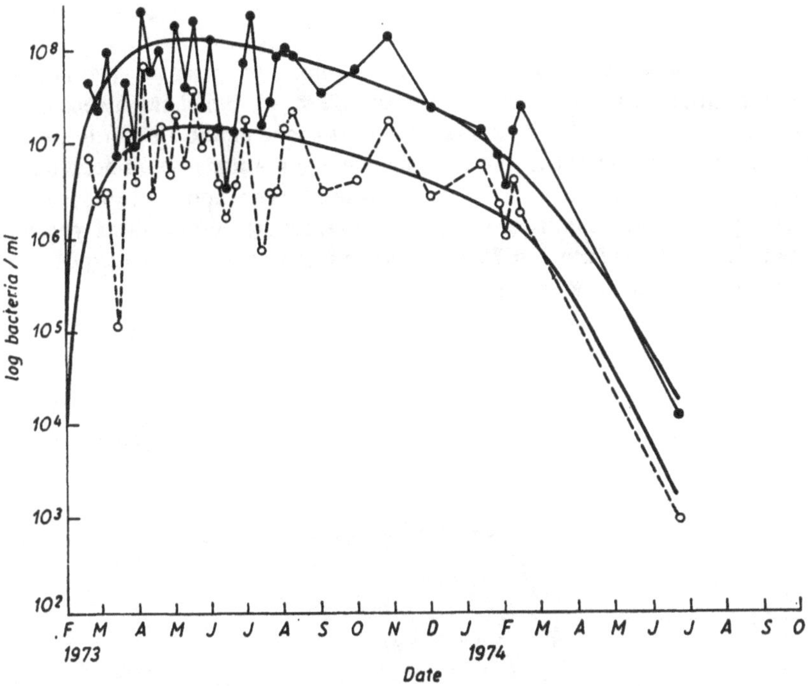

Рис. 3. Измение общего числа бактерий (темные кружки) и численности углеводородокисляющих бактерий (светлые кружки) в ходе обработки загрязненных нефтью грунтовых вод.

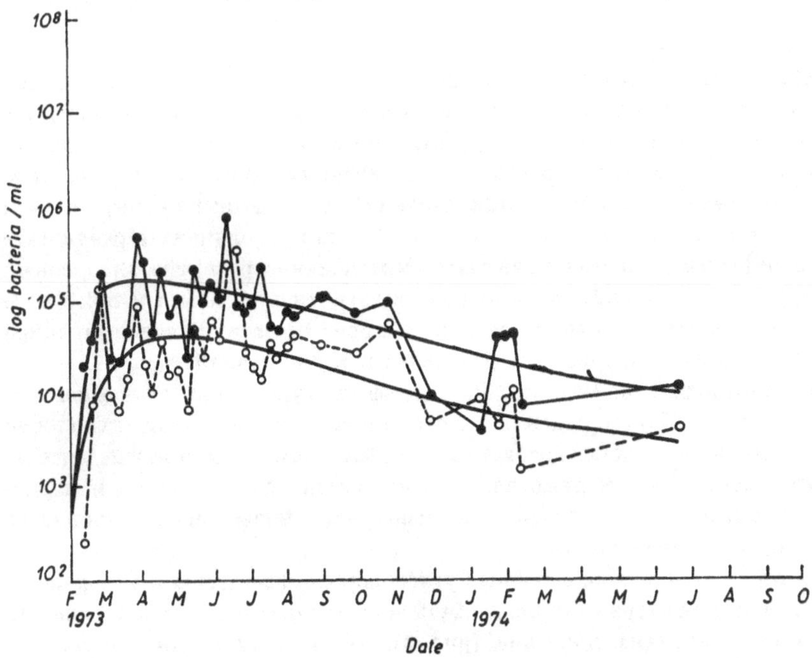

Рис. 4. Измение численности бактерий в грунтовых водах в 500 метрах от границы зоны загрязнения нефтью. Условные обозначения — см. рис. 3.

За полтора года интенсивной обработки загрязненного участка на активацию микробиологических процессов было израсходовано 58 тонн сульфата аммония и 39 тонн фосфорнокислого натрия. В результате было окислено около 150 тонн нефти, и к конпу 18-месячного периода содержание углеводородов в подземной воде было снижено до 5 мг/литр. Иными словами, за счет сравнительно простых биогеотехнологических мероприятий, основанных на знании физиологии природных углеводородокисляющих бактерий, удалось в 75 раз активизировать скорость аэробного микробиологического процесса в подземных водах.

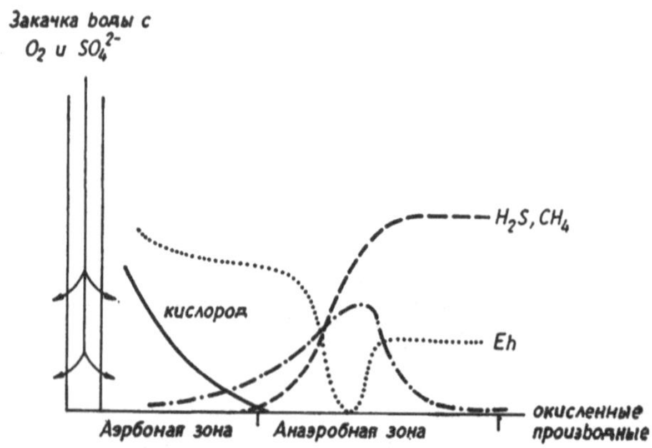

Рис. 5. Изменение биогеохимических компонентов в аэробной и анаэробной зонах в призабойном пространстве водонагнетательных скважин.

В связи с этими экспериментами интересно подчеркнуть, что в принципе такая простая операция как аэрация подземных вод через систему скважин может быть применена для активизации не только аэробных, но и анаэробных микробиологических процессов в подземных водах и месторождениях полезных ископаемых. Известно, что во всех нефтедобывающих странах для повышения нефтеотдачи широко применяют закачку поверхностной воды. Во многих случаях в результате этой закачки в нефтяных пластах начинается интенсивное развитие анаэробных сульфатредуцирующих бактерий, что приводит к загрязнению нефти и попутного газа микробиологическим сероводородом и сопровождается интенсификацией коррозии металлического оборудования (Розанова и Кузнецов, 1974).

Первые обьяснения активизации анаэробной сульфатредукции при закачке поверхностной воды сводились к утверждению, что при использовании этой технологии в нефтяные пласты попадает дополнительный сульфат. Однако, для жизнедеятельности сульфатредукторов необходимо наличие не только сульфатов, но и низкомолекулярных жирных кислот, которые, как известно, в анаэробных условиях из углеводородов нефти не образуются.

Расшифровка взаимоотношений аэробных углеводородокисляющих и анаэробных сульфатредуцирующих бактерий в призабойной зоне водонагнетательных скважин на нефтяных месторождениях показала (рис. 5), что в зону нефтяного пласта, примыкающего к скважине, вместе с закачиваемой водой поступает растворенный кислород. Окислительно-восстановительный потенциал в этой зоне сравнительно высок и благоприятен для развития аэробов. За счет неполного окисления углеводородов нефти углеводородокисляющими микроорганизмами в этой зоне образуются окисленные производные углеводородов, которые вместе с током воды поступают в анаэробную зону пласта, где и становятся добычей сульфатредуцируюших и других анаэробных бактерий.

В условиях высокосульфатных вод, например при использовании для закачки морской воды, в заводняемых месторождениях могут образоваться десятки мг сероводорода на литр пластовой воды в месяц (Иванов, 1968). Можно полагать, что в бессульфатных пластовых водах нефтяных месторождений низкомолекулярные продукты микробного окисления остаточных углеводородов в анаэробной зоне пласта могут быть использованы на продуцирование микробиологического метана. Таким образом, можно рассчитывать, что дальнейшее изучение симбиотических взаимоотношений аэробных и анаэробных микроорганизмов в зонах вторичного заводнения может привести к созданию нового метода повышения нефтеотдачи за счет неполного микробиологического окисления углеводородов с последующим восстановлением окисленных продуктов до метана.

Во всех рассмотренных выше случаях основным биотехнологическим приемом являлась активация жизнедеятельности природной микрофлоры путем усиления аэрации, либо путем комбинирования аэрации и добавления питательных субстратов, в первую очередь минеральных солей азота и фосфора, обычно присутствующих в природных водах в недостаточном количестве.

В научной и патентной литературе, особенно по нефтяной микробиологии и по проблемам защиты окружающей среды, все чаще встречаются предложения по внедрению в различные экосистемы новых штаммов микроорганизмов, предварительно выделенных из природных субстратов, детально изученных и отселекционированных в лабораторных условиях. В большинстве таких предложений их авторы полагают, что простая инокуляция более продуктивного, или более кислотоустойчивого, или более психрофильного штамма микроорганизмов в природную ассоциацию микроорганизмов сама по себе должна привести к активизации нужного человеку процесса.

Нам представляется, что такая упрощенная концепция биотехнологического использования микроорганизмов для активизации микробиологических процессов в природных условиях бесперспективна и может только скомпрометировать саму идею управления жизнедеятельностью микроорганизмов в сложных условиях, складывающихся в их естественных условиях обитания.

Нам представляется, что уж если возникает необходимость внесения в природную экосистему ,,посторонних" для этой экосистемы микроорганизмов, то необходимо позаботиться о комплексе биотехнологических мероприятий, обеспечивающих активную жизнедеятельность этих микроорганизмов.

В качестве примера более или менее успешного решения такой проблемы можно рассмотреть результаты работ по использованию метанокисляющих бактерий для снижения концентрации метана в угольных шахтах.

На рис. 6 схематически изображен разрез современной механизированной лавы с комбайновой добычей каменного угля. Основными источниками поступления метана является сам разрабатываемый угольный пласт и раздробленные породы из зоны обрушения за спиной работающего угледобывающего комплекса. Метан из обоих этих источников поступает в шахтную атмосферу и как только его концентрация в воздухе приближается к взрывоопасной, автоматические устройства отключают все работающие механизмы. Работа в шахте возобновляется только после того как в результате усиленной вентиляции содержание метана в атмосфере шахты будет понижено.

Таким образом, при прочих равных условиях чем быстрее продвигается угольный забой, чем больше угля добывается в единицу времени, тем быстрее достигается опасная концентрация метана в шахтном воздухе и тем чаще надо прерывать процесс угледобычи. Одним из способов, позволяющих снизить концентрацию метана в угольном пласте до начала его разработки и тем самым снизить выделение метана в шахтную атмосферу, является метод микробиологической обработки угольного массива.

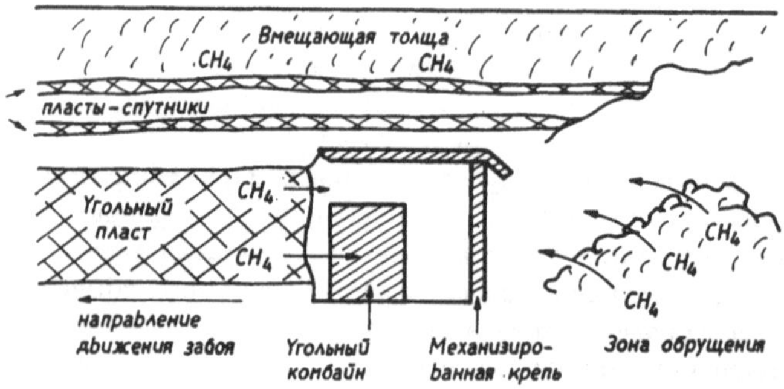

Рис. 6. Разрез разрабатываемого угольного пласта (схема)

Способность метанокисляющих бактерий окислять метан в аэробных условиях хорошо известна микробиологам, однако в данном случае дело осложнялось тем, что в угольном пласте эта микрофлора отсутствует и, кроме того, в толще угля господствует анаэробная обстановка. Поэтому технология микробиологического снижения содержания метана в угле должна предусматривать как введение клеток микроогранизмов в угольный пласт, так и создание в нем благоприятных условий для жизнедеятельности метанокисляющих бактерий.

По одному из вариантов такой технологии (рис. 7), испытанной на некоторых шахтах Донбасса (Москаленко и. др., 1976), культура метанокисляющих бактерий в виде суспензии в минеральной питательной среде вводится в угольный пласт по

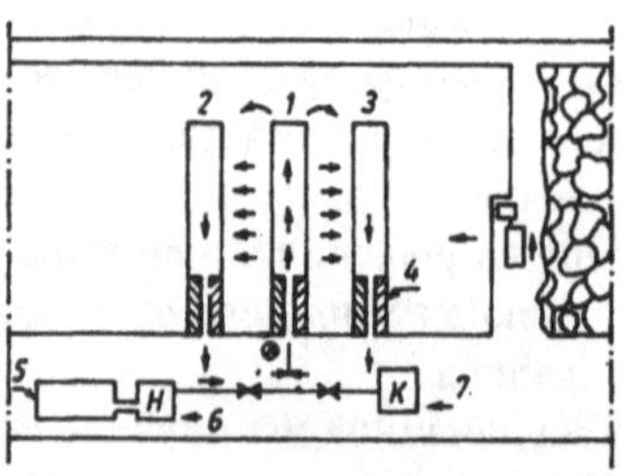

Рис. 7. Технологическая схема микробиологической обработки угольного пласта. 1 — нагнетательная скважина, 2, 3 — отточные скважины, 4 — герметизация, 5 — емкость с суспензией метанокисляющих бактерий, 6 — высоконапорный насос, 7 — компрессор.

средней скважине с помощью высоконапорного насоса. Затем в течение 2—3 недель в угольный пласт компрессором подается воздух, который обеспечивает жизнедеятельность микрофлоры кислородом. Отток продуктов микробиологического окисления метана и избыточного воздуха осуществляется по отточным скважинам. За период такой обработки продолжительностью 15—20 дней удается снизить природную газоносность угля на 55—60%, причем примерно половина метана выносится струей воздуха, а другая половина окисляется микроорганизмами до углекислоты (Москаленко и др., 1976). Еще больший эффект может быть достигнут при увеличении продолжительности аэрации угольного массива, обработанного бактериальной суспензией, особенно в том случае, если обработка угольной толщи будет производиться с поверхности земли до начала разработки угольного месторождения.

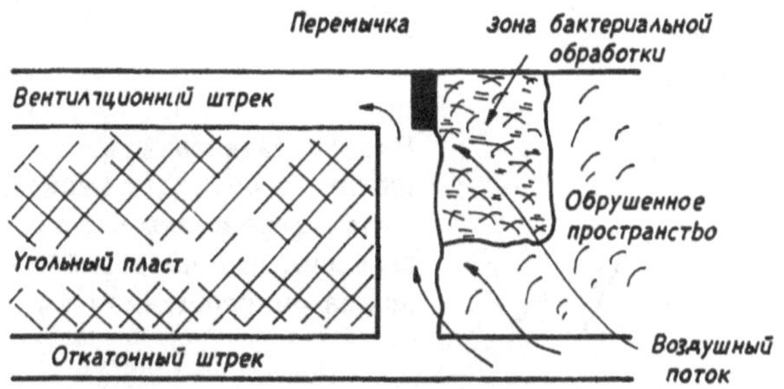

Рис. 8. Схема обработки выработанного пространства суспензией метанокисляющих микроорганизмов.

Как уже было сказано ранее, значительные количества метана, в ряде случаев до 90% от суммы этого газа, поступающего в шахтную атмосферу, может выделяться из зоны обрушения (см. рус. 6). В этой зоне, особенно в той ее части, которая примыкает к рабочему забою, обрушенная порода аэрируется достаточно хорошо, и в этой зоне условия для жизнедеятельности метанокисляющих микроорганизмов достаточно благоприятны.

Дополнительное внесение биомассы активных метанокисляющих бактерий в виде своеобразного живого фильтра вдоль границы зоны обрушения (рис. 8) в ряде случаев приводит к существенному снижению концентрации метана в шахтной атмосфере (Мякенький и др., 1979). В атмосфере реальной шахты в зависимости от интенсивности процессов разработки и вентиляции содержание метана и продукта его окисления — углекислоты подвержено значительным колебаниям. Поэтому для регистрации окислительного микробиологического процесса мы воспользовались методом анализа стабильных изотопов углерода метана и углекислоты в шахтной атмосфере (Иванов и. др., 1980).

При изучении микробиологического окисления метана в лабораторных условиях было обнаружено, что в продукте его окисления — углекислоте накапливается легкий изотоп углерода ^{12}C, а в остаточном метане концентрируется тяжелый изотоп ^{13}C (Бондарь и. др., 1980). Как видно из данных, приведенных на рис. 9, после начала активного микробиологического процесса окисления метана в зоне обрушения изотопный состав углекислоты и метана в атмосфере шахты начал заметно изменяться: так же как и в лабораторном эксперименте, углекислота обогатилась легким изотопом, а остаточный метан начал утяжеляться. По этим данным об изменении изотопного состава можно подсчитать, что за счет жизнедеятельности метанокисляющей микрофлоры, введенной в виде искусственного фильтра в обрушенное пространство, выделение метана в шахтную атмосферу уменьшилось на 40—45%.

Заканчивая свой доклад, я бы хотел отметить, что для дальнейшего развития работ по прикладной биогеотехнологии необходимо прежде всего широкое развитие фундаментальных исследований по распространению и геохимической активности

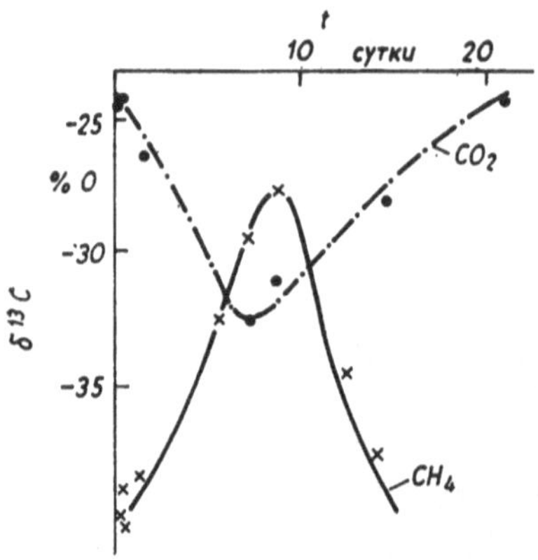

Рис. 9. Изменение изотопного состава (величины $\delta^{13}C$, ‰) углекислоты и метана в атмосфере шахты в период проведения эксперимента по обработке зоны обрушения микроорганизмами.

микроорганизмов в природных условиях. Мы уже довольно много знаем об ареалах распространения микроорганизмов в различных экосистемах. В последние годы заметно активизировались работы по моделированию природных микробиологических процессов в лабораторных условиях. Однако количественная оценка активности микроорганизмов в условиях природы, изучение факторов, стимулирующих и ингибирующих деятельность отдельных звеньев сложных микробных ценозов все еще изучаются недостаточно.

Между тем, примеры, приведенные выше, показывают, что постановка таких задач совсем не безнадежна, и в ряде случаев регулирование микробиологических процессов в природных условиях не только возможно, но и весьма целесообразно и рентабельно с точки зрения хозяйственной деятельности человека.

Литература

[1] Бондарь, В. А., Б. Б. Намсараев, А. М. Зякун, А. И. Нестеров и М. В. Иванов: Изменение изотопного состава углерода метана в экспериментах, моделирующих процесс микробиологического окисления метана в угольных шахтах. УШ Всес. симпозиум по стаб. изотопам в геохимии, Москва, 1980.

[2] Голомзик, А. И., Т. Л. Михайлова и В. В. Абакумов: Состояние и задачи исследований в освоении технологии микробиологического выщелачивания руд. ,,Экология и геохим. деятельность микроорганизмов'', Пущино, 1976.

[3] Иванов, М. В., А. М. Зякун, В. А. Бондарь, В. В. Безручко, П. С. Литвинов, А. П. Петух, В. И. Мякенький и Б. И. Мягкий: Изотопный состав метана и углекислоты как индикатор микробиологического окисления метана в шахтах. УШ Всес. симпозиум по стаб. изотопам в геохимии, Москва, 1980.

[4] Каравайко, Г. И., А. И. Голомзик и С. И. Кузнецов: Роль микроорганизмов в выщелачивании металлов из руд, Москва, ,,Наука", 1972.

[5] Москаленко, Э. М., М. В. Иванов, А. И. Нестеров, Н. Г. Смолянинов, Б. Н. Перминов и А. В. Назаренко: Микробиологическое окисление метана в угле. ,,Экология и геохим. деятельность микроорганизмов", Пущино.

[6] Мякенький В. И., А. П. Петух, П. С. Литвинов и Б. И. Мягкий: Шахтные экспериментальные исследования микробиологического окисления метана в выработанном пространстве. ,,Техника безопасности, охрана труда и горно-спасательное дело", № 12, 1979.

[7] Розанова, Е. П., и С. И. Кузнецов: Микрофлора нефтяных месторождений, Москва, ,,Наука", 1974.

[8] Ivanov, M. V.: Microbiological Processes in the Formation of Sulfur Deposits. IPST, Jerusalem, 1968.

[9] Jamison, V. W., R. L. Raymond and I. O. Hudson: Biodegradation of High-Octane Gasoline in Ground Water. Dev. Ind. Microbiol. 16: 305—312, 1975.

Akademie der Wissenschaften der DDR
Institut für technische Chemie, Leipzig

Biotechnologie auf dem Weg zur Wissenschaft

Manfred Ringpfeil

Biotechnologie auf dem Weg zur Wissenschaft? Nicht wenige meiner Kollegen, mit denen ich zur Prüfung meiner Gedanken über dieses Thema sprach, haben mir gesagt: „Am besten, Du rührst nicht daran. Biotechnologie ist das, was Du betreibst". Mir scheint es aber notwendig zu sein, zu dieser Problematik nicht nur eine Meinung zu äußern, sondern den wissenschaftlichen Meinungsstreit um Stellung, Inhalt und Aufgaben der Biotechnologie hervorzurufen. Das Ziel dabei ist, dem Biotechnologen seine Position verständlich zu machen und ihn in die Lage zu versetzen, den größtmöglichen Nutzen für die Gesellschaft zu erbringen. In diesem Vortrag möchte ich meine Ansicht über Stellung, Inhalt und Aufgaben der Biotechnologie vorlegen, um darüber ins Gespräch zu kommen und zur Klärung offener Fragen beizutragen.

Einordnung von Biotechnologie und Biotechnik

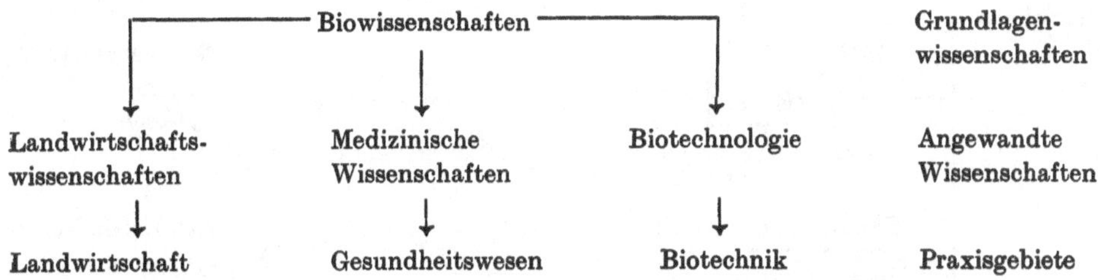

Abb. 1

Gegenwärtig bildet sich neben der Landwirtschaft und dem Gesundheitswesen ein drittes Anwendungsgebiet der Biowissenschaften heraus, das biologisch-technische Prozesse beinhaltet (Abb. 1). Es stellt im Gegensatz zur Landwirtschaft und zum Gesundheitswesen keinen einheitlichen Bereich gesellschaftlicher Tätigkeit dar, sondern tritt in vielen bereits abgegrenzten Bereichen wie der chemischen und pharmazeutischen Industrie, der Lebensmittelindustrie, der Land- und Nahrungsgüterwirtschaft und der Wasserwirtschaft auf. Es beginnt sich auch auf Bereiche, für die biologische Prozesse noch ungewöhnlich scheinen, wie den Bergbau, die Metallurgie und die Energieindustrie auszudehnen.

Seine vorwiegend auf Produktion gerichteten Prozesse umfassen sowohl traditionelle als auch moderne Verfahren, Verfahren zur Erzeugung von Massenprodukten als auch von Spezialprodukten, von Gemischen als auch von reinen Stoffen. Es ist aber nicht so sehr der gegenwärtige Umfang dieser Produktionen, der zu einer Beschäftigung mit diesem Anwendungsgebiet der Biowissenschaften zwingt, es sind viel mehr die Erwartungen, die auf Grund der rasch zunehmenden Ergebnisse der Biowissenschaften und einiger kritischer Entwicklungen in der Welt, wie zur Ernährung, Rohstoff- und Energieversorgung sowie Umwelterhaltung, gehegt werden. Eine Bezeichnung für dieses Gebiet anzugeben, ist problematisch, eben, weil es keinen einheitlichen Bereich gesellschaftlicher Tätigkeit umfaßt. Aus Analogien zur Chemie abgeleitet, ergibt sich die Bezeichnung Biotechnik. Seit einiger Zeit kennen wir den Begriff Mikrobiologische Industrie, der in der UdSSR nicht nur ein Begriff, sondern ein real existierender, sich schnell entwickelnder wirtschaftlicher Bereich ist. Sie gehört ohne Zweifel in das Praxisanwendungsgebiet der Biowissenschaften und kann als Teilgebiet einer Biotechnik gelten.

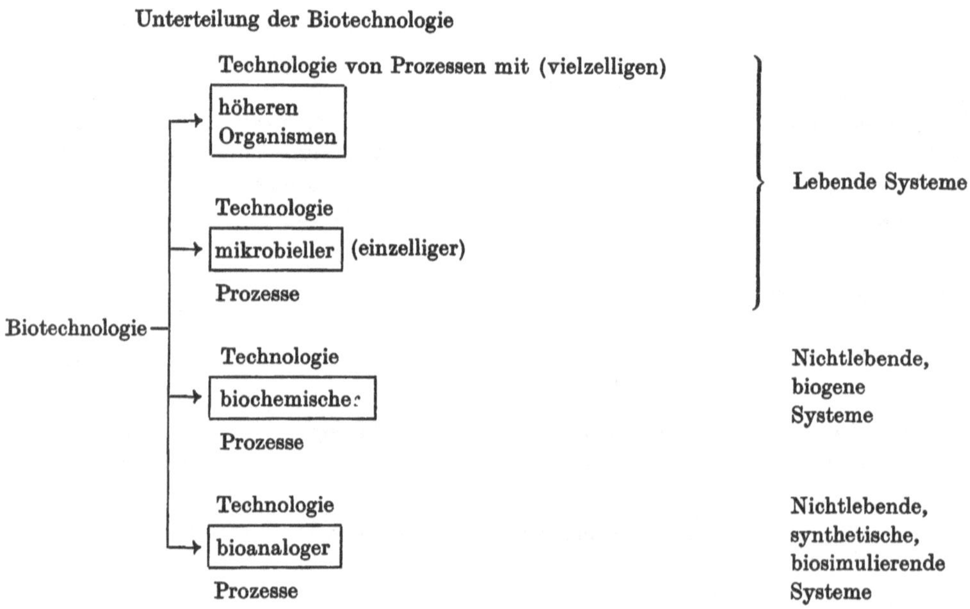

Abb. 2

Leichter scheint es, den Begriff Biotechnologie zu definieren und einzuordnen, nicht zuletzt deshalb, weil dieser Begriff eingeführt ist und seine Existenzberechtigung nicht mehr angezweifelt wird. Die Biotechnologie stellt die Wissenschaft von den biologisch-technischen oder biotechnischen Prozessen dar. Obwohl ihr Umfang und ihre Gliederung zur Zeit wesentlich geringer sind, ist es gerechtfertigt, sie auf der Ebene der angewandten Wissenschaften neben den Landwirtschafts- und medizinischen Wissenschaften einzuordnen (Abb. 1). Die Biotechnologie hat gegenüber den Landwirtschafts- und medizinischen Wissenschaften eine zusätzliche Funktion: sie bildet die einzige Klammer, die die biotechnischen Produktionen in den verschiedenen Praxisbereichen zusammenbindet.

Eine Untergliederung der Biotechnologie ist nach Prozeßtypen, die durch die Art des Wirkprinzips charakterisiert sind, möglich (Abb. 2). Der Umfang des Teilgebiets der mikrobiologischen Technologie ist gegenüber den anderen so groß, daß sie häufig noch mit Biotechnologie gleichgesetzt wird. Die Herausbildung des Teilgebiets biochemische Technologie ist durch die Ausarbeitung und Einführung von Prozessen mit immobilisierten Enzymen in den letzten 10 Jahren sehr gefördert worden. In Japan ist hierzu, insbesondere von Chibata, entscheidendes geleistet worden [1]. Bioanaloge Prozesse kennen wir nur vereinzelt. Sie befinden sich auf der Laboratoriumsebene. Dieses Teilgebiet hat deshalb heute noch prognostischen Charakter. Bajew [2] bezeichnet es als die Biotechnologie von morgen. Dieses Gebiet stellt notwendig den Übergang zur chemischen Technologie dar. Ein Teilgebiet der Technologie von Prozessen mit mehrzelligen Systemen, also höheren Organismen, in die Biotechnologie einzuordnen, stellt heute auch nur einen Prognoseversuch dar, obwohl die industrielle Massenzüchtung von Insekten [3] und das Oceanfarming [4] vorbereitet werden. Hier beginnt der Übergang zur landwirtschaftlichen Technologie. Eine Feststellung glaube ich in diesem Zusammenhang treffen zu müssen: In der Landwirtschaft eingeschriebene Produktionen sollten von der Biotechnologie genausowenig beansprucht werden wie in der chemischen Industrie beheimatete.

Aufgaben der (Bio)technologie

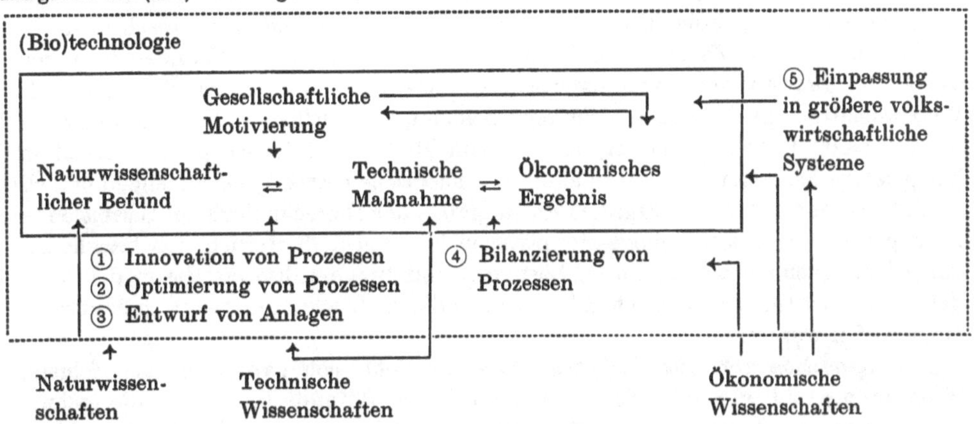

Abb. 3

Die Aufgaben der Biotechnologie entsprechen denen für andere Technologiegebiete. Betrachtet man den Verlauf der Entwicklung eines technischen Prozesses, so bewirkt eine gesellschaftliche Motivation das Nutzbarmachen eines naturwissenschaftlichen Befunds durch eine technische Maßnahme. Der gesellschaftliche Effekt wird am ökonomischen Ergebnis geprüft. Seine Bewertung führt entweder zu einer Modifizierung der gesellschaftlichen Motivation oder zu einer Verbesserung der technischen Maßnahme oder zu einer Erweiterung des naturwissenschaftlichen Befunds und von dort aus wieder zu einer Veränderung der technischen Maßnahme (Abb. 3) [5, 6, 7]. Aus diesem Verlauf der Entwicklung eines technischen Prozesses resultieren die Aufgaben der Technologie. Ihr Hauptteil konzentriert sich auf das Wechselspiel von naturwissenschaftlichem Befund und technischer Maßnahme. Innovation und Optimierung von Prozessen sowie Anlagengestaltung sind auf dieses Wechselspiel gerichtet. Eine weitere Aufgabe ist die Bilanzierung von Prozessen, die unmittelbar zur ökonomischen Bewertung führt. Sie wird heute vielfach unterschätzt, vor allem im Hinblick auf den Zeitpunkt ihrer Bearbeitung im Vergleich zu den Innovations-, Optimierungs- und Anlagengestaltungsaufgaben. Ihr richtiger Einsatz kann bewirken, daß das gesellschaftlich Notwendige zum naturwissenschaftlich und technisch Interessanten erhoben wird und die gesellschaftliche Nutzung der technologischen Ergebnisse beschleunigt. Eine damit eng verbundene Aufgabe liegt schließlich in der Einpassung der entwickelten Prozesse in übergeordnete Systeme der Volkswirtschaft. Für diese Aufgabe gilt das gleiche wie für die Bilanzierung. Eine frühzeitige Einbeziehung dieser Aufgabe in die Gesamtaufgabenstellung erhöht die Wahrscheinlichkeit einer Realisierung des entwickelten Prozesses.

Aus den Aufgaben der Technologie wird deutlich, daß für ihre Lösung verschiedene Wissenschaftsbereiche gefordert sind. Technologie ist notwendig interdisziplinär zu betreiben. Zum mindesten ist das Zusammenspiel von Naturwissenschaften, technischen und ökonomischen Wissenschaften erforderlich. Technologie wird deshalb vorzugsweise kooperativ zu betreiben sein.

Die spezifische Anwendung der Methodik der Technologie auf technische Prozesse, denen biologische Wirkprinzipien zugrunde liegen, erfolgt durch die Biotechnologie. Diese Spezifik äußert sich vor allem bei der Inanspruchnahme der Naturwissenschaften in der Nutzung der Ergebnisse der Biowissenschaften, während die Inanspruchnahme der technischen und ökonomischen Wissenschaften zunehmend unspezifisch wird.

Biotechnologische Zentren der Forschung und Entwicklung befinden sich heute sowohl im Bereich der Naturwissenschaften wie auch im Bereich der technischen Wissenschaften. Es ist sicher nicht entscheidend, in welchem Bereich sie angesiedelt worden sind. Entscheidend ist, in welchem Maße die interdisziplinäre Arbeit und Kooperation herbeigeführt und zu einer technologischen Arbeit zusammengeführt wird.

Im folgenden sollen die dargestellten Aufgaben der Biotechnologie an Beispielen und Lösungen erläutert sowie einige Hauptfragen herausgestellt werden. Ich beziehe mich dabei hauptsächlich auf Beispiele, Lösungen und Fragestellungen, die in den letzten Jahren im Institut für technische Chemie der AdW in Leipzig bearbeitet, gefunden bzw. aufgeworfen wurden.

Die *Innovation von biotechnischen Prozessen* sieht sich ganz allgemein folgender Situation gegenübergestellt. Naturwissenschaftliche Befunde liegen vor, die technisch interessante, nutzbare Eigenschaften der biologischen Materie beschreiben wie die Umwandlung der Sonnenenergie in elektrische oder chemische Energie, die hohe Spezifität biologischer Synthesemechanismen, die Sammlung von Stoffen gegen natürliche Konzentrationsgefälle. Gleichzeitig zeigen diese naturwissenschaftlichen Befunde aber eine geringe Konzentration der Reaktionspartner und eine geringe Raum-Zeit-Ausbeute in den natürlichen Prozessen, in denen diese Eigenschaften der biologischen Materie auftreten sowie eine geringe Stabilität der beteiligten biologischen Katalysatorsysteme.

In der industriellen Produktion ist dagegen eine allgemeine Tendenz nach hohen Konzentrationen, hohen Raum-Zeit-Ausbeuten und großer Stabilität der Prozesse bemerkbar. Eine der entscheidenden Fragen für die Durchsetzung biotechnischer Prozesse in der Industrie besteht darin, inwieweit Konzentrationen, Raum-Zeit-Ausbeuten und Stabilität der biologischen Prozesse an die Forderungen der Industrie herangeführt werden können. Besonders deutlich tritt diese Frage hervor, wenn es sich um Prozesse handelt, bei denen Produkte entstehen, die auf alternativen Wegen hergestellt werden können. Ein Beispiel dafür ist die Produktion von Ethanol auf chemischem und mikrobiologischem Weg (Abb. 4) [8, 9]. Hier besteht die Aufgabe, nach Methoden zu suchen, um die Raum-Zeit-Ausbeute und die Katalysatorstabilität bei Anwendung mikrobiologischer Wirkprinzipien wesentlich zu steigern.

Lange bestand der Satz, daß biologische Prozesse für die Technik günstige Voraussetzungen böten, weil sie bei Umgebungstemperatur und Normaldruck ablaufen [10]. Heute ist dieser Satz neu zu überdenken. Es zeigt sich, daß diese Eigenschaften mit gravierenden Nachteilen verbunden sind. Sie bestehen in den kleinen Gradienten von

Vergleich von chemischer und biologischer Ethanolproduktion

	$CH_2 = CH_2 + H_2O \rightarrow C_2H_5OH$	$C_6H_{12}O_6 \rightarrow 2C_2H_5OH + 2CO_2$	Verhältnis
Arbeitskonzentration [kg/m^{-3}]	200	130	1,5:1
Raum-Zeit-Ausbeute [kg/m^{-3} h^{-1}]	75	0,9	83:1
Standzeit des Katalysators [h]	2600	70	37:1

Abb. 4

Temperatur und Konzentration, längs denen relativ große Stoff- und Wärmemengen bewegt werden müssen bzw. sich bewegen. Bedacht werden muß auch, daß die erforderliche Syntheseenergie in der Regel aus dem Substratmolekül entnommen wird und daß ihre Verwertung keinesfalls ideal verläuft, d. h. daß ein größerer Teil in Wärme umgewandelt wird, die eben auf einem niedrigen Temperaturniveau anfällt. Bei Zellsubstanzsynthesen stellt diese in Wärme umgewandelte chemische Energie das weitaus größte Nebenprodukt der Fermentation dar (Abb. 5) [11]. Das niedrige Temperaturniveau der Fermentation erschwert die Rückgewinnung dieser erheblichen Wärmemenge.

Für Prozesse mit kleinen Gradienten sind heute weder entsprechende Apparate noch genügend Erfahrungen verfügbar. Ihre Entwicklung bzw. Gewinnung ist eine aktuelle Aufgabe, um mikrobielle und biochemische Prozesse ökonomisch zweckmäßiger zu gestalten. Die Innovation von biotechnischen Prozessen erfordert eine enge Fühlung zu den fortgeschrittensten naturwissenschaftlichen Ergebnissen und auch die Bereitstellung von Ergebnissen der Naturwissenschaften „nach Maß“. Diese Forderung kann nur erfüllt werden, wenn in der Biotechnologie selbst eine starke naturwissenschaftliche Komponente wirksam wird.

Die *Optimierung* von Prozessen ist gegenwärtig nicht nur die verbreitetste Arbeitsrichtung in der Biotechnologie, sie ist auch diejenige, für die der gegenwärtige Kenntnisstand am weitesten fortgeschritten ist. Die Optimierung zielt auf den größtmöglichen ökonomischen Effekt eines Prozesses. Sie bedient sich dabei jedoch meist technologischer Größen als leichter zu erfassende Teilziele. Von ihnen können Prozeßstabilität, Prozeßintensität und Produktqualität hervorgehoben werden [12]. Beispielhaft soll im vorliegenden Rahmen nur auf die Prozeßintensität und auf den einfachen Fall der Zellsubstanzsynthese eingegangen werden. Biologische Prozesse laufen in bestimmten Grenzen von Konzentration, Ausbeute und Geschwindigkeit ab. Um eine Ausgangsbasis für die Beurteilung des aktuellen Prozeßzustandes zu erhalten, ist es zweckmäßig, nach der maximal möglichen Prozeßintensität zu fragen. Aus dem Abstand der aktuellen

Energieflußbild bei der Gewinnung von 1 t Futterhefe aus Erdöldestillat

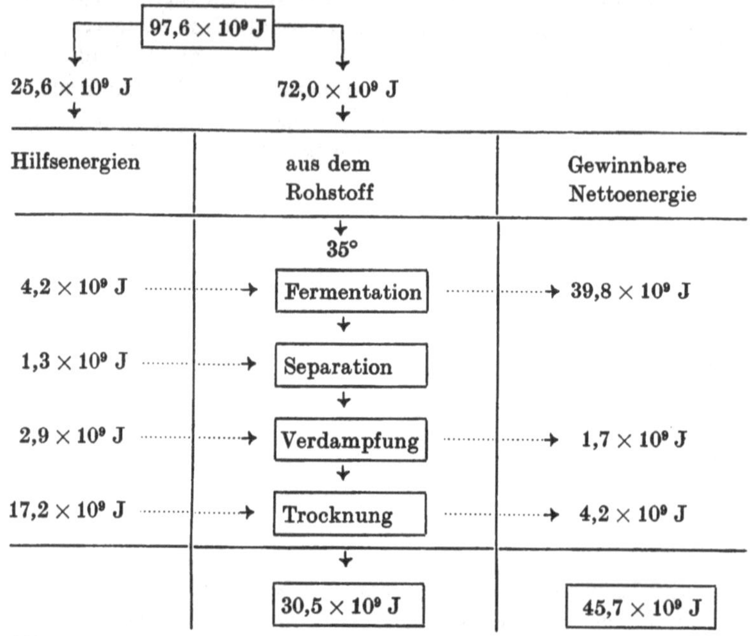

Abb. 5

Prozeßintensität von der ermittelten maximal möglichen ergibt sich die Zweckmäßigkeit von Arbeiten zur Prozeßoptimierung. Dieses Vorgehen soll „Maximumkonzept" genannt werden.

Die maximal mögliche Prozeßintensität für die Zellsubstanzsynthese in einer bestimmten Substrat/Organismenkombination kann durch die maximale Produktivität eines kontinuierlichen Zellvermehrungsprozesses bei maximalen Ertragskoeffizienten ausgedrückt werden:

$$\dot{x}_{\max} = \mu_{\max} \cdot x_{\max} = \frac{1}{(\alpha_x^s)_{\min}} \cdot \dot{s}_{\text{adäquat}} \qquad \text{(Gl. 1)}$$

$\dot{x}_{\max}$ maximale Produktivität [kg m^{-3} h^{-1}]
$\mu_{\max}$ maximale spezifische Wachstumsrate [h^{-1}]
$x_{\max}$ maximale Zellkonzentration [kg m^{-3}]
$(\alpha_x^s)_{\min}$ minimaler Substratverbrauchskoeffizient [kg kg^{-1}] (der Kehrwert stellt den maximalen Ertragskoeffizienten dar)
$\dot{s}_{\text{adäquat}}$ entsprechend der maximalen Produktivität sich einstellende Substratverbrauchsgeschwindigkeit [kg m^{-3} h^{-1}]

Die Gewinnung exakter Zahlenwerte für die maximale spezifische Wachstumsrate und die maximale Zellkonzentration ist problematisch, da die Abhängigkeiten dieser Grenzwerte von den vielfältigen Größen des Fermentationssystems noch nicht genau bestimmt werden können. So gibt es für die maximale spezifische Wachstumsrate meist nur

Bereiche, die in der Nähe des wahren Zahlenwerts liegen (Abb. 6) [13]. Für die maximale Zellkonzentration sind in der Regel die Fließeigenschaften von Zellsuspensionen verantwortlich, da die heterogene aerobe Zellvermehrungsreaktion Stoffübertragungsschritte verlangt, die ihrerseits eine bestimmte Mischbarkeit und Turbulenzerzeugung in der Suspension erfordern. Die Fließeigenschaften können stark durch oberflächenaktive Stoffe verändert werden (Abb. 7) [14].

Experimentell ermittelte maximale spezifische Wachstumsraten (μ_{max}) von Bakterien und Hefen

Mikroorganismengruppe	Substrat	Stamm	μ_{max} [h^{-1}]
Bakterien	Methan	Methylococcus capsulatus 1—70	0,30—0,35
	Methanol	acidophiler Stamm MB 58	0,18—0,20
		terrestrischer neutrophiler Stamm	
		Methylomonas methanolis BNK-84	0,55
		mariner neutrophiler Stamm YK 2030	0,73
	n-Octadecan	Acinetobacter calcoaceticus EB 10 C	0,80
	Erdöldestillat	Acinetobacter calcoaceticus EB 10 C	0,70
	Glucose	Escherichia coli	1,98
		Bacillus stearothermophilus	3,78
Hefen	Methanol	Hansenula polymorpha U-32	0,23
	Ethanol	Candida utilis	0,40
	Erdöldestillat	Lodderomyces elongisporus EH 15	0,33
	Saccharose	Lodderomyces elongisporus EH 15	0,55—0,60

Abb. 6

Die maximalen Ertragskoeffizienten (Kehrwerte der minimalen Substratverbrauchskoeffizienten) sind genauer zugänglich. Die Bestimmung eines zwar nicht realisierbaren, aber definierten oberen Grenzwerts ist aus thermodynamischen Rechnungen für jedes Substrat möglich. Kenntnisse der Stoffwechselmechanismen in bestimmten Organismen erlauben die Angabe eines wahrscheinlichen, in konkreten Substrat/Organismen-Kombinationen erreichbaren Maximalwerts (Abb. 8) [15]. Heute wird allgemein mit einer linearen Proportionalität der Kehrwerte des Ertragskoeffizienten und der spezifischen Wachstumsrate gerechnet. Ob diese in der Nähe ihres Maximalwertes gilt, ist nicht mit Sicherheit bekannt. Letztlich müssen nach dem gegenwärtigen Stand der Kenntnisse für alle drei Größen Bereiche für die Maximalwerte akzeptiert werden, die aber für die technologisch benötigte Aussage ausreichen [16].

Gegen die Gleichung 1 sind Einwände erhoben worden. Die maximale spezifische Wachstumsrate sollte nicht mit der maximalen Zellkonzentration zusammenfallen dürfen, wenn die Monod-Kinetik für das Wachstum unter Einbeziehung der Michaelis-

MENTEN-Gleichung gültig ist [17]. Es erhebt sich aber tatsächlich die Frage, ob diese Kinetik gültig ist und in welchen Bereichen, denn die meisten sie stützenden experimentellen Ergebnisse liegen weit von den Maximalwerten entfernt. Untersuchungen in der Nähe dieser Maximalwerte deuten auf ein kinetisches Verhalten des Mikroorganis-

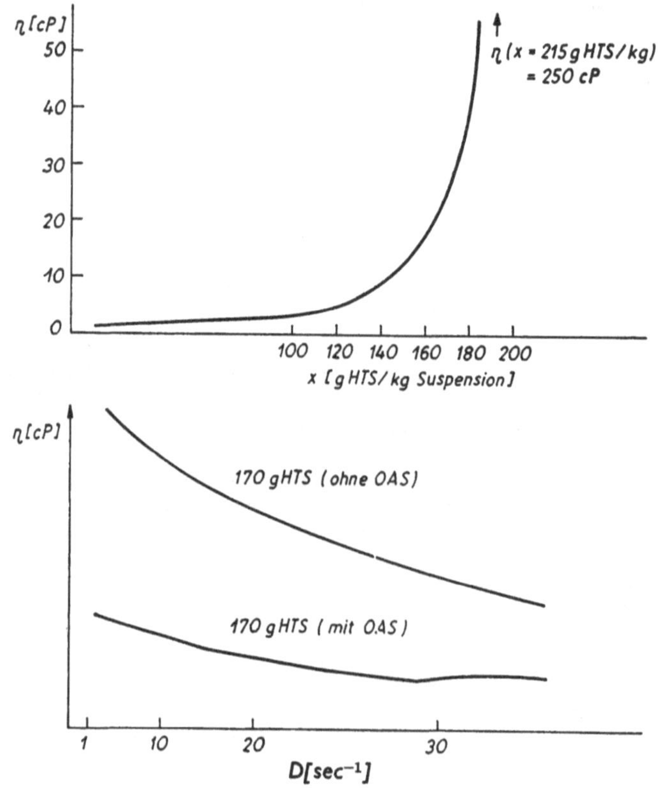

Abb. 7

Theoretisch mögliche und experimentell erreichte Ertragskoeffizienten ($1/a_x{}^s$)

Substrat	Stoffwechselweg	theoretisch möglicher Ertragskoeffizient	experimentell erreichter Ertragskoeffizient
Methan	FDP-Variante des HuP-Wegs	1,22	1,14
	KDPG-Variante des HuP-Wegs	1,12	
	Serinweg	0,81	
Methanol	HuP-Weg	0,73	0,54 (Hefen) 0,66 (Bakt.)
	Serinweg	0,63	

Abb. 8

menwachstums hin, das durch einen unmittelbaren Übergang der spezifischen Wachstumsrate von ihrem Maximalwert auf den Wert 0 gekennzeichnet scheint (Abb. 9) [18]. Allerdings muß auch hier die Unschärfe der experimentell ermittelten Zahlenwerte in Betracht gezogen werden. Auf jeden Fall sollte der Versuch nicht außer acht gelassen werden, kinetische Gesetzmäßigkeiten im Bereich der maximalen Werte der Fermentationsgrößen zu prüfen bzw. zu suchen [19].

Die *Anlagengestaltung* soll am Beispiel eines einzelnen Apparats, des Fermentors, ebenfalls für den einfachen Fall der Zellsubstanzsynthese erläutert werden. Hier muß noch einmal hervorgehoben werden, daß es sich um einen besonders einfachen Fall handelt und diese Aufgabe der Biotechnologie in der Regel viel komplexer und komplizierter ist.

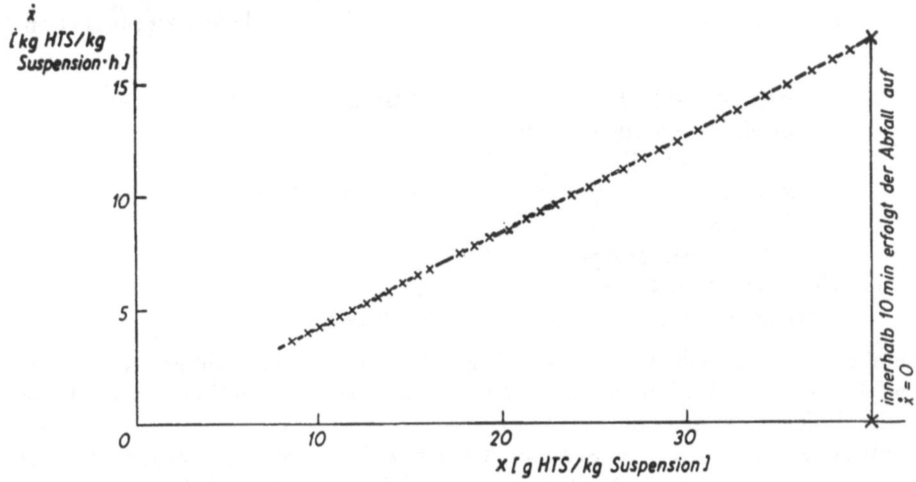

Abb. 9

Wenn wieder vom Maximalkonzept ausgegangen wird, dann ist es erforderlich, für die aerobe Zellsubstanzsynthese einen Stoffübertragungsprozeß, den der Sauerstoffübertragung aus der Gas- in die wäßrige Phase, einzubeziehen. Die Aufgabe besteht, bei der maximalen Produktivität des Systems ein Minimum an spezifischem Energieaufwand für die Stoffübertragung einzuhalten:

$$\dot{x}_{max} = \frac{1}{(\alpha_x^{O_2})_{min}} \cdot \dot{c}_{adäquat} = \frac{1}{(\alpha_x^{P})_{min}} \cdot \dot{P} \qquad \text{(Gl. 2)}$$

$\dot{x}_{max}$ maximale Produktivität [kg m^{-3} h^{-1}]
$(\alpha_x^{O_2})_{min}$ minimaler Sauerstoffverbrauchskoeffizient [kg kg^{-1}] (der Kehrwert stellt den maximalen Ertragskoeffizienten dar)
$\dot{c}_{adäquat}$ entsprechend der maximalen Produktivität sich einstellende Sauerstoffverbrauchsgeschwindigkeit [kg m^{-3} h^{-1}] (entspricht im stationären Zustand der Sauerstoffübertragungsgeschwindigkeit)
$(\alpha_x^{P})_{min}$ minimaler Energieverbrauchskoeffizient [KW h kg^{-1}]
$\dot{P}$ Energieeintrag [KW m^{-3}]

Eine Voraussetzung dazu ist die Einhaltung eines maximalen Ertragskoeffizienten für Sauerstoff. Da einerseits eine strenge Proportionalität der Ertragskoeffizienten untereinander vorliegt und andererseits eine hinreichend zuverlässige Proportionalität zwischen spezifischer Wachstumsrate und Ertragskoeffizient angenommen werden kann, liegt mit der maximalen Produktivität auch der maximale Ertragskoeffizient für Sauerstoff in der Fermentation an. Die Aufgabe reduziert sich deshalb auf die Erzielung des minimalen Energieaufwands durch günstigste Führung der Strömung im Reaktor und günstigste Ausnutzung der Triebkraft. Es ist eine Konstruktionsaufgabe, die unter Beachtung kinetischer Gesetzmäßigkeiten der beteiligten Reaktionen gelöst wurde.

$\dot{x} = \mu \cdot x$ (autokatalytische Reaktion — die Geschwindigkeit ist proportional dem Reaktionsprodukt) (Gl. 3)

$\dot{c} = K_L a H p_{O_2}$ (Reaktion 1. Ordnung — die Geschwindigkeit ist proportional dem Substrat) (Gl. 4)

$\dot{x}$ Wachstumsrate (entspricht der Produktivität) [kg m^{-3} h^{-1}]
μ spezifische Wachstumsrate [h^{-1}]
x Zellkonzentration [kg m^{-3}]
$\dot{c}$ Sauerstoffübertragungsgeschwindigkeit [kg m^{-3} h^{-1}] von der Gas- in die flüssige Phase
$K_L a$ Sauerstoffübertragungskoeffizient [h^{-1}]
H Henrysche Konstante [kg m^{-3} MPa^{-1}]
p_{O_2} Partialdruck des Sauerstoffs in der Gasphase [MPa]

Die autokatalytische Zellvermehrungsreaktion (Gl. 3) verlangt nämlich ein ideales Mischgefäß, die triebkraftabhängige Sauerstoffauszehrungsreaktion der Gasblasen (Gl. 4) ein ideales Strömungsrohr. Da die Zellvermehrungsreaktion im Stundenbereich, die Gasblasenauszehrung aber im Sekundenbereich verläuft, konnten beide Strömungstypen in einem Reaktor unter Beachtung dieser zeitlichen Unterschiede realisiert werden (Abb. 10) [20]. Die Führung des Flüssigkeits- und Gasstroms erfolgte dabei im Gleichstrom von oben nach unten. Durch nach unten dichter werdende Strombrecher konnte erreicht werden, daß das Produkt von mechanischer Krafteinwirkung und Triebkrafteinwirkung auf den Stoffübergang über die ganze Länge des Rohres konstant gehalten wurde (Abb. 11) [21]. Damit war ein Minimum an äußerem Energieaufwand gegeben. Die experimentellen Ergebnisse zeigen, daß bei Annäherung an die maximale Produktivität tatsächlich ein Minimum an spezifischem Energieaufwand erreicht werden kann (Abb. 12) [19, 22].

Die *Bilanzierung von Prozessen und ihre Einpassung in übergeordnete Systeme der Volkswirtschaft* soll ebenfalls an einem stark vereinfachten Beispiel erläutert werden. Es wurde seiner Aktualität halber für diese Demonstration ausgewählt.

Bei der Erzeugung von Energieträgern aus regenerierbaren Rohstoffen mittels einer Folge von biologischen, chemischen und physikalischen Prozessen muß das Gesamtsystem sonnenenergiegetrieben sein, soll wirklich „freie Energie“ anfallen, d. h. Energie, die als Einkommensenergie der Erde aufwandslos zuströmt und nicht in irgendeiner Form Vermögensenergie, d. h. auf der Erde schon gespeicherte oder durch Arbeit gewonnene Energie darstellt [23]. Das bedeutet aber, daß sowohl die unmittelbaren Prozesse zur Wandlung der Sonnenenergie in andere nutzbare Energieformen als auch die dazu benötigten Hilfsprozesse und Hilfsenergien in die Bilanzierung einbezogen werden

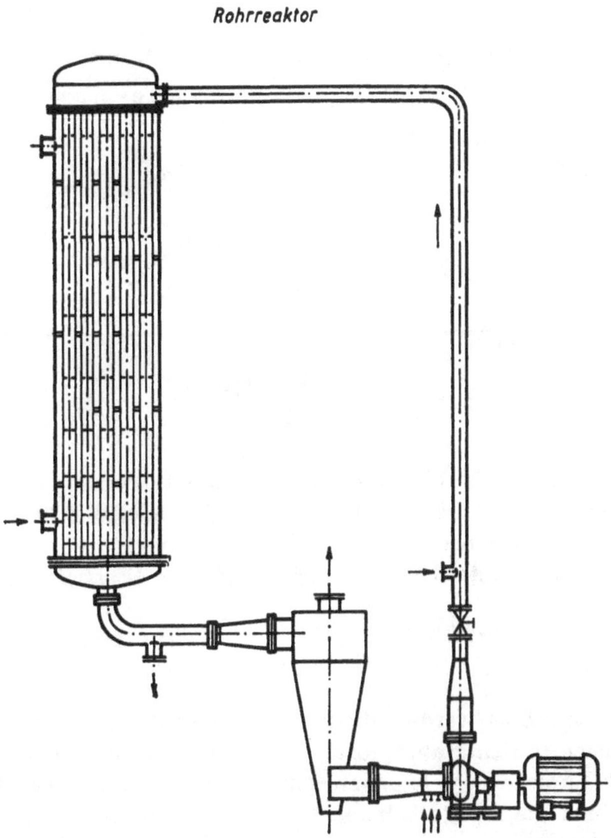
Rohrreaktor

Abb. 10

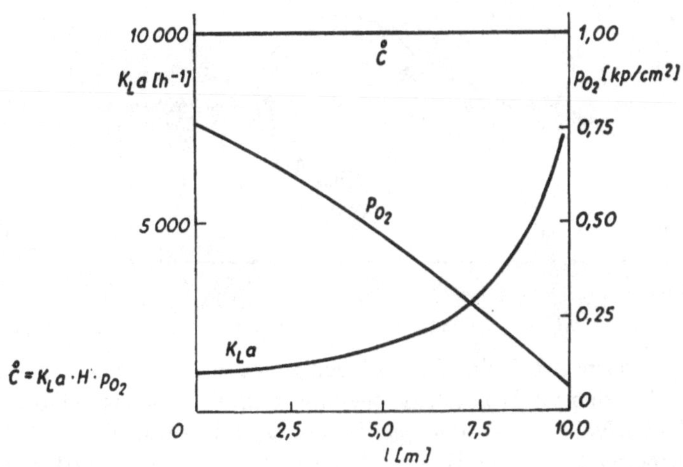
10 000
$K_L a$ [h⁻¹]
5 000
1,00
p_{O_2} [kp/cm²]
0,75
0,50
0,25
0
$\mathring{C}$
p_{O_2}
$K_L a$
$\mathring{C} = K_L a \cdot H \cdot p_{O_2}$
0
2,5
5,0
7,5
10,0
l [m]

Abb. 11

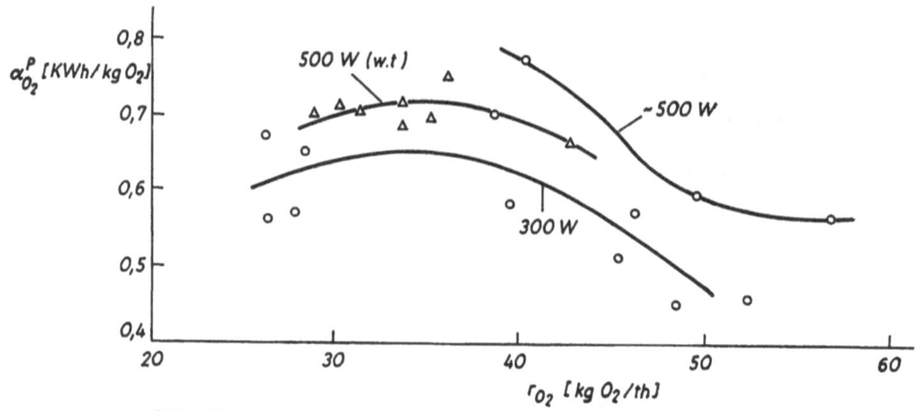

Abb. 12

müssen (Abb. 13). Nur wenn ein Wirkungsgrad aus den Wirkungsgraden aller Teilprozesse resultiert, der größer als 1 ist, wird „freie Energie" gewonnen. Die Berechnung muß nicht große Aufwände erfordern. Wenn unter Annahme günstiger Bedingungen, wie für das vorliegende Beispiel der Umwandlung von Holz in Ethanol ausgewiesen:

$$\begin{array}{ccccc} \eta_{\text{Eth./Holz}} = \eta_{\text{Prod. Holz}} \cdot \eta_{\text{Holz/Cell.}} \cdot \eta_{\text{Cell.}\to\text{Gluc.}} \cdot \eta_{\text{Gluc.}\to\text{Eth.}} \\ 0{,}75 = 5 \quad 0{,}6 \quad 0{,}5 \quad 0{,}5 \end{array} \qquad \text{(Gl. 5)}$$

schon Wirkungsgrade berechnet werden, die in der Nähe von 1 liegen, dann sind grundsätzliche Verbesserungen in den Hauptprozessen erforderlich, um „freie Energie" erzeugen zu können [24]. Solche Berechnungen sollten, wie bereits bei der Ableitung der Aufgaben der Biotechnologie erläutert, frühzeitig in der Phase der Entscheidung über die Forschungsrichtungen herangezogen werden, um die Effektivität der Lösungen und den effektiven Einsatz des Forschungspotentials zu gewährleisten. Die ökonomische

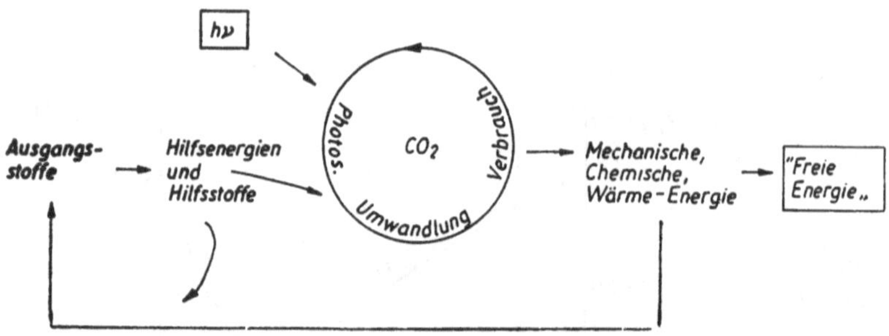

Abb. 13.

Komponente gehört zur Arbeit des Technologen genauso wie die naturwissenschaftliche und technische. Wer sich zur Technologie bekennt, muß sich auch zur Ökonomie als einer unerläßlichen Teilaufgabe der Technologie bekennen. Ich betone das deshalb, weil viele technologisch Arbeitende aus dem Bereich der reinen Naturwissenschaften stammen und den Übergang vom Naturwissenschaftler zum Technologen gern mit Vorbehalten, insbesondere gegenüber den ökonomischen Aufgaben, vollziehen.

Biotechnologie ist ein junges Gebiet. Es ist heute, wie alle jungen Gebiete, in der Gefahr, sowohl der Überschätzung als auch der Unterschätzung ausgesetzt zu sein. Um so notwendiger scheint es mir, daß die mit Biotechnologie Beschäftigten sich äußern, daß sie den Mut haben, ihr Gebiet nicht nur zu betreiben, sondern auch zu beschreiben. In diesem Sinne soll der vorliegende Versuch einer Definition der Stellung, des Inhalts und der Aufgaben der Biotechnologie beitragen, Biotechnologie als Wissenschaft zu erkennen und anzuerkennen sowie dem Biotechnologen und dem mit Biotechnologie befaßten Naturwissenschaftler, Ingenieur oder Ökonomen einen Standpunkt zu geben, von dem aus er den größtmöglichen Nutzen für die Gesellschaft erbringen kann.

Literatur

[1] Chibata, I.: A. I. Virtanen — Gedächtnisvorlesung. 27. Internationaler IUPAC-Kongreß Helsinki/Finnland 27.—31. 8. 1979

[2] Bajew, A.: Die Wissenschaft im Dienste der Produktion. Eine Fabrik der lebenden Zelle... Izvestija 16. 5. 1980, S. 3

[3] Calvert, C. C.: Use of Animal Excreta for Microbial and Insect Protein Synthesis. Journal of Animal Science 48 (1979) 1 S. 178—192

[4] Chapman, V. J.: Organic Chemicals from the Sea. IUPAC-Conference on Future Sources of Organic Raw Materials, Toronto/Canada 9.—14. 7. 1978

[5] Ringpfeil, M.: Biotechnologie — Stand und Entwicklung. Chem. Techn. 29 (1977) 8, 423—428

[6] Ringpfeil, M.: Zur Entwicklung der Biotechnik und Biotechnolgie. In: Moderne Technologien als Wachstumsfaktor. Parteihochschule „Karl Marx" beim ZK der SED, Berlin, Dezember 1979, S. 53—55

[7] Ringpfeil, M.: Some Remarks about Biotechnology. 6. International Conference on Global Impacts of Applied Microbiology, Lagos/Nigeria 30. 8.—6. 9. 1980

[8] Werther, J.: persönliche Mitteilung

[9] Prospektmaterial der Chemischen Werke der Tschechoslowakisch-Sowjetischen Freundschaft, Litvinov und „Chemaprojekt", Prag

[10] Leibnitz, E., U. Behrens und M. Ringpfeil: Die technische Mikrobiologie — ein neuer Zweig der technischen Chemie. Chemie heute, Chemie morgen. (Hrsg. H. Jahn) Urania-Verl. (1967), S. 202—206

[11] Ringpfeil, M.: Microbiological Processing — A Technical and Economic Appraisal. 10. World Petroleum Congress, Bukarest/Rumänien 9.—19. 9. 1979

[12] Ringpfeil, M.: Die industrielle Nutzung der mikrobiellen Zellvermehrung. 4. Vortragstagung und Hauptversammlung der Sektion Mikrobiologie, Reinhardsbrunn/DDR 14. bis 17. 10. 1979

[13] Wünsche, L.: persönliche Mitteilung

[14] Ringpfeil, M., L. Wünsche and G. Klappach: Production of SCP as a Continuous Fermentation Process. 7. International Symposium on continuous Cultivation of Microorganisms, Prag/CSSR 10.—14. 7. 1978

[15] Babel, W.: Energetische Grundlagen und biochemische Aspekte der Mischsubstratfermentation. 2. Symposium der sozialistischen Länder über Biotechnologie Leipzig/DDR 2. bis 5. 12. 1980

[16] Ringpfeil, M.: Mikrobielle Eiweißproduktion und Grundlagenforschung. Spektrum 7 (1976) 4, S. 31—33

[17] Bogner, H.: persönliche Mitteilung

[18] Klappach, G., und D. Weichert: persönliche Mitteilung

[19] RINGPFEIL, M.: Fermentor Design for SCP-Production. 6. International Fermentation Symposium London/Canada 20. 7.—25. 7. 1980

[20] LIEPE, F., L. JAGUSCH, W. STEPHAN and M. RINGPFEIL: The Present State and the Perspective of Development of Industrial High Performance Fermentors for Aerobic Fermentations. 1. European Congress on Biotechnology, Interlaken/Schweiz 25.—29. 9. 1978

[21] STEPHAN, W.: WP 137807 (DDR)

[22] STEPHAN, W.: unveröffentlichte Ergebnisse

[23] BÖHME, H., G. KEIL, B. PHILIPP und M. RINGPFEIL: Bedeutung und Einfluß der Chemie auf die Entwicklung der industriemäßigen Produktion der Landwirtschaft. Sitzungsberichte der AdW der DDR 19 N, 1978, S. 3—34

[24] RINGPFEIL, M., G. KLAPPACH und J. SCHNEIDER: Möglichkeiten der biotechnologischen Verwertung von zellulosehaltigen Rohstoffen. 3. Internationales Symposium „Grundlagenforschung zur komplexen Holznutzung", Grillenburg/DDR 29. 9.—3. 10. 1980

Akademie der Wissenschaften der DDR
Zentralinstitut für Molekularbiologie, Berlin

Biotechnologie in der Medizin

F. Jung

Biologische Wirkprinzipien nutzt der Mensch, seit er überhaupt bewußt arbeitet; er nutzt sie in großem Umfang bei der Nahrungsgüterproduktion, aber auch in der Bereitstellung von Mitteln zum Schutz und zur Wiedergewinnung seiner Gesundheit. So spielen fermentative Umsetzungen zur Gewinnung oder Veredlung von Arzneimitteln bereits am Anfang der pharmazeutischen Technologie eine wichtige Rolle; man denke nur an die Umwandlung von Mohnsaft in Opium oder die Fermentation von Tee bzw. die Aufarbeitung Cardenolid-haltiger Pflanzenteile zu medizinisch brauchbaren und vor allem verläßlichen Zubereitungen. Um die Mitte dieses Jahrhunderts ergab sich indessen ein entscheidender Aufschwung einer, auf die Medizin orientierten, Biotechnologie, ermöglicht durch die Erschließung mikrobieller Wirkstoffe als Chemotherapeutika wie durch die Nutzung von Enzymen für diagnostische Tests, aber auch direkte therapeutische Eingriffe: Während noch in der ersten Jahrhunderthälfte unser Arzneimittel- und Diagnostik-Sortiment vornehmlich über chemische Synthese und Isolation bzw. chemische Abwandlung von Naturprodukten gewonnen wurde, beruht es heute — sowohl im Produktionsumfang wie Produktionswert — zu weitmehr als einem Viertel auf biotechnologisch gewonnenen oder weiter verarbeiteten Produkten (Antibiotika, viele Vitamine, Impfstoffe, Enzymdiagnostika usw.).

Jetzt, gegen das Jahrhundertende deutet sich ein weiterer Aufschwung an, der in einigen kapitalistischen Ländern mitunter als „Goldrausch" kommentiert wird und der gewisse Analogien zur Entwicklung der Mikroelektronik besitzt. Er beruht auf folgenden Ergebnissen der Grundlagenforschung:

1. Struktur und Funktion der wichtigsten Biopolymergruppen, zunächst der Proteine dann der Nukleinsäuren übersehen wir heute in großem Umfang; wir wissen, wie bestimmte strukturelle Eigenschaften die Funktion (etwa eines Eiweißes als Katalysator oder einer Nukleinsäure als Informationsträger) determinieren.
2. Wir können diese Biopolymere heute nicht nur in reiner Form isolieren, sondern auch modifizieren, chemisch de novo synthetisieren bzw. nicht natürliche Analoga darstellen (z. B. Gensynthese und Genmodifikation, Synzyme und trägergebundene Enzyme).
3. Neue Einsichten und Methoden der Zellbiologie, unser Verständnis des Wechselspiels der einzelnen zellulären Komponenten (Biomakromoleküle, niedermolekulare Substrate, Koenzyme, Transmittermoleküle) entwickeln sich schnell. Nicht nur Mikroben können wir heute kultivieren, sondern auch die Zellen höherer Tiere, und der genetische Informationsbestand von Pro- wie Eukaryonten kann von uns heute durch zell-

biologische wie molekulargenetische Techniken in täglich steigendem Umfang modifiziert werden.

4. Es wird zunehmend möglich, die klassischen technologischen Prinzipien der Stoff- oder auch Energiewandlung durch die spezifischen, in der lebenden Materie wirksamen Prinzipien zu ergänzen und teilweise zu substituieren (z. B. Einsatz fermentativer Teilschritte bei der Steroidumwandlung).

Die unglaublich variable und effektive Fähigkeit der Organismen, aus einfachsten Rohstoffen und Energiequellen (Wasser, CO_2, Licht) die spezifiziertesten Produkte hervorzuzaubern, wird damit technisch weit besser wie zuvor nutzbar. Das ist besonders für uns in der Medizin von Bedeutung, da wir ein sehr diversifiziertes Sortiment an hoch veredelten Produkten für unsere diagnostische und therapeutische Praxis benötigen. Das wäre schon eine starke Motivation zur Entwicklung dieser Möglichkeiten, wenn nicht generell das Problem der Erschöpfung wichtiger Ressourcen hinzukäme und auch hier die heute bereits zum Teil vorliegenden Prinziplösungen weiterhelfen können. Beispiele hierfür wären etwa das Vermögen von Mikroben, bestimmte Elemente zu akkumulieren und so bei der Veredelung minderwertiger Erze zu helfen oder auch die Aufarbeitung von Abfällen zu verwertbaren Biomassen.

Natürlich können starke Motivationen und ein weites unerschlossenes Feld neuer Möglichkeiten auch verführen, und es ist daher notwendig, recht nüchtern und weitsichtig an die Entwicklung der neuen Techniken heranzugehen:

So erscheint es mir ein wenig paradox, wenn man an einem Ort in der Welt sich bemüht, aus wichtigen Rohstoff- und Energieträgern (Erdöl, Alkohole) Biomasse für die Ernährung zu gewinnen und an einem anderen Ort wieder versucht, primär für Ernährung genutzte Biomasse zu Produkten umzuwandeln, welche Automobile oder Traktoren antreiben. Hier sind gute und langfristige Prognosen speziell über Rohstoffquellen notwendig, wenn man langfristig große Projekte entwickelt. Sicherlich wird auch dem Goldrausch einiger Molekulargenetiker im Westen, die ja gegenwärtig für ihre Kleinfirmen 100te Millionen Dollar aufbringen können, auch die Ernüchterung folgen, sei es, weil manche Versprechungen irreal waren und die Pleite kommt, sei es, weil bei Erfolg auch hier die großen Fische (etwa die großen Pharmakonzerne) jene kleinen Fischchen verzehren werden. Bei der Mikroelektronik war und ist das nicht anders. Auch SHOCKLEY, der Erfinder des Transistors, konnte seine Firma nicht halten. Wir folgen natürlich bei unserem ökonomischen System diesem Goldrausch nicht, und wenn ich mir das Programm dieses Kongresses ansehe, so habe ich eher den Eindruck, daß wir zu vorsichtig und konservativ sind. Das gilt insbesondere dort, wo die zu erwartende neue Qualität der Technologie die ersten Erfolge bringen wird und schon bringt — also bei uns in der Medizin bzw. in einigen ihr nahe stehenden Volkswirtschaftsbereichen, wie der Nahrungsmittelproduktion und in der Landwirtschaft. Hier geht es meist nicht um Tonnenprodukte, sondern um höchst veredelte Produkte bzw. sehr komplexe Verfahren: Einige mg eines hoch wirksamen (etwa monoklonalen) Antikörpers bringen nicht nur ihr gutes Geld, sondern können etwa als Therapeutikum über Leben oder Tod eines Menschen entscheiden bzw. menschliches Arbeitsvermögen in erheblichem Umfang bewahren.

A) Im weiteren möchte ich nicht auf die mir bereits klassisch erscheinende mikrobielle Produktion von antibiotischen Mitteln oder Vitaminen eingehen. Es ist mir selbstverständlich, daß die Biotechnologie diese Verfahren weiter optimiert und gelegentlich die Produktliste noch ergänzt. Auch wenn die genetische Manipulation hierfür neue leistungsfähigere Produktionsstämme schafft, so wird das die bestehende Technologie kaum entscheidend verändern. Prinzipiell neue Trends können demgegenüber bei den Enzymen festgestellt werden. Wir beobachten

1. Seit Mitte des Jahrhunderts werden für diagnostische und therapeutische Zwecke immer mehr die Enzyme aus tierischen Organen durch mikrobiell produzierte Enzyme substituiert. Ihre Gewinnung ist billiger, ihr Eigenschaftsumfang fast unbegrenzt. In der Perspektive ist über genetische Manipulation auch erwartbar, daß bestimmte Enzymproteine, für deren therapeutischen Einsatz ein tierischer oder gar humaner Ursprung unerläßlich ist, auch auf mikrobiellem Wege zugänglich werden (vgl. dazu unten). Möglicherweise werden auf diesem Weg auch einmal neuartige Enzyme oder Enzymkomplexe darstellbar.
2. Für diversifizierte Produktionsverfahren von Arzneimitteln erscheinen enzymatische Prozesse gegenüber den klassischen Darstellungsverfahren günstiger. Beispiele sind:
   - Die Gewinnung von Aminopenicillinsäure im Zuge der Herstellung modifizierter Penicilline mit höherem Gebrauchswert,
   - die proteolytische Gewinnung und Aufreinigung von Aminosäuren (Racemattrennung) für den therapeutischen Bedarf (Infusionslösungen),
   - die Umwandlung von Steroiden auf Grund der oft hoch spezifischen Angriffsmöglichkeiten bestimmter mikrobieller Enzyme.
3. Die zunehmende Überwindung von Stabilitätsproblemen wie anderen technologischen Fragen durch Bindung an synthetische Polymere oder natürliche Makromoleküle, in eine Matrix, an ein Gel oder innerhalb von Hohlfasern. Hierfür gibt es zahllose Prinziplösungen, in welchen das Enzym sowohl kovalent oder irgendwie physikalisch diffusionsgehemmt fixiert wird.
4. Die Möglichkeit der Kopplung enzymatischer Systeme, wodurch die Effektivität und spezifische Qualität der angestrebten Stoffwandlung um ein vielfaches erweitert werden kann. Dabei wird man sicherlich in Zukunft einem bionischen Prinzip folgen, das uns die Natur etwa bei der Fettsäuresynthetase oder bei Teilen der Atmungskette bzw. dem Cytochrom-P-450-System vorspielt.

Die Wirksamkeit dieser Trends für die Entwicklung unseres sozialistischen Gesundheitsschutzes ist unmittelbar erkennbar. Sie möge wiederum an Beispielen erläutert werden:

1. Ein Schwerpunkt für die Entwicklung unseres Gesundheitswesens ist der Ausbau der Grundbetreuung. Hier benötigen wir unter anderem, und zwar sowohl für die Prophylaxe (im übrigen auch bei arbeitsmedizinischen Problemen) wie die Therapieüberwachung, einfachste, durch den Arzt, die Krankenschwester, ja den Patienten selbst bedienbare diagnostische Systeme: Sie müssen einfach sein, hoch spezifisch und zudem billig. Zunächst betrifft das etwa die Überwachung von Glukose im Blut oder im Urin, die Ermittlung veränderter Cholesterinwerte im Serum oder auch Veränderungen des Lipoproteinspektrums ebendort. Wir benötigen leicht gewinnbare Aussagen über Harnstoff, Harnsäure, Ammoniak usw. in den Körperausscheidungen. International und auch bei uns löst man das etwa mit reagentientragenden Teststreifen oder -stäbchen. Sie befriedigen nicht immer, sind oft ungenau und nicht genügend spezifisch. In solchen Systemen ar-

beitet man meist mit Enzymen oder Enzymsubstraten, welche an den Streifen gebunden sind und über gut ausgewählte Substrate dann zu Farbreaktionen führen, die man photometrisch auswerten kann. Oft werden in solchen Systemen auch mehrere Enzyme miteinander gekoppelt. Ein Beispiel wäre ein von uns entwickelter Glukoseteststreifen, der mit Glukoseoxydase und Peroxydase arbeitet und — was neu ist — eine sehr stabile und gut meßbare Farbauswertung erlaubt. Ein analoges System hat auch Kodak entwickelt, woraus sie entnehmen könnten, daß hier auch Erfahrungen der Photofilmherstellung einfließen. Will man solche Systeme in dem von uns im Gesundheitswesen benötigten Umfang einsetzen, so brauchen wir ein Produktionssortiment mikrobieller Enzyme, welche in bezug auf Aktivität und Beimischung anderer enzymatischer Komponenten hohe Ansprüche erfüllen. Das ist eine Forderung an die mikrobielle Biotechnologie, die mir im Hinblick auf den Stellenwert der Grundbetreuung unabdingbar erscheint.

2. In der spezialisierten Betreuung genügen solche Verfahren nicht immer. Hier wird es oft nötig, Verläufe präzis und exakt zu verfolgen. Nun gelingt es etwa eine polarographische Sauerstoffmeßanordnung so mit dem System Glukoseoxydase zu verbinden, daß eine leistungsfähige und standfeste Meßanordnung für Zucker entsteht. Das System als solches ist nicht neu, unsere eigene Entwicklung übertrifft indessen an Standfestigkeit das, was international vorliegt. Damit kann man etwa in der Dispensaire-Betreuung und bei der Einstellung von Zuckerkranken eine erhebliche Rationalisierung erreichen. In der Perspektive erlauben aber solche Systeme noch mehr. So bemüht man sich in der ganzen Welt um die sogenannte künstliche β-Zelle, also ein automatisiertes System, welches die Blutglukose mißt und je nach Bedarf dann das regulierende Hormon Insulin in den Kreislauf eingibt. Ideal wäre es, wenn man solche Systeme einmal wie einen Herzschrittmacher implantieren könnte. Das würde für unsere Zuckerkranken gewonnene Leistungs- und Lebensjahre bedeuten — es braucht aber weitere intensive Arbeit an solchen Enzymelektroden. Daß solche Enzymelektroden auch für andere Leistungen und andere Überwachungssysteme in der hochspezialisierten Betreuung eingesetzt werden könnten, versteht sich von selbst.

Und sie werden wissen, daß mit diesen — zunächst für unsere medizinischen Belange entwickelten — Systemen auch die eigentliche Biotechnologie erheblich rationalisiert werden könnte. Sie werden Glukose, Amylase und noch ganz andere wichtige Parameter damit in ihren Ansätzen kontrollieren und steuern können. Wiederum möchte ich betonen, daß solche Entwicklung unabdingbar an die Qualität der mikrobiologischen Enzymproduktion und an die Qualität *Ihrer* Endprodukte gebunden sind — dies wird noch deutlicher werden, wenn wir um weitere Miniaturisierung solcher Systeme ringen. Heute ringen wir noch um einfachste Qualitätsparameter bei den uns gelieferten Ausgangsprodukten.

3. Diese sich hier entwickelnde Technologie hat für uns auch perspektivische Bedeutung — nicht nur für die Überwachung in der Intensivtherapie, sondern auch für diese selbst. Sie kennen alle die hochentwickelten Möglichkeiten zur Hämodialyse, einer Technik, zu der wir in der DDR essentielle Beiträge geliefert haben und die in der DDR sehr systematisch eingesetzt wird. Bei der Dialyse nutzen wir passive Diffusionsprozesse, es gelingt uns indessen nicht echte stoffumsetzende Organfunktionen — und auch die Niere besitzt solche neben ihrer Filtrations-

funktion — zu ersetzen. Auf der Ausstellung „Gesundheit 80“ in Moskau stand nun eine sowjetische Entwicklung, welche den Dialysator durch einen Absorber ersetzte und in welchem katalytisch aktive Metalle (Fe?) an das Absorbens gebunden waren. Ich würde so etwas, wie es dort geschah, noch nicht als künstliche Leber bezeichnen. Es ist indessen ein wichtiger Beginn. Gelingt es etwa in einem solchen Absorber oder besser Reaktor, etwa das Arzneimittel und andere Fremdstoffe entgiftende (besser hydrophil machende) mikrosomale Enzymsystem der Leber zu binden, so hätten wir tatsächlich die Möglichkeit der Substitution einer Partialfunktion der Leber, einsetzbar bei der Therapie von schweren Vergiftungen. Gelingt es in der Perspektive komplexere derartige Systeme zu entwickeln, mit Dialysatoren zu verbinden, so könnten wir über längere Perioden substituieren und zunächst einmal (ähnlich wie bei der Indikation Nierentransplantation) Wartezeiten überbrücken, bis ein geeignetes Spenderorgan zur Verfügung steht.

Hier geht es um Menschenleben und nicht nur um eine Produktionsverbesserung, und ich bin überzeugt, daß solche komplexere Reaktoren vermutlich zuerst durch uns entwickelt werden, bevor die gewonnenen Erfahrungen in Ihren biotechnologischen Sektor einfließen. Einfache Reaktoren benutzt ja die Biotechnologie bereits und es wird notwendig sein, daß wir in einem steten Erfahrungsaustausch bleiben und wir für unsere Aufgabenstellungen die benötigten Produkte von ihnen bekommen.

Kaum gangbar ist für uns der Weg, der in der Biotechnologie eine gewisse Bedeutung gewonnen hat, daß man statt gebundener Enzyme die sie produzierenden Mikroorganismen einsetzt. Wir können das allenfalls für unsere diagnostischen Systeme verwenden und tun dies schon. Ein von uns entwickeltes Vorhaben finden sie in der Vorstellung einer Cholesterinelektrode durch Prof. Mohr und seine Mitarbeiter in der Postersektion dieser Tagung. Ein weiteres Beispiel wäre die Bindung von Mikroorganismen in Gelträgern für die Ermittlung ihrer Chemotherapieempfindlichkeit.

B) Dies leitet mich nun über auf den zweiten wichtigen Trend der vergangenen Jahre, nämlich die Produktion von Hilfsmitteln für die Medizin durch lebende Zellen, wobei ich die Antibiotikaproduktion durch Mikroorganismen ausklammere. Die recht primitive Biotechnologie zur Gewinnung von wenig virulenten Pockenviren, besser Vaccineviren, wie sie Jenner eingeführt hat, setze ich ebenso als bekannt voraus, wie die Gewinnung anderer Impfstoffe über das lebende Pferd oder das lebende Schaf. Sie wissen alle, daß mit der Entwicklung der modernen Gewebekulturtechniken neue Produktionsformen eingezogen sind, über welche wir heute etwa den Grippeimpfstoff, den Polioimpfstoff und anderes mehr gewinnen. Bessere Beherrschung der Kulturbedingungen verspricht uns für die Zukunft, daß auch solche Verfahren in weit größerem Umfang industrielle Dimensionen gewinnen, obwohl wir gegenwärtig bei der hohen Aktivität der gewonnenen Produkte noch mit Anlagen auskommen, die ein Fermentationstechniker noch als Laboranlage bezeichnen würde. Gewinnung von Impfstoffen bzw. anderen Wirkstoffen über Zellen höherer Tierarten messen wir in der Medizinprognose außerordentlich hohe Bedeutung zu, neue Fortschritte der Grundlagenforschung geben uns dazu den Ausgangspunkt:

1. Lebende Zellen produzieren in unserem Organismus eine Vielzahl von Faktoren (meist Proteine oder Peptide), mit welchen sie ihre Vermehrung, ihre differen-

zierende Entwicklung und ihre Leistungen gegenseitig steuern. Der medizinisch gebildete Laie kennt sie als Hormone oder nervöse Überträgerstoffe, ihre Zahl ist um Dimensionen größer, als wir noch vor etwa 30 Jahren dachten, und es werden täglich neue entdeckt und in ihren Eigenschaften charakterisiert. Diese neuen Wirkstoffe könnten eine große Bedeutung für die Medizin besitzen, wenn sie nicht unser Organismus nur in enorm kleinen Mengen produzieren würde und damit ihre Isolation aus Tierkörpern in nutzbarem Umfang utopisch wäre. Kultiviert man die spezifisch produzierenden Zellen unter geeigneten Bedingungen, so lassen sich Ausbeuten erzielen, die produktionswirksam erscheinen.
Ein solcher Faktor ist etwa das Interferon, von welchem man sich für die Bekämpfung von Virusinfektionen und vielleicht auch bestimmter bösartiger Tumoren viel verspricht. Weitere solche Faktoren sind die Chalone, die Wachstumsfaktoren für Nervengewebe, für Gefäße, für Epithelien usw., es sind bestimmte seltene Hirnhormone und vieles andere mehr. Wir erwarten also von der Biotechnologie großtechnische Systeme zur Zellkultur, zunächst, um solche Faktoren zu gewinnen, und später vielleicht auch, um so kultivierte Zellmassen auch für substituierende „Transplantationen" einzusetzen.

2. Ein wesentlich beschränkender Faktor bei Dauerkultur von normalen Körperzellen ist ihre beschränkte Lebensfähigkeit. Bestimmte normale Zellen sind nur über beschränkte Zahlen von Generationen vermehrungsfähig. Es ist nun gelungen, durch Hybridisation solcher Zellen mit Tumorzellen, Hybridformen zu entwickeln, welche einerseits die unbeschränkte Vermehrungstendenz der Tumorzellen besitzen und andererseits die spezifischen Syntheseprodukte weiter herstellen. Wir beherrschen diese Technik in der DDR im Labormaßstab, sie wird wahrscheinlich wesentlich dazu beitragen, die unter 1. genannte Zielstellung entscheidend zu fördern.

3. Diese Hybridisationstechnik hat bei der Gewinnung von Antikörpern bereits zu einem entscheidenden Erfolg geführt. Traditionell gewinnt man Antikörper durch Gabe des Antigens (toxisches Protein, Mikroorganismen, Virus) an ein Tier und nachfolgende Ausisolierung der entsprechenden Immunglobuline. Dabei erhält man stets ein Gemisch. Nun ist bekannt, daß ein „immunkompetent" gewordenes weißes Blutkörperchen nur einen Antikörper von hoher Spezifität produziert und jenes Gemisch dadurch zustande kommt, daß in unserer Leukozytenpopulation die jeweilige Immunkompetenz jeder Zelle verschieden ist. Bringt man nun die Leukozyten zur Hybridation mit Tumorzellen und nun die Nachkommen zur Vermehrung, so kann man die Zellklone aussuchen, die hoch spezifisch das gewünschte Produkt herstellen — den sogenannten monoklonalen Antikörper. Diese höchst spezifischen Reagentien haben in wenigen Jahren eine außerordentlich hohe Bedeutung in der Immundiagnostik bekommen und könnten sie auch in der Immuntherapie erhalten. Nun, unsere Immunologen produzieren derzeit für den Hausbedarf in der Bauchhöhle von Mäusen, und schon das langt für ein Labor. Ich zweifle nicht, daß sehr umfassende Anforderungen an unsere biotechnologische Industrie in dieser Richtung herankommen und dann wird es sich nicht mehr um Produktion in Mäusebauchhöhlen handeln.

4. Schon ohne diese letztgenannte Entwicklung haben wir in den letzten Jahren enorme Fortschritte der immunologischen Diagnostik erlebt: mit Hilfe der moder-

nen Tests wie Radioimmunessai und Enzymimmunessai lassen sich schnell und hoch spezifisch klinisch bedeutsame Aussagen über Hormonspiegel und Arzneimittelspiegel erhalten. Sie sind für uns heute unentbehrlich. Insbesondere der Enzymimmunessai ist interessant, weil er bei hoher Sensitivität für viele Aufgaben den Umgang mit radioaktiven Materialien im Labor ersparen kann.

Die Biotechnologie der Zellkulturtechnik, sei es zur Virusproduktion, sei es zur Faktorengewinnung, sei es auf der Grundlage von Normalzellen oder Tumorzellen ist somit für uns Mitarbeiter des Gesundheitsschutzes ein unerläßliches Postulat, das bei jeder Diskussion um Biotechnologie im Vordergrund stehen sollte und für welches wir konkrete Lösungen brauchen.

C) Eine entscheidende Voraussetzung für biotechnologische Verfahren ist die Leistungsfähigkeit des biologischen Systems. Sie ist genetisch determiniert. Seit der Urzeit nutzt nun der Mensch die natürliche Mutationsrate und seit Anfang dieses Jahrhunderts auch mutagene Faktoren, um diese Leistungsfähigkeit in seinem Sinne zu beeinflussen: Die durch Rekombination und Mutation vermittelte Variabilität der Leistung wird durch Selektion geeigneter Organismen methodisch genutzt, ein langwieriger und durch Zufallsfaktoren beherrschter Prozeß. Dies war schon Gentechnologie! Über die durch die Molekulargenetik vermittelten neuen Möglichkeiten wird dieser Zufall eliminiert, wir können heute direkt in den genetischen Informationsbestand eingreifen. Das wird die Gentechnologie der kommenden Jahrzehnte sein und sie verspricht den nächsten großen Qualitätssprung in der Biotechnologie. Ersparen sie mir die Darstellung des Grundlagenvorlaufs, d. h. der Ausarbeitung von Methoden zur Modifizierung, Synthese und Übertragung von Nukleinsäuren in den Genbestand von Prokaryonten- und Eucaryontenzellen. Sicher haben wir heute noch nicht die geeignetsten Vektoren und Empfänger und sicher werden noch erhebliche Arbeiten notwendig sein, wenn uns mehr bekannt ist über die Steuerungsprozesse, welche für die Expression einer übertragenen Nukleinsäure verantwortlich sind. Ebenso sicher scheint mir aber, daß in der Perspektive keine mikrobielle Biotechnologie konkurrenzfähig bleiben wird, wenn sie nicht die neuen Grundmethoden zur Modifikation der Organismen beherrscht und kontinuierlich für die Optimierung der Leistungsparameter in der Produktion einsetzt. Auch wenn die einzelnen Verfahren heute noch weitgehend Prinziplösungen darstellen, sollte sich das Wissen und Können der Biotechnologen heute schon auf diese Aufgaben orientieren (in Aus- und Weiterbildungsprogrammen). Im weiteren möchte ich mich wieder auf prägnante Beispiele zu den Möglichkeiten der zu erwartenden neuen Wege beschränken.

1. Sicher ist Ihnen bekannt, daß es gelungen ist, die Wachstumsgeschwindigkeit und die metabolischen Eigenschaften eines Methanol umsetzenden Keims um einige % dadurch zu verbessern, daß in ihm das Coli-Gen für Glutamatdehydrogenase angesiedelt wurde. Höhere Wachstumsgeschwindigkeit bedingt aber einen Selektionsvorteil sowie eine bessere Anpassung an Kulturbedingungen, und das hat meines Erachtens hohe praktische Bedeutung generell für Produktionsstämme. Man wird sich also in der Perspektive nicht nur auf Genmanipulation in bezug auf ein bestimmtes neues biosynthetisches Produkt beschränken müssen, sondern auch Stabilität und Gesamtproduktivität auf diesem Wege absichern können.

2. Sie wissen ebenfalls, daß es gelungen ist, *Coli-V*arianten zu produzieren, welche die Polypeptidketten des Insulins oder auch Proinsulin herstellen bzw. auch aus-

zuscheiden vermögen. Bei solchen Modifikationen hat man sowohl verstanden, natürliche Gene zu implantieren, wie vollsynthetische neuartige Gene zu machen, welche für die spätere Aufarbeitung des primären Syntheseprodukts Vorteile versprechen. Es gibt die Prognose, daß in wenigen Jahren, noch vor 1985 so produziertes Humaninsulin auf dem Markt sein wird und möglicherweise billiger als die aus Tierorganen isolierten Insuline. Kein Arzt wird mehr ein Tierinsulin verwenden wollen und kein Patient mehr ein Produkt aus Rindern haben wollen, wenn auf dem Weltmarkt Humaninsulin angeboten wird.

Das wird auch dann der Fall sein, wenn die Diabetesspezialisten behaupten (und das tun heute einige), daß Humaninsulin keinen entscheidenden therapeutischen Vorteil bringt. Erzwungen wird der Übergang auf alle Fälle, wenn das neue Produkt billiger ist, die derzeitige Insulinproduktion ist ja ein aufwendiges Verfahren. Ich muß also meine Prognose in dem Sinn erweitern, daß unser Gesundheitswesen in absehbarer Zeit ein solches Produkt von unserer biotechnologisch arbeitenden Industrie abfordern wird und daß es absolut notwendig ist, nun die einzelnen Schritte zu einem solchen Produkt klar zu überdenken. Soll *Coli* der Produktionsstamm werden, was ist mit der Stabilität und Produktivität der modifizierten *Coli*? Was wird man genetisch transferieren: Klassisches Proinsulin oder ein modifiziertes Gen? Wie wird man in die Nukleinsäure des Vektors implantieren? usw. bis schließlich hin zum Problem der Aufarbeitung des Primärprodukts zu einer umfassend einsetzbaren und gut verträglichen Arzneifertigware.

3. Ein weiteres Beispiel wäre das schon oben erwähnte Interferon bzw. besser die verschiedenen Interferone. Auch hier wurde international bereits die mikrobielle Produktionsmöglichkeit durch genetisch manipulierte Coli belegt und gezeigt, daß das bakteriell erzeugte Interferon trotz kleiner Strukturdifferenzen (Fehlen der Polysaccharidgruppen) Wirksamkeit bei Virusinfektionen (Encephalomyocarditis als Test) besitzt.

4. Prinzipiell scheint es möglich, jene in Abschnitt B) 1. erwähnten zahlreichen Faktoren auf diesem Wege herzustellen. International bemüht man sich, und zwar teilweise mit Erfolg, um Somatostatin und Somatotropin, um Thymosin, um Epithelwachstumsfaktoren, um Nervenwachstumsfaktor und vasoaktive Peptide und fast jede Woche hört man eine Erfolgsmeldung für ein neues Protein. Natürlich ist für eine solche Manipulation von Bakterien eine unerläßliche Voraussetzung, daß man zunächst das Gen in die Hand bekommt oder mindestens die Sequenz des Peptids kennt, um evtl. das Gen synthetisch herzustellen. Dabei scheint mir eine weitere Feststellung wichtig, hat man die Grundverfahren am Modell Interferon oder Insulin erarbeitet, besitzt man hochwirksame Vektoren und Produzenten, so ist der Übergang zu einer diversifizierten Produktion dieser „kleineren“ Faktoren kein großes biotechnologisches Problem mehr. Die Verhältnisse sind im Prinzip nicht anders als bei einem Webstuhl, dem ich ein anderes Programm eingebe.

5. Dieselbe Technologie läßt sich im Grunde auch für Probleme der Herstellung von Immunkörpern einsetzen z. B. von monoklonalen Antikörpern. Vordergründig erscheint indessen die Produktion geeigneter Virusantigene wichtiger, die ich dann als Virusimpfstoffe verwenden könnte.

Grippe-, Polio- usw. Impfstoffe wie andere Virusimpfstoffe produzieren wir heute über die Produktion der Viren selbst. Für eine Reihe von Viren kennen wir die Nukleinsäurestruktur, und die Einführung von Teilstücken dieser Virusnukleinsäuren in Bakterien ist gelungen.

Über die bakterielle Produktion von spezifischen Virusproteinen, insbesondere der Oberflächenproteine kann ein neuartiger Zugang zu Impfstoffen für diagnostische und therapeutische Zwecke geschaffen werden. Die bisher übliche Massenproduktion von Viren könnte damit teilweise eingespart werden, was insbesondere dort bedeutsam ist, wo diese Kultur aufwendig und schwierig ist. Es ist auch gelungen, die Nukleinsäure von Viren zu modifizieren (durch Herausschneiden von Sequenzabschnitten, durch Einfügung andersartiger Abschnitte), und es erscheint möglich, damit kritische pathogene Effekte zu verhindern und immunogene Eigenschaften beizubehalten. Die modifizierten Viren könnten dann für Impfprogramme verwendet werden. Bedenkt man, daß die gesundheitspolitische Bedeutung bestimmter Viruskrankheiten (z. B. Influenza, respiratorische Viren, Hepatitis) außerordentlich hoch ist; eine Influenzaepidemie erhebliche Rückwirkungen auf die volkswirtschaftliche Leistungsfähigkeit besitzt oder die Virushepatitis die Ursache zu chronischer Krankheit und frühzeitigem Tod vieler Menschen darstellt, so wird verständlich, daß der Gesundheitspolitiker eine Beherrschung dieser Techniken und ihre zielstrebige Verwertung unabdingbar fordern wird.

Oben wurde erwähnt, daß man im Westen auf dem Gebiet der Gentechnologie eine Art „Goldrausch“ beobachten kann. Es gibt einen unkoordinierten Wettlauf großer Konzerne und kleiner Gruppen, um sich — wie einst in Alaska — irgend einen Claim abzustecken. Das kann für uns kein Modell sein. Das „Gold“ ist sicherlich vorhanden, wir sollten aber — ebenso nüchtern wie zielbewußt — eine Strategie entwickeln, die uns das Feld erschließt, und zwar unter Berücksichtigung der gesamten Kette bis hin zur Realisierung der Produktion: Die wesentlichen Prinziplösungen — etwa für die Herstellung eines Hormons — liegen ja vor; Molekularbiologen und Biotechnologen sollten sich also zusammenfinden, um die technologische Problematik abzuklären, und zwar so, daß am Ende produziert werden kann. Auf dem Gebiet herumzuspielen, dann die Klonierung irgend eines Proteingens in *Coli* als „Spitzenleistung“ herauszustellen, bringt uns nicht weiter, es geht um die Verifikation für die Praxis, mit klaren Ablaufplänen und einem konkreten Ziel.

Gleichgültig, ob die neuen biotechnologischen Möglichkeiten die Enzymologie, die Zellkultur oder die Gentechnologie betreffen, in jedem Fall erfordern die notwendigen Programme bestimmte Hilfsmittel und Hilfsstoffe, deren Bereitstellung nicht problemlos ist. Es ist hier vieles genau so wie in der Mikroelektronik; man kann höchst integrierte Schaltkreise nur herstellen, wenn höchstreines Silicium vorhanden ist. Eine entwickelte Biotechnologie setzt strukturierte Polymerenpräparate mit sehr spezifischen funktionellen Eigenschaften — etwa für die Trägerbindung von Enzymen voraus, sie benötigt ein großes Sortiment hoch reiner Chemikalien und Biochemikalien. Speziell die Gentechnologie verlangt eine qualifizierte Nukleinsäuresynthese und die Bereitstellung einer Reihe spezifischer Enzyme. Entwickeln wir also Projekte, welche die Gentechnologie zur Grundlage haben, so muß die Lösung dieser Fragen in das Projekt eingeschlossen sein; anderenfalls bleibt es eine schöne Seifenblase.

Schließlich möchte ich noch feststellen, daß sicher zu Beginn die für die Medizin relevante Biotechnologie nicht auf Tonnenprodukte abzielt, sondern auf ein breites Spektrum kleiner, aber höchstveredelter Produkte, die aber auf Grund ihrer Hochveredelung auch hohe ökonomische Bedeutung haben. Da der Rohstoff im allgemeinen Biomasse ist, sollte es keine allzu schwierigen Ressourcenprobleme geben. Beides entspricht Orientierungsrichtlinien für die DDR-Produktion, erfordert aber sicher in manchen Köpfen etwas Umdenken.

Die gegenwärtigen internationalen Entwicklungen lassen meines Erachtens klar erkennen, daß medizinische Wissenschaft und Gesundheitsschutz im letzten Jahrzehnt unseres Jahrtausend ihre materielle Basis in großem Umfang über die moderne Biotechnologie sichern werden und zudem in ihrem Leistungsvermögen erheblich gefördert werden. Es ist also notwendig, daß wir diese Gebiete für uns erschließen, denn Gesundheit des Volkes ist eines der wesentlichsten Güter, welche wir bei der Erfüllung der Hauptaufgabe zu gewährleisten haben.

Чехословацкая Академия наук, Институт микробиологии, Прага

Энергетический анализ микробиологических процессов

Владимир Крумпганзл, Карел Гаузер, Зденек Фенцл

Введение

Обеспечение населения продуктами питания в настоящее время проходит во всем мире путем организованного выращивания различных организмов растительного и животного происхождения, отловом видов, свободно живущих в природе, в особенности, рыб, а также сбором различных растений. В *примитивном обществе* для сельскохозяйственной деятельности достаточно наличие солнечной энергии и человеческого труда. В *развитом обществе* сельскохозяйственную деятельность нельзя представить себе без использования энергии ископаемого происхождения, минеральных удобрений, средств защиты растений, кормов, фармацевтических препаратов, очень важных с точки зрения питания и охраны сельскохозяйственных животных в крупномасштабном производстве, а также без машин, транспортных средств, технологического оборудования и построек.

По существу, однако, сельскохозяйственное производство можно рассматривать, как одну из форм прямой и непрямой (посредством различных промежуточных продуктов) трансформации энергии, поставляемой в разной форме извне в различные продукты растительного и животного происхождения. Исходным элементом (input) сельскохозяйственного производства является энергия, на выходе (output) получаем продукты питания. Между этими двумя стадиями возможны самые разные варианты переходов и путей, причем избираемый вариант соответствует как уровню знаний, так и возможностям того или иного общества.

При современном состоянии, когда уровень населения в мире достиг 4,5 миллиардов, уже проявляются значительные трудности в обеспечении всего населения планеты продуктами питания. В настоящее время эти трудности связаны с нерешенными политическими, социальными и экономическими проблемами. С предполагаемым увеличением человечества в конце XX века до 6 миллиардов, проблемы еще более возрастут. Потребуются качественно новые методы их решения в области техники, которые бы соответствовали растущему дефициту энергии, воды и сельскохозяйственной почвы. О том, что недостаток продуктов питания в будущем действительно не может быть обеспечен на основе классических методов сегодняшнего сельского хозяйства, свидетельствует следующий факт. В США для производства и распределения продуктов питания ежегодно расходуется 13—15% всей потребляемой энергии [1]. Это эквивалентно 1250 литров бензина на человека в год. При использовании имеющихся в США методов сельскохозяйственной и пищевой технологии, для 4,5 миллиардов жителей Земли этот эквивалент составлял бы 5600 миллиардов литров в год, т. е. примерно 4,5 миллиарда тонн бензина. Если учесть уровень нынешнего производства энергии, запасы энергетического сырья прогнозы о дальнейшем развитии источников энергии, становится совершенно очевидным, что такое потребление энергии только для производства и распределения продуктов не может быть обеспечено.

Таким образом, актуальной становится необходимость оценки производства продуктов питания с точки зрения энергоемкости и поиск альтернатив, наименее зависимых от энергии вообще и, в особенности, от необновляемой ископаемой энергии.

В какой степени это требование выполняется в случае белков *микробного происхождения* при их использовании как в пищевых, так и в кормовых целях? Выгоден ли этот метод по сравнению с производством растительных и животных белков?

Между объемом растениеводства и животноводства и потреблением ископаемой энергии, а также количеством необходимой сельскохозяйственной почвы и человеческого труда, существует ряд отношений, приведенных, в соответствии с данными американских авторов [1], на Таб. 1 и Рис. 1.

Таблица 1

Потребление ископаемой энергии и человеческого труда в растениеводстве (пересчитано по: PIMENTEL, D. et al.: *Energy and land constraints in food protein production Science, 1975, 190, 754—761)*

Продукт	Урожайность (кг/га)	Ископ. энергия вход (Гдж/га)	Труд (час/га)	Потребление на 1 т продукта: ископ. энергия (Гдж/т)	Потребление на 1 т продукта: труд (час/т)
люцерна (США)	6451	11,25	9	1,76	1,4
соевые бобы (США)	1882	22,1	15	11,7	8
кукуруза (США)	5080	27,8	22	5,56	4,4
кукуруза (Мексика)	1944	0,22	1144	0,11	590
пшеница (США)	2284	15,75	7	6,9	3
пшеница (Италия)	821	1,07	615	1,3	750

Ископаемая энергия (включающая минеральные удобрения, другие агрохимикалии, машины, электроэнергию, горючее и т. п.), *почва* и *человеческий труд* представляют собой три первичных источника, использующихся в растениеводстве и животноводстве. Между этими факторами существует ряд отношений и имеется возможность их взаимозаменяемости. Например, повышение интенсивности растениеводства введением дополнительной энергии (минеральных удобрений, тракторов и т. п.) может снизить потребность в сельскохозяйственной почве. Ископаемая энергия может быть использована для снижения потребления человеческого труда. Этот факт, т. е. низкая производительность труда, как результат преимущественного участия человеческого труда и низкого — ископаемой энергии, вытекает из Таб. 1 и Рис. 1 при рассмотрении производства кукурузы в Мексике и пшеницы — в Индии по сравнению с США. В Таб. 2 и на Рис. 2 приводятся величины потребления ископаемой энергии и человеческого труда в производстве растительных и животных белков при высоком уровне развития сельского хозяйства.

Из Таб. 2 и Рис. 2 вытекает, что, в то время, как у растительных белков потребление энергии на 1 т белка колеблется в пределах десятков гигаджоулей, у белков

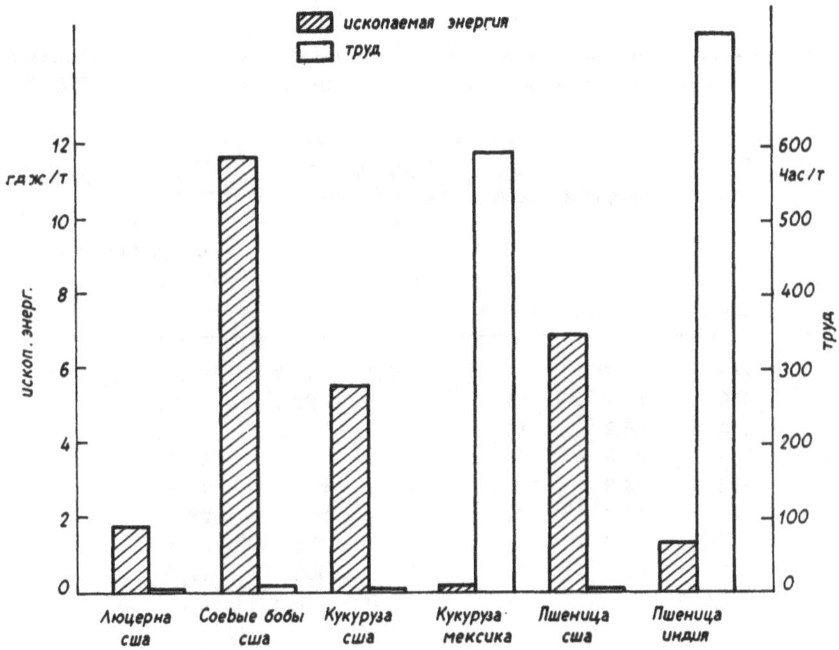

Рис. 1. Потребление ископаемой энергии и человеческого труда в растениеводстве

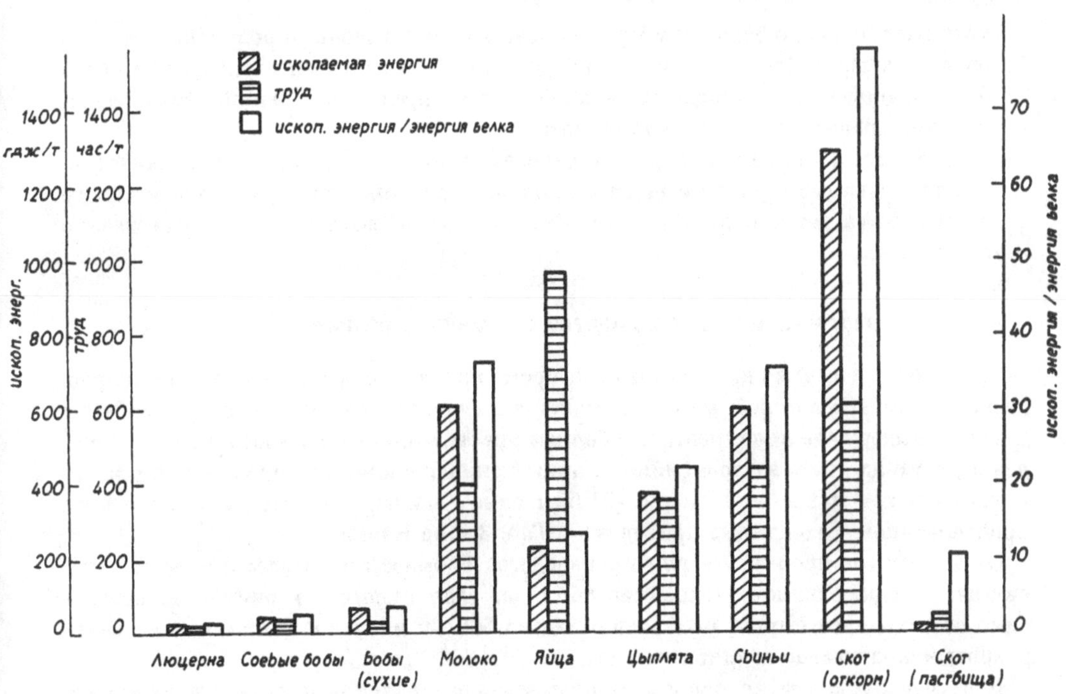

Рис. 2. Потребление ископаемой энергии и человеческого труда в производстве белка

Таблица 2

Потребление ископаемой энергии и человеческого труда в производстве белка (пересчитано по: Pimentel, D. et al.: *Energy and land constraints in food protein production Science, 1975, 190, 754—761*)

Продукт	Выход белка	Ископ. энергия вход	Труд вход	Потребление на 1 т белка		Ископ. энергия (дж) / Энергия белка (дж)
				ископ. энерг.	труд	
	кг/га	Гдж/га	час/га	Гдж/т	час/т	
люцерна	710	11,25	9	15,9	12,7	0,95
соевые бобы	640	22,1	15	34,6	23,4	2,06
бобы (сухие)	325	18,7	15	57,5	46,2	3,44
молоко	59	35,8	23	605	390	35,9
яйца	182	39,9	174	219	957	13,1
цыплята	116	40,3	38	369	328	22,1
свиньи	65	38,6	28	600	432	35,4
скот (откорм)	51	65,4	31	1280	608	77,7
скот (пастбища)	2,2	0,37	1	16,9	43,5	10,1

животного происхождения оно составляет сотни гигаджоулей. Аналогичные различия имеются и в потреблении человеческого труда. Следует, однако, обратить внимание на следующие два обстоятельства:

— хотя растительные белки и могут производиться с высокой продуктивностью, в случае люцерны (так же, как и сена, кукурузного силоса и т. п.) они не могут быть использованы в пищевых целях без дополнительной сложной переработки, что, при сравнении, следует учитывать;
— потребление ископаемой энергии и человеческого труда в пастбищном животноводстве сравнимо с растениеводством, однако, возможности крупномасштабного производства мяса в пастбищном животноводстве во всем мире существенно ограничены.

Энергоемкость производства микробных белков

Энергетический анализ должен был бы, кроме прочего, содержать ответ на вопрос, до какой степени микробные белки могут в настоящее время и будут способны в будущем выдержать конкуренцию с белками растительного и животного происхождения, а также, какова возможность применения различных видов сырья с энергетической точки зрения? Левис [2] был одним из первых, кто занимался этой проблематикой. Его данные приведены в Таб. 3 и на Рис. 3.

С данными, приводимыми для производства биомассы из *мелассы*, можно согласиться, за исключением количества топлива. Для сушки 1 т биомассы, независимо от исходного сырья, необходимо около 500 кг мазутного топлива или эквивалентное количество топливного газа.

В случае биомассы на основе *метана* высокое значение количества субстрата включает, по-видимому, также топливо, необходимое для сушки. Величина расхода

Таблица 3

Энергоемкость (Гдж/т) производства биомассы (по: Lewis, C. W.: *Energy requirements for single cell protein production, J. appl. chem. biotechnol., 1976, 26 [10], 568—575*)

	меласса	метан	метанол	n-парафины	сельхоз. отходы	
					твердые	жидкие
Производство:						
субстрат	16,2	102,8	84,4	45,3	17,4	—
питательные вещества	10,4	13,1	13,1	13,8	5,5	5,5
вода	0,5	0	0	0,1	0,1	0,1
электроэнергия	14,0	14,0	18,6	31,5	21,0	11,2
топливо	6,5	—	—	25,2	—	—
Инвестиции:						
сталь (аппаратура)	0,2	0,3	0,3	0,3	—	—
сталь (постройки)	0,2	0,3	0,3	0,4	0	0
цемент	0,1	0,1	0,1	0,1	0	0
Всего (приблизительно)	48	131	117	117	44	17

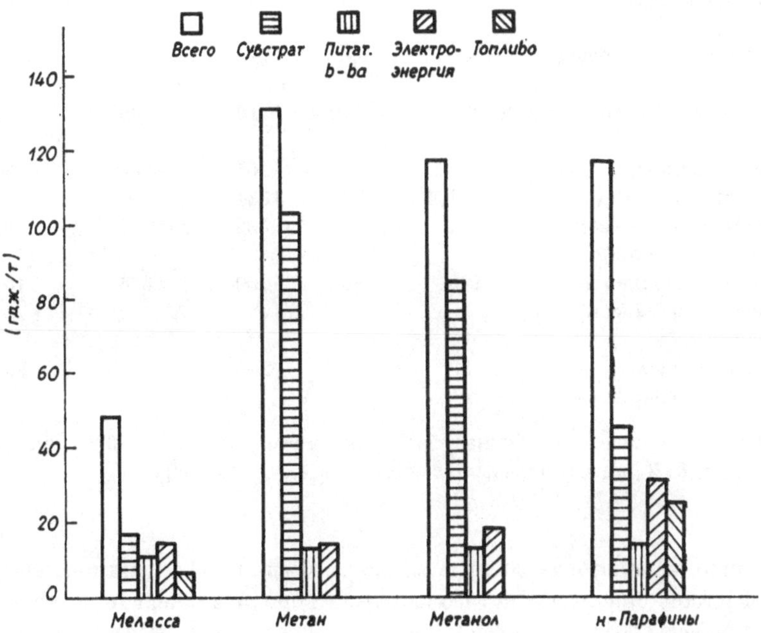

Рис. 3. Энергоемкость производства биомассы (по: Lewis C. W.; Energy requirements for single cell protein production, J. appl. chem. biotechnol., 1976, 26 [10], 568—575)

электроэнергии невелика. Для *метанола* не учтено топливо, необходимое для сушки. В случае н-*парафинов* приведена, несомненно, неправильная величина для субстрата (ниже, чем теплотворность сырой нефти); остальные данные для этого субстрата кажутся достоверными. Автор не приводит технологических показателей, использовавшихся для им расчетов, поэтому его данные не могут быть проверены и более подробно анализированы. Энергетическими расходами на инвестиции нельзя пренебречь, однако, различия, имеющиеся между различными субстратами, малы, а расчеты, проведенные, исходя из массы стали и цемента, используемых для машин и построек, весьма приблизительны [3].

Таблица 4

Потребности в ископаемой энергии, почве и человеческом труде при производстве биомассы (по: Hedén, C.-G.: *Appropriate biotechnology — summary remarks, Bioconversion of organic residues for rural communities, Food and Nutrition Bulletin, Supplement 2, November 1979, UNU Tokio, 171—176)*

	меласса	метан	метанол	н-парафины	сельхоз. отходы	
					твердые	жидкие
производство биомассы (т/год)	50000	50000	50000	100000	500	1500
завод по производству биомассы (га)	8	12	12	20	0,1	0,1
культивационная площадь сахарной свеклы (га)	18000	—	—	—	200	720
общая площадь производства (га)	18008	12	12	20	200,1	720,1
выход биомассы (т/га · год)	2,8	4167	4167	5000	2,5	2,1
выход белка (т/га · год)	1,8	3334	3334	3150	1,4	1,2
потребление ископаемой энергии (Гдж/га · год)	134	541710	487539	585000	110	36
рабочая сила (только в производстве биомассы) (человек)	200	200	200	375	10	40
производительность (т белка на 1 работника)	160	200	200	170	30	20

Содержание неочищенного белка: бактерии (метан, метанол) 80%, дрожжи (меласса, н-парафины) 63%, плесени (сельскохозяйственные отходы) 55%

Частично использовав данные Левиса, Геден [4] оценил отношения между производством биомассы, потреблением ископаемой энергии и потребностями в почве и рабочей силе. Потребление ископаемой энергии расчитано в соответствии с данными Левиса.

Из Таб. 4 видно, что в случае таких субстратов, как метан, метанол и н-парафины, высокая производительность труда достигается при минимальных размерах используемой почвы. Это достигается, однако, за счет введения большого количества ископаемой энергии. Далее, из таблицы вытекает, что предполагаемое содержание белка в биомассе относительно велико и, таким образом, показатели выхода белка и производительности искажаются. Наконец, для производства 50000 т биомассы из мелассы требуется 100000 т сахара. При урожайности 4—6 т сахара с гектара необходимо 16700—25000 га почвы. Эти данные в таблице несколько приуменьшены.

Энергетический баланс производства дрожжевой биомассы

В средней Европе, как и во всей области умеренного климата, наиболее продуктивной культурой является сахарная свекла. Меласса и другие продукты, получаемые при переработке сахарной свеклы, уже в течение длительного времени являются сырьем для микробиологического производства. Сахарная свекла, однако, предчявляет высокие требования к размерам и бонитету почвы, культивированию, удобрению, защите от вредителей, транспортировке и т. д. Эти обстоятельства, кроме прочих, были причиной того, что в 60-е годы в ЧССР возникла тенденция к замене продуктов переработки сахарной свеклы и других видов сельскохозяйственного сырья несельскохозяйственным, в особенности, нефтехимическим, сырьем.

Таблица 5

минеральные удобрения	15,8
посевной материал	0,3
средства охраны растений	0,5
моторное топливо	7,6
всего	24,2 Гдж

Предполагается, что для *обработки 1 га посевов сахарной свеклы* необходимо израсходовать следующее количество ископаемой энергии [5]: В эти расчеты не включена энергия, затраченная при производстве сельскохозяйственной техники и транспортных средств, а также человеческий труд. *В условиях ЧССР на гектар производится 34* т *корнеплодов сахарной свеклы*. Расход ископаемой энергии, т. е. 24,2 Гдж/га, следует разделить на две части: корнеплоды и ботва; критерием при этом может служить содержание крахмальных единиц (корнеплоды 3,6 Гдж/т, ботва 2,0 Гдж/т).

Далее:

— на 1 т корнеплодов приходится 0,5 Гдж ископаемой энергии;

— при сахаристости 15% и потерях на диффузии 0,3% для производства 1 т сахара (в диффузионной штольне) требуется 6,8 т корнеплодов и 3,4 Гдж ископаемой энергии.

При производстве сахара возникает 4% мелассы; энергетические расходы, однако, не могут быть определены прямо, а лишь разделением на сахар и мелассу. В чехословацких предприятиях по производству сахара-сырца расход ископаемой энергии на переработку 1 т сахарной свеклы составляет 1,06—1,25 Гдж, а на 1 т произведенного сахара 8,5 Гдж [6]. Общую энергоемкость производства сахара характеризует Таб. 6.

Ввиду того, что энергетическая ценность сахара в мелассе лежит в пределах энергетической ценности сахара-сырца и сгущенного диффузионного сока (сиропа), для дальнейших расчетов можно использовать величину 10 Гдж/т.

Таблица 6

Энергоемкость производства сахара (Гдж/т)

	Сахар-сырец (включая мелассу)	Диффузионный сок	
		свежий	сгущенный
сахарная свекла (6,8 т по 0,5 Гдж/т)	3,4	3,4	3,4
производство сахара-сырца (6,8 т по 1,25 Гдж/т)	8,5	—	—
получение диффузионного сока	—	1,3	1,3
стерилизация сока	—	2,1	—
сгущение сока	—	—	4,7
всего	11,9	6,8	9,4

При благоприятных климатических условиях, в средней Европе можно достичь средней урожайности сахарной свеклы 45 т/га при сахаристости 16%. Таким образом, энергоемкость выращивания сахарной свеклы, ее расход на производство 1 т сахара и энергетические потребности при ее дальнейшей переработке снижаются. Энергетическая стоимость сахара в мелассе соответсвенно снизится и составит около 8,5 Гдж/т.

Производство биомассы из *лигно-целлюлозных материалов* в течение последних 30 лет было, за исключением СССР и БНР, невыгодным именно из-за высоких энергетических расходов на производство гидролизных сахаров. Ассортимент лигно-целлюлозных материалов очень широк и простирается от различных видов древесины и древесных отходов, сельскохозяйственных отходов и макулатуры вплоть до коммунальных отходов и экскрементов животных.

В ЧССР рассматривается вопрос об использовании пшеничной соломы, которая, по крайней мере, в типичных зерновых областях, имеется в большем количестве, чем может быть использовано в сельском хозяйстве. В будущем, однако, при введении сортов с коротким стеблем, запашке большего количества соломы и расширении использования соломы (после предварительной обработки, повышающей ее усвояемость) в кормовых целях, это положение может измениться.

Для производства 1 т гидролизных сахаров (восстанавливающих веществ) необходимо 2 т соломы с 14% влажностью. Аналогично тому, как это было сделано в случае сахара, получаемого из сахарной свеклы, следует определить энергоемкость производства гидролизных сахаров. Калорийность сухой массы соломы составляет 16 Гдж/т, у соломы с 14% влажностью — 13,7 Гдж/т. Крахмальная ценность соломы составляет всего 2,5 Гдж/т. Таким образом, *дальнейшая переработка соломы на гидролизные сахара не представляет существенной потери для сельского хозяйства.*

С 1 га посевов пшеницы при интенсивном производстве, например, в ЧССР, получают 4,4 т *зерна и 5,5* т *соломы* [7]. Зерно содержит 81,5%, а солома — 18,5% произведенных крахмальных единиц. При разделе вводимой ископаемой энергии (около 20 Гдж/га) на 1 т соломы приходится 0,65 Гдж. Расход сырья и энергии на производство 1 т гидролизных сахаров приводится далее на Таб. 7.

Таблица 7

Энергоемкость (Гдж/т сахаров) производства гидролизата соломы

солома	(2 т по 0,65 Гдж)	1,30
серная кислота	(0,25 т по 50 Гдж)	12,50
реактивы	(0,08 т по 10 Гдж)	0,80
пар	(5,7 т по 3,15 Гдж)	18,0
электроэнергия	(0,2 Мвт · час по 11,7 Гдж)	2,3
всего		36,9

К реактивам относится, прежде всего, известь, необходимая для нейтрализации. В расчеты не включена энергия, затраченная на инвестиции, очистку сточных вод, а также человеческий труд. Энергоемкость производства 1 т гидролизных сахаров составляет, таким образом, как минимум, 38 Гдж.

Субстратами для производства дрожжевой биомассы в условиях ЧССР могут, далее, быть: сульфитные щелока, синтетический этанол, синтетический метанол, изолированные н-парафины. Производство вышеприведенных субстратов характеризуется следующей энергоемкостью:

сульфитные щелока	0 Гдж/т
синтетический этанол	46 Гдж/т
синтетический метанол	33,8 Гдж/т
изолированные н-парафины	58,8 Гдж/т

Нулевая величина в случае сульфитных щелоков вытекает с точки зрения производства целлюлозы, в котором сульфитные щелока представляют собой отходы, имеющие нулевую ценность.

Расчеты энергоемкости производства биомассы, проведенные, с учетом всего вышесказанного, на основе чехословацких данных, приведены в Таб. 8, Таб. 9 и на Рис. 4.

В Таб. 8 приведены предполагаемые величины потребления субстратов, питательных веществ, реактивов и материалов, пара, электроэнергии и топлива. В величину потребления электроэнергии включен также ее расход на накачивание воды.

Несмотря на то, что данные Таб. 9 и Рис. 4 в большинстве случаев превышают величины, приводимые Левисом (Рис. 3, Таб. 3), веьма вероятно, что и они еще недостаточно высоки. В любом случае, они не включают относительно невысокие величины, соответствующие инвестициям и человечесткому труду. Для всех синтетических сред брались в расчет одни и те же неорганические питательные вещества. Под названием „материалы" имеются ввиду отпенивающий жир, дезинфекционные средства, мешки и т. п. Использование пара предполагается только при сгущении дрожжевого молока перед сушкой. В случае сульфитных щелоков (предполагаемый выход, в пересчете на восстанавливающие вещества, составляет 47%) пар используется также для устранения ингибиторов (фурал и т. п.). Топливо представляет собой мазут или эквивалентное количество отопительного газа для сушки.

Величины, отражающие потребление ископаемой энергии на производство 1 дж белка (Таб. 2 и 9, Рис. 5) показывают, что в случае биомассы из сульфитных щелоков и мелассы этот показатель приближается к таковому у растительных белков, при использовании других субстратов — к белкам животного происхождения.

Таблица 8

Потребление сырья, материалов, топлива и энергии при производстве биомассы (по данным ЧССР)

	сульфит. щелока	меласса	синтет. этанол	синтет. метанол	изолир. n-парафин	гидролизат соломы
	ВВ*	сахар	этанол	метанол	н-парафин	ВВ
субстрат кг	2120	2000	1500	2500	1100	2200
азот кг	100	80	100	100	100	100
фосфор кг	25	25	25	25	25	25
калий кг	25	—	25	25	25	25
другие материалы кг	50	50	50	50	50	50
мазутное топливо кг	500	500	500	500	500	500
пар кг	2400	1400	1400	1400	1400	1400
электроэнергия квт. час	1400	1400	1500	1850	2300	1400

* ВВ — восстанавливающие вещества

Таблица 9

Энергоемкость (Гдж/т) производства биомассы (по данным УССР)

	сульфит. щелока	меласса	синтет. этанол	синтет. метанол	изолир. н-парафин	гидролизат соломы
субстрат	0	20	69,2	84,4	64,6	83,5
питат. в-ва и материалы	11,3	10	11,3	11,3	11,3	11,3
пар	7,5	4	4	4	4	4
электроэнергия	16,4	16,4	17,6	21,6	27	16,4
топливо	25	25	25	25	25	25
очистка сточных вод	да	нет	да	да	да	нет
инвестиции	нет	нет	нет	нет	нет	нет
человеческий труд	нет	нет	нет	нет	нет	нет
всего	60,2	75,4	127,1	146,3	131,9	140,2
Ископаемая энергия (дж)						
Энергия белка (дж)	7,1	8,9	15,0	17,2	15,5	16,8

Со всех субстратов дрожжи с 50% содержанием белка

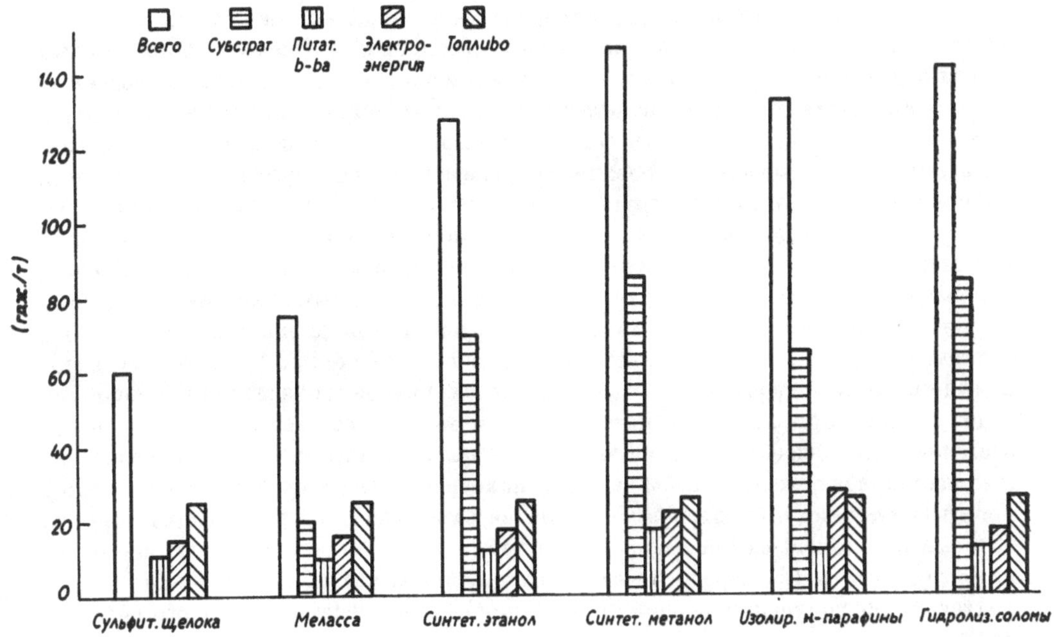

Рис. 4. Энергоемкость производства биомассы (по данным ЧССР)

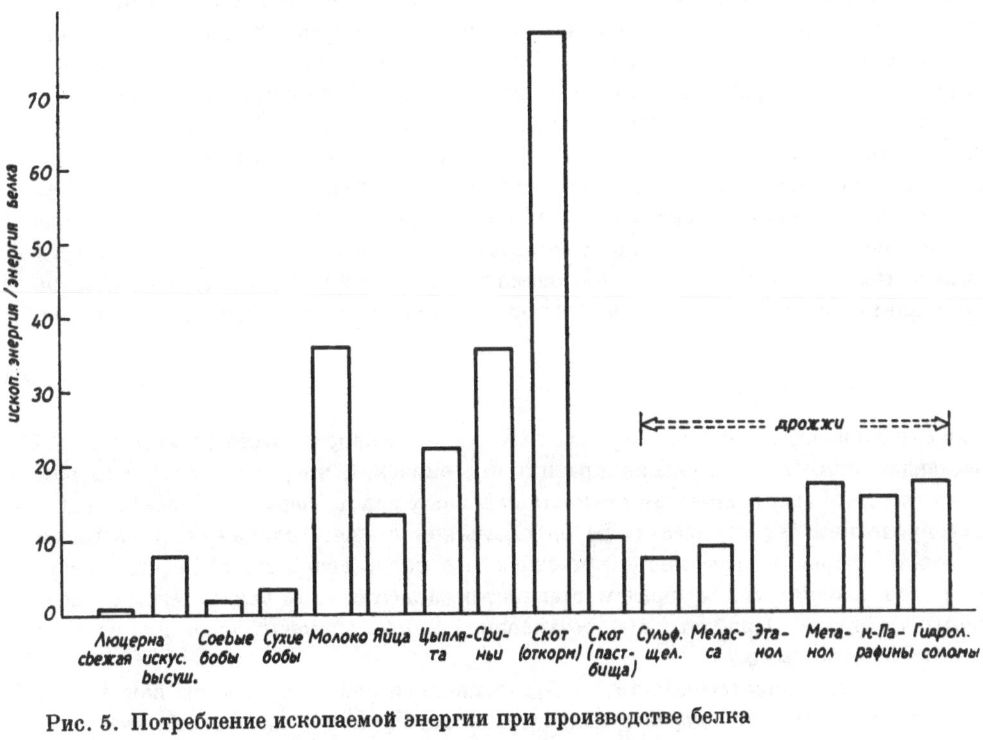

Рис. 5. Потребление ископаемой энергии при производстве белка

Ныне я хотел бы весьма кратко остановиться на проблеме энергоемкости производства пищевого белкового изолята из кормовых дрожжей. Промышленных данных о производстве такого типа пока нет, поэтому я использую результаты проведенных в нашем институте испытаний на четвертьпромышленной линии, хотя в промышленных масштабах следует ожидать снижения специфического потребления энергии. Наш метод исходит из комбинированного производства пищевого белкового изолята и кормового белкового концентрата. Он основывается на механической дезинтеграции дрожжей, расщеплении нуклеиновых кислот внутриклеточными нуклеазами, отделении стен и неразрушенных клеток от плазмы, осаждении и отделении белка, экстрагировании липидной фракции и сушке. Исходным материалом служат дрожжи, культивируемые на этаноле, из которых можно получить около 25% белкового изолята, а 75% остается в виде белкового корма. Расчеты проведены для 1 кг изолята, содержащего 80% белка, который в мясных изделиях разбавляется водой в пропорции 1:3 и заменяет около 4 кг мяса. В соответствии с имеющимся состоянием исследований, затраты энергии на производство 1 тонны белка составляют приблизительно 270 Гдж., что находится, по этому показателю, между производством яиц и бройлеров. Энергия, необходимая для производства изолята, который по биологической ценности соответствует казеинату или говядине более низкого качества (из передней части), составляет менее половины энергии, расходуемой при получении белка их свиней или откармливаемого крупного рогатого скота.

Этот разбор указывает на энергетическую целесообразность производства пищевого белка микробиологическим путем.

Приблизительный анализ энергоемкости производства микробных белков позволяет сделать вывод, что в определенных условиях, в особенности, при доступности соответствующего сырья, микробные белки способны конкурировать не только белкам животного происхождения в традиционных продуктах питания, но также животным и растительным белкам в некоторых видах кормов. С точки зрения долговременной перспективы складывается ситуация, благоприятствующая развитию микробиологического производства белков, поскольку почти у всех показателей имеется возможность дальнейшей экономии энергии. Это касается как выхода ферментационного процесса, так и выделения биомассы. В случае ферментных сахаров имеются особенно большие возможности экономии за счет перехода на непрерывный гидролиз, существенного повышения выхода и концентрации сахаров.

Заключение

Наиболее сложной проблемой энергетического анализа производственных процессов всех видов является получение правильных значений энергетических величин. Ввиду того, что энергетическая ценность основных видов энергии, используемых в микробиологических процессах, до определенной степени спорна, при введении различного сырья и материалов проблемы еще более возрастают. Расчеты энергетических величин, таким образом, становятся зависимыми от локальных и субъективных факторов. Пройдет еще, безусловно, много времени, пока их удастся сделать объективными.

Тем не менее, энергетический разбор технологических процессов важен для исследований, как методический подход. С практической точки зрения энергетический анализ помогает ориентировать исследования и разработки в экономически целесообразном направлении.

Во многих странах, вне зависимости от их общественного строя, в результате вмешательств и дотаций со стороны государства, цены, в первую очередь, сельскохозяйственных и пищевых изделий, не всегда точно отражают объем общественно необходимого труда. Кроме того, цены становятся непригодным инструментом средне- и долговременного планирования из-за более или менее сильных инфляционных тенденций в народном хозяйстве. Благодаря наличию определенной корреляции между энергоемкостью и производственными и инвестиционными расходами [8], энергетические показатели могут лучше, чем цены или расходы, способствовать выбору правильного решения.

Энергетический анализ предоставляет критерии трех видов:

1. Определение прямого и непрямого потребления энергии. Выражение влияния энергии на расходы.
2. Определение экономической эффективности путем сравнения энергоемкости альтернативных решений при условии, что экономия энергии не должна оказывать отрицательного влияния на интенсивность производственных процессов.
3. Определение энергетических вкладов при производстве биомассы и ее использовании в энергетических целях.

Для кратких временных интервалов величинный анализ остается наилучшим критерием. Для более длительных периодов времени, простирающихся до далекого будущего, при помощи энергетического анализа могут быть получены полезные альтернативные критерии.

Литература

[1] Pimentel, D. et al.: Energy and land constraints in food protein production. Science, 1975, 190, 754—761 [21. 11. 1975]

[2] Lewis, C. W.: Energy requirements for single cell protein production. J. appl. chem. biotechnol., 1976, 26 [10], 568—575

[3] Houben, H.: Motortreibstoff [Ethanol] aus Ein- und Zweijahrespflanzen wie Zuckerrüben, Manioka, Zuckerrohr. Zuckerindustrie, 1980, 30 [1], 37—44

[4] Hedén, C.-G.: Appropriate biotechnology — summary remarks. Bioconversion of organic residues for rural communities. Food and Nutrition Bulletin, Supplement 2, November 1979, UNU Tokio, 171—176.

[5] Reinefeld, E. et al.: Die Zuckerrübe als Energiepflanze? Zuckerindustrie, 1980, 30 [1], 25—36

[6] Bretschneider, R.: Technologie cukru, surovârna a rafinerie, SNTL-Alfa, Praha—Bratislava, 1980

[7] Winner, C.: Entwicklungstendenzen in der Stärke- und Zuckerindustrie in Abhängigkeit vom Rohstoff. Teil 5. Zuckerrübe, Stärke, 1979, 31 [1], 1—4

[8] Gaensler, H.: Energie, Produktionskosten und Investitionen. Chem. Ing. Technik, 1976, 48 [12], 1193—1195

Institut für Landwirtschaftlich-Chemische Technologie der Technischen Universität Budapest, H-1521 Budapest, Ungarn

Biotechnologie für Gewinnung von Rohstoff- und Energieträgern

J. Holló

1. Einleitung: Die Biomasse als alternativer chemischer Rohstoff

Bis zum 19. Jahrhundert lieferte die Land- und Forstwirtschaft nicht nur die Lebensmittel, sondern auch den größten Teil der chemischen Rohstoffe und der Energie. Gegen Mitte des letzten Jahrhunderts veränderte sich die Situation jedoch schnell: der Kohle kam nunmehr die vorherrschende Rolle zu. Eine neue grundlegende Veränderung trat Anfang des 20. Jahrhunderts ein, als Erdöl und Erdgas als Rohstoffe der chemischen Industrie und als Energieträger hervortraten.

Seit der Ölkrise 1973 ist der Preis des Rohöles auf das 10fache gestiegen. Dazu kommt die beinahe schon zur Phrase gewordene Erkenntnis, daß die Erdölreserven der Erde bei dem gegenwärtigen Verbrauch in einigen Jahrzehnten erschöpft sind. Die sparsamere Verwendung der gegenwärtigen Reserven allein kann also noch keine Lösung für die Zukunft sein. Deshalb verlagert sich die Suche nach billigen, in großen Mengen verfügbaren alternativen Energieträgern immer mehr in Richtung der sogenannten sich erneuernden Stoffe.

Für die organisch-chemische Industrie ist die Rohstofffrage mit der Frage der Quelle für Kohlenstoff gleichzusetzen. Die Grünpflanzen konvertieren mit Hilfe der Sonnenenergie das in der Atmosphäre enthaltenden Kohlendioxid in organische Substanzen.

Tabelle 1
Jährliche Sonnenstrahlungsenergie in Abhängigkeit von Jahreszeit und geographischer Zone

	Breite	Totale Menge der jährlichen Strahlungsenergie ($KJ \cdot cm^{-2} \cdot Jahr^{-1}$)	Jahreszeitliche Fluktuation Monatsdurchschnitt ($J \cdot cm^{-2} \cdot Tag^{-1}$)	
Gemäßigte Zone				
Berlin	53° N	400	170	2010
Wellington	41° S	480	500	1970
Subtropische Zone				
Algir	37° N	690	880	2800
Brisbane	28° S	710	1250	2720
Tropische Zone				
Hawai	21° N	650	1340	2180
Puerto Rico	18° N	670	1550	2130

Der Wirkungsgrad der Kohlendioxid-Fixierung, also der im engeren Sinne zu verstehenden Photosynthese mit rund 20—30% ist ziemlich groß, wogegen die Herstellung von Trockenprodukten unter Berücksichtigung der Kultivierungszeit und bezogen auf die photosynthetisch aktive Strahlung selbst bei entwickelten landschaftlichen Systemen nur einen Wirkungsgrad von 1—2% erreicht [1].

Die durch Photosynthese erfolgende Nährstoffproduktion ist im wesentlichen die Überführung der die Erde erreichenden Strahlungsenergie in die chemische Energie der organischen Substanzen. Die Menge der Strahlungsenergie ist von geographischer Breite und meteorologischen Verhältnissen abhängig [2, 3] (Tab. 1).

Die Produktion bestimmter Pflanzenteile, Samen oder bestimmter Stoffwechselprodukte ist stets mit einem beträchtlichen Transformationsverlust verbunden. Wenn die primäre Trockenstoffproduktion — das Blattwachstum — genutzt werden könnte, so wäre der Ertrag bzw. der Wirkungsgrad der Nutzung von Lichtenergie wesentlich zu steigern.

Nach Schätzungen beträgt die photosynthetische Produktion der Erde, die Produktion der sog. Biomasse $1-2{,}10^{11}$ t/Jahr; ihr Energiegehalt liegt bei $1{,}5-3{,}10^{21}$ J [4]. Die gegenwärtige Menge der Biomasse entspricht etwa dem tausendfachen des in der chemischen Industrie genutzten Erdöls, dem zehnfachen des gegenwärtigen Energiebedarfs der Welt und dem 200fachen der zur Erzeugung unserer Lebensmittel benötigten Energie [5].

Für die Umwandlung der Biomasse bieten sich mehrere Möglichkeiten [6, 7]:

a) Fermentation (mikrobiologische Konversion von vergärbaren Zuckern bzw. von Stärke zu Äthanol oder anderen Produkten) [8],
b) Hydrolyse von Zellulose,
c) Partielle Oxidation von zellulosehaltigen Stoffen, die als Produkt ein dem Synthesegas ähnliches Kohlenmonoxid-Wasserstoff-Gemisch liefert.
d) Pyrolyse zellulosehaltiger Stoffe, deren Produkte Aktivkohle, Methanol und Essigsäure sind.

Die Erwägung der Wirtschaftlichkeit des uns am meisten interessierenden Fermentationsweges kann sich wegen der vielen in Betracht zu ziehenden Faktoren sehr schnell ändern.

a) Das grundlegende Element der Wirtschaftlichkeit stellt der billige, in großen Mengen verfügbare Rohstoff (Substrat) dar.
b) Die Wirtschaftlichkeit hängt auch davon ab, welche alternativen Rohstoffe mit dem gegebenen Maschinenpark aufgearbeitet werden können: z. B. in Brasilien neben Zuckerrohr auch Hirsestroh.
c) Die Wirtschaftlichkeit wird in entscheidendem Maße dadurch beeinflußt, inwieweit die Fermentation Teil eines integrierten Aufarbeitungssystems ist. Zum Beispiel abhängig von der Wirtschaftlichkeit kann Mais zu Stärke und weiter zu Glukose und Isozucker verarbeitet werden, Mais bzw. seine Stärke kann jedoch auch zur Herstellung von Äthanol Verwendung finden. Bei der Blatteiweißherstellung kann das Verhältnis von faserfreien zu fasrigen Produkten, die Qualität und die eventuelle Verhefung dem Bedarf und den Erfordernissen entsprechend verändert werden.
d) Ein wichtiger Faktor der integrierten Aufarbeitung ist die Möglichkeit der Nutzung von Nebenprodukten und Abfallstoffen. Die Zuckerrohrabfälle (die Bagasse) oder

das Maisstroh können verbrannt werden, womit dieser Schritt die energetische Wirtschaftlichkeit der Äthanolproduktion gewährleistet [9, 10].

e) Bei der Beurteilung der Wirtschaftlichkeit spielt eine bedeutende Rolle, auf welchen konkreten Wegen das Hauptprodukt der Fermentation weiter genutzt wird. Beim Äthanol ist z. B. die Umformung zu Äthylen eine Schlüsselfrage [6, 11, 12, 13].

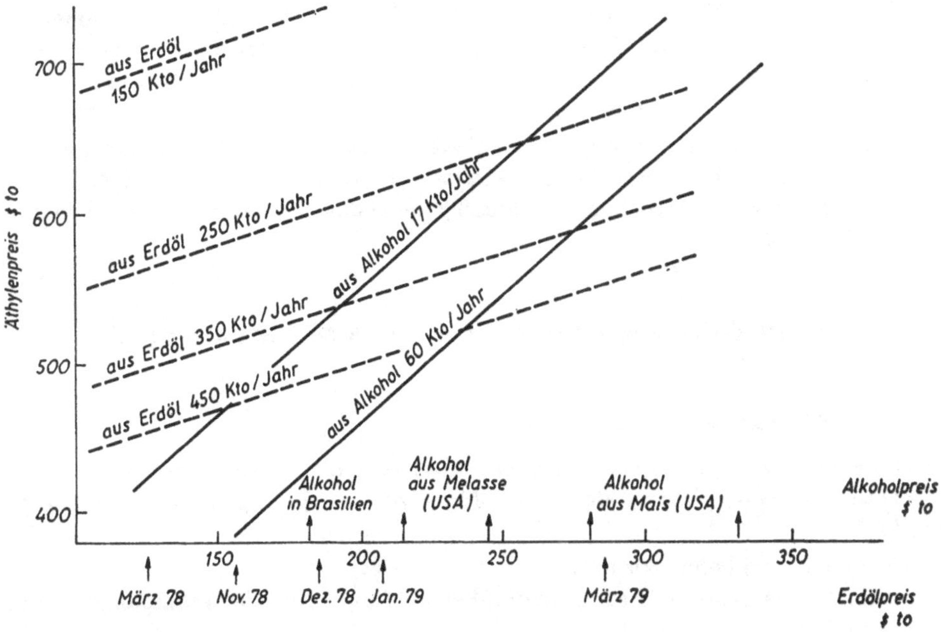

Abb. 1.

f) Vom Standpunkt der Wirtschaftlichkeit aus ist die Situation hinsichtlich der alternativen Herstellung der Produkte von grundlegender Wichtigkeit Abbildung 1 ist dafür ein Beispiel, in der die Preise von auf dem Fermentationsweg bzw. aus Erdöl hergestellten Äthylen angegeben sind [11]. Die Fermentation von so geschichtlicher Bedeutung wie die Aceton-Butanol-Produktion wird bei den gegenwärtigen Preisverhältnissen noch eine ganze Zeit nicht wettbewerbsfähig mit den auf Erdöl basierenden Synthesetechnologien sein [14]. Im Falle der Zitronensäure ist die Glukose als Substrat nicht wirtschaftlich im Vergleich zum synthetischen Weg, während vergärbarer Zucker von Nebenprodukten oder eventuell Dieselöl auch schon heute wirtschaftlich sein können [15].

g) Die Beurteilung der Wirtschaftlichkeit hängt auch stark von örtlichen Umständen ab, wie Preispolitik (Schutzzölle), Agrarpolitik (Subventionen), landwirtschaftliche Kulturen, klimatische Verhältnisse, Arbeitskraftsituation. In den dichtbesiedelten, hochindustrialisierten europäischen Ländern stellt sich das Problem der Verwertung der Biomasse anders als in Entwicklungsländern oder in über große nicht genutzte landwirtschaftliche Gebiete verfügende Staaten, wie z. B. Brasilien oder die USA. Wenn z. B. der ganze aus den in der BRD angebauten Zuckerrüben gewonnene Zucker zu Äthanol vergärt würde, so könnten damit nur 5% des in der BRD verbrauchten Benzins ersetzt werden [5].

h) Beim Vergleich der einzelnen Verfahren wird deshalb anstelle der im allgemeinen Sinne genommenen Wirtschaftlichkeit die energetische Wirtschaftlichkeit bei der Bilanzbildung in Betracht gezogen.

i) Im allgemeinen kann der Schluß gezogen werden, daß bei den gegenwärtigen Fermentationstechnologien und den gegebenen landwirtschaftlichen Kulturen sowie bei dem gegenwärtigen Preisniveau der fossilen Rohstoffe die durch Aufarbeitung der Biomasse erhaltenen Energieträger und Chemikalien — von einigen Ausnahmen abgesehen — noch nicht wettbewerbsfähig sind. Trotz der eventuellen Unwirtschaftlichkeit ist es jedoch in einzelnen Fällen lohnend, die Nutzung der Biomasse auf dem Fermentationswege zu verwirklichen, da
   - mit der Aufarbeitung der Biomasse die Außenhandelsbilanz verbessert wird,
   - die Volkswirtschaft unabhängiger von dem internationalen Markt wird,
   - eine dezentralisiertere und gleichmäßigere Industrialisierung zu erreichen ist [5, 7, 11, 16].

2. Die Bedeutung der Biotechnologie, dargestellt an der Rolle des Äthanols

2.1. Verwendung von Äthanol

Die Verwendung von Äthanol als *Kraftstoff* selbst ist so alt wie auch das Auto.

Technisch ist *reines Äthanol* als Kraftstoff geeignet, einige Eigenschaften sind sogar vorteilhaft:

- Äthanol hat eine hohe Oktanzahl
- enthält keinen Schwefel, so daß die Verwendung von Bleiverbindungen, nicht notwendig ist.

Aber es ergeben sich auch einige nachteilige Folgen [17]:

- Infolge des Sauerstoffgehalts und der geringeren Verbrennungswärme sind größere Kraftstoffbehälter und Kraftstoffpumpen höherer Leistung in den Fahrzeugen erforderlich.
- Die Verdampfungsverluste sind höher.

Bekannt sind auch Bestrebungen, anstelle reinen Alkohols eine *80%ige wäßrige Äthanollösung* als Kraftstoff zu verwenden. Ein solches Gemisch ist wesentlich billiger herzustellen, da nach den Dampf-Flüssigkeits-Zustandskurven des Systems Äthanol—Wasser (Abb. 2) zur Entfernung des restlichen Wassers durch Destillation eine große Energiemenge aufgebracht werden muß. Aber in beiden Fällen sind Konstruktionsveränderungen am Motor vorzunehmen.

Hinsichtlich der Verwendung von Äthanol verspricht die Einführung von *Benzin-Äthanol-Gemischen* wesentlich mehr für die Zukunft. Das betrifft z. B. das GASOHOL-Programm der USA (GASOHOL ist ein Gemisch von 10% Äthanol und 90% Benzin). Einer der Vorteile der Verwendung von Benzin-Äthanol-Gemischen ist die Erhöhung der Wassertoleranz des Kraftstoffes [18].

Die Zumischung von Äthanol hat eine vorteilhafte Wirkung auf die Oktanzahl (Abb. 3) [18].

Äthanol-Benzin-Gemische sind wesentlich flüchtiger (Abb. 4), deshalb wird der Kaltstart verbessert und die Nutzung des Kraftstoffes wirksamer.

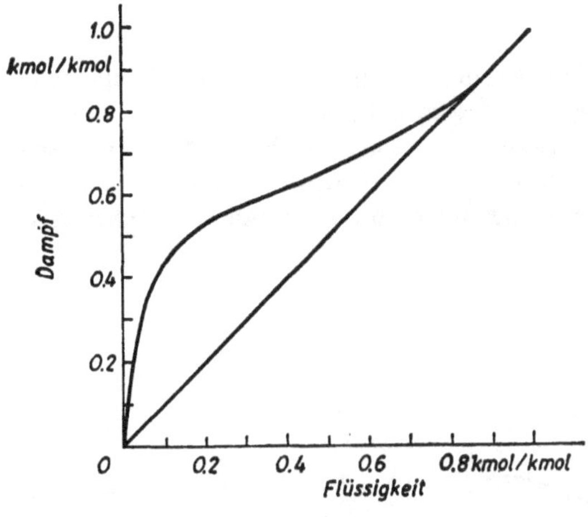

Abb. 2

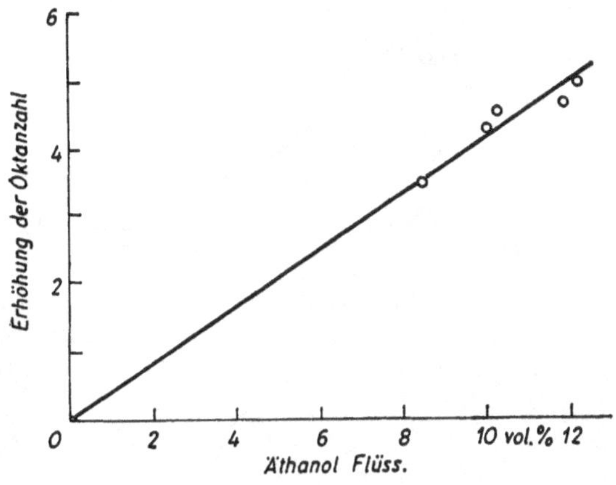

Abb. 3

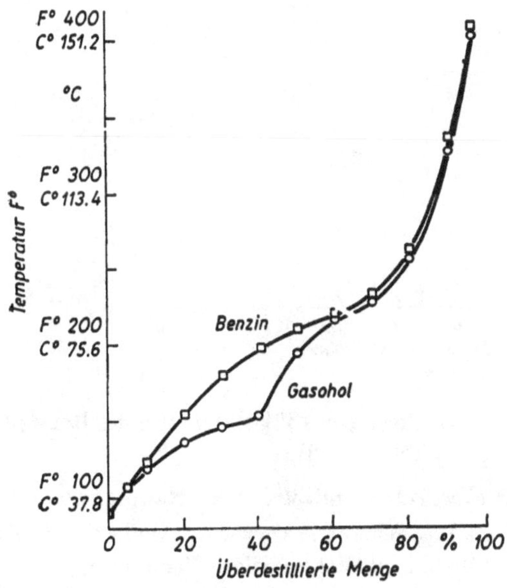

Abb. 4

Die auf die Einheit der Verbrennungswärme bzw. auf die Volumeneinheit des Kraftstoffes entfallende Verlängerung des zurückgelegten Weges in Abhängigkeit von der Umgebungstemperatur ist ebenfalls interessant (Abb. 5). Die energetische Wirksamkeit des GASOHOLs übertrifft also wesentlich die des Benzins, das heißt, die Verbrennung ist vollkommener und auch der Kohlenmonoxidgehalt der Auspuffgase ist um 10% niedriger [18].

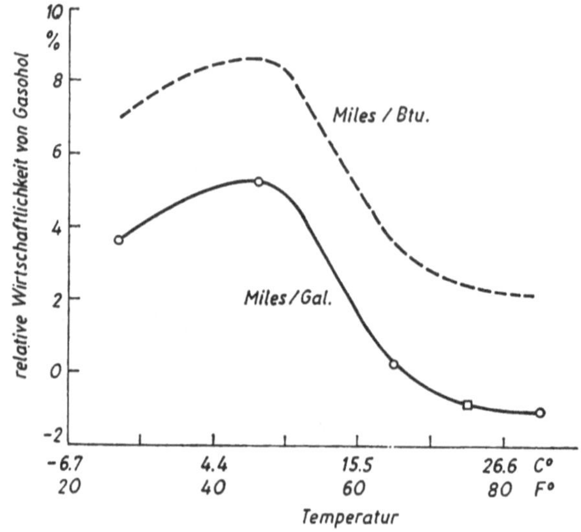

Abb. 5

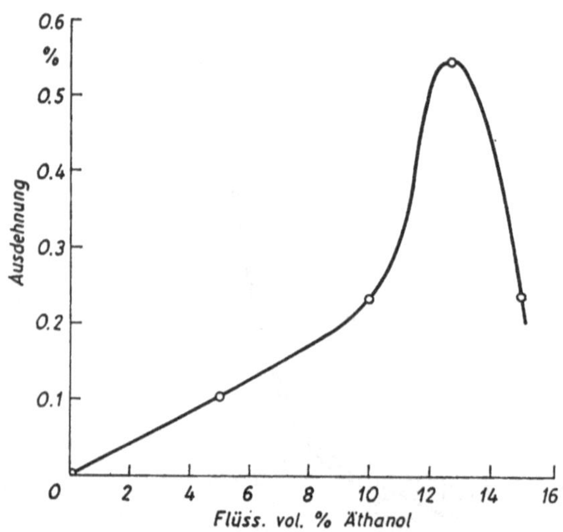

Abb. 6

Nachteilig ist jedoch, daß bis zu ungefähr 16% Äthanol enthaltende Gemische eine positive Volumenänderung zeigen (Abb. 6) [18].

Für *Äthanol* gibt es *in der chemischen Industrie* drei Hauptanwendungsgebiete [6]:

a) Ein bedeutender Teil wird als Lösungsmittel verwertet: mehr als die Hälfte des auch in den USA verbrauchten Äthanols entfiel auf diese Verwendung.

b) Die Verwendung als Reagens ist mit der Verbreitung der Petrolchemie allmählich zurückgedrängt worden, jedoch gibt es auch heute noch einige von Äthanol ausgehende industrielle Technologien zur Herstellung von einzelnen Äthern und Estern.
c) In Zukunft wird Äthanol eine große Rolle als Ausgangsstoff in der chemischen Industrie spielen.

Das erste industrielle *Konversionsverfahren* war die *Überführung von Äthanol zu Äthylen* (Abb. 7) [12, 13]. Bei diesem Verfahren handelt es sich um isotherme Dehydratisierung. Das zur Einspeisung gelangende Äthanol hat einen Reinheitsgrad von oberhalb 94,5%, der Wirkungsgrad des Verfahrens beträgt 85–90% und das gewonnene Äthylen ist reiner als 90%. In Brasilien wurden 1979 700000 t Äthylen hergestellt und für 1981 ist eine Produktion von 1,1 Millionen t vorgesehen [6].

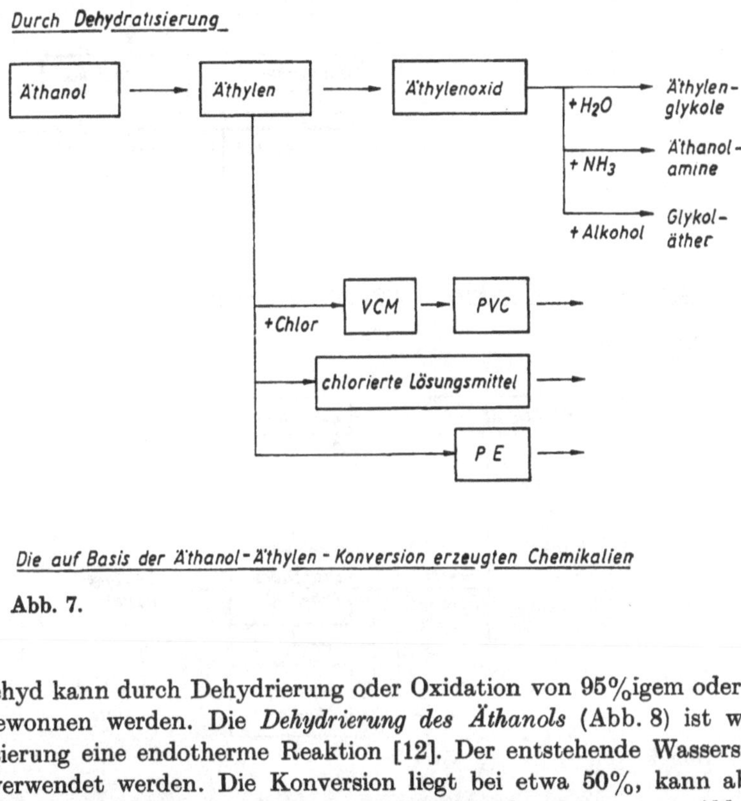

Abb. 7.

Acetyldehyd kann durch Dehydrierung oder Oxidation von 95%igem oder reinerem Äthanol gewonnen werden. Die *Dehydrierung des Äthanols* (Abb. 8) ist wie dessen Dehydratisierung eine endotherme Reaktion [12]. Der entstehende Wasserstoff kann ebenfalls verwendet werden. Die Konversion liegt bei etwa 50%, kann aber durch Rezirkulation auf 90% gesteigert werden. Die Reinheit des gewonnenen Aldehyds und des Wasserstoffs beträgt oberhalb 99%. Die Dehydriertechnologie stellt in Brasilien die Grundlage der Acetaldehydproduktion dar [6, 11].

In der industriellen Technologie der Herstellung von *Acetaldehyd auf oxidativem Wege* (Abb. 9) wird Äthanol in der Gasphase mit Luft oxidiert und rezirkuliert [12]. In einem Zyklus beträgt die Konversion 80%. In flüssiger Phase kann dagegen bei 80 °C eine Konversion von 95% erreicht werden [11].

Essigsäure und Essigsäureanhydrid können zusammen durch Oxydation von Acetaldehyd in flüssiger Phase bei 55–66 °C und in Gasphase dagegen bei 540 °C erhalten werden. Der anfallende 98%ige Stickstoff kann ebenfalls im Handel vertrieben werden [6, 11].

Bei der Herstellung von *Butadien* auf Äthanol-Acetaldehydbasis beträgt die globale Ausbeute 50—63% [6].

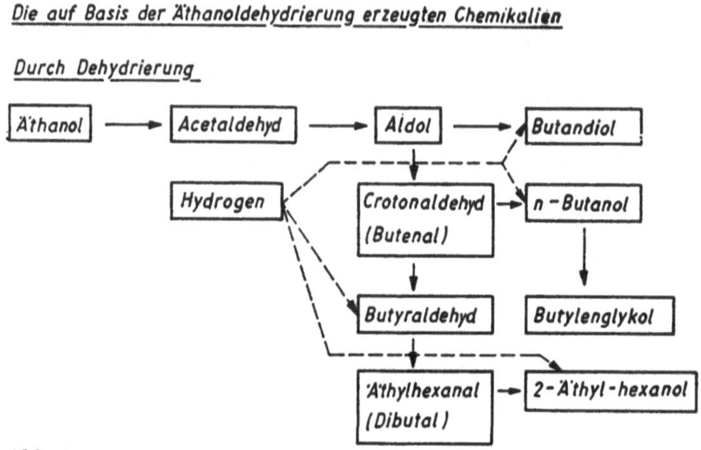

Abb. 8

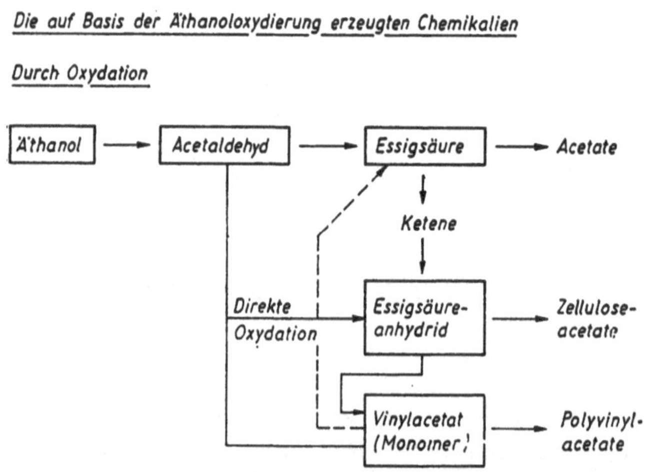

Abb. 9

2.2. Einige Probleme der Herstellung von fermentativen Äthanol

Das größte Problem der fermentativen Äthanolproduktion ist, daß die Darstellung von Alkohol als azeotropes Produkt der Destillation nach den herkömmlichen Methoden oft mehr Energie als seine eigene Verbrennungswärme erfordert (23 MJ/l reinem Alkohol) [10, 14].

In Tabelle 2 sind der Energiebedarf des Zuckerrübenanbaus (italienische Daten) [10] sowie sich auf den Maisanbau beziehende amerikanische Daten [20] angegeben. Es ist auch interessant, das Verhältnis von Energieausbeute zu Energiebedarf bei landwirtschaftlichen Produkten zu untersuchen (Tab. 3). Überraschend ist der hohe Energieverbrauch bei maschineller Bodenbearbeitung [20].

Zur Äthanolproduktion sind prinzipiell alle landwirtschaftlichen Produkte, industielle oder landwirtschaftliche Nebenprodukte sowie Abfallstoffe geeignet, die vergärbare Zucker oder solche Kohlenhydrate enthalten, die zu vergärbaren Zuckern abgebaut werden können (Tab. 4) [7, 9].

Tabelle 2

Zur Pflanzenaufzucht benötigte Energie

	Zuckerrübe	Mais
Durchschnittsertrag	44,6 to/ha	5,4 to/ha
Zur Pflanzenaufzucht benötigte Energie	24,5 MJ/ha	27,55 MJ/ha
Für 1 l Reinalkohol benötigte Energie	7,07 MJ	14,04 MJ

Tabelle 3

	Durchschnittsertrag	Energiegewinnung / Energiebedarf
Mais (USA) (maschinelle Bearbeitung)	5,4 t/ha	2,9
Mais (Mexiko) (nichtmaschinelle Bearbeitung)	1,9 t/ha	10,7
Hirse (USA)		2

Bei der Aufarbeitung von Holzpflanzen bereitet die Hydrolyse der Zellulose — besonders zusammen mit Lignin — Schwierigkeiten [21]. Zur Herstellung von Äthanol werden zellulosehaltige Stoffe heute nur in der Sowjetunion in industriellem Maße verarbeitet, wobei verdünnte Säuren zur Hydrolyse eingesetzt werden [22]. Der direkte oder nach Vorbehandlung mit milden Chemikalien ausgeführte enzymatische Abbau der Zellulose und die damit in diesem Schritt erfolgende oder getrennt vorgenommene Fermentation sind heute weltweit das am intensivsten bearbeitete Forschungsgebiet der Biotechnologie [23].

Welche landwirtschaftlichen Produkte kommen heute in erster Linie für die Äthanolproduktion in Frage?

Das Zuckerrohr ist wegen der hohen Erträge, des hohen Zuckergehaltes und der einfachen Aufarbeitbarkeit das bekannteste dieser Produkte. Zuckerrohr ist die Grundlage der brasilianischen Äthanolproduktion. Um die für 1985 geplante Äthanolerzeugung von 12,4 Millionen t zu erreichen, muß die im Jahre 1977 mit Zuckerrohr angebaute Fläche von 2,2 Millionen ha auf 3,5 Millionen vergrößert werden. Nach Schätzungen ist in Brasilien ein Gebiet von 20 Millionen ha zur Zuckerrohrproduktion im Rahmen der „energy farming" geeignet. Die gegenwärtig ausgebaute brasilianische Fermentationskapazität liegt schon bei 4,7 Millionen m^3/Jahr und soll bis 1985 durch Investitionen in Höhe von 5 Milliarden \$ auf 10,5 Millionen m^3 gebracht werden [5].

Tabelle 4

Potentielle Substrate zur fermentativen Gewinnung von Alkohol

Aus zuckerhaltigen Stoffen	Aus stärkehaltigen Stoffen	Aus zellulosehaltigen Stoffen
Zuckerrohr	Getreidearten (Weizen, Roggen, Gerste, Mais, Hirse)	Holzgewächse
Zuckerrohrmelasse		Bagass
Zuckerrübe	Kartoffeln	Altpapier
Zuckerrübenmelasse	Cassava (Maniok)	Landwirtschaftliche Abfälle
Sulfitablauge	Bobassa (Kokusart)	
Hirsestroh		

Rohstoff	c_S %	E_{ha} t/ha	G_S GJ/ha	H µA	$\varnothing E$ %
Zuckerrohr	12	70	140	107	76
Zuckerrüben	14	45	105	80	76
Manioka	30	15	79	59	75
Kartoffeln	14	20	49	37	75
Getreide, Mais	60	4	42	32	76
Hirsesorten	65	4	46	34	75
Nadelholz (Europa)	50	4	35	17*	48

* Säurehydrolyse

c_S = Zucker-, Stärke- bzw. Cellulosegehalt
E_{ha} = Hektarertrag
G_S = Freie Enthalpie der vergärbaren Substanz
$H_{\mu A}$ = H_μ Alkoholertrag in der Praxis
$\varnothing E$ = durchschnittliche Energieausbeute in der Praxis

Der zweite wichtige Rohstoff der brasilianischen Äthanolindustrie ist die Hirse. Das Hirsekorn enthält Stärke, während der Zuckergehalt des Strohs zwischen 12 und 17% liegt. Ein weiterer Vorteil besteht darin, daß der Produktionszyklus von Hirse nur 4 Monate beträgt und somit jährlich zwei Ernten eingebracht werden können [6].

Cassava (Maniok) ist eine typisch tropische Pflanze, die pro Hektar die größte Energiemenge erbringt. Es ist auch möglich, die Blätter der Cassava aufzuarbeiten, z. B. zur Blatteiweißproduktion, da diese bezogen auf die Trockensubstanz 27% Eiweiß enthalten, was pro Hektar einem größeren Eiweißertrag entspricht als bei der Luzerne [24].

In Italien bestehen Pläne zur Produktion von Äthanol auf direktem Wege aus Zuckerrüben [10]. In den USA kommt dagegen in erster Linie der Mais in Betracht. Das GASOHOL-Programm der USA baut auch in erster Linie auf Getreidearten auf. Nach den USDA erfordert der Ausbau einer amerikanischen Fermentationskapazität von

40 Millionen m³/Jahr eine Summe von 15 Milliarden \$, aber eine weitere staatliche Subvention von jährlich 10 Milliarden \$ ist notwendig, damit Äthanol bei den heutigen Preisen auf dem Kraftstoffmarkt wettbewerbsfähig ist [5].

Der Energiebedarf der einzelnen technologischen Schritte ist in Tabelle 5 dargestellt [9]. Es ist zu ersehen, daß die Zerkleinerung der Zuckerrüben energieaufwendiger als das Mahlen des Zuckerrohres ist, während die Extraktion bei der Rübe vorteilhafter auszuführen ist. Bei diskontinuierlicher Arbeitsweise ist der universale Schritt der Auf-

Tabelle 5

Energieaufwand in MJ/Liter reiner Alkohol

	Rüben	Rohr	stärkehaltige Rohstoffe
Zerkleinerung	4—5	1,1—1,5	
Aufschluß			
periodisch			7—8
kontinuierlich			2
Extraktion	0,8—1	1,5—3	
Gärung			
periodisch	0,06	0,06	0,06
kontinuierlich	0,1	0,1	0,1

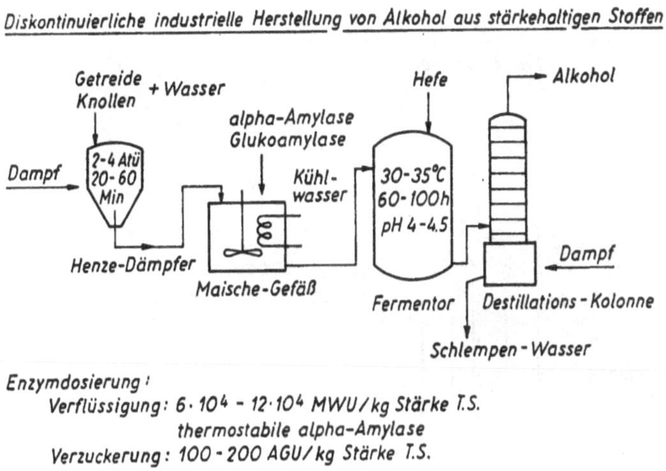

Abb. 10

arbeitung von stärkehaltigen Rohstoffen das ohne vorherige Zerkleinerung unter Druck erfolgende Kochen oder Dämpfen. Die saure Hydrolyse der Stärke ist heute nur noch von geschichtlicher Bedeutung. Auch in diskontinuierlichen Verfahren ist heute die Enzym-Enzym-Hydrolyse verbreitet (Abb. 10). Die Verflüssigung wird zeitgemäß mit thermostabilen Bakterienenzympräparaten ausgeführt [24]. Das Schema der kontinuierlichen Technologie ist in Abb. 11 dargestellt [24].

Der Bruttoenergiebedarf der diskontinuierlichen Technologie ist 2—3mal höher als der der kontinuierlichen. Wesentlich ist aber zu wissen, daß weder der dikontinuierliche

Kontinuierliche industrielle Herstellung von Alkoholen aus stärkehaltigen Stoffen

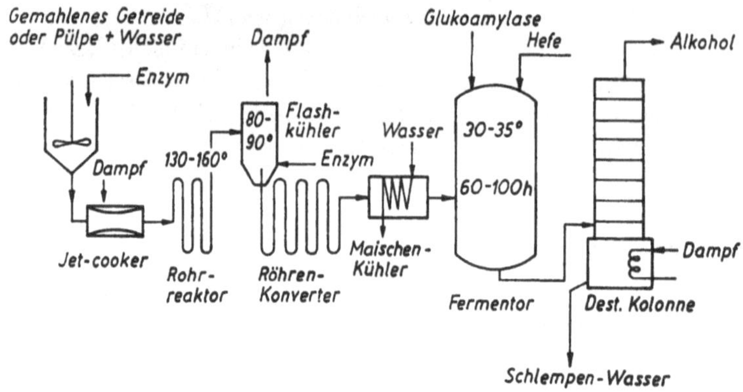

Enzymdosierung:

Vorverflüssigung:	*6·10⁴ – 12·10⁴ MWU/kg Stärke thermostabile alpha-Amylase*
Nachverflüssigung:	*8·10⁴ – 16·10⁴ MWU/kg Stärke thermostabile alpha-Amylase*
Verzuckerung:	*150 – 200 AGU/kg Stärke Asp. niger Glukoamylase*

Abb. 11

Das Alco-Floc-System

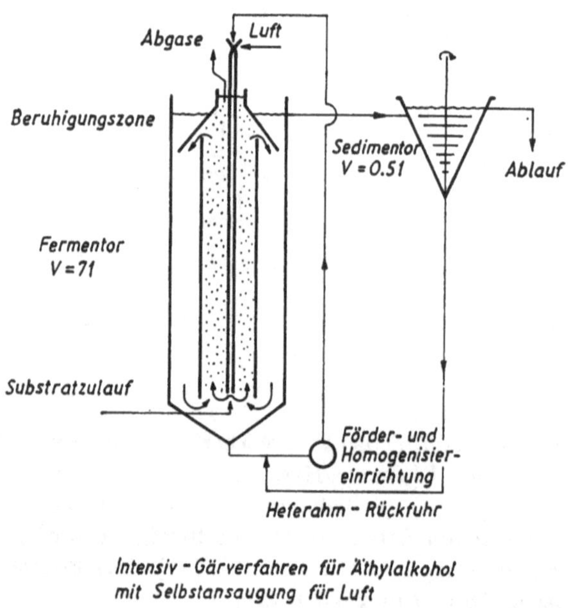

Intensiv-Gärverfahren für Äthylalkohol mit Selbstansaugung für Luft

Abb. 12

noch der kontinuierliche Prozeß vom energetischen Standpunkt aus optimiert ist, so daß also für die Zukunft noch große Verbesserungen zu erwarten sind.

Der Fermentationsschritt selbst ist direkt vom energetischen Standpunkt aus uninteressant, indirekt jedoch kann er die energetische Wirksamheit des ganzen Systems durch sehr viele Faktoren beeinflussen. Der theoretische Wirkungsgrad der Fermentation beträgt auf Äthanol bezogen 48,1%. Die in den gegenwärtigen Technologien angewandten Hefen arbeiten in bestimmten Fällen mit einem Konversionsgrad von über 95%, da nämlich bei Glukose-limitiertem Wachstum die in der Nährlösung enthaltenen sonstigen Kohlenstoffquellen, z. B. eventuell die Eiweiße zum Zellaufbau genutzt werden [9].

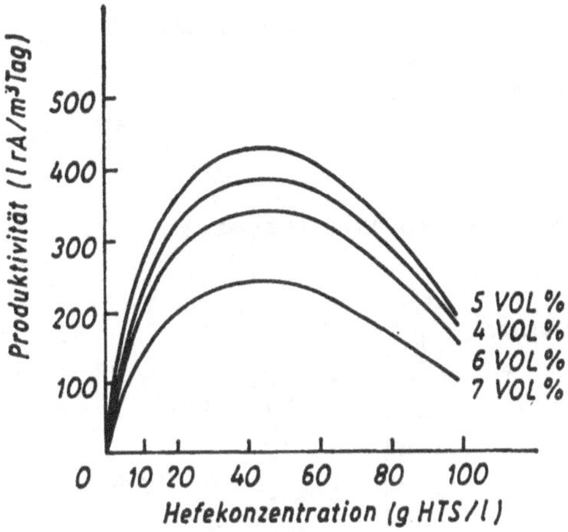

Abb. 13

Zur Beschleunigung der Fermentation und zur Erhöhung der Produktivität wird häufig die Zellrückspeisung angewandt. Es ist interessant, daß in den Diskussionen auf dem 1979 in Berlin veranstalteten Symposium über anaerobe Fermentation die kontinuierliche Äthanolfermentation wegen der Investitionskosten, der Empfindlichkeit und der hohen Instandhaltungskosten nicht für wirtschaftlicher als das diskontinuierliche Verfahren erachtet wurde. Das Fließschema einer der interessantesten kontinuierlichen Technologien ist in Abb. 12 angegeben [25]. Die Geschwindigkeit der Rezirkulation wird dadurch begrenzt, daß die Produktionsfähigkeit der mehr als 100 Stunden alten Hefezellen stark abnimmt. Die Produktivität der Fermentation hängt nicht nur von der Zellkonzentration, sondern auch vom Alkoholgehalt des Produktes ab (Abb. 13) [9].

Zur Erhöhung der Produktivität wurde eine mehrstufige, fallweise mit Zellrückspeisung kombinierte Fermentation entwickelt (Abb. 14) [9].

Für die weitere Konzentrierung des Alkohols ist es sehr wichtig, am Ende der Fermentation einen möglichst hohen Alkoholgehalt zu erreichen. Bei den gegenwärtigen Technologien ist mit den verschiedensten Hefen im allgemeinen nur ein Alkoholgehalt von 7–10% zu erhalten. Das Maximum der Alkoholproduktion der bekannten Hefen (Alkoholtoleranz) liegt unter industriellen Bedingungen bei 12%. Die Erhöhung des Zuckergehaltes der Würze wird dann ökonomisch interessant, wenn dieser Zucker auch vergärbar ist.

Die Abtrennung des Alkohols würde durch eine Erhöhung der Fermentationstemperatur erleichtert. Eine intensive Forschungsarbeit ist demzufolge auf das Auffinden von teils thermotoleranten, teils hohe Alkoholtoleranz aufweisenden Hefen bzw. auf die Ausbildung dieser Eigenschaften durch genetische Methoden gerichtet [26].

Aus der Würze wird das Äthanol im allgemeinen durch Destillation gewonnen. In Tab. 6 ist der Energiebedarf der Destillation angegeben [9]. Größenordnungsmäßige Unterschiede liegen zwischen der teilweisen Konzentrierung, der Herstellung des azeotropen Gemisches oder der vollständigen Entwässerung vor. Die Hauptaufgabe der

Tabelle 6

Energieaufwand in MJ/Liter reiner Alkohol

Destillation konventionell (Mehrkolonnensystem, bis 96% Alkohol)	8—9
Entwässerung des azeotropen Systems	4—5
Destillation mit energetischer Kopplung	5—7
Destillation (Einkolonnensystem, ohne Reinigung bis 70% Alkohol)	5

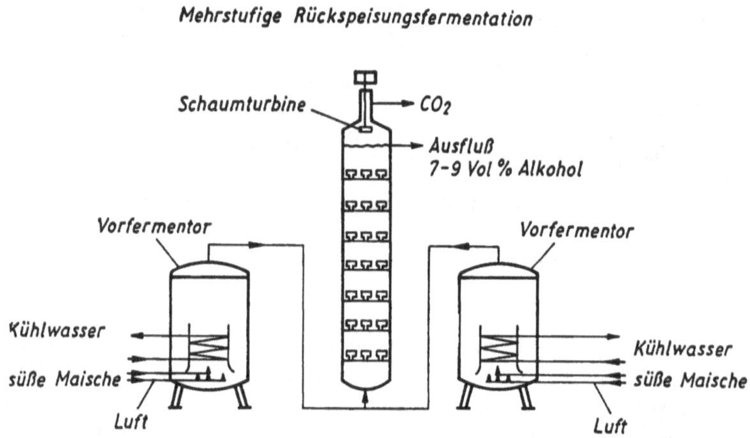

Abb. 14

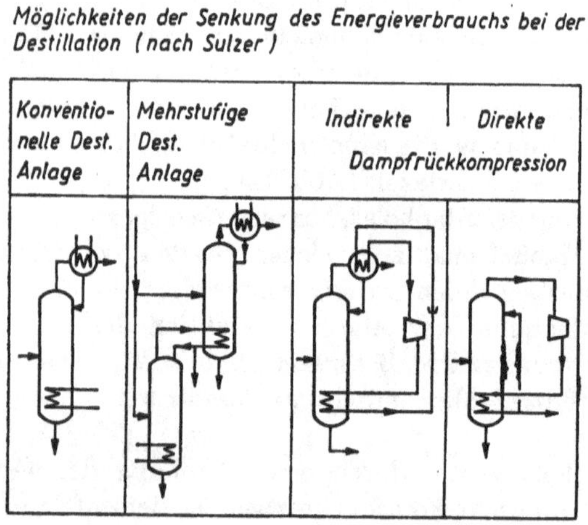

Abb. 15

Forschung ist, den Energiebedarf dieses Schrittes zu vermindern. Dafür bestehen folgende Möglichkeiten:

- Mehrkolonnen-Destillation mit unterschiedlichem Druck in den Kolonnen,
- Anwendung von Wärmepumpen, bessere Ausnutzung der Heizenergie.

Beide Methoden bzw. deren Kombination sind heute bereits in der Praxis in Erprobung. Einige solcher Lösungen sind in Abb. 15 dargestellt [9].

Unter den sonstigen Untersuchungen für die letzte Absolutisierung des Äthanols sind noch Adsorption mit Zellulosepulver, Silkagel oder Getreidemahlgut, Gaschromatographie mit Textilfasern (z. B. Rayon), und die selektive Extraktion zum Beispiel durch Dibutylphthalat zu erwähnen [19].

3. Das Biogas als alternativer Energieträger

Eine der eindrucksvollsten Nutzungsmöglichkeiten der Bioenergie bietet das Biogas [27]. Die Bedeutung des Biogases wird noch besonders dadurch unterstrichen, daß als Nebenprodukt ein Naturdünger anfällt, dessen Verwendung nicht nur wegen der steigenden Preise für Kunstdünger [28], sondern auch vom Standpunkt des Wasserhaushalts der Böden vorteilhaft ist.

Die Untersuchungen des wirtschaftlichen und technischen Optimums der Technologie zur Biogasproduktion beziehen sich hauptsächlich auf die Zusammensetzung der einzusetzenden Rohstoffe, die auf die Technologie und die Ausbeute in erster Linie von Einfluß ist [29].

Der Gehalt an Trockensubstanz hängt von der Herkunft des Rohstoffes ab und beträgt bei gewöhnlichem Abwasserschlamm 2%, bei vorverdicktem Abwasserschlamm 15%, bei Schweine- und Rinderfäkalien 9—11%, bei Hühnermist 20% und bei landwirtschaftlichen Abfällen 30—60%. Bei der Fermentation soll der Trockensubstanzgehalt 10—12% nicht überschreiten, um die zur Erhöhung der Intensität der in heterogener Phase verlaufenden Reaktion notwendige Rührung zu gewährleisten [30]. Trockensubstanz soll dabei mindestens 40% an organischem Material enthalten. Es ist vorteilhaft, ein C/N-Verhältnis von 10—16 einzustellen, dessen Wert mit dem Fortschreiten der Fermentation stark abnimmt. Die Regulierung des C/N-Verhältnisses kann durch Zumischen von Rohstoffen entsprechender Zusammensetzung bzw. im Falle hoher Kohlenstoffgehalte (z. B. bei Stroh) durch Zudosierung von Stickstoff-Kunstdünger erfolgen. Im Überschuß zugegebener Stickstoff kann jedoch zur Bildung von NH_3 führen, das das Bakterienwachstum hemmt. Aus einer Tonne trockenen organischen Materials werden 400—600 m^3 Gas erhalten, dessen Heizwert bei einem durchschnittlichen Methangehalt von 60% $2{,}5 \cdot 10^4$ KJ/m^3 beträgt [31].

Der Prozeß verläuft in dem pH-Intervall von 6—8, optimal bei pH 7,2. Bei großer Belastung mit organischem Material wird die Lebensfunktion der Bakterien und damit auch die Gasausbeute mit sinkendem pH-Wert inhibiert. Der pH-Wert wird deshalb durch Zudosierung von gelöschtem Kalk eingestellt. Die Lebensfunktion der den anaeroben Abbau bewirkenden Mikroorganismen und damit die Menge und spezifische Geschwindigkeit der Gasproduktion ist im Falle von Mesophilen zwischen 30 und 40 °C optimal. Das thermophile Verfahren mit hohem Wärmebedarf wird bei 50—60 °C ausgeführt und ist nicht nur sehr empfindlich auf Temperaturschwankungen, sondern auch auf Schwankungen in der Zusammensetzung der Rohstoffe. Die Wirtschaftlichkeit der gesamten Biogasproduktion wird durch den Wärmebedarf der Thermostatierung bestimmt, insbesondere wenn in Betracht gezogen wird, daß bei Temperaturen unter 15 °C die CH_4-Bildung zum Stillstand kommt. Solche Temperaturen sind in Ländern mit gemäßigtem Klima sehr häufig, so daß die zur Erwärmung aufzubringende Energie den Heizwert des erzeugten Gases übertreffen kann.

Bei der wirtschaftlichen Bewertung der Biogasproduktion sind die folgenden Faktoren in Betracht zu ziehen:

— Die Einbringungskosten des zur Verfügung stehenden Rohstoffes.
— Die bei der Fermentation für die Rührung und Thermostatierung benötigte Energie.
— Die Investitions-, Bau-, Ausrüstungs-, Planungs- und Betriebskosten der gesamten Anlage.
— Menge und Heizwert des erzeugten Gases sowie der Wirkungsgrad des Verbrauchers.
— Wert und Nährstoffzusammensetzung des ausgefaulten Schlammes, Entfernung zum Verbrauchsort.

Als Endergebnis dieser Berechnungen ergibt sich, daß unter unseren klimatischen Verhältnissen auch bei einer Gasproduktion großen Stils und niedrigen Investitionskosten die Wirtschaftlichkeit des Verfahrens zweifelhaft ist. Von diesen Überlegungen ausgehend hat es z. B. keinen Sinn, eine nur pflanzliche Abfälle verwertende Anlage zur Erzeugung von Biogas zu errichten, da z. B. im Falle von Stroh durch Verbrennung in entsprechend konstruierten Öfen 2- bis 3mal so viel Energie gewonnen werden kann.

Trotz dieser negativen Daten wird in der ganzen Welt intensiv daran gearbeitet, die technischen und wirtschaftlichen Voraussetzungen für die anaerobe Fermentation zu verbessern, was durch die Beseitigung der durch die zur Aufarbeitung kommenden Stoffe bewirkten Umweltverschmutzung und auf dem Fermentationsweg gewonnene Biomasse als Futtermittel gerechtfertigt ist [24].

4. Neuestes Ergebnis der Biotechnologie: Die Herstellung von fruktosehaltigen Säften

Isosirup ist ein aus Maisstärke hergestellter Süßstoff, der Mitte der siebziger Jahre seinen Siegeszug angetreten hat und heute schon ein bedeutender Konkurrent der Saccharose ist [32].

Bei der Herstellung des Isosirups (Abb. 16) [24] angewandte fixierte, immobilisierte Glukoseisomerase ist gegenwärtig das in der größten Menge angewandte unlösliche Enzympräparat [33].

Aus wirtschaftlichen Gründen wird die Fixierung der in selektiv wärmedenaturierten Zellen eingeschlossenen Glukoseisomerase ohne Isolierung des Enzyms ausgeführt. Am öftesten wird die Strangpreßtechnologie gewählt, bei der die Zellmasse durch die Lösung der freie Aminogruppen enthaltenden Polymeren „zusammengeklebt“ und dann zu Strängen bestimmten Ausmaßes verformt und getrocknet wird. Danach wird mit einer wäßrigen Lösung von Glutardialdehyd die durch die Verformung ausgebildete Struktur fixiert bzw. damit gleichzeitig auch die Immobilisierung der Enzymmoleküle erreicht.

Bei dem so immobilisierten Enzym tritt eine geringfügige Porendiffusionshemmung auf [34]. Durch entsprechende Wahl des Verhältnisses von Länge zu Durchmesser des

Reaktors kann auch die Oberflächenfilmdiffusion optimiert werden [35]. Die wertvollen Nebenprodukte der Maisstärkeproduktion, die 30—40 Tage betragende Halbwertszeit der Glukoseisomerase und der spezifische Umsatz des immobilisierten Enzyms 1500 kg Produkt pro kg machen die Produktion des Glukose-Fruktose-Saftes wirtschaftlich.

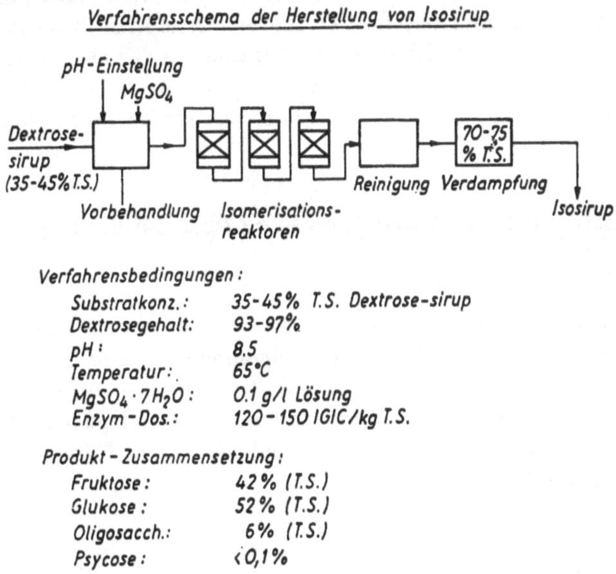

Abb. 16

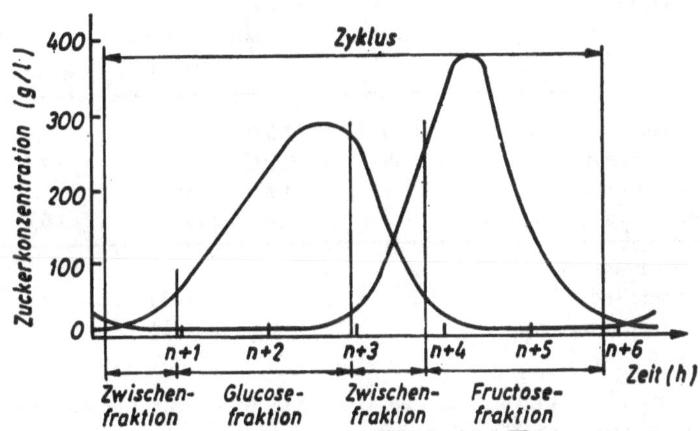

Abb. 17

Intensive Forschungen, die z. T. schon Ergebnisse gezeitigt haben, sind auf die Herstellung von Sirup mit erhöhtem Fruktosegehalt, des sog. „high fructose syrup", bzw. von nahezu reiner Fruktose aus Isosirup gerichtet [36]. Als Methode wird die Ionenaustausch-Säulenchromatographie verwendet mit sulfoniertem Polystyrolharz in K-Form (Abb. 17) [37]. In Betracht kommt außerdem noch die teilweise Kristallisation der Glukosefraktion.

In Ungarn wird zur Zeit ein 1981 die Produktion aufnehmender Betrieb gebaut, in dem jährlich 140000 t Mais zu 50000 t Isozucker und 20000 t Alkohol verarbeitet werden. Die Investitionskosten betragen 4 Milliarden Ft. (etwa 120—140 Millionen $), von denen 35 Millionen $ auf Importe aus dem kapitalistischen Ausland entfallen. Der jährliche Produktionswert beträgt bei den derzeitigen Weltmarktpreisen 60 bis 80 Millionen $. Die Wirtschaftlichkeit des Verfahrens geht auch daraus hervor, daß nicht nur die Stärke, sondern auch die anderen Bestandteile des Maises auf dem Weltmarkt günstiger abzusetzen sind als nichtaufgearbeiteter Mais. Der Produktionspreis des gewonnenen Zuckers beträgt etwa nur die Hälfte des aus Zuckerrüben hergestellten Zuckers.

5. Möglichkeiten zur Eiweißgewinnung über die Biomasse

5.1. Blatteiweißgewinnung

Im voranstehenden wurde die Bedeutung der Photosynthese vom Gesichtspunkt der Produktion von organischem Material bereits in allgemeinen Zügen erörtert.

Durch die Produktion geeigneter Serien von Grünpflanzen kann auch von, in der Landwirtschaft gegenwärtig angebauten Kulturpflanzen, ein Mehrfaches des üblichen, auf die Flächeneinheit bezogenen Ertrages an Nährstoffen, z. B. Proteinen, essentiellen Aminosäuren, erhalten werden (Tab. 7) [33].

Tabelle 7

Nährstoffertrag verschiedener Rohstoffe

Pflanzen	Grünpflanze t/ha	Trockensubstanz t/ha	Roheiweiß t/ha	Lysin kg/ha	Methionin kg/ha
Luzerne	49,9	12,5	2,1	113,2	25,1
Winterweizen	41,9	6,7	0,96	63,4	14,3
Senf (bewässert)	28,4	3,4	0,57	31,2	8,3
Futterkraut (bewässert)	40,1	4,3	0,72	60,8	7,3
Bezogen auf 1 t					
Sojabohnen			0,29	22,3	4,1
Grüne Erbsen			0,22	18,7	2,3

Natürlich ist es nicht unser Ziel, die traditionellen menschlichen Nahrungsmittel durch Produkte photosynthetisierender Systeme zu ersetzen, sondern die Möglichkeit zu nutzen, eines unserer Hauptprobleme zu lösen, die Bereitstellung von Futter für Monogastriden (z. B. Geflügel, Schweine).

Den voranstehenden Prinzipien entsprechend wurde das ungarische Blattproteinverfahren, das sogenannte VEPEX- (Vegetable Protein Extract-) Verfahren ausgearbeitet, welches zur Aufarbeitung von Grünpflanzen im vegetativen Stadium geeignet ist [38].

Bei dem VEPEX-Grundverfahren wird das pflanzliche Rohmaterial in zwei Fraktionen getrennt, in Saft und Fasern [39]. Aus dem Preßsaft wird das Proteinkonzentrat leicht isoliert, das Chloroplast- und Cytoplasma-Protein in einer für das Rohmaterial charakteristischen Verteilung enthält. Die Aminosäurezusammensetzung des faserfreien Produktes ist in Tab. 8 angegeben.

Durch fraktionierte Hitzebehandlung des Preßsaftes konnten die zwei Proteinfraktionen als gesonderte Produkte isoliert werden (Abb. 18).

Tabelle 8

Aminosäurezusammensetzung des im VEPEX-Verfahren gewonnenen Preßsaftes

Aminosäure	g/16 g N
Histidin	2,4—2,6
Lysin	6,0—7,5
Arginin	5,8—7,0
Cystin	0,8—1,5
Methionin	1,5—2,2
Phenylalanin	4,8—6,4
Tryptophan	1,3—1,5
Valin	5,5—7,0
Treonin	5,1—5,8
Glycin	4,6—5,8
Leucin	7,2—9,0
Isoleucin	4,0—4,6
Tyrosin	3,5—4,5

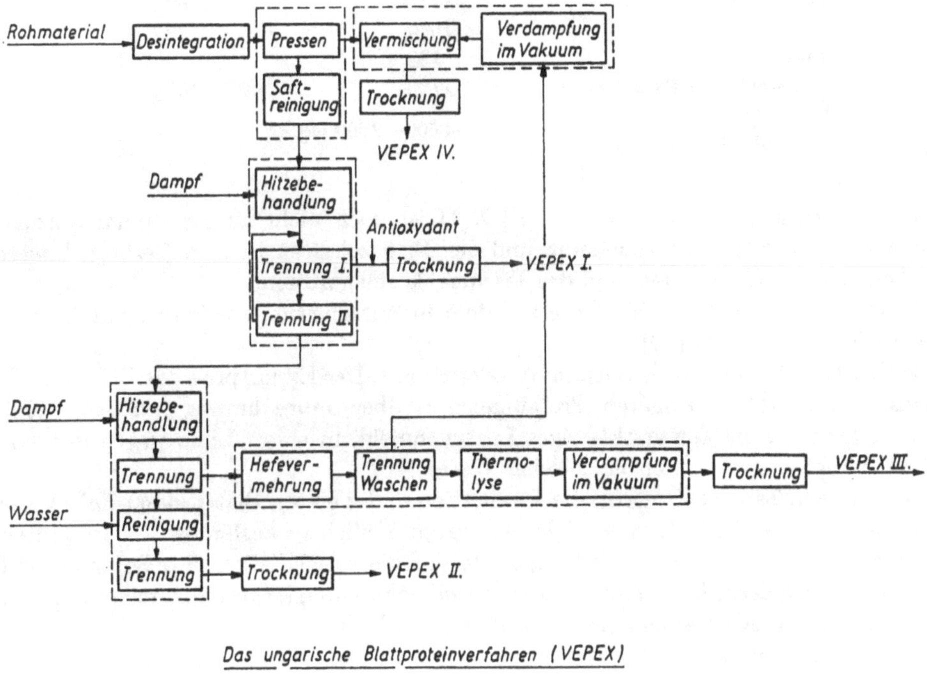

Abb. 18

Die zwei Fraktionen weichen hinsichtlich ihrer Eigenschaften und Verwendbarkeit wesentlich voneinander ab. Darauf weist auch der beträchtliche Unterschied in ihren Zusammensetzungen hin (Tab. 9).

Die Proteinkonzentrationen und -qualität, die Abwesenheit von Lipiden und prädominanten Pigmenten machen das VEPEX-II-Produkt zur Deckung beliebiger Proteinbedürfnisse geeignet. In Frage kommt nicht nur die Verwendung als Futtermittel, sondern auch die als potentielles menschliches Nahrungsmittel.

Die Verwendbarkeit der nach diesem Verfahren herstellbaren 4 Endprodukte wird heute schon durch industrielle Erfahrungen unterstützt.

VEPEX I kann, obwohl es hinsichtlich Proteingehalt und Qualität dem Sojamehl entspricht, zum doppelten Preis exportiert werden. Der Grund dafür ist der hohe Gehalt an Carotinoiden und vorläufig noch nicht identifizierten Substanzen (UGF — Unidentified Grass Factor), denen bei der geschlossenen Tierhaltung eine Bedeutung zukommt.

Tabelle 9

Inhaltsstoffzusammensetzung der beiden im VEPEX-Prozeß gewonnenen Proteinfraktionen

	VEPEX I (Chloroplastprotein-Fraktion)	VEPEX II (Cytoplasmaprotein-Fraktion)
Feuchtigkeit	6%	6%
Roheiweiß	50%	70%
Mineralstoffe	14	6%
Lipide	16%	2%
Rohfaser	1%	—
Stickstofffreies Extrakt	17%	16%
β-Carotin, Xantophil	1500—2000 mg/kg	—

Die industrielle Produktion von VEPEX II ist noch nicht aufgenommen worden, aber aufgrund der Zusammensetzung und der Eigenschaften ist sein Verbrauchswert zwischen dem des Maisglutens und des Fischmehls einzuordnen.

VEPEX III ist die Futterhefe, die aus dem in Aufarbeitungsverfahren anfallenden Substrat hergestellt wird [40].

Die VEPEX-IV-Fraktion ist Grünmehl oder Pellets. Der Exportpreis des VEPEX-IV-Produktes war trotz geringeren Proteingehaltes über Jahre hinweg nur etwa 10% niedriger als der Preis für erstklassiges Luzernenmehl, in erster Linie wegen der verfahrensbedingten Bewahrung biologischer Werte.

1972 wurde in Tamási (Ungarn) die Produktion in der ersten Blattprotein-Fabrik der Welt aufgenommen [41]. In ausgedehnten, hauptsächlich in ausländischen Instituten ausgeführten Tierversuchen wurde festgestellt, daß die VEPEX-Produkte Sojamehl und Fischmehl bei Broilern, Legehennen, Ferkeln und Schweinen, Magermilchpulver dagegen bei säugenden Tieren zu einem großen Teil ersetzen können.

Vor einigen Jahren hat die Regierung der USA von führenden Fachleuten eine besondere Studie über die Situation der Eiweiß-Resourcen, sowie über die Forschungsbedürfnisse auf diesem Gebiet anfertigen lassen [42]. Nach dieser Studie wird Blattprotein Mitte der achtziger Jahre das führende Futterprotein für Monogastriden sein.

Die Investitionskosten für eine stündlich 50 t Grünpflanzen aufarbeitende Anlage betragen etwa 8—10 Millionen $. Wenn unseren Verhältnissen entsprechend mit jährlich 120 Betriebstagen gerechnet wird, so ist eine 2000 ha große, bewässerte Fläche (4000 ha, wenn nicht bewässert wird) notwendig, um die für den Betrieb erforderliche Luzernenmenge sicherzustellen. Der jährliche Ertrag beträgt an hochwertigem, faserfreiem Produkt (Eiweißgehalt 50%) etwa 7000 t, an fasrigem Material (Eiweißgehalt 14%) 25000 t.

Es ist möglich, die gegenwärtige Produktion von organischem Material pro Bodeneinheit durch geeignete Wahl des pflanzlichen Rohmaterials um mindestens 50—100% zu steigern.

5.2. Steigerung der Stickstoffbindung durch Bodenimpfstoffe

Die Möglichkeiten zur Blatteiweißproduktion werden auch durch den Umstand erweitert, daß durch Boden- und Saatgutimpfung mit mikrobiellen Präparaten Ertrag und Eiweißgehalt einiger Pflanzen — in erster Linie von Schmetterlingsblütern — bedeutend erhöht werden können. Die mit diesen Pflanzen in Symbiose lebenden, zur Stickstoffbindung befähigten Mikroorganismen sind die Rhisobien, deren Vermehrung durch industrielle Verfahren auf fermentativem Wege erfolgt.

Der größte Teil des biologisch gebundenen Stickstoffes entfällt auf landwirtschaftliche Produktionsverfahren (Tab. 10) [43].

Tabelle 10

Biologische Bindung	175×10^6 t/Jahr
davon in der Landwirtschaft	88
in der Forstwirtschaft	40
in nicht bearbeiteten Böden	10
insgesamt im Boden	138
davon in Gewässern und Meeren	37
Nichtbiologische Bindung	80×10^6 t/Jahr
davon durch industrielle Verfahren	50
durch natürliche Prozesse	10
durch Explosionen, Verbrennungen	20

Die gesamte Stickstoffbindung der Welt beträgt jährlich: 255×10^6 t.

Die Menge des mit Hilfe von Bakterien gebundenen Stickstoffs ist sehr beträchtlich, hauptsächlich wenn in Betracht gezogen wird, daß 300 kg Ammoniumnitrat — eine 100%ige Verwertung vorausgesetzt — mit 100 kg symbiotisch gebundenem Stickstoff äquivalent sind. Gegenüber der Verwendung von Kunstdüngern besteht ein weiterer Vorteil darin, daß es nicht zur Verunreinigung des Wassers und Eutrophisierung kommt.

Die Menge des durch die Rhisobien gebundenen und an die Schmetterlingsblütler weitergegebenen Stickstoffs ist in Tab. 11 angegeben [43].

Zur Herstellung des Impfstoffes läuft der zur Vermeidung der Gefahr von Mutationen in diskontinuierlichen Fermentationsverfahren zu [44, 45, 46]. Die im allgemeinen eine Konzentration von $1 \cdot 10^6$ Stück/ml aufweisenden Bakterienkulturen sind schwer zu zentrifugieren, deshalb wird eine Adsorption an einem fein gemahlenen, sterilen Trägermaterial (Torf oder anderes anorganisches Material) vorgenommen.

Die Wirksamkeit der Impfung kann weitgehend von der angewandten Agrotechnik (in erster Linie von der Zeit der Aussaat und der Kunstdüngung) sowie von den meteorologischen Bedingungen (von Feuchtigkeitsgehalt des Bodens und von der Intensität der Photosynthese der Wirtspflanze) abhängen.

Tabelle 11

Menge des in einem Jahr von Rhizobien gebundenen und an Schmetterlingsblütlern übertragenen Stickstoffs

Luzerne	60—380 kg/ha
Kleearten	56—224 kg/ha
Lupine	40—150 kg/ha
Sojabohne	50—80 kg/ha
Erbsen-Kornwicke	60 kg/ha

Zum Schluß muß ich betonen, daß ich nur die Möglichkeiten der Biotechnologie für die Zukunft der Menschheit schildern wollte. Einige von denen sind heutzutage schon Realität, aber für die wirtschaftliche, großbetriebliche Realisierung der meisten müssen wir noch viele, gut organisierte, mühsame — gemeinsame Arbeit leisten.

Literatur

[1] BUTLER, S. W., and R. W. BAILEY: Chemistry and Biochemistry of Herbage. Academy Press, London, 1973

[2] BLACK, J. N.: Arch. Met. Geophys. Bioklim. 1956, 165

[3] COOPER, J. P.: Photosynthesis and Productivity in Different Environments. Intern. Biol. Progr. [IBP]. 3. Univ. Press, Cambridge, 1975

[4] DUPUY, P.: Products of Photosynthesis as Raw Material for the Chemical Industry. UNIDO Workshop on Ferm. Alcohol for Use as Fuel and Chemical Feedstock in Developing Countries, Vienna, Austria, 26—30 March, 1979 (im Späteren: UNIDO Workshop, Vienna, 1979)

[5] BÜCHEL, K. H.: Agricultural Products — Raw Material and Energy Source of the Future. Chemistry International, No. 5., (1980) 17—25

[6] RIBEIRO FILHO, F. A.: The Ethanol Based Chemical Industry in Brazil. UNIDO Workshop Vienna, 1979

[7] LAFFERTY, R. M.: Biotechnologie in Österreich 2. Arbeitstagung, 28.—30. Mai 1980. Inst. f. Biotechn. Mikrobiologie und Abfalltechn. T. U. Graz, 1980

[8] DUFFY, J. I.: Chemicals by Enzymatic and Microbial Process. (Recent Advances) Noyes Data Corp. Park Ridge, New Jersey, 1980

[9] MISSELHORN, K.: Äthanolherstellung unter energiewirtschaftlichem Aspekt. Stand der Technik. 4. Symp. Technische Mikrobiologie, Berlin, 1979, 15.—18. Okt.

[10] PARISI, F.: Ethanol as a Fuel and Energetic Balances. Iupac Biotechnology Commission, Report, 1980

[11] JOHNSTON, P. J.: Ethanol — an Alternative to its Use as a Fuel. UNIDO Workshop Vienna, 1979

[12] YAKOVLEFF, P., and GOHAREL, M.: Agrochemistry Comes of Age, Fermentation Alcohol as Basic Raw Material for a Chemical Industry. UNIDO Workshop, Vienna, 1979

[13] GOLDSTEIN, J. S.: Chemicals from Biomass. Present State. Alternative Feedstocks for Petrochemicals Symp. American Chem. Soc. San Francisco Meeting, 24—29 Aug. 1980, 632—638

[14] BONN, W. K.: Verfahrenstechnische Probleme und Wirtschaftlichkeit der gärungstechnischen Produktion von Butanol-Aceton. 4. Symp., Technische Mikrobiologie, Berlin, 1979

[15] DIMMLING, W., and R. SEIPENBUSCH: Raw Materials for the Production of SCP. Production of SCP. Process Biochemistry, March 1978, pp. 9—16

[16] JAWET, P.: The Common Sense Approach in Developing Fuel Alcohols. UNIDO Workshop, 1979

[17] GADEN, E. J., Jr.: Prospects for Biotechnology in a Resource Limited World. 27th IUPAC Congress, Helsinki, 27—31 Aug. 1979

[18] SCHELLER, W. A.: Testing of a 10% Ethanol — 90% Gasoline Mixture for Automotive Fuels. UNIDO Workshop, Vienna, 1979

[19] ... Lowering the Cost of Ethanol. Science, 206 (1979), 41—42

[20] PIMENTAL, D., and M. PIMENTAL: Future Energy and Food Supplies. Symp. on Energy and Food Industry, Madrid, 6—8 Oct., 1980

[21] HOLLÓ, J., and K. RÉCZEY: Microbial Technology in the Provision of Energy and Chemicals from Renewable Resources. Area Status Report. IUPAC Meeting of Fermentation Comm. Davos, Sept. 1979

[22] MARSHALL, H.-B.: Chemical Feedstocks from Renewable Resources in Developing Countries. The Production of Animal Food, Energy, Chemicals and Building Materials from Wood. pp. 21 UNESCO Working Party, Kuala Lumpur, 7—10 Nov. 1979 (später: UNESCO Working Party Kuala Lumpur)

[23] GHOSE, T. K.: Internat. Symp. on Bioconversion of Cellulosic Substances. into: Energy, Chemical and Microbial Proteins, New Dehli 3—6 March, 1980

[24] HOLLÓ, J.: Small Scale Technology. UNESCO Working Party, Kuala Lumpur, Nov., 1979, pp. 42

[25] MEYRATH, J.: Das ALCO-FLOC-System, eine kontinuierliche und zuverlässige Methode zur Äthanolproduktion mit extrem hoher Produktivität. 4. Symp. Technische Mikrobiologie, Berlin, 15.—18. Okt, 1979

[26] ENGELBART, W.: Vergärung von Zuckersäften. 4. Symp. Technische Mikrobiologie, Berlin, 15.—18. Okt., 1979

[27] DASILVA, E. J.: Fuel of the Future. Ambio Vol. 9. No. 1. 2—10 (1980)

[28] DENNISON, S.: Utilization of Renewable Sources. UNESCO Working Party, Kuala Lumpur, Nov., 1979, pp. 14

[29] GELLENDER, M.: Upgrading waste to high grade fuel eutices developers of biogas. Chemistry International No. 3, 17—21 (1979)

[30] CLAUSEN, E. C., O. C. SITTON and J. L. GADDY: Biological Production of Methane from Energy Crops. Biotechnology and Bioengineering XXI. 1209—1219 (1979)

[31] CLAUHAN, A. S.: Biogasanlagen. Moscow Symposium, p. 24 (1980)

[32] MACALLISTER, R. V.: Nutritive sweeteners made from starch. Adv. in Carbohydr. Chem. Biochem. 36, 15—56 (1979)

[33] HOLLÓ, J.: Unsere Biotechnische Forschung im Spiegel der Probleme der Jahrtausendwende. TU Berlin, Schriftenreihe aus dem Fachgebiet Getreidetechnologie 2. 48—93. Berlin, 1980

[34] HOLLÓ, J., E. LÁSZLÓ und Á. HOSCHKE: Einige Probleme der Herstellung fructosehaltiger Sirupe aus Stärke. Die Stärke (Starch 27, 232—235 (1975))

[35] LÁSZLÓ, E., Á. HOSCHKE und J. HOLLÓ. Zur biotechnischen Erforschung der Herstellung von Glucose-Fructosesirupen. Die Stärke/Starch, 30, 242—245 (1978)

[36] HOFFMAN LA ROCHE: Food Product Development, 14, August, 1980, p. 26

[37] BMA. Informationsblatt

[38] HOLLÓ, J., und L. KOCH: VEPEX das ungarische Blattprotein-Verfahren. Ernährungsumschau, 25, 210—216 (1978)

[39] HOLLÓ, J., L. KOCH and J. ZAGYVAI: Technology for the Production of a Fibre-free Green Plant Concentrate of Full Biological Value. Hung. Pat. 153249. 1964

[40] HOLLÓ, J. et al.: Technology for the Production of Detoxicated High Protein Content Fibre-free Green Plant Concentrates of Full Biological Value. Hung. Pat. 158580. 1967

[41] Chem. Eng. **80** (1973) 688

[42] SCRIMSHAW, N., D. WANG, M. MILNER ed.: Protein Resources and Technology; Status and Research Needs. Research Recommendation and Summary, NSF. RA-T-35-037 Washington, 1975

[43] SKINNER, K. J.: Nitrogen-fixation. Chemistry and Engineering, Oct. 4, 23—35 (1976)

[44] BERGERSEN, F. J., and G. L. TURNER: The Role of O_2-Limitation in Control of Nitrogenase in Continuous Cultures of *Rhizobium sp.* Biochem. Biophys. Res. Comm. **73** (2) 524—531 (1976)

[45] BIACS, P., K. GRUIZ and G. VERECZKEY: Effect of Fermentation Parameters on Laboratory Scale Production of *Rhizobium japonicum* Inoculum. Acta Microbiologica Acad. Sci. Hung. **25**, 130 (1978)

[46] KONDOROSI, A. et al.: A Comparison of Three *Rhizobium* Linkage Maps. Molec. gen. GEnet, **175**, 1—6 (1980)

Sektion Biologie der Ernst-Moritz-Arndt-Universität
(WB Allgemeine Mikrobiologie) Greifswald, DDR

Fusion mikrobieller Protoplasten

F. MACH

1. Einleitung

Die induzierte Fusion mikrobieller Protoplasten entwickelt sich gegenwärtig zu einem neuartigen Gentransfermechanismus. Bereits acht Jahre nach dem Erscheinen des ersten Berichtes über eine Komplementation auxotropher Mutanten von Geotrichum candidum durch eine kontrollierte Protoplastenfusion (PF) von FERENCZY u. a. [25] liegen zahlreiche einschlägige Arbeiten vor, die in mehreren Übersichtsreferaten zusammengefaßt wurden (ALFÖLDI [2], COCKING [15], FERENCZY [20, 21], PEBERDY [63], FODOR u. a. [28], MACH [51]).

Beobachtungen über eine spontane PF gehen jedoch bereits auf die Jahre 1925 bzw. 1937 zurück und betreffen die Fusion von bakteriellen Protoplasten, Hefe- und anderen Pilzprotoplasten sowie von pflanzlichen Protoplasten (z. B. MELLON [57], MICHEL [58]). Die Konsequenzen dieser sporadischen Beobachtungen blieben unerkannt, weil die klassischen Gentransfermethoden — Transformation, Transduktion und Konjugation — ausreichten, um eine genetische Charakterisierung ausgewählter Bakterienarten vorzunehmen. Hinzu kam, daß Versuche einer Komplementation von genetisch markierten *E. coli*-Stämmen über eine PF negativ verliefen (LEDERBERG u. a. [48]). Der eigentliche Durchbruch der PF ist erzielt worden, nachdem KAO und MICHAYLUK [42] im Jahre 1974 über eine signifikante Förderung der Fusion pflanzlicher Protoplasten durch hohe Konzentrationen von Polyäthylenglykol (PEG) berichteten. In der Reihe einer größeren Anzahl von fusionsfördernden Substanzen — auch als Fusogene bezeichnet — nimmt bis heute PEG den ersten Platz ein.

Tabelle 1
Induzierte Fusionen mikrobieller Protoplasten (FERENCZY [21])

Prokaryoten	
Intraspezifische Fusion:	
Bacillus megaterium	Streptomyces acrymicini
Bacillus subtilis	Streptomyces antibioticus
Brevibacterium flavum	Streptomyces coelicolor
Escherichia coli	Streptomyces fradiae
Micromonospora echinospora	Streptomyces griseus
Micromonospora inyoensis	Streptomyces hygroscopicus
Providencia alcalifaciens (Syn. Proteus inconstans)	Streptomyces lividans
Staphylococcus aureus	Streptomyces parvulus
Interspezifische Fusion:	
Streptomyces fradiae u. Streptomyces bikiniensis	

Tabelle 1 (Fortsetzung)

Eukaryoten

Intraspezifische Fusion

Candida tropicalis
Hansenula polymorpha
Hansenula wingii
Kluyveromyces lactis
Pichia guilliermondii
Rhodosporidium toruloides
Saccharomyces cerevisiae
Saccharomycopsis lipolytica
Schizosaccharomyces pombe
Schwanniomyces alluvius
Aspergillus flavus
Aspergillus fumigatus
Aspergillus nidulans
Aspergillus niger
Cephalosporium acremonium
Geotrichum candidum
Mucor racemosus
Phycomyces blakesleeanus
Penicillium chrysogenum
Penicillium cyaneo-fulvum
Penicillium frequentans
Penicillium patulum
Penicillium ramigena
Penicillium roquefortii

Interspezifische Fusion

Kluyveromyces lactis u. Kluyveromyces fragilis
Saccharomycopsis lipolytica u. Lodderomyces elongosporus
Saccharomyces cerevisiae u. Lodderomyces elongosporus
Schizosaccharomyces pombe u. Schizosaccharomyces octosporus
Aspergillus nidulans u. Aspergillus fumigatus
Aspergillus nidulans u. Aspergillus rugulosus
Penicillium chrysogenum u. Penicillium cyaneo-fulvum
Penicillium chrysogenum u. Penicillium notatum
Penicillium citrinum u. Penicillium cyaneo-fulvum
Penicillium roquefortii u. Penicillium chrysogenum

Intergenerische Fusion

Candida tropicalis u. Saccharomyces fibuligera
Saccharomyces cerevisiae u. Schizosaccharomyces pombe
Saccharomyces lipolytica u. Pichia guilliermondii
Schwanniomyces alluvius u. Saccharomyces cerevisiae

Die Vorteile einer PF gegenüber den klassischen Gentransfermethoden bestehen u. a. darin, daß hier komplette Genome zusammengeführt werden können, ein Austausch von niedermolekularen Verbindungen zwischen den Partnern stattfindet und der Genomtransfer keine Polarität erkennen läßt, weil beide Partner gleichwertig sind. Auf Grund des relativ einheitlichen Aufbaues von biologischen Membranen als der strukturellen Basis für das Zustandekommen einer Fusion kann diese Methode auch bei solchen Organismen angewendet werden, bei denen bisher die bekannten Gentransfermethoden versagten (Tab. 1).

2. Allgemeine Methode der Protoplastenfusion

Voraussetzung für eine Membranfusion ist die Umwandlung der intakten, von einer Zellwand begrenzten Zellen in Protoplasten durch den Einsatz von lytischen Enzymen oder von Inhibitoren der Zellwandsynthese in Gegenwart von osmotischen Stabilisatoren (Peberdy [62], Schaeffer u. Hotchkiss [68]). Bei *Streptomyces*-Arten führen hohe Glycinkonzentrationen und bei *Brevibacterium flavum* eine Vorbehandlung mit Penicillin zu einem leichteren Abbau der Zellwand durch Lysozym (HOPWOOD u. a. [38], KANEKO u. SAKAGUCHI [41]).

Die Zellwand von Hefen und anderen Pilzen wird in der Regel durch Schnecken-Enzym bzw. andere lytische Enzyme aus Pilzen z. B. von *Trichoderma harzianum* abgebaut [62].

Leicht hypertonische Lösungen mit hohen Konzentrationen von Saccharose, Natriumsuccinat, Sorbit u. ä. in Gegenwart von zweiwertigen Ionen wie Mg^{++} und Ca^{++} sind Voraussetzungen für die Stabilität der Protoplasten [22, 26]. Für Fusionsexperimente werden vorwiegend auxotrophe, Antibiotikum-resistente, temperatursensitive oder atmungsdefekte Mutanten verwendet bzw. Stämme, die sich morphologisch bzw. durch spezifische Farben voneinander unterscheiden und über niedrige Reversionsraten verfügen.

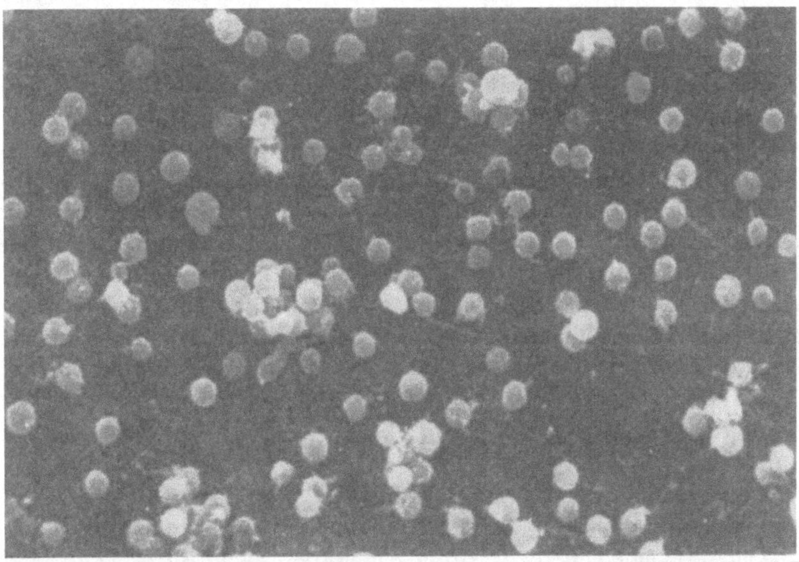

Abb. 1. Die agglutinierende Wirkung von Polyäthylenglykol (MG 1550) auf Protoplasten von *Bacillus subtilis* S 13. Rasterelektronenmikrosk. Aufnahme; Vergr. 39000 : 1

Als Fusogen wird fast ausschließlich 25—40% PEG verwendet und nur in Ausnahmefällen, z.B. zur Lösung spezieller Fragestellungen, Sendai-Virus-Partikel. Das Molekulargewicht von PEG scheint für die Fusionsinduktion eine untergeordnete Rolle zu spielen. Für die Fusion von Bakterien- und Pilzprotoplasten wird PEG mit einem Molekulargewicht von 400—6000 verwendet [68], während *Streptomyces*- bzw. *Micromonospora*-Protoplasten mit den PEG-Typen 1000—4000 besser fusionieren (OCHI u. a. [61]). Die Fusion von Pilzprotoplasten wird außerdem von 10—100 mMol $CaCl_2$ gefördert. Bei Streptomyceten haben sich Zusätze von Dimethylsulfoxid (14%) zur PEG-Lösung sowie UV-Bestrahlungen der Protoplasten vor der Fusion bewährt (HOPWOOD u. WRIGHT [37]).

Die Einwirkungszeit von PEG auf die Protoplasten beträgt lediglich 1—2 Min. Danach werden die agglutinierten Protoplasten mit dem osmotisch stabilisierten Medium verdünnt (Abb. 1).

Nach der Fusion der Protoplasten ist die Regeneration der Zellwand von grundsätzlicher Bedeutung. Dafür sind zahlreiche Agar-haltige Regenerationsmedien entwickelt worden, denen neben den normalen Bestandteilen Rinderserumalbumin und Gelatine zugesetzt wird [62, 68, 31]. Unter optimalen Bedingungen konnten von GABOR u. HOTCHKISS [31] z.B. bei *Bacillus subtilis*-Protoplasten Regenerationsfrequenzen nach PEG-Behandlung von 80% erzielt werden. In der Regel liegen die Rekombinationsraten jedoch zwischen 1—3% bezogen auf die Ausgangszellzahlen.

Problematisch ist gegenwärtig noch die exakte Ermittlung der Fusionsfrequenz. Normalerweise wird hierbei auf die Komplementationshäufigkeit bezogen, was insofern sehr ungenau ist, weil auch eine Fusion zwischen nichtkomplementären, d. h. identischen Partnern stattfinden kann. Erschwerend für die Auswertung der genetischen Konsequenzen einer PF ist außerdem die Tatsache, daß häufig Regenerations- und Rekombinationsfrequenzen unabhängig voneinander variieren können [31, 67], so daß damit bereits die Grenzen der PF für eine genetische Kartierung sichtbar werden (FODOR u. a. [28], MACH u. JATZWAUK [54]).

Nachweise für echte PF sind mit unterschiedlichen Methoden geführt worden. Um von vornherein Transformationsphänomene auszuschließen, wird in der Regel DNase dem Fusionsmedium zugesetzt [68]. Die Fusion von bakteriellen bzw. Pilz-Protoplasten ist elektronenmikroskopisch [30, 33], durch zytologische Kriterien (Farbe, Zellgröße), mit biochemisch-analytischen Methoden, durch Prophagenkomplementation [66] und nicht zuletzt durch die genetische Analyse der Fusionsprodukte nachgewiesen worden. Hinsichtlich der Stabilität der Fusionsprodukte bestehen prinzipielle Unterschiede zwischen intra- und interspezifischen Fusionen. Der stichhaltige Beweis für das Vorliegen eines höheren Ploidiegrades nach einer PF liegt im vollständigen Nachweis der Disomie aller Chromosomen, was bisher noch nicht überzeugend gelungen ist.

3. Fusion prokaryotischer Protoplasten

Die Gruppen um P. SCHAEFFER [67] und L. ALFÖLDI [26] wiesen übereinstimmend nach Protoplastenfusion mit 2- bzw. 3fach auxotrophen Mutanten von *B. subtilis* bzw. *B. megaterium* eine genetische Komplementation nach. Im Ergebnis einer Fusion entstanden stabile haploide Rekombinanten und instabile biparentale Stadien [31, 50]. Die genaue Analyse derartiger biparentaler Fusionsprodukte zeigt, daß diese Typen das unveränderte Genom beider Parentalstämme enthalten und daher keine Prototrophie zeigen, d. h. auf Minimalmedium nicht zu wachsen vermögen. HOTCHKISS vermutet, daß zwar die Chromosome repliziert werden, jedoch keine vollständige Genexpression stattfindet [39].

Über eine erfolgreiche Fusion von Protoplasten (Sphäroplasten) gramnegativer Bakterien liegen gegenwärtig nur zwei Berichte von TSENIN u. a. [77] und COETZEE u. a. [16] vor. Die Fusionsprodukte von polyauxotrophen Partnern sind von einer hohen Instabilität geprägt.

Bei der genetischen Bearbeitung der als Antibiotikabildner bekannten Gattung *Streptomyces* gewinnt die Protoplastenfusion zunehmend an Bedeutung [36, 37, 6], zumal hier z. B. unter nichtselektiven Bedingungen die chromosomalen Rekombinationsfrequenzen zwischen 10 und 20% liegen. Genetische Analysen der Fusionsprodukte nach intra- und interspezifischen PF führten zu dem Schluß, daß sich unter den Nachkommen instabile diploide oder quasidiploide Stadien befinden, ebenso wie unterschiedlich rekombinierte Genotypen [36]. Letzteres führte zu der Vermutung, daß die Genome der Partner nach der Fusion fragmentiert werden, so daß nach Crossingower zwischen den Fragmenten stabile haploide Rekombinanten entstehen können. Außerdem sind erfolgreiche Fusionen von 3 bis 4 Partnern mit den entsprechenden genetischen Konsequenzen beschrieben worden [36].

Ähnlich günstige Aussichten sind auch bei intraspezifischen Fusionen von Arten der Gattung *Micromonospora* bekannt geworden [75]. Hier führte die Hitzeinaktivierung eines Partners (Wildtyp), der nicht mehr zur Regeneration der Zellwand in der Lage war, zu Rekombinationen mit dem anderen auxotrophen Partner, so daß nur Rekombinanten Kolonien bilden konnten. Auch bei anderen Bakterien sind durch Inaktivierung eines Partners durch hohe Temperaturen (*Bac. megaterium*) als auch durch Streptomycin (*Bac. subtilis*) nach Fusion mit dem intakten anderen Partner Rekombinationen beobachtet worden (ALFÖLDI u. a. [27], SCHAEFFER u. a. [49]).

4. Fusion eukaryotischer mikrobieller Protoplasten

Bei dem Studium der Fusion von Pilzprotoplasten sind grundlegende Erkenntnisse über die PF gewonnen worden. L. FERENCZY [24, 25] traf mit *Geotrichum candidum* eine glückliche Wahl, da bei dieser Art weder sexuelle noch parasexuelle Prozesse bekannt waren.

Die Bildung von Heterokaryons bei der Fusion von Pilzprotoplasten ist in der Regel die Voraussetzung für Komplementationen, wozu in der Literatur zahlreiche Beispiele bekannt geworden sind [17, 23, 4]. Durch Induktion von diploiden Zellen, z. B. mit Benomyl gelingt es, haploide Nachkommen zu induzieren [64].

Die PF von Hefen wird unter mehreren Aspekten betrieben, wobei neben theoretischen Fragen vor allem industrielle Belange eine Rolle spielen, wie z. B. bei der Biomasseproduktion und im Gärungsgewerbe [63].

Auch bei der Fusion von Hefeprotoplasten kann sich sowohl ein stabiles als auch ein instabiles heterokaryotisches Stadium einstellen [78, 29, 10]. Bemerkenswert sind die bei manchen PF gelungenen Nachweise von aneuploiden Stadien [29, 78, 10].

Im Gegensatz hierzu sind bei anderen Hefen, wie z. B. *Schizosaccharomyces pombe* die ersten nachweisbaren Fusionsprodukte diploid [73]. Hervorgehoben werden muß, daß die Rekombinationsfrequenzen zwischen Protoplasten des identischen und oppositionellen Paarungstyps praktisch gleich sind. Andererseits wurden jedoch auch nach Fusion von *Saccharomyces lipolytica*-Protoplasten instabile Heterokaryons und diploide Zellen nachgewiesen [72, 70].

Bei der PF von *S. cerevisieae* ist das Auftreten von diploiden Fusionsprodukten sehr wahrscheinlich [55]. Der Nachweis einer Disomie von sieben markierten Chromosomen macht das disome Vorliegen der übrigen zehn sehr wahrscheinlich [34, 14]. Gelegentlich sind nach multipler Fusion von haploiden Stämmen von TAKANO u. a. [5, 76] di-, tri- und tetraploide Fusionsprodukte beschrieben worden.

Schließlich sei erwähnt, daß die Protoplastenfusion zur weiteren genetischen Charakterisierung von Hefestämmen mit Erfolg eingesetzt wird. Das trifft besonders auf die von der Gruppe um BÖTTCHER [7, 10] bearbeitete Gattung *Rhodosporidium* zu.

Interspezifische Protoplastenfusionen sind vorrangig zwischen Arten der Gattungen *Penicillium* [3] und *Aspergillus* beschrieben worden [43]. Aus naheliegenden Gründen ist die Komplementationsfrequenz erheblich niedriger als bei intraspezifischen Fusionen, wobei in der Regel prototrophe Mycelien nur auf Minimalmedien wachsen, während es auf Komplettmedien zur Segregation der Partner kommt. Der Nachweis von Heterokaryons bzw. diploiden Stämmen ist nach interspezifischer PF bisher nicht gelungen. Häufig findet ein Chromosomverlust bei einem Partner statt, so daß in dem anderen neben dem kompletten Chromosomensatz zusätzlich ein bzw. mehrere Chromosomen erscheinen. FERENCZY [19] schlägt für diesen Zustand den Terminus „interspezifisch aneuploid" vor. Daneben wird ein derartiges Genom auch als „interploid" bezeichnet.

Der Vollständigkeit halber muß erwähnt werden, daß interspezifische Fusionen von taxonomisch nahe verwandten Arten zu wesentlich höheren Rekombinationen zur Prototrophie führen als nach Fusion weiter entfernter Arten. Hierbei wird die Verwendung der PF auch als eine Überprüfungsmöglichkeit für taxonomische Beziehungen auf der Basis von Chromosomen-Homologien angedeutet [43].

Schließlich sollen interspezifische PF zwischen verschiedenen Hefearten genannt werden, wie *Kluyveromyces lactis* und *K. fragilis* [80] sowie zwischen *Schizosaccharomyces pombe* und *S. octosporus* [69].

Intergenerische PF z. B. zwischen *S. cerevisiae* und *S. pombe* führten zu Fusionsprodukten mit zwei, drei und vier Kernen, wozu genauere genetische Analysen z. Z. noch ausstehen [74].

5. Aufnahme von Zellorganellen durch Protoplastenfusion

Für die Übertragung von Zellkomponenten während der PF wird die Bezeichnung „genetische Transfusion" vorgeschlagen [22]. Berichtet wird über eine nicht-selektive und selektive Transfusion von Mitochondrien während der Fusion von Hefeprotoplasten [34, 71, 59]. Neben dem Studium der Genexpression mitochondrialer DNA in verschiedenen Wirten kommt diesem Transfer eine große praktische Bedeutung zu. Bekanntlich ist es außerordentlich schwierig, von industriellen Hefen auf Grund ihres z. T. unbestimmten Ploidiegrades auxotrophe Mutanten für die weitere genetische Bearbeitung zu gewinnen [71]. Mit Hilfe von „Mitochondrien-Markierungen" werden gute Voraussetzungen für die Hybridisierung, Selektion u. ä. geschaffen.

Neben der Transfusion von Chloroplasten aus höheren Pflanzen in Hefe- und andere Pilzprotoplasten [79] wird auch von Übertragungsmöglichkeiten von Viren in Protoplasten berichtet [9], ebenso wie die durch PEG geförderte Aufnahme von Nukleinsäuren. Hierbei muß besonders auf die hohen Aufnahmefrequenzen und Inkorporationen von Plasmiden in Protoplasten hingewiesen werden, ebenso wie auf die Aufnahme von Transformations-DNA und Virus-Nukleinsäure [8, 12, 13, 32, 11, 47].

6. Mechanismen der Membranfusion

Die Fusion von Membranen stellt in der eukaryotischen Zelle bzw. zwischen den Zellen ein weit verbreitetes biologisches Phänomen dar. Hierher gehören die Verschmelzung von Geschlechtszellen, Endo- und Exozytosen, Lysosomverschmelzungen, Vesikelabschnürungen bis hin zur Bildung multinuklearer Tumorzellen [56]. Trotzdem liegen gesicherte Aussagen über die Mechanismen dieses Phänomens nicht vor. Möglicherweise vollziehen sich Membranfusionen nicht immer nach dem gleichen Modus. Bei Fusionsvorgängen an der Erythrozytenmembran ist das Auftreten sogenannter „glatter Areale" beobachtet worden, d. h. proteinfreie Zonen der Membran, die Voraussetzung für eine Fusion darstellen sollen [1, 44, 45]. Diese strukturelle Veränderung soll durch PEG und Ca^{++} unterstützt werden. Bemühungen, derartige proteinfreie Areale auch in Protoplasten von *B. subtilis* nachzuweisen, schlugen trotz Einsatz von PEG unterschiedlicher Molekulargewichte und Konzentrationen fehl [52] (Abb. 2). Die speziellen Gründe hierfür liegen wahrscheinlich in dem Vorhandensein verzweigter Fettsäuremoleküle im Lipidanteil der *B. subtilis*-Membran. Übrigens sind auch nach Sendai-Virus-induzierten Membranfusionen zwischen Erythrozyten keine glatten Areale nachgewiesen worden.

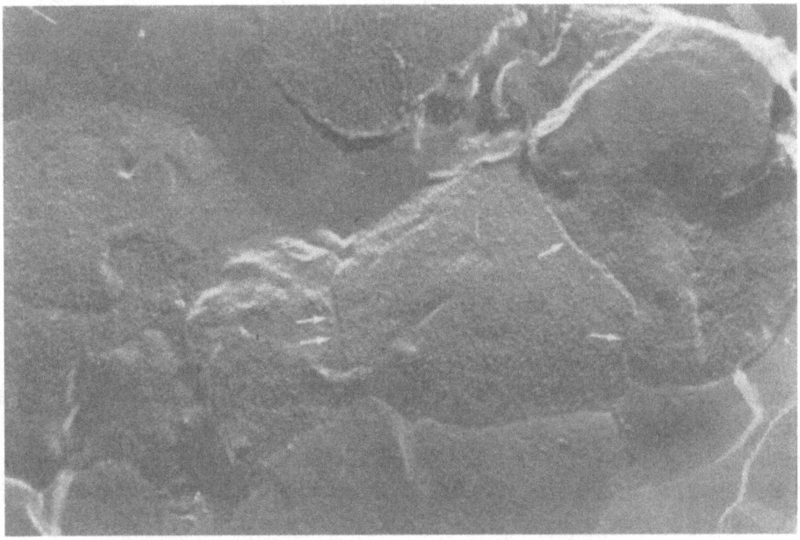

Abb. 2. Fusionierende Bacillus subtilis-Protoplasten nach Einwirkung von Polyäthylenglykol (MG 6000). An den Fusionsstellen (Pfeile!) sind keine „glatten" Areale zu erkennen.
Gefrierätztechn.; Vergr.: 173000 : 1

Knutton und Pasternack [45] charakterisieren die Membranfusion als einen in drei Phasen ablaufenden Prozeß: Agglutination, Membranfusion und osmotisches Anschwellen.

Das am meisten verwendete Fusogen PEG bewirkt eine signifikante Agglutination, deren Grad vom Molekulargewicht des PEG abhängig zu sein scheint (Mach u. a. [53]). Der eigentliche Fusionsvorgang vollzieht sich jedoch nicht in Gegenwart hoher PEG-Konzentrationen, sondern nach Entfernung dieses Fusogens durch Verdünnung. Hierbei bleiben die Protoplasten nur im lockeren Kontakt und zwischen sehr eng begrenzten Arealen vollzieht sich die Fusion, deren genauer Mechanismus, d. h. wie die Lipiddoppelschichten miteinander verschmelzen, bisher noch unerkannt geblieben ist. Möglicherweise bewirken Ca-Ionen bei eukaryotischen Protoplasten eine Zunahme der Fluidität der Membranen in Form einer durchgreifenden Transition der Membranphospholipide. Die nach der Fusion beobachtete Vermischung der Membranproteine beider Partner ist nachgewiesen worden [81].

Die Schwellung des Protoplasten nach dem Fusionsereignis könnte auf eine Permeabilitätsänderung der verschmolzenen Membranen zurückzuführen sein, wobei nicht sicher ist, ob die intrazellulär erhöhte Ca-Ionenkonzentration Ursache oder Folge dieser Änderung darstellt.

7. Ausblicke und Konsequenzen

Mit der Fusion mikrobieller Protoplasten bieten sich nunmehr Möglichkeiten für die genetische Bearbeitung von Mikroorganismen an, die bisher auf Grund der Unzugänglichkeit für klassische Gentransfermethoden unberücksichtigt blieben. Außerdem werden prinzipielle Fragen der Regeneration von Zellwänden und deren Regulation neu gestellt, ebenso wie stoffwechselphysiologische Probleme im Zusammenhang mit dem Übergang von dem Protoplasten- zum normalen Zellstadium aufgeworfen. Hier sind weitere Untersuchungen notwendig, um die Zellwandregeneration zu einem voll reproduzierbaren Ereignis werden zu lassen, weil davon die Genauigkeit und Zuverlässigkeit bei der Beurteilung der genetischen Konsequenzen nach der PF in hohem Maße abhängen.

Trotz dieser Mängel haben sich auch heute bereits Möglichkeiten zur gezielten Konstruktion von Stämmen mit wirtschaftlich vertretbaren Eigenschaften ergeben. Die PF repräsentiert eine Möglichkeit, genetische Informationsbestände zu vereinigen, wobei allerdings sowohl bei der Interpretation von intra- und besonders bei interspezifischen Fusionsprodukten noch manche Fragen offen bleiben, wie z. B. Phänomene der Genamplifikation.

Schließlich soll nicht unerwähnt bleiben, daß im engen Zusammenhang mit Fragen der Membranfusion Transportstudien von Enzymen und Makromolekülen in Membranvesikel zur Einschleusung von biologischem Material an den Wirkungsort in der Zelle gesehen werden müssen [18, 35, 60, 65, 56]. Hierbei eröffnen sich neue Möglichkeiten für eine gezielte Applikation von hochwirksamen Arzneimitteln [40]. Die Zellfusion findet auch in der Immunologie bei den Versuchen zur Erweiterung des Immunoglobulinspektrums Antikörper-bildender Zellen Anwendung [46].

Die Protoplasten sind also nicht mehr nur zytologische Kuriositäten, sondern geeignete Objekte zur Beantwortung theoretischer und angewandter biologischer Fragestellungen.

Literatur

[1] AHKONG, Q. F., J. I. HOWELL and J. A. LUCY: Fusion on hen erythrocytes with yeast protoplasts induced by polyethylene glycol. Nature **255** (1975), 66—67

[2] ALFÖLDI, L.: Fusion of microbial protoplasts. In: Fourteenth International Congress of Genetics, August 21—30. 1978, Moscow, USSR

[3] ANNÉ, I., and H. EYSSEN: Isolation of inter-species hybride of *Penicillium citrinum* and *Penicillium cyaneo-fulvus* following protoplast fusion. FEMS Microbiol. Letters **4** (1978), 87—90

[4] ANNÉ, I., and J. F. PEBERDY: Induced fusion of fungal protoplasts following treatment with polyethylene glycol. J. gen. Microbiol. **92** (1976), 413—417

[5] ARIMA, K., and I. TAKANO: Multiplefusion of protoplasts in *Saccharomyces* yeasts. Molec. gen. Genet. **173** (1979), 271—277

[6] BALTZ, R. H.: Genetic recombination in *Streptomyces fradiae* by protoplast fusion and cell regeneration. J. gen. Microbiol. **107** (1978), 93–103

[7] BECHER, D., and F. BÖTTCHER: Hybridisation of *Rhodosporidium toruloides* by protoplast fusion. In: Advances in Protoplast Research eds. L. Ferenczy and G. L. Farkas (1980) pp. 105–111. Budapest, Akad. Kiadó, Oxford: Pergamon Press

[8] BIBB, M. J., J. M. WARD and D. A. HOPWOOD: Transformation of plasmid DNA into *Streptomyces* at high frequency. Nature **274** (1978), 398–400

[9] BOISSONNET-MENES, M., and H. LECOQ: Transmission de virus par fusion de protoplastes chez *Pyricularia oryzae* Briosi et cav. Physiol. Végétale **14** (1976), 251–257

[10] BÖTTCHER, F., D. BECHER, U. KLINNER, I. A. SAMSONOVA and B. SCHILOWA: Genetic structure of yeast hybrids constructed by protoplast fusion. In: Advances in Protoplast Research eds. L. FERENCZY and G. L. FARKAS, pp. 99–104 (1980). Budapest: Akademiai Kiado, Oxford: Pergamon Press

[11] BROWN, B. J., and B. C. CARLTON: Plasmid-mediated transformation in *Bacillus megaterium*. J. Bacteriol. **142** (1980), 508–512

[12] BUHEITEL, G., and W. KLINGMÜLLER: In vivo transfer of genes from *Escherichia coli* to *Bacillus subtilis*. European J. Appl. Microbiol. Biotechnol. **7** (1979), 79–84

[13] CHANG, S., and S. N. COHEN: High frequency transformation of *Bacillus subtilis* protoplasts by plasmid DNA. Molec. gen. Genet. **168** (1979), 111–115

[14] CHRISTENSEN, B. E.: Somatic hybridization in *Saccharomyces cerevisiae*: analysis of products of protoplast fusion. Carlsberg Res. Comm. **44** (1979), 225–233

[15] COCKING, E. C.: Protoplasts: Past and present. In: Advances in Protoplast Research, eds. L. FERENCZY and G. L. FARKAS (1980), pp. 3–15, Budapest: Akademiai Kiado, Oxford: Pergamon Press

[16] COETZEE, J. N., F. A. SIRGEL and G. LECATSAS: Genetic recombination in fused spheroplasts of *Providence alcalifaciens*. J. gen. Microbiol. **114** (1979), 313–322

[17] DALES, R. B. G., and J. H. CROFT: Protoplast fusion and the isolation of heterokaryons and diploids from vegetatively incompatible strains of *Aspergillus nidulans*. FEMS Microbiol. Letters **1** (1977) 201–204

[18] DIMITRIADIS, G. J.: Cellular uptake of ribonucleic acid entrapped into liposomes. Cell Biology Internation. Reports **3** (1979), 543–549

[19] FERENCZY, L.: Some characteristics of intra- und interspecific protoplast fusion products of *Aspergillus nidulans* and *Aspergillus fumigatus*. In: Cell Genetics in Higher Plants, eds. DUDITS, D., G. L. FARKAS and P. MALIGA (1976) pp. 171–182, Budapest: Akademiai Kiado

[20] FERENCZY, L.: Fusion of protoplasts of auxotrophic fungal mutants: Diversity in the genetic background of nutritional complementation. In: Advances in Protoplast Research, ed. FERENCZY, L., and G. L. FARKAS (1980) pp. 55–62, Budapest: Akademiai Kiado, Oxford: Pergamon Press

[21] FERENCZY, L.: Microbial protoplast fusion. Symp. Soc. Gen. Microbiol., Nr. **31**, Cambridge (1981)

[22] FERENCZY, L., and A. MARÁZ: Transfer of mitochondria by protoplast fusion in *Saccharomyces cerevisiae*. Nature, London **268** (1977), 524–525

[23] FERENCZY, L., F. KEVEI and M. SZEGEDI: Fusion of fungal protoplast induced by polyethylene glycol. In: Microbial and Plant Protoplasts, eds. PEBERDY, J. F., A. H. ROSE, H. J. ROGERS, E. C. COCKING (1976) pp. 177–187, London, New York, San Francisco: Academic Press

[24] FERENCZY, L., F. KEVEI and J. ZSOLT: Fusion of fungal protoplasts. Nature, London **248** (1974), 793–794

[25] FERENCZY, L., J. ZSOLT and F. KEVEI: Forced heterokaryon formation in auxotrophic *Geotrichum* strains by protoplast fusion. In: Third International Protoplast Symposium on Yeast Protoplasts (1972) pp. 74 October 2–5, Salamanca, Spain: Abstracts

[26] FODOR, K., and L. ALFÖLDI: Fusion of protoplasts of *Bacillus megaterium*. Proc. Nat. Acad. Sci, U.S.A. **73** (1976), 2147–2150

[27] FODOR, K., E. DEMITRI and L. ALFÖLDI: Polyethylene glycol-induced fusion of heat-inactivated and living protoplasts of *Bacillus megaterium*. J. Bacteriol. **135** (1978), 68–70

[28] FODOR, K., K. ROSTÁS and L. ALFÖLDI: Bacterial protoplasts and their possible use in bacterial genetics. In: Advances in Protoplast Research, eds. FERENCZY, L., and G. L. FARKAS (1980), pp. 18–28, Budapest: Akademiai Kiado, Oxford: Pergamon Press

[29] FOURNIER, P., A. PROVOST, C. BOURQUIGNON and H. HOSLOT: Recombination after protoplast fusion in the yeast *Candida tropicalis*. Arch. Microbiol. **115** (1977), 143–149

[30] FREHEL, C., A.-M. LHERITIER, S. SANCHES-RIVAS and P. SCHAEFFER: Electron microscopic study of *Bacillus subtilis* protoplast fusion. J. Bacteriol. **137** (1979), 1354–1361

[31] GABOR, M. H., and R. D. HOTCHKISS: Parameter governing bacterial regeneration and genetic recombination after fusion of *Bacillus subtilis* protoplasts. J. Bacteriol. **137** (1979), 1346–1353

[32] GRYCZAN, T. J., S. CONTENTE and D. DUBNAU: Characterization of *Staphylococcus aureus* plasmids introduced by transformation into *Bacillus subtilis*. J. Bacteriol. **134** (1978), 318–329

[33] GUMPERT, J.: Electron microscopic analysis of protoplast fusion in *Streptomyces hygroscopicus* and consideration in structural alterations in fusing membranes. Arch. Microbiol. **126** (1980), 263–269

[34] GUNGE, N., and A. TAMARU: Genetic analysis of products of protoplast fusion in *Saccharomyces cerevisiae*. Japan. Journ. of Genetics **53** (1978), 41–49

[35] HOCHSTADT, J., D. C. QUINLAN, R. L. RADER, C.-C. LI and G. DOWD: Use of isolated membrane vesicles in transport studies. In: Methods in Membrane Biol. (Korn, E. D., ed.) **5** (1975), 117

[36] HOPWOOD, D. A., and H. M. WRIGHT: Bacterial protoplast fusion: recombination in fused protoplasts of *Streptomyces coelicolor*. Molec. gen. Genet. **162** (1978), 307–317

[37] HOPWOOD, D. A., and H. M. WRIGHT: Factors affecting recombinant frequency in protoplast fusions of *Streptomyces coelicolor*. J. gen. Microbiol. **111** (1979), 137–143

[38] HOPWOOD, D. A., H. M. WRIGHT, J. J. BIBB and J. M. WARD: Applications of protoplasts in Streptomyces genetics. In: Protoplasts — applications in microbial genetics, ed. PEBERDY, J. F. (1979), pp. 5–11 Nottingham: Univ. Nottingham

[39] HOTCHKISS, R. D., and H. M. GABOR: Biparental products of bacterial protoplast fusion showing unequal parental chromosome expression. Proc. Natl. Acad. Sci. USA **77** (1980), 3553–3557

[40] KABACK, H. R.: Transport studies in bacterial membrane vesicles. Science **186** (1974) 882

[41] KANEKO, H., and K. SAKAGUCHI: Fusion of protoplasts and genetic recombination of *Brevibacterium flavum*. Agric. Biol. Chem. **43** (1979), 1007–1013

[42] KAO, K. N., and M. R. MICHAYLUK: A method for high-frequency intergeneric fusion of plant protoplasts. Planta (Berl.) **115** (1974), 355–367

[43] KEVEI, F., and J. F. PEBERDY: Interspecific hybridization between *Aspergillus nidulans* and *Aspergillus rugulosus* by fusion of somatic protoplasts. J. gen. Microbiol. **102** (1977), 255–262

[44] KNUTTON, S.: Studies of membrane fusion. III. Fusion of erythrocytes with polyethylene glycol. J. Cell Sci. **36** (1979), 61–72

[45] KNUTTON, S., and C. A. PASTERNAK: The mechanism of cell-cell fusion. Trends in Biochem. Sci. **4** (1979), 220–223

[46] KÖHLER, G., and C. MILSTEIN: Continous cultures of fused cells secreting antibody of predesined specifity. Nature **256** (1975), 495–497

[47] KRÜGEL, M., G. FIEDLER and D. NOACK: Transfection of protoplasts from *S. lividans 66* with *Actinophage SH 10 DNA*. Mol. Gen. Genet. **177** (1980), 297–300

[48] LEDERBERG, J.: Bacterial protoplasts induced by penicillin. Proc. Nat. Acad. Sci. USA **42** (1956), 574–577

[49] LEVI, C., C. SANCHEZ-RIVAS and P. SCHAEFFER: Further genetic studies on the fusion of bacterial protoplasts. FEMS Microbiol. Letters **2** (1977), 323–326

[50] LEV-MEYNEIS, C., L. SANCHES-RIVAS and P. SCHAEFFER: Formation of stable diploid bacteria of protoplasts of *B. subtilis* and effect of rec⁻-mutants on the fusion products formed. Comptes Rendus **291** (1980), 67–72

[51] MACH, F.: Die Fusion bakterieller Protoplasten – ein neuer Gentransfermechanismus bei Prokaryoten. Biol. Rdsch. **18** (1980), 209–220

[52] MACH, F., und H. FRANK: (1980) (unveröffentlicht)

[53] MACH, F., H. FRANK und M. CLAVIEZ: (1980) (unveröffentlicht)

[54] MACH, F., and L. JATZWAUK: The localization of SPO1 phage resistance in the genome of Bacillus subtilis as revealed by fusion of protoplasts. Z. Allg. Mikrobiol. 21 (1982) 255–260

[55] MARAZ, A., M. KISS and L. FERENCZY: Protoplast fusion in *Saccharomyces cerevisiae* strains of identical and opposite meating types. FEMS Microbiol. Letters **3** (1978), 319–323

[56] MELDOLESI, J., N. BORGESE, P. DE CAMILLI and B. CECCARELLI: Cytoplasmic membranes and the secretory process. In: Membrane Fusion. Cell Surface Rev. Vol. **5** (Ed. POSTE, G., and G. L. NICOLSON) Amsterdam–New York–Oxford (1978)

[57] MELLON, R. R.: Studies on microbic heredity. I. Observations on a primitive form of sexuality (zygospore formation) in the colon-typhoid group. J. Bacteriol. **10** (1925), 481–501

[58] MICHEL, W.: Über die experimentelle Fusion pflanzlicher Protoplasten. Archiv f. exp. Zellforschung **20** (1937), 230–252

[59] MORGAN, A. J., J. L. HALL, A. BRUNNER and P. A. WHITTAKER: Protoplast fusion in the study of mitochondrial genetics in the petite-negative yeast *Kluyveromyces lactis*. In: Advances in Protoplast Research, eds. FERENCZY, L., and G. L. FARKAS (1980) pp. 33–98, Budapest: Akademiai Kiado, Oxford: Pergamon Press

[60] NICOLAU, C., and K. GERSONDE: Incorporation of inositol hexaphosphate into intact red blood cells. 1. Fusion of effector containing lipid vesicles with erythrocytes. Naturw. **66** (1979), 563–566

[61] OCHI, K., M. J. M. HITCHOCK and E. KATZ: High-frequency fusion of *Streptomyces parvulus or Streptomyces antibioticus* protoplasts induced by polyethylene glycol. J. Bacteriol. **139** (1979), 984–992

[62] PEBERDY, J. F. (ed.): Protoplasts – applications in microbial genetics. Nottingham: Univ. Nottingham (1979)

[63] PEBERDY, J. F.: Protoplast fusion – a tool for genetic manipulation and breeding in industrial microorganism. Enzyme and Microbial Technol. **2** (1980b), 23–29

[64] PEBERDY, J. F., and F. KEVEI: Interspecific hybridization in fungi by protoplast fusion. In: Protoplasts-applications in microbial genetics, ed. PEBERDY, J. F. (1979), pp. 23–26. Nottingham: Univ. Nottingham

[65] POSTE, G., D. PAPAHADJOPOULOS and W. J. VAIL: Lipid vesicles as carriers for introducing biologically active materials into cells. In: Methods in Cell Biology (ed. PRESCOTT, D. M.) **14** (1976), 33–71

[66] SANCHEZ-RIVAS, C., and A. J. GARRO: Bacterial fusion assayed by a prophage complementation test. J. Bacteriol. **137** (1979), 1340–1345

[67] SCHAEFFER, P., B. CAMI and R. D. HOTCHKISS: Fusion of bacterial protoplasts. Proc. Natl. Acad. Sci. USA **73** (1976), 2151–2155

[68] SCHAEFFER, P., and R. D. HOTCHKISS: Fusion of bacterial protoplasts. In: PRESCOTT, D. M. (ed.): Methods in Cell Biology Vol. 20 (1978), 149–158

[69] SIPICZKI, M.: Interspecific protoplast fusion in fission yeasts. Current Microbiol. **3** (1979), 37–40

[70] SPATA, L., and H. WEBER: A study on protoplast fusion and parasexual hybridization of alcane utilizing yeasts. In: Advances in Protoplast Research, eds. FERENCZY, L. and G. L. FARKAS (1980) pp. 131–137, Budapest: Akademiai Kiado, Oxford: Pergamon Press

[71] SPENCER, J. F. T., P. LAND and D. M. SPENCER: The use of mitochondrial mutants in the isolation of hybrids obtained by fusion of protoplasts of brewing yeasts. In: Advances in

Protoplast Research eds. FERENCZY, L., and G. L. FARKAS (1980) pp. 145–150, Budapest: Akademiai Kiado, Oxford: Pergamon Press

[72] STAHL, U.: Zygote formation and recombination between like mating types in the yeast *Saccharomycopsis lipolytica* by protoplast fusion. Mol. Gen. Genet. **160** (1978), 111–113

[73] SVOBODA, A.: Fusion of yeast protoplasts induced by polyethylene glycol. J. gen. Microbiol. **109** (1978), 169–175

[74] SVOBODA, A.: Intergeneric fusion of yeast protoplast: *Saccharomyces cerevisiae* and. *Schizosaccharomyces pombe.* In: Advances in Protoplast Research, eds. FERENCZY, L., and G. L. FARKAS (1980) pp. 119–124. Budapest: Akademiai Kiado. Oxford: Pergamon Press

[75] SZVOBODA, GY., T. LÁNG, I. GADÓ, G. AMBRUS, CS. KARI, K. FODOR and L. ALFÖLDI: Fusion of *Micromonospora* protoplasts. In: Advances in Protoplast Research, eds. FERENCZY, L., and G. L. FARKAS (1980), pp. 235–240, Budapest: Akademiai Kiado, Oxford: Pergamon Press

[76] TAKANO, I., and K. ARIMA: Evidence of the insensitivity of the α-inc allele to the function on the homothallic genes in *Saccharomyces* yeasts. Genetics **91** (1979), 245–254

[77] TSENIN, A. N., G. A. KARIMOVA and V. N. RIBSHIN: Rekombinacija pri szlijanii protoplasztov *Escherichia coli K 12.* (russ.) Dokl. Akad. Nauk SSSR **243** (1978) 1066

[78] VALLIN, C., and L. FERENCZY: Diploid formation of *Candida tropicalis* via protoplast fusion. Acta Microbiol. Acad. Sci. Hung. **25** (1978), 209–212

[79] VASIL, I. K., and K. L. GILES: Induced transfer of higher plant chloroplasts into fungal protoplasts. Science **190** (1975), 680

[80] WHITTAKER, P. A., and S. M. LEACH: Interspecific hybrid production between the yeast *Kluyveromyces lactis* and *Kluyveromyces fragilis* by protoplast fusion. FEMS Microbiol. Letters **4** (1978), 31–34

[81] WUNDERLICH, F.: Fusion von Biomembranen. Biologie in unserer Zeit **8** (1978), 169–179

Akademie der Wissenschaften der DDR
Institut für technische Chemie, Leipzig

Bakteriophagen als Risikofaktor in bakteriellen Fermentationsprozessen

L. Wünsche und B. Kiesel

1. Einleitung

Seit der Entdeckung der Bakteriophagen im Jahre 1915 durch Twort sind für zahlreiche Bakterien unterschiedlicher taxonomischer Stellung und Eigenschaften Bakteriophagen aufgefunden worden. Nach den Besonderheiten ihrer Vermehrungszyklen kann man die Bakteriophagen in virulente und temperente Phagen einteilen. Bakterienstämme, die ihre spezifischen temperenten Phagen als Prophagen enthalten, werden als lysogene Stämme bezeichnet. Eine Infektion mit virulenten Phagen führt in den befallenen Bakterienzellen zu einer schlagartigen Umstellung des bakteriellen Stoffwechsels auf Phagenproduktion. Nach dem Lysieren der Wirtszelle werden in der Regel eine Vielzahl infektiöser Phagen frei, die erneut ihre Wirtszelle befallen und lysieren können. Eine Infektion mit virulenten Phagen kann daher in kurzer Zeit zur vollständigen Lyse, d. h. zur vollständigen Vernichtung einer Bakterienpopulation führen. Lysogene Bakterienstämme können sich praktisch unbegrenzt vermehren, ohne deutliche Anzeichen einer Phagenentwicklung aufzuweisen. In einem verschwindend geringen Bruchteil der Population können die Prophagen in den vegetativen Phagen umgewandelt werden. Die dabei freigesetzten Bakteriophagen können sich jedoch aufgrund spezifischer Repressorwirkungen in der lysogenen Bakterienpopulation nicht virulent vermehren. Durch Einwirkung exogener Faktoren kann die Umwandlung des Prophagen in die vegetative virulente Form induziert werden. Erfaßt die Induktion einen großen Teil bzw. die gesamte Population, wird dieser Anteil ebenfalls lysiert, d. h. vernichtet.

Grundsätzlich kann jeder Bakterienstamm von einem oder mehreren virulenten Bakteriophagen infiziert werden und lysogen sein, d. h. ein oder mehrere Prophagen enthalten. Diese allgemeinen Betrachtungen zeigen, daß einer Phageninfektion oder Induktion auch in mikrobiologisch-technischen Prozessen mit bakteriellen Produktionsstämmen erhebliche Bedeutung zukommen muß.

2. Auswirkung der Bakteriophagenentwicklung im technischen Prozeß

Das Auftreten von Bakteriophagen in Produktionsprozessen mit bakteriellen Produktionsstämmen und damit verbundene Produktionsstörungen und Produktionsausfälle sind schon seit Jahrzehnten bekannt, besonders bei Prozessen zur Antibiotikaherstellung (Alichanjan [1]) und in der milchverarbeitenden Industrie (Kirchhübel [3]). Für Bakterienstämme, die zur Produktion von Futterbiomasse vorgesehen sind, wurden ebenfalls Bakteriophagen beschrieben bzw. phagenbedingte Prozeßstörungen festgestellt, beispielsweise bei der Konvertierung von Methan (Wünsche u. a. [11]; Tjutikow u. a. [10]) und Methanol (Ichikawa u. a. [2]). Abb. 1 und Abb. 2 zeigen Bakteriophagen potentieller methylotropher Produktionsstämme, die in unserem Institut nachgewiesen und charakterisiert wurden. Eine Infektion mit virulenten Phagen oder eine starke

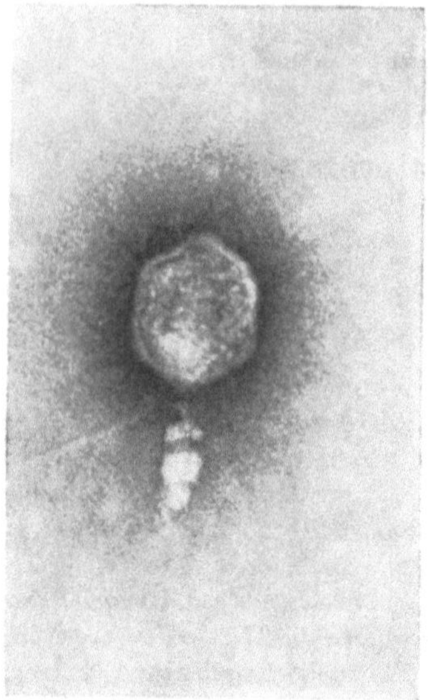

Abb. 1. Bakteriophage M 1, virulent für den methanotrophen Bakterienstamm GB 4

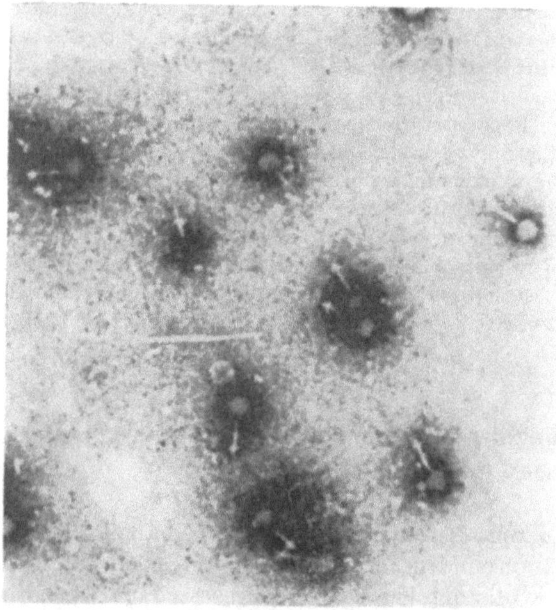

Abb. 2. Bakteriophage MO 1, temperenter Phage des methanolassimilierenden Bakterienstammes MB 58

induktive Umwandlung der Prophagen in den vegetativen Zustand führt im technischen Prozeß infolge der partiellen oder vollständigen Vernichtung der Zellen des Produktionsstammes zur Verzögerung bzw. Einstellung des Wachstums des Produktionsstammes und zu verringerter bzw. ausbleibender Produktbildung. Makroskopisch äußert sich die beginnende Lyse durch verstärkte Schaumbildung infolge freigesetzter Lyseprodukte, lichtmikroskopisch können das Auftreten von Zellhüllen und atypischer, deformierter

Zellformen auf eine Phagenentwicklung hinweisen. Eindeutig können Bakteriophagen nur elektronenmikroskopisch und durch Plaquebildung auf sensiblen Indikatorkulturen nachgewiesen werden (Abb. 3).

Obwohl zahlreiche Beispiele für Produktionsstörungen durch Phagenentwicklung bekannt sind, ist aus der Literatur zu entnehmen, daß die Phageninfektion bzw. -induktion bei Produktsynthesen mit bakteriellen Produktionsstämmen nicht als ein generelles und vordringliches Problem angesehen wird.

Diese erstaunliche Tatsache kann auf mindestens sieben Gründen zurückgeführt werden:

(1) Spezielle bakterielle Stoffwechselprodukte werden in der Regel in diskontinuierlichen Prozessen hergestellt. Für jeden Ansatz wird einwandfreies leistungsfähiges Impfmaterial verwendet.
(2) Die generell angewandte sterile Prozeßführung erschwert eine Phageninfektion.
(3) Die eigentliche Produktionsphase ist oft die stationäre Phase; im diskontinuierlichen Ansatz wird die exponentielle, durch Phageninfektion am meisten gefährdete Wachstumsphase rasch durchlaufen.
(4) Phageninfektionen bzw. Induktionen gefährden jeweils einen Produktionsansatz, aber nicht die gesamte Produktion.
(5) Phagenentwicklung wird nicht immer als Ursache für Produktionsstörungen erkannt.
(6) Erfolgreiche Verwendung phagenresistenter Mutanten des Induktionsstammes.
(7) Geheimhaltung phagenbedingter Produktionsausfälle.

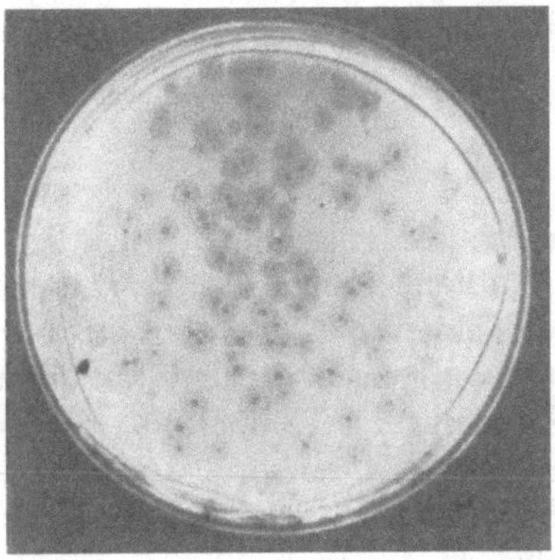

Abb. 3. Plaques des Phagen MO 1 auf der Indikatorkultur MB 58/4

Technische Prozesse zur Massenvermehrung von Mikroorganismen (z. B. Erzeugung proteinreicher bakterieller Biomassen für Futterzwecke) sind durch einige Spezifika gekennzeichnet, die die Möglichkeiten einer Phagenentwicklung und die Wahl der geeigneten Gegenmaßnahmen beeinflussen:

(1) Massenkultivierung von Mikroorganismen erfolgt in der Regel im ungeschützten kontinuierlichen Prozeß in großen Dimensionen. Bakteriophagen können mit den Stoffströmen praktisch ungehindert aus der Umgebung in den Reaktor gelangen.
(2) Kontinuierliche Fermentationsprozesse werden nach einmaliger Animpfung mit der Produktionskultur über theoretisch unbegrenzte Zeiträume geführt.
(3) Die Bakterien befinden sich ständig in der aktiven Wachstumsphase, d. h. in einem für eine Phageninfektion günstigen physiologischem Zustand.

3. Möglichkeiten zur Unterdrückung der Bakteriophagenentwicklung im technischen Prozeß

3.1. Maßnahmen gegen die Entwicklung virulenter Phagen

Gegenwärtig können vier Möglichkeiten zur Verhinderung einer Infektion mit virulenten Phagen bzw. einer Unterdrückung der Phagenvermehrung im technischen Prozeß diskutiert werden:

— Phagensterile Prozeßführung
— Einsatz von Alternativstämmen
— Einsatz phagenresistenter Mutanten
— Einsatz von Inhibitoren

3.1.1. Phagensterile Prozeßführung

Grundsätzlich ist es möglich, durch bekannte Sterilisationsmaßnahmen den Zutritt virulenter Bakteriophagen zum Fermentationsprozeß zu verhindern. Bakteriophagen sind relativ temperatursensibel, Temperaturen um 70 °C reichen bei entsprechender Einwirkungszeit im allgemeinen zur Inaktivierung aus. Neben thermischen Sterilisationsverfahren für den Reaktor mit der zugehörigen Ausrüstung sowie die Luft- und Nährlösungsströme können auch Filtereinrichtungen, besonders zur Entfernung der Phagen aus den Gasströmen, angewandt werden. Die geringe Größe der Bakteriophagen (im Bereich von 100 nm) stellen jedoch erhebliche Anforderungen an die Zuverlässigkeit solcher bakteriophagendichter Filter.

3.1.2. Einsatz von Alternativkulturen

Ist für ein Verfahren nur ein definierter Produktionsstamm vorhanden, ist bei einer Infektion mit virulenten Phagen der gesamte Prozeß gefährdet. Es ist daher vorteilhaft, mehrere geeignete Produktionskulturen zu selektieren. Diese Alternativkulturen müssen möglichst ähnliche technologisch-ökonomische Eigenschaften besitzen, damit bei einem Wechsel des Produktionsstammes keine Änderung der Technologie erforderlich und das gewünschte Produkt in vergleichbarer Qualität erhalten wird. Andererseits müssen sie im taxonomischen Sinne soweit voneinander verschieden sein, daß eine Infektion mit dem gleichen virulenten Phagen unwahrscheinlich ist.

Für den Einsatz von Alternativkulturen sind im technischen Prozeß drei Varianten möglich:

(1) Regelmäßiger prophylaktischer Wechsel des Produktionsstammes
Bei diskontinuierlich geführten Produktsynthesen mit Anzüchtung von Impfmaterial aus Stammsammlungskulturen für jeden Produktionsansatz kann dabei ohne Mehraufwand der Produktionsstamm in regelmäßigen Abständen gewechselt werden. Im kontinuierlichen Prozeß könnte der prophylaktische Wechsel des Produktionsstammes im Turnus von Generalreparaturen oder anderen technologisch bedingten Stillstandszeiten erfolgen.

(2) Wechsel des Produktionsstammes nach nachgewiesener Bakteriophageninfektion
Nach Ersatz des infizierten Stammes durch einen Alternativstamm bietet das Vor-

handensein des Bakteriophagen die Möglichkeit der Gewinnung einer phagenresistenten Mutante des ersten Stammes.

(3) Simultaner Einsatz mehrerer Alternativstämme in Form definierter Mischkulturen.

8.1.3. Einsatz phagenresistenter Mutanten

Die Gewinnung und Verwendung phagenresistenter Mutanten des Produktionsstammes wird für Produktsynthesen als sehr erfolgreiche Methode beschrieben und ermöglichte die Weiterführung bakterieller Fermentationsprozesse, die wegen Phageninfektionen nicht mehr betrieben werden konnten. Besonders in der Antibiotikaherstellung werden häufig phagenresistente Mutanten verwendet (Alichanjan [1]). Die Phagenresistenz beruht auf einer Modifizierung der Rezeptorstellen für den Phagen auf der Zelloberfläche des Wirtsbakteriums; damit wird die Adsorption des Phagen und seine Vermehrung verhindert. Die Resistenz bezieht sich daher generell nur auf einen spezifischen Phagen, eine Infektion mit weiteren, heterologen Phagen wird damit nicht verhindert. Weiterhin können im Fermentationsprozeß Revertanten auftreten, die gegen den spezifischen Phagen wieder sensibel sind und diesen ständig in der Kultur weitervermehren. Dadurch wird ein lysogener Zustand der Produktionskultur vorgetäuscht (Pseudolysogenie).

Für die Gewinnung geeigneter phagenresistenter Mutanten wirken zwei Faktoren erschwerend:

— Die gezielte Selektion einer phagenresistenten Mutante setzt die Isolierung des entsprechenden Phagen voraus; sie kann also nicht prophylaktisch erfolgen.
— Phagenresistenz ist häufig mit der ungünstigen Veränderung technologisch wichtiger Eigenschaften, z. B. Verringerung der spezifischen Wachstumsrate, verringerte oder ausbleibende Produktbildung, gekoppelt.

Die Tatsache, daß sich Resistenz generell nur auf einen spezifischen Bakteriophagen bezieht und die Infektion mit weiteren Phagen nicht ausschließt, bedeutet, daß diese Methode praktisch nur als eine Variante des Prinzips des Einsatzes von Alternativstämmen anzusehen ist.

8.1.4. Einsatz von Inhibitoren

Interessante Möglichkeiten zur Beherrschung von Infektionen mit virulenten Phagen, auch im ungeschützten Fermentationsprozeß, ergeben sich aus der Verwendung spezifischer Phagenhemmstoffe.

An einen spezifischen Phagenhemmstoff müssen eine Reihe von Anforderungen gestellt werden:

- irreversible Inaktivierung der virulenten Phagen, die den Produktionsstamm lysieren können,
- phageninhibierende Konzentrationen dürfen den Produktionsstamm nicht (oder nur vorübergehend) beeinflussen,
- keine ungünstige Beeinflussung aller Prozeßstufen (Fermentation, Abtrennung der Biomasse, Wertstoffgewinnung),
- ernährungsphysiologische Unbedenklichkeit bzw. leichte Überführbarkeit in diese Form bzw. leichte Abtrennbarkeit aus der Biomasse oder dem Produkt,
- billig und verfügbar.

Die Wichtung der spezifischen Anforderungen hängt von der Art des jeweiligen Prozesses und dem zu erzeugenden Produkt ab. Von der Spezifik des technischen Prozesses und den Eigenschaften des Inhibitors hängt es ab, ob dieser kontinuierlich oder nur bei nachgewiesenem Phagenbefall zugesetzt wird. In der Literatur werden unterschiedliche Substanzen beschrieben, die in technischen Prozessen als Phageninhibitoren eingesetzt werden können (Tab. 1).

Tabelle 1

Spezifische Inhibitoren virulenter Bakteriophagen, angewendet in Fermentationsprozessen (nach RUDOLPH, 1978)

Inhibitor	Prozeß
Chloramphenicol	Aceton-Butanol-Gärung
Na-Tripolyphosphat Phytinsäure Polyoxyäthylenstearyläther Fe^{++} und Mg^{++} (Ca^{++}) Mn^{++} n-Paraffine	Glutaminsäure
8-Azaguanin	Aminosäuren, allg.
EDTA K_2HPO_4/KH_2PO_4 Na-Dodecylbenzylsulfat	Biomasse
Aminoaldehyd	Nukleinsäuren
Ascorbinsäure Glutathion	Molkereiprodukte
N-Stearylglutaminsäure	Antibiotika
butyl. Hydroxytoluol	Futterzusätze

Der Wirkungsmechanismus der Phageninhibitoren kann auf zwei Prinzipien zurückgeführt werden:

(1) Selektive Schädigung des Bakteriophagen
(2) Beeinflussung der spezifischen Bakterien — Bakteriophagen — Interaktionen

3.1.4.1. Selektive Schädigung des Bakteriophagen

Inhibitoren dieser Gruppe müssen die Bakteriophagen irreversibel inaktivieren, dürfen aber die Wirtsbakterien nicht oder nur in deutlich höheren Konzentrationen schädigen. Bedingt durch die relativ einfache Struktur der Bakteriophagen und das Fehlen eines eigenen Metabolismus ergeben sich nur wenige Ansatzpunkte. Als Beispiel für Inhibitoren dieser Gruppe können Ascorbinsäure und einige andere Redoxsysteme genannt werden, die von einer japanischen Arbeitsgruppe um MURATA intensiv auf ihre phagenhemmende Wirkung und ihren Einsatz in der milchverarbeitenden Industrie untersucht wurden. MURATA u. a. [7] zeigten, daß 10^{-4} M Ascorbinsäure in der Kulturflüssigkeit den Phagen J_1 von *Lactobacillius casei* völlig inhibierten, während der Wirtsstamm um zwei Zehnerpotenzen höhere Ascorbinsäurekonzentrationen ohne deutliche Schädigung tolerierte. Es wurde nachgewiesen, daß die bei der Autoxidation der Ascorbinsäure entstehenden Radikale über Einstrangbrüche bevorzugt die Phagen-DNS schädigen und damit zur selektiven Inhibierung der Bakteriophagen führen (MURATA u. KITAGAWA [4]). Analoge Ergebnisse wurden von der gleichen Arbeitsgruppe mit anderen Redox-Systemen erhalten (MURATA u. a. [5]; MURATA u. KITAGAWA [6]).

Ascorbinsäure kommt in vieler Hinsicht den Anforderungen an einen idealen Phageninhibitor im technischen Prozeß nahe. Unsere Untersuchungen am methanassimilierenden Bakterienstamm GB 4 und seinem Phagen M 1 führten zu vergleichbaren Ergebnissen (Abb. 4).

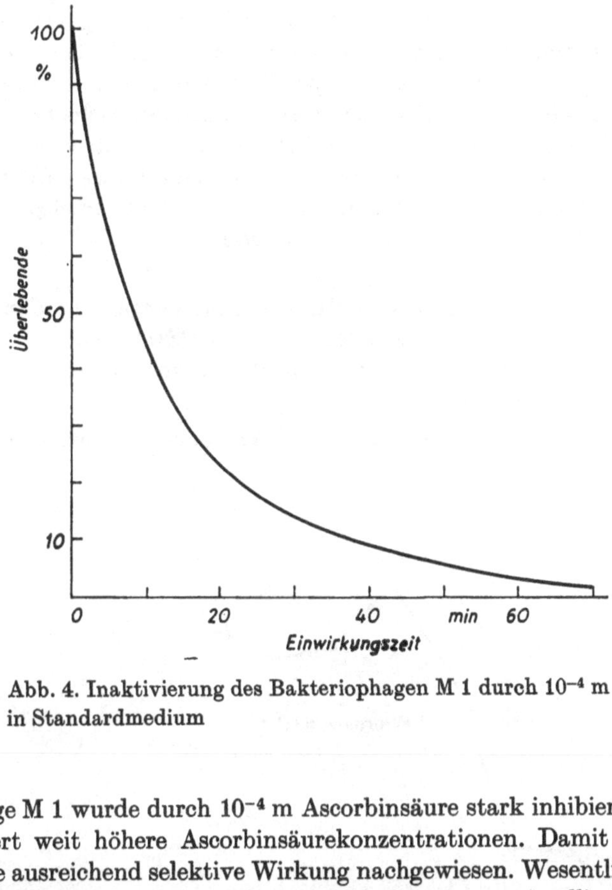

Abb. 4. Inaktivierung des Bakteriophagen M 1 durch 10^{-4} m Ascorbinsäure in Standardmedium

Der Phage M 1 wurde durch 10^{-4} m Ascorbinsäure stark inhibiert. Der Wirtsorganismus toleriert weit höhere Ascorbinsäurekonzentrationen. Damit ist auch an diesem System eine ausreichend selektive Wirkung nachgewiesen. Wesentlich ist weiterhin, daß die phageninhibierende Wirkung der Ascorbinsäure an zwei völlig verschiedenen Systemen gezeigt werden kann. Damit ist ein Hinweis gegeben, daß Phageninhibitoren aufgefunden werden könnten, die nicht spezifisch auf ein Phagen-Wirtssystem wirken, sondern als generelle Phageninhibitoren eingesetzt werden können.

Die Anwendung von Ascorbinsäure als Phageninhibitor im kontinuierlichen aeroben Fermentationsprozeß bereitet noch erhebliche Schwierigkeiten. Diese sind besonders in der Aufrechterhaltung der Konzentration der wirksamen Radikale über die erforderliche Einwirkungszeit zu suchen.

3.1.4.2. Beeinflussung der spezifischen Bakterien-Bakteriophagen-Interaktionen

Innerhalb der spezifischen Phagen-Wirts-Wechselbeziehungen bietet der Vorgang der Phagenadsorption an der Zelloberfläche Ansatzpunkte für Phageninhibitoren. Es ist beispielsweise bekannt, daß manche Bakteriophagen zur Adsorption Cofaktoren, z. B. Ca^{++} oder Tryptophan, benötigen. In Medien, die diese Stoffe nicht enthalten, findet keine Adsorption statt. Generelle Bedeutung können jedoch Substanzen erlangen, die mit den Zelloberflächen bzw. Adsorptionseinrichtungen der Phagen reagieren, diese Regionen blockieren und damit aus sterischen Gründen eine Adsorption unmöglich machen. In der Wirkung ist der Mechanismus der auf Modifizierung der Rezeptoren an der Zelloberfläche beruhenden biogenen Phagenresistenz vergleichbar. Werden durch Zugabe geeigneter Substanzen nicht nur die spezifischen Rezeptoren chemisch modifiziert, sondern eine generelle Überdeckung der gesamten Zelloberfläche bzw. des Adsorptionsapparates der Phagen (z. B. durch Wechselwirkung mit den Proteinen dieser Regionen) erreicht, könnte ein genereller Schutz gegen eine Phageninfektion gegeben sein. Selbstverständlich darf diese Inhibitor-Zell-Bindung die technologisch wichtigen Eigenschaften der Bakterien nicht ungünstig verändern.

Die Anforderungen

- relativ unspezifische Bindung an Zelloberflächen bzw. Phagen und damit Anwendbarkeit bei möglichst vielen Bakterien/Bakteriophagen/Systemen
- keine toxische oder inhibierende Wirkung auf die Wirtsbakterien im phagenhemmenden Konzentrationsbereich

erfüllen nach unseren Untersuchungen einige oberflächenaktive Substanzen, aber auch Kohlenwasserstoffe.

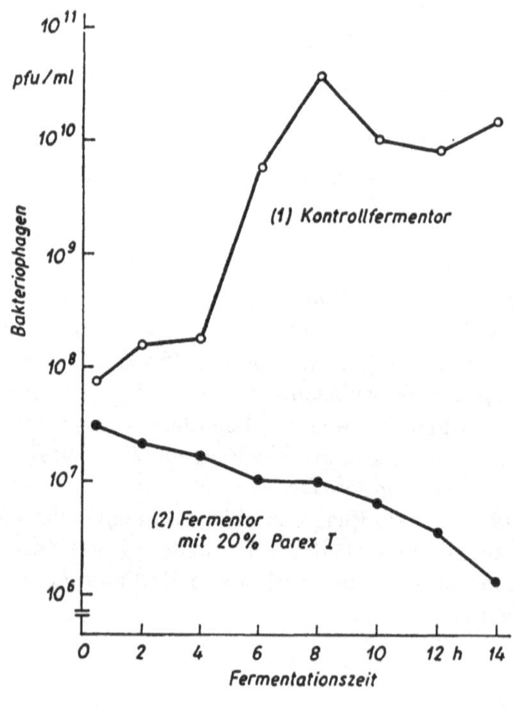

Abb. 5. Inhibierung der Entwicklung virulenter Bakteriophagen durch Zusatz von Kohlenwasserstoffen (System GB 4/M 1)

In Abb. 5 ist die Wirkung eines technischen Kohlenwasserstoffgemisches auf den Phagen M 1 des methanassimilierenden Stammes GB 4 dargestellt. In Vorversuchen konnten wir nachweisen, daß der n-Alkanzusatz die obligat methylotrophen Bakterien nicht inhibiert, die Phagen aber wirkungsvoll inaktiviert. Kurve 1 in Abb. 5 zeigt nach einer starken Infektion (M = 0,1) die zu erwartende Zunahme der Zahl aktiver Phagen analog einer Einstufenwachstumskurve. Bei Zusatz von Kohlenwasserstoffen (Kurve 2) sinkt die Zahl der aktiven Phagen ständig ab, die Bakterienkultur entwickelt sich normal.

Wir nehmen an, daß über unspezifische hydrophobe Protein-Kohlenwasserstoff-Bindungen sowohl an der Zell- als auch an der Phagenoberfläche Kohlenwasserstoffschichten aufgebaut werden, die aus sterischen Gründen eine Phagenadsorption verhindern. Hydrophobe Wechselwirkungen zwischen n-Alkanen und Proteinen sind als Voraussetzung für einen enzymatischen Abbau der n-Alkane bekannt (Schöpp und Aurich [9]). Ein ähnlicher Mechanismus wird auch für die Verhinderung einer Pflanzenvirenübertragung durch Mineralöle angenommen (Zschiegner u. a. [12]).

Zusammenfassend kann festgestellt werden, daß die diskutierten Maßnahmen, besonders die Kombination mehrerer Möglichkeiten, ausreichende Anhaltspunkte zur Verhinderung der Entwicklung virulenter Phagen bieten. Die wirkungsvolle Bekämpfung einer Phageninfektion erfordert das rechtzeitige Erkennen einer Phageninfektion im technischen Prozeß, d. h. Einführung des Phagennachweises in die routinemäßige biologische Prozeßkontrolle. Gegenwärtig können Bakteriophagen nur durch direkte elektronenmikroskopische Darstellung oder mit Hilfe der Plaquetechnik zuverlässig nachgewiesen werden.

Zur Einschätzung der Wahrscheinlichkeit, mit der ein oder mehrere Phagen in einem bestimmten Prozeß auftreten können, sind Kenntnisse der Phagenökologie unbedingt erforderlich. Über die Verteilung der Phagen bakterieller Produktionsstämme, besonders für die Biomasseerzeugung, in natürlichen Biotopen, besonders aber an potentiellen Standorten entsprechender Produktionsanlagen, liegen bisher kaum Angaben vor.

3.2. Probleme beim Einsatz lysogener Produktionsstämme

Lysogene Produktionsstämme enthalten ein oder mehrere Phagengenome, die bei jeder Zellteilung auf die Tochterzellen weitergegeben werden. Die Umwandlung dieser Prophagen in virulente, vegetative Phagen wird z. B. durch einen Repressionsmechanismus verhindert. Die Repressormoleküle unterdrücken auch die Vermehrung homologer virulenter Phagen nach einer Infektion, lysogene Stämme sind daher gegen diese Phagen resistent. In wenigen Zellen der Population werden durch Störungen des Repressionssystems spontan vegetative Phagen freigesetzt. Diese Freisetzungsrate kann durch Induktion, d. h. durch Aufhebung des Repressionsmechanismus, drastisch erhöht werden und bis zur Lyse nahezu der gesamten Population führen. Gegenwärtig sind eine Vielzahl induzierend wirkender Faktoren bekannt, z. B. Temperaturschocks, schlagartige Änderung der Kultivierungsbedingungen, Bestrahlung mit UV-, γ- und Röntgenstrahlen, Behandlung mit Mutagenen und Zusatz verschiedener Substanzen mit teilweise ungeklärten Wirkungsmechanismen.

Grundsätzlich können alle Bakterienstämme Prophagen enthalten, die leicht, schwer- oder nichtinduzierbar sein können. Es ist daher anzunehmen, daß die Mehrzahl bakterieller Produktionskulturen lysogen ist. Nach einer mündlichen Mitteilung von

KIRCHHÜBEL konnte beispielsweise für 90% aller in der Milchwirtschaft eingesetzten Bakterienstämme der lysogene Zustand nachgewiesen werden.

Der lysogene Zustand der Produktionskultur ist zunächst ohne Einfluß auf die Prozeßführung. Durch den Repressionsmechanismus wird die Entwicklung vegetativer Phagen verhindert, außerdem ist ein Schutz vor Infektion mit homologen virulenten Phagen gegeben. In der Population ist stets eine geringe Anzahl freier Phagen vorhanden. Die Konzentration der freien Phagen hängt, bei gleichbleibender spontaner Freisetzungsrate, von der aktuellen Biomassekonzentration ab. Da die spontanen Freisetzungsraten im allgemeinen bei 10^{-2}—10^{-5} liegen, sind sie für den technischen Prozeß ohne Bedeutung. Es kann jedoch auch im technischen Prozeß zur Induktion, damit Phagenentwicklung und Lyse eines Teils oder der gesamten Population kommen.

Der Grad der Schädigung der Produktionskultur hängt hauptsächlich von drei Faktoren ab:

(1) Grad der Induzierbarkeit der Prophagen des lysogenen Produktionsstammes (leicht-, schwer- oder nichtinduzierbar)
(2) Art des Induktors
(3) Intensität der Induktorwirkung

Zur Vermeidung von Produktionsstörungen durch Phageninduktion können gegenwärtig 2 Möglichkeiten diskutiert werden:

(1) Erkennung und Vermeidung induzierender Faktoren im technischen Fermentationsprozeß
(2) Einsatz schwer- oder nichtinduzierbarer Produktionsstämme

3.2.1. Erkennung und Vermeidung induzierbarer Faktoren im technischen Fermentationsprozeß

Das Auftreten einiger der bekanntesten und effektivsten Phageninduktoren (z. B. UV-Strahlung, Mitomycin C) kann für technische Prozesse von vornherein ausgeschlossen werden, andere bekannte Faktoren, z. B. Temperaturschocks und sprunghafte Veränderungen im Nährstoffangebot können durchaus im technischen Prozeß eine Rolle spielen. Darüber hinaus ist denkbar, daß die ständige Zufuhr einer Vielzahl von Substanzen, z. B. auch als Verunreinigungen in den Luft- und Nährlösungsströmen bzw. die Akkumulation von Metaboliten oder Cooxidationsprodukten der Produktionskultur bzw. ihrer Begleitflora am speziellen lysogenen Produktionsstamm zur Phageninduktion führen könnten, ohne daß zunächst die Ursachen eindeutig festzustellen und auf bekannte Faktoren zurückzuführen sind. Wir konnten jedoch im technischen Prozeß der Umwandlung von Methanol in Biomasse mit dem lysogenen Produktionsstamm MB 58 zeigen, daß bei Einhalten der für das Wachstum optimalen Prozeßparameter Phageninduktionen vermieden werden können.

3.2.2. Einsatz schwer- oder nichtinduzierbarer Produktionsstämme

Es ist bekannt, daß der Grad der Induzierbarkeit der Prophagen sehr unterschiedlich sein kann. Grundsätzlich sollte jede potentielle Produktionskultur auf Induzierbarkeit unter Standardbedingungen geprüft werden. Damit könnte die Wahrscheinlichkeit einer Prozeßstörung durch Phageninduktion abgeschätzt werden.

Zur Gewinnung schwer- oder nichtinduzierbarer Produktionsstämme existieren 2 Möglichkeiten:

- Selektion schwer- oder nichtinduzierbarer Alternativstämme aus natürlichen Quellen
- Erzeugung schwer- oder nichtinduzierbarer Mutanten bewährter Produktionsstämme.

Literatur

[1] ALICHANJAN, S. J.: Grundlagen der Genetik und Züchtung industriell genutzter Mikroorganismen. VEB Gustav-Fischer-Verlag Jena 1972

[2] ICHIKAWA, T., T. TAHARA and J. HOSHINO: Isolation and characterization of bacteriophages active against methanol assimilating bacteria. Abstr. 2nd Int. Symp. Microbial Growth on C_1-Compounds. Pushchino, 1977

[3] KIRCHHÜBEL, W.: Bedeutung der Bakteriophagen in der Milchwirtschaft unter besonderer Berücksichtigung der durch N-Streptokokkenphagen hervorgerufenen technologischen Fehler. Milchforschung — Milchpraxis **20** (1978), 128—129

[4] MURATA, A., and K. KITAGAWA: Mechanism of inactivation of bacteriophage J_1 by ascorbic acid. Agr. Biol. Chem. **37** (1973), 1145—1151

[5] MURATA, A., and K. KITAGAWA: Mechanism of inactivation of bacteriophage J_1 by dithiothreitol, cysteine, mercapto ethanol or thioglycollate. Agr. Biol. Chem. **37** (1973), 2159—2165

[6] MURATA, A., K. KITAGAWA, H. IMMARU and R. SARUNO: Inactivation of bacteriophages by thiol reducing agents. Agr. Biol. Chem. **36** (1972), 1065—1067

[7] MURATA, A., K. KITAGAWA and R. SARUNO: Inactivation of bacteriophages by ascorbic acid. Agr. Biol. Chem. **35** (1971), 294—296

[8] RUDOLPH, V.: Bacteriophages in fermentation. Process Biochem. **13** (1978), 16, 26

[9] SCHÖPP, W. u. H. AURICH: Eine einfache Methode zur Ermittlung von Daten der hydrophoben Protein-Ligand-Wechselwirkung aus kinetischen Parametern. Acta biol. med. germ. **32**, 585—591 (1974)

[10] TJUTIKOW, F. M., N. N. BELIAEWA, Z. S. SMIRNOWA, A. S. TICHONENKO and A. S. KRIVISKIJ: Isolation of bacteriophages of methane oxidizing bacteria and study of their properties. Mikrobiologija, **55** (1976), 1056—1062

[11] WÜNSCHE, L., B. WERNER, H. HAUCHE, W. J. KADEMANN, U. HILGER, A. S. KRIVISKIJ, W. W. JESSIPOWA, A. S. TICHONENKO und J. ZIMMERMANN: Nachweis und erste Charakterisierung von Bakteriophagen obligat methanassimilierender Bakterien. Z. Allg. Mikrobiol. **17** (1977), 321—323

[12] ZSCHIEGNER, H.-J., K. EISENBRANDT u. R. FRITZSCHE: Beitrag zum Wirkungsmechanismus von Mineralölen bei der Verhinderung der Virusübertragung durch Vektoren. Arch. Phytopathol. u. Pflanzenschutz Berlin, **10** (1974), 371—382

Institut für Biotechnologie,
KFA Jülich, Postfach 1913, D-5170 Jülich

Mikrobielle Umsetzung von Lignocellulose-haltiger Biomasse

H. Sahm

Da in absehbarer Zeit Erdöl und Erdgas nicht mehr in ausreichenden Mengen zur Verfügung stehen werden, hat man in jüngster Zeit mit der intensiven Suche nach neuen Rohstoff- und Energiequellen begonnen. Großes Interesse hat hierbei auch die pflanzliche Biomasse gefunden, welche mit Hilfe der Photosynthese aus Sonnenenergie, Kohlendioxid und Wasser ständig in großen Mengen neu gebildet wird. Jährlich entstehen auf der Erde etwa 2×10^{11} t pflanzlicher Biomasse, von der z. Z. nur etwa 1–2% zur Nahrungs- und Futtermittelgewinnung und etwa die gleiche Menge zur Papier- und Faserherstellung verwendet werden. Der größte Teil des Pflanzenmaterials, über 95%, bleibt somit bis heute primär wegen der Ernte- und Transportkosten wirtschaftlich ungenutzt. Ferner fallen bei der Ernte und Verarbeitung der pflanzlichen Biomasse wiederum große Mengen als Abfälle bzw. Rückstände an. In der Bundesrepublik Deutschland haben wir z. B. einen Überschuß an Stroh von etwa 8 Mill. t/Jahr. Außerdem fallen bei uns etwa 24 Mill. t Hausmüll an, der zu etwa 40% aus Cellulose-haltigen Materialien besteht. Es wurde deshalb weltweit mit Arbeiten begonnen, die zum Ziel haben, pflanzliche Biomasse, insbesondere auch billige Rückstände als Substrate für Mikroorganismen zur Gewinnung von organischen Rohstoffen und Energieträgern einzusetzen.

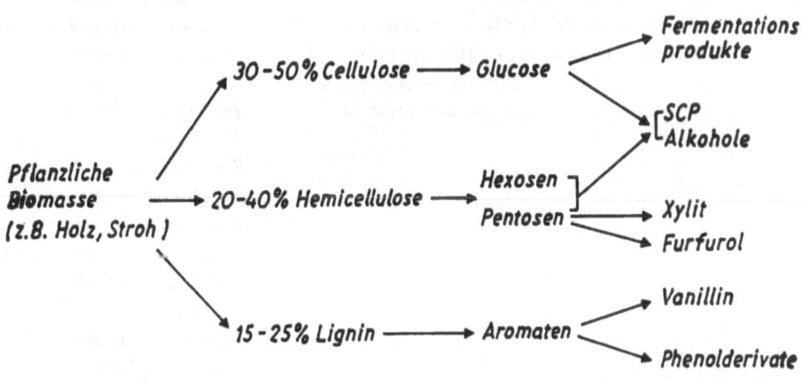

Abb. 1. Organische Rohstoffe aus Lignocellulose

Etwa 95% der pflanzlichen Biomasse, die auf dem Land wächst, ist Lignocellulose-haltiges Material, das, wie aus Abb. 1 zu ersehen ist, überwiegend aus den Polysacchariden Cellulose und Hemicellulose und zu 15–25% aus Lignin besteht. Diese verschiedenen Polymere können nun ganz oder teilweise mit Hilfe chemischer oder biologischer

Methoden in ihre Bausteine gespalten werden, welche dann als Ausgangssubstrate für weitere chemische bzw. biotechnologische Prozesse zur Gewinnung von interessanten Metaboliten verwendet werden können.

Die Cellulose ist ein Polysaccharid, das bis zu 10000 Glucoseeinheiten enthalten kann, welche β-1,4-glykosidisch verknüpft, ein langes Kettenmolekül, die Cellulosefaser bilden. Auf der Erde werden jährlich etwa 10^{11} t Cellulose von den grünen Pflanzen neu synthetisiert. Pro Person und Tag sind dies durchschnittlich etwa 70 kg Cellulose. Die Cellulose ist damit die in größter Menge auf der Erde ständig neu entstehende organische Substanz. Wie aus Tabelle 1 zu ersehen ist, gibt es eine ganze Reihe von Mikroorganismen, die auf Cellulose, als einziger Kohlenstoff- und Energiequelle wachsen können. Neben verschiedenen Bakterien, wie Cellovibrio, Cellulomonas, Pseudomonas, Actinomyceten und einigen anaeroben Stämmen, sind dies insbesondere Mycel-bildende Pilze. Die bislang bekannten aktivsten Cellulose-abbauenden Pilzstämme sind *Trichoderma*

Table 1

Cellulolytic Organisms

Bacteria	Fungi (aerobic)
Cellvibrio vulvus — aerobe, mesophile	*Aspergillus niger* — mesophile
Cellvibrio gilvus — aerobe, mesophile	*Trametes sanguinea* — mesophile
Cellvibrio vulgaris — aerobe, mesophile	*Poria* — mesophile
Cellulomonas — aerobe, mesophile	*Myrothecium verrucaria* QM 460 — mesophile
Pseudomonas fluorescens — aerobe, mesophile	*Pestalotiopsis westerdijkii* QM 381 — mesophile
Ruminococcus — anaerobe, Rumen	*Penicillium iriensis* QM 9624 — mesophile
Clostridium thermocellulaseum — anaerobe, thermophile	*Penicillium funiculosum* — mesophile
Actinomycetes (aerobic)	*Penicillium variabile* — mesophile
Streptomyces QMB 814 — mesophile	*Polyporus versicolor* — mesophile
Thermoactinomycete — thermophile	*Polyporus tulipiferae* — mesophile (Irpes lacteus)
Thermomonospora curvata — thermophile	*Fusarium solani* — mesophile
Thermonospora fusca — thermophile	*Trichoderma viride* — mesophile
	Trichoderma lignorum — mesophile
	Trichoderma koningii — mesophile
	Sporotrichum pulverulentum QM 9145 — thermophile (*Chrysosporium lignorum*, *Phanerochaete chrysosporium*)
	Sporotrichum pruinosum QM 826 — thermophile (*Chrysosporium pruinosum*)
	Sporotrichum dimorphosporum QM 806 — thermophile
	Sporotrichum thermophilum QM 9382 — thermophile
	Chaetomium thermophilum QM 9381 — thermophile
	Thermoascus aurantiacus QM 9383 — thermophile

viride (*reesei*), *Trichoderma lignorum*, *Trichoderma koningii*, *Penicillium funiculosum*, *Penicillium iriensis* und *Fusarium solanum*. Wir isolierten aus verschiedenen Bodenproben, insbesondere auch aus tropischen Ländern, eine Reihe von Mikroorganismen, welche auf Lignocellulose-haltigen Medien wachsen konnten. Wie aus Abb. 2 zu ersehen ist, kann der Pilz *Humicula fuscuatra* gut auf der mikrokristallinen Cellulose, Avicel, wachsen. Innerhalb von 4 Tagen werden etwa 60% der zugegebenen Cellulose abgebaut.

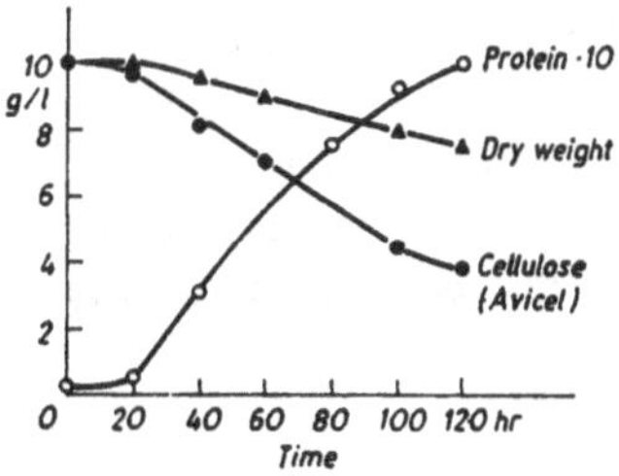

Abb. 2. Wachstum von *Humicola fuscoatra* auf kristalliner Cellulose (Avicel)

Obwohl dieser Pilz etwa mit gleicher Wachstumsrate wie *Trichoderma reesei* (QM 9414) auf Cellulose wächst, ist die Cellulaseaktivität bei diesem Organismus im Kulturmedium wesentlich geringer (Tab. 2). Dies weist darauf hin, daß es keine direkte Korrelation zwischen der Wachstumsrate auf Cellulose und der Cellulase-Aktivität im Kulturmedium gibt.

Table 2

Exocellular cellulase activity of Humicola fuscoatra grown on cellulose in comparison to Trichoderma reesei QM 9414

	CMCase (U/ml)			Avicelase (U/ml)		
	after days 2	4	6	after days 2	4	6
Humicola fuscoatra	0.15	0.19	0.17	0.01	0.05	0.04
Trichoderma reesei QM 9414	2.6	5.6	12.5	0.08	0.16	3.2

Obwohl *Humicula fuscuatra* gut auf den Polysacchariden Cellulose und Xylan, den Hauptkomponenten des Weizenstrohs wachsen kann, setzt dieser Pilz bei Inkubation mit unbehandeltem Weizenstroh nur etwa 20% der Cellulose innerhalb von 5 Tagen um. Der mikrobielle Abbau, bzw. die enzymatische Hydrolyse der Cellulose und des Xylans wird nämlich sehr stark durch das Lignin inhibiert, welches im Pflanzenmaterial in enger physikalischer Verknüpfung mit den Polysacchariden vorliegt. Wie Abb. 3 zeigt, ist die Cellulose-Hydrolyse durch Cellulasen von *Trichoderma reesei* stark abhängig vom Ligningehalt, je höher der Ligningehalt, um so geringer ist die Cellulosespaltung. Es wurden deshalb verschiedene physikalische und chemische Verfahren entwickelt, um den Lignocellulose-Komplex mikrobiell bzw. enzymatisch leichter abbaubar zu machen. Bereits in den 20er Jahren wurde die Behandlung von Stroh mit verschiedenen Säuren oder Laugen untersucht, um die Verdaulichkeit dieses Lignocellulose-haltigen Pflanzenmaterials für Wiederkäuer zu erhöhen. Da diese Verfahren größtenteils jedoch nicht sehr umweltfreundlich sind, hat man in den letzten Jahren nach weiteren Aufschluß-verfahren gesucht. Zur Zeit scheint ein Verfahren sehr aussichtsreich, bei dem die pflanzliche Biomasse mit Wasserdampf bzw. einem Wasser/Ethanol- oder Wasser/Butanol-Gemisch, bei 190 °C für ca. 5—10 Minuten inkubiert wird. Auf diese Weise ist es möglich, die drei Hauptkomponenten des Pflanzenmaterials: Cellulose, Hemicellulose und Lignin voneinander zu trennen, welche danach jeweils separat mikrobiell bzw. enzymatisch weiter umgesetzt werden können. Wie aus Abb. 4 zu ersehen ist, kann der Pilz *Humicula fuscuatra* die Cellulose in dem so vorbehandelten Weizenstroh dann innerhalb von 5 Tagen weitgehend verwerten. Auf diese Weise ist es somit möglich, ein proteinreiches Futter zu gewinnen, das etwa 15% Protein bezogen auf die Trockensubstanz enthält.

Die Cellulose im Pflanzenmaterial kann ferner mittels Säurehydrolyse oder auf enzymatischem Wege in Glucose gespalten werden, welche dann als ideales biotechnologi-

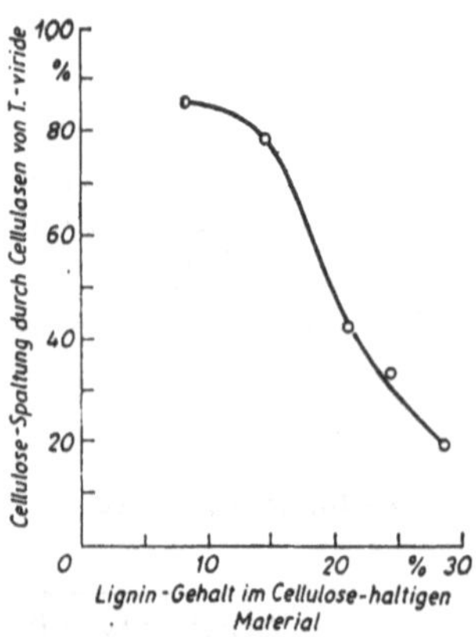

Abb. 3. Abhängigkeit der Cellulose-Hydrolyse durch Cellulasen vom Ligningehalt im Cellulosematerial

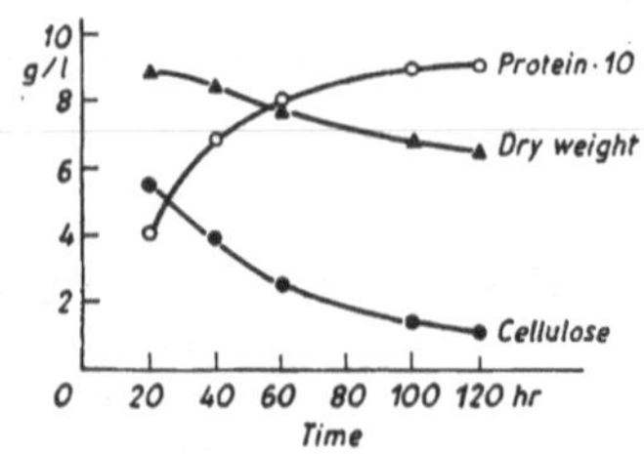

Abb. 4. Wachstum und Cellulose-Abbau von *Humicola fucoatra* auf Stroh, das mit Wasserdampf vorbehandelt wurde

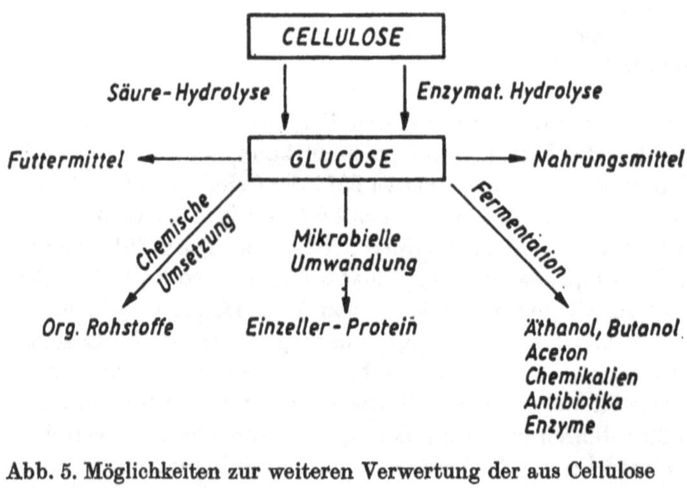

Abb. 5. Möglichkeiten zur weiteren Verwertung der aus Cellulose gewonnenen Glucose

sches Substrat für die Gewinnung einer Vielzahl verschiedener Fermentationsprodukte verwendet werden kann (Abb. 5). Da bei der Säurehydrolyse hohe Säurekonzentrationen erforderlich sind, müssen die Anlagen bei diesen Verfahren aus teuerem Korrosionsbeständigem Material bestehen. Darüber hinaus sind für eine möglichst weitgehende Spaltung der Cellulose in Glucose hohe Temperaturen erforderlich (170—190 °C). Dies führt dazu, daß ein Teil der gebildeten Glucose sich zersetzt, so daß die Glucoseausbeute, bezogen auf die eingesetzte Cellulose nur bei etwa 50% liegt. Demgegenüber sind bei der enzymatischen Hydrolyse der Cellulose weder besonders extreme pH-Bedingungen noch hohe Temperaturen notwendig, so daß hierbei, bezogen auf die eingesetzte Cellulosemenge die Glucoseausbeute bis zu ca. 110% betragen kann. Da ferner die Enzyme Substratspezifisch sind, erhält man bei dem enzymatischen Verfahren ziemlich reine Zuckerlösungen. Aus diesen Gründen hat die enzymatische Hydrolyse von Cellulose in jüngster Zeit sehr großes Interesse gefunden.

Wie eine Reihe von Untersuchungen zur enzymatischen Cellulosespaltungen bei einigen Pilzstämmen ergeben haben, sind bei diesem Prozeß wenigstens folgende drei verschiedene Enzymsysteme beteiligt:

1. Endo-β-1,4-Glucanasen, welche die Celluloseketten in der Mitte spalten, dadurch werden die nativen Cellulose-Strukturen mit geringer Kristallinität zerstört, so daß viele freie Cellulosekettenenden entstehen.
2. Exo-β-1,4-Glucanasen, die jeweils vom Ende der Celluloseketten Cellobiose-Einheiten abspalten.
3. β-Glucosidasen, die Cellobiose in Glucose hydrolysieren.

Die Isolierung und Charakterisierung dieser Enzyme hat ergeben, daß die Organismen in der Regel mehrere verschiedene Endo-β-1,4-Glucanasen und β-Glucosidasen ins Nährmedium ausscheiden, wobei es bis heute noch ungeklärt ist, ob es sich bei diesen verschiedenen Enzymen wirklich um Isoenzyme handelt oder ob hierbei Modifikationen durch Proteasen erfolgt sind. In diesem Zusammenhang ist es interessant, daß wir bei *Trichoderma reesei* vier β-Glucosidasen isoliert haben, die sich in ihrem Molekulargewicht deutlich unterscheiden, aber identische antigenetische Determinanten im Agarose-Diffusionstest aufweisen.

In den letzten Jahren wurde in den USA im Natick Research Centre ein kontinuierliches Verfahren zur enzymatischen Cellulosespaltung entwickelt. Wie aus Abb. 6 zu ersehen ist, werden im ersten Schritt dieses Prozesses die Cellulose-spaltenden Enzyme

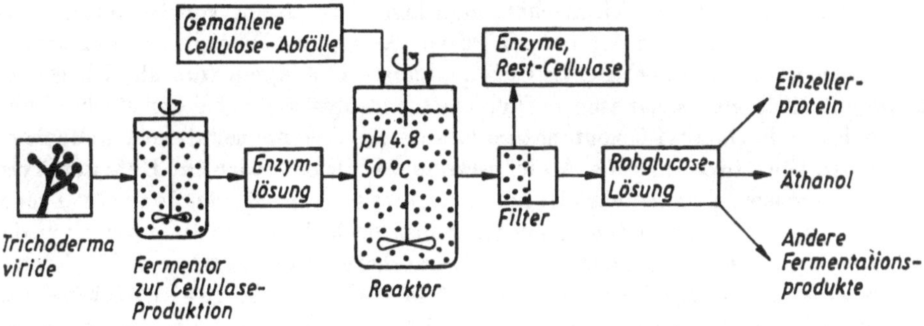

Abb. 6. Prozeß zur enzymatischen Hydrolyse cellulosehaltiger Abfälle in Glucose (Natick-Prozeß)

mit Hilfe des Pilzes *Trichoderma reesei* gewonnen. Nach Abtrennen des Pilzmycels wird dann das Kulturfiltrat, welches die Cellulasen und β-Glucosidasen enthält, mit vorbehandelten Cellulose-haltigen Abfällen in einen Enzymmembranreaktor zusammengegeben. Die enzymatische Cellulosespaltung findet dann bei 50 °C und einem pH von 4,8 statt. Je nach Cellulose- und Enzymkonzentrationen können innerhalb von 24 Stunden zwischen 30 und 80% der eingesetzten Cellulose in Glucose gespalten werden, wobei die Glucosekonzentration in der Lösung zwischen 20 und 60 g/l liegt. Die ziemlich reine Zuckerlösung wird mit Hilfe einer Ultrafiltration von den Cellulasen und der nicht umgesetzten Cellulose, die in den Reaktor zurückgeführt werden, abgetrennt. Die Kosten für die Gewinnung von 1 kg Glucose aus Cellulose mit Hilfe dieses enzymatischen Prozesses liegen bei 0,80 DM für eine 10%ige Glucose-Lösung (Tab. 3). Da hierbei die Enzymkosten einen erheblichen Teil ausmachen, versucht man z. Z., Mikroorganismen zu isolieren, die höhere Cellulaseaktivitäten ins Nährmedium ausscheiden. Ferner sucht man intensiv nach billigen und umweltfreundlichen Verfahren zur Vorbehandlung der Lignocellulose-haltigen Pflanzensubstanzen.

Table 3

Kosten bei der enzymatischen Hydrolyse von Cellulose in Glucose

	DM/kg Glucose
Rohstoffe (Ernte, Transport) + Vorbehandlung	0,50
Enzyme	0,20
Hydrolyse	0,10
Glucoselösung 5–10%	0,80
Kristalline Glucose	1,10

Die Hemicellulosen sind ebenfalls Polysaccharide, die aber im Gegensatz zur Cellulose neben der Glucose noch Mannose, Galaktose und insbesondere einige Pentosen, wie Xylose und Arabinose enthalten. Die Hauptgruppe der Hemicellulosen sind die Xylane, welche aus etwa 200 Xylose-Einheiten, die auch β-1,4-glykosidisch miteinander verknüpft sind, bestehen. Ferner sind an diese Polysaccharid-Ketten in gewissen Abständen noch Methylglucuronsäure, Arabinose und Essigsäure gebunden, welche die isolierten Xylane weitgehend wasserlöslich machen. Man kennt eine Reihe von Bakterien (z. B. Bacillus und Streptomyceten-Arten) und Pilzen (Aspergillus, Penicillium und Trichoderma-Stämme), die Xylan-spaltende Enzyme bilden. Das Xylan wird ähnlich wie die Cellulose mit Hilfe von Xylanasen in Xylobiose hydrolysiert, wobei der Mechanismus der Abspaltung der Methyl-Glucuronsäure-Reste vom Xylanmolekül noch weitgehend ungeklärt ist. Die Abspaltung der Arabinosereste scheint entweder mit Hilfe der Xylanasen oder einer speziellen Arabino-Hydrolase zu erfolgen. Die Xylobiose wird von einer β-Xylosidase in Xylose-Einheiten gespalten, wobei die Xylosidase häufig nicht nur das Disaccharid Xylobiose sondern auch einige Oligosaccharide wie Xylotriose und Xylotetraose umsetzen kann. Da das Reduktionsprodukt der Xylose, Xylit, gewisses Interesse als möglicher Zuckerersatz für Diabetiker gefunden hat, versuchen wir, einen enzymatischen Hydrolyseprozeß zur Gewinnung von Xylose aus dem Xylan pflanzlicher Rückstände zu entwickeln. Die so gewonnene Xylose kann dann chemisch oder auch biologisch zum Xylit reduziert werden.

Bei der Suche nach Mikroorganismen mit hohen Xylan-spaltenden Enzymaktivitäten fanden wir, daß auch die Hefe *Trichosporon cutaneum* in der Lage ist, auf Xylan als einziger Kohlenstoff- und Energiequelle wachsen zu können. Wie aus Abb. 7 zu er-

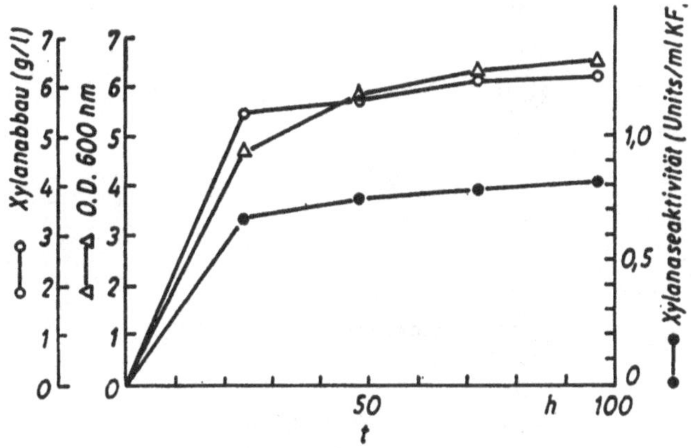

Abb. 7. Wachstum, Xylanabbau und Xylanasebildung von *Trichosporon cutaneum* in einem Medium mit 10 g/l Xylan

sehen ist, scheidet dieser *Trichosporon*-Stamm parallel zum Wachstum auf Xylan eine hohe Xylanase-Aktivität ins Nährmedium aus. Um dieses Enzym näher charakterisieren zu können, wurde es nach Einengen des Kulturfiltrats mit Hilfe einer Ultrafiltration gereinigt. Nach einer chromatographischen Trennung an DEAE-Cellulose und einer Gelfiltration an Biogel P100 war das Enzym discelektrophoretisch einheitlich. Diese Xylanase hat ein pH-Optimum bei pH 5,0—5,5 und ist gegenüber höheren Temperaturen nicht besonders stabil. Eine Inkubation des Enzyms bei 50 °C führt zu einer sehr raschen Inaktivierung. Mit Hilfe einer Biogel-Säule wurde das Molekulargewicht dieser Xylanase zu 45000 bestimmt. Eine SDS-Gel-Elektrophorese ergab ein Molekulargewicht von 44500, so daß dieses Enzym sehr wahrscheinlich nicht aus mehreren Untereinheiten besteht. Bei Inkubation dieses Enzyms mit Xylan aus Haferspelzen entstehen überwiegend Xylobiose, Xylotriose und Xylose als niedermolekulare Reaktionsprodukte. Im Gegensatz zu einigen Mycel-bildenden Pilzen, die mehrere Xylanasen bilden, scheint dieser *Trichosporon*-Stamm nur eine Xylanase beim Wachstum auf Xylan ins Nährmedium auszuscheiden. Die Xylobiase scheint bei diesem Organismus zellgebunden zu sein.

Das dritte Polymer im Lignocellulose-haltigen Pflanzenmaterial ist das Lignin. Es ist ein sehr komplexes Makramolekül, bestehend aus den Phenylpropan-Einheiten, Coniferylalkohol, Cumarylalkohol und Sinapinalkohol, welche über Äther- und C—C-Bindungen in vielfältiger Weise miteinander zu einer hochmolekularen Verbindung verknüpft sind. Wie in den letzten Jahren gezeigt werden konnte, sind nicht nur eine Reihe höherer Pilze (Weißfäule- und Braunfäulepilze), sondern auch verschiedene Bodenpilze (Moderfäulepilze) und einige Bakterienstämme in der Lage, Lignin ganz oder teilweise abzubauen. Im Vergleich zu Cellulose und Hemicellulose wird das Lignin jedoch wegen seiner komplexen Struktur nur sehr langsam mikrobiell abgebaut.

Bislang weiß man noch sehr wenig über die Enzyme, welche beim Ligninabbau beteiligt sind. Wie mit Hilfe von ^{14}C-markiertem Lignin gezeigt werden konnte, kann das Lignin sehr wahrscheinlich nicht nur durch extrazelluläre Enzyme in seine Bausteine gespalten werden, sondern es sind hierfür lebende Pilzzellen notwendig, die sich an das

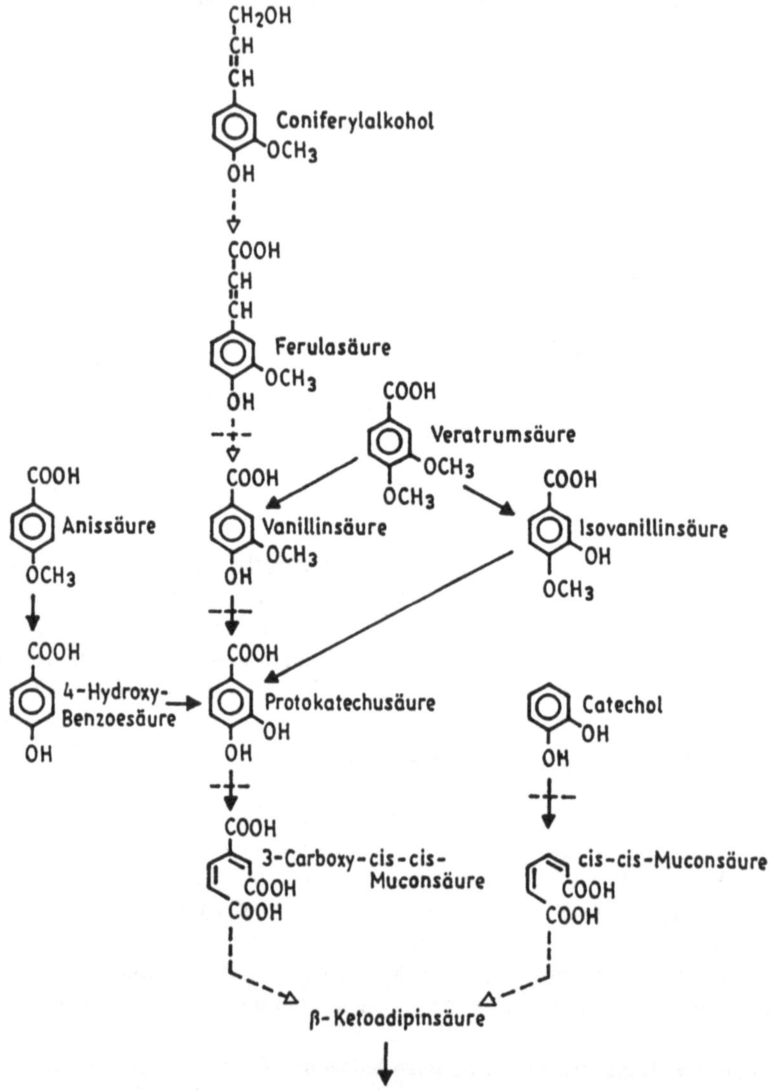

Abb. 8. Abbauwege der monomeren Ligninbausteine in *Rhodococcus erythropolis*

Lignin-haltige Material anlagern. Ferner konnte nachgewiesen werden, daß einige Weißfäulepilze das Lignin nur dann vollständig zu Kohlendioxid abbauen können, wenn noch eine weitere Kohlenstoff- und Energiequelle, wie z. B. Glucose, Cellulose oder Hemicellulose im Kulturmedium vorhanden ist. Bei einigen Bakterien konnte dagegen kürzlich gezeigt werden, daß sie auch Lignin ohne eine weitere Kohlenstoffquelle zu Kohlendioxid umsetzen können.

Um den Mechanismus des mikrobiellen Ligninabbaus bei diesen Bakterien kennenzulernen, untersuchen wir bei einem *Rhodococcus*-Stamm zunächst den Abbau des Ligninbausteins Coniferylalkohol, sowie einiger anderer Aromaten. Dieses Bakterium kann auf einer Reihe verschiedener methoxylierter Aromaten als einziger Kohlenstoff- und Energiequelle wachsen. Mit Hilfe verschiedener Mutanten konnten wir zeigen, daß dieser Mikroorganismus den Coniferylalkohol über Coniferylaldehyd, Ferulasäure, Vanillinsäure, Protocatechusäure zur β-Carboxy-cis-cis-Muconsäure abbaut (Abb. 8). Das Enzym, welches durch eine ortho-Spaltung die Protocatechusäure in β-Carboxy-cis-cis-Muconsäure umsetzt, die Protocatechusäure-3,4-Dioxygenase, wird beim Wachstum des Bakterienstamms auf diesen verschiedenen Substanzen induziert. Mutanten, denen dieses Enzym fehlt, können nicht mehr auf diesen Aromaten wachsen und häufen die Protocatechusäure im Medium an. Interessant ist, daß in diesem Organismus der Abbau der 3-Methoxybenzoesäure über einen völlig anderen Weg erfolgt. Wie Abb. 9 zeigt, wird diese Substanz über den Gentisinsäureweg metabolisiert. Erste Ergebnisse mit den verschiedenen Mutanten zeigen, daß hiermit auch nähere Kenntnisse über den enzymatischen Abbau des Lignins gewonnen werden können. Ob es möglich sein wird, das hochmolekulare Lignin mikrobiell bzw. enzymatisch in niedermolekulare Aromaten zu spalten, welche dann als Ausgangssubstanzen für die organische Chemie genutzt werden könnten, muß die Zukunft noch zeigen.

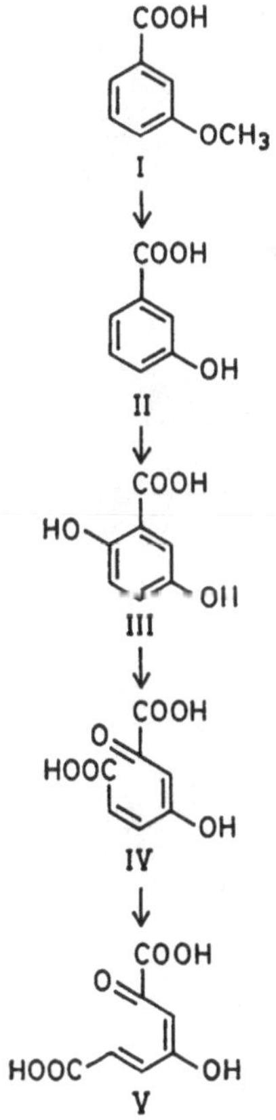

Abb. 9: Abbau der 3-Methoxybenzoesäure über den Gentisinsäureweg

Mikrobiologisches Institut
Eidgenössische Technische Hochschule
Zürich, Schweiz

Regulation of Tryptophan Biosynthesis in Microorganisms

R. HÜTTER, P. NIEDERBERGER and P. STÄHELI

Zusammenfassung

Die Regulation der Tryptophanbiosynthese ist in sehr verschiedenen Mikroorganismen studiert worden, Bakterien, Pilzen und Algen. In dieser Arbeit werden zwei ausgewählte Problemkreise dargestellt, nämlich (1) Repression, Attenuation und Tryptophan-Überproduktion im Bakterium *Escherichia coli*, und (2) Einfluß von spezifischen und generalisierten Regulationsmechanismen auf die Tryptophanbildung bei der Hefe *Saccharomyces cerevisiae*.

Abstract

Regulation of tryptophan biosynthesis has been studied in many different microorganisms, bacteria, fungi and algae. In this presentation two selected topics will be discussed, namely (1) repression, attenuation and tryptophan overproduction in the bacterium *Escherichia coli*, and (2) the influence of specific and generalized regulatory mechanisms on tryptophan synthesis in the yeast *Saccharomyces cerevisiae*.

I. Introduction

Tryptophan biosynthesis has been studied in different microorganisms, bacteria, fungi and algae (see CRAWFORD [2]; CRAWFORD and STAUFFER [2a]; UMBARGER [28]). While the biosynthetic sequence was found to be identical in all strains studied, a great variability was observed with respect to gene distribution (operon, cluster or disperse locations) and regulatory pattern (see also GIBSON and PITTARD [6]; HÜTTER [11, 12]; HÜTTER et al. [13]).

For simplicity the regulatory effects influencing tryptophan synthesis shall be divided into four categories: (1) factors changing the rate of enzyme synthesis, (2) influences on enzyme stability and rate of enzyme degradation, (3) effects on enzyme activity (without changes in enzyme quantity) and (4) indirect effects on availability of precursors. The following examples are given to substantiate this categorization.

Changes in enzyme quantity are frequently considerable in bacteria due to strong derepression of enzyme synthesis under suitable environmental conditions or in specific mutant strains; the effect is sometimes even enhanced by the combination of two superimposed regulatory circuits (repression/derepression and attenuation). In fungi on the other hand strong fluctuations in enzyme activities are rarely observed. Weak derepressions in the range of 2 to 3 are the rule. All evidence so far suggests that this derepression is not due to a tryptophan specific effect, but rather to a general control system. Modulations of single enzyme activities still may occur, however. Tryptophan synthase has been shown to be induced by indole-3-glycerol phosphate, an intermediary product of tryptophan biosynthesis, in *Neurospora crassa* (e.g. TURNER and MATCHETT [27]), but not in *Saccharomyces cerevisiae* (MIOZZARI et al. [20]).

Little is known about the stability of the enzymes synthesized and their turnover. Only for tryptophan synthase in *S. cerevisiae* such information is available (see HOLZER [10]). An inactivation of this enzyme by proteinases I and II has been described by KATSUNUMA et al. [14]. SAHEKI and HOLZER [23] showed that these proteinases are identical to proteinase A and B, respectively. It could be further demonstrated, that these proteinases were localized in the vacuoles (HASILIK et al. [9]), and that specific inhibitors in the cytoplasm prevented them from degrading enzymes in the cytoplasm (FERGUSON et al. [5]).

Feedback inhibition at the entrance to the aro stem (phospho-2-keto-3-deoxyheptonate aldolase, DAHP synthase) and the origin of the tryptophan branch are the main points, where the end product regulates its own synthesis. For the tryptophan specific branch anthranilate synthase is the crucial lock, but in some cases also the second enzyme, anthranilate phosphoribosyltransferase is subject to feedback inhibition by tryptophan.

Finally competition for chorismate by chorismate mutase, the first enzyme of the tyrosine and phenylalanine branch, seems a factor strongly influencing the flux through the tryptophan pathway, as shown for *S. cerevisiae* (MIOZZARI et al. [20], KRADOLFER et al. [16]), *Escherichia coli* (TRIBE and PITTARD [26]) and *Corynebacterium glutamicum* (HAGINO and NAKAYAMA [8]).

Below two selected examples will be discussed in more detail, namely (1) repression, attenuation and tryptophan overproduction in *E. coli* and (2) the influence of specific and general regulatory mechanisms on tryptophan synthesis in *S. cerevisiae*.

II. Repression, Attenuation and Tryptophan Overproduction in *Escherichia coli*

The structural genes for the tryptophan biosynthetic enzymes are united in an operon. Regulation is achieved at the level of transcription initiation (repressor/operator interaction) as well as by attenuation (BERTRAND et al. [1]; PLATT [22]; OXENDER et al. [21]). Attenuation occurring under conditions of amino acid sufficiency is characterized by premature termination of transcription within the attenuator region, which lies between the promotor and the first structural gene. If the controlling amino acid is limiting transcription continues past the attenuator into adjacent structural genes. The leader RNA contains at least three regions of potential secondary structure important for the fulfilment of its regulatory function, the „protector", the „preemptor" and the "terminator" (KELLER and CALVO [15]). Under conditions of amino acid sufficiency the ribosomes will read past the tryptophan control codons situated within the early part of the leader RNA. If this happens the formation of the protector structure is precluded, but the preemptor structure can be formed, which in turn prohibits the formation of the terminator loop and thus guarantees read-through. When the controlling amino acid is limiting, the ribosomes are stalled at the control codons and the protector is formed, precluding preemptor formation but permitting the formation of the terminator structure and leading to breaking off of transcription. Thus protector and preemptor counteract one another in the formation of two mutually exclusive secondary structures of the leader RNA. Ribosomes halting at or moving past the tryptophan control codons exert a translational control over transcription termination.

Tribe and Pittard [25] have used *E. coli* to achieve tryptophan overproduction. They have introduced different regulatory mutations eliminating critical feedback inhibition sites, enzyme repression and divergent pathways. With a strain carrying 10 defined different mutations a remarkably high productivity of around 12 nmoles of L-tryptophan per mg protein per min (80 mg per g dry weight per h) is reported. This value compares favourably with those reported for *Corynebacterium glutamicum* and *Hansenula anomala* of 1 to 2 nmoles per g protein per min (see Hütter [12]). The same authors [26] have recently also explored gene amplification to increase the potential for even higher productivity.

III. Influence of Specific and General Regulatory Mechanisms on Tryptophan Synthesis in *Saccharomyces cerevisiae*

In *S. cerevisiae* tryptophan biosynthesis is primarily controlled by feedback inhibition of anthranilate synthease (Lingens et al. [18]; Schürch et al. [24]). Elimination of feedback inhibition leads to a strong increase in the flux through the pathway and consecutively to high tryptophan pools (Fantes et al. [4]; Miozzari et al. [20]). Besides this effect no other specific regulatory mechanisms influencing the tryptophan biosynthetic sequence directly could yet be detected in the strains studied. Indirectly, however, tryptophan biosynthesis and accumulation can be influenced in a number of ways, e.g. by blocking DAHP synthase activity by tyrosine and/or phenylalanine (Lingens et al. [19]), through competition for chorismic acid by chorismate mutase (Kradolfer et al. [16]) or by induction of a low affinity transaminase removing tryptophan from the pool (Kradolfer and Hütter [17]).

Tryptophan specific enzyme levels seem to be rather stable in the wild type strain under diverse cultivation conditions. Especially no repression by high levels of externally added or internally synthesized tryptophan was observed (Schürch et al. [24]; Fantes et al. [4]; Miozzari et al. [20]).

On the other hand, a general control system, affecting enzyme levels of several amino acid biosynthetic pathways has been detected (Schürch et al. [24]; Delforge et al. [3]; Wolfner et al. [30]; Greer and Fink [7]; Wiame and Dubois [29]). It is characterized by a non-coordinate, parallel increase in the level of the enzymes of several pathways. The most common way to uncover the pathways under this regulatory system is the use of amino acid bradytrophic mutations, as illustrated in Table 1. According to our data and those of Delforge et al. [3], the following amino acid biosynthetic pathways are subject to the "general control": arginine, histidine, lysine, leucine, isoleucine-valine, leucine, phenylalanine, tryptophan and serine.

Two mutant types altered in the "general control" have been identified: Ndr (non derepressible) and Cdr (constitutively derepressed) mutant strains. With strains of the Ndr-class it could be shown, that (1) no derepression occurred in the cognate ndr-bradytrophic double mutant strains, and that (2) ndr-mutant strains exhibited decreased

Table 1

Influence of amino acid bradytrophic mutations[a]) on enzymes subject to the "general control".

Enzymes ↓ Strains →	X2180-1A wild type	RH 660 arg±	RH 663 his±	RH 657 leu±	RH 654 lys±	RH 596 phe±	RH 656 ser±
Tryptophan biosynthesis							
Anthranilate synthase	1[b])	1.9	1.7	2.8	2.0	3.9	2.3
Phosphoribosylan-thranilate isomerase	1	1.1	nd[c])	1.4	0.9	nd	1.2
Indole-3-glycerol-phosphate synthase	1	1.6	1.9	2.7	2.3	3.1	2.4
Tryptophan synthase	1	1.7	1.3	1.9	2.2	nd	1.8
Histidine biosynthesis							
Histidinol dehydrogenase	1	1.0	nd	6.7	2.7	nd	2.7
Histidinol phosphatase	1	1.0	1.3	2.2	1.5	1.4	1.6
Arginine biosynthesis							
Ornithine carbomoyl-transferase	1	4.8	1.4	2.6	1.5	nd	1.1
Argininosuccinate lyase	1	3.1	nd	5.6	3.3	2.0	2.3

[a]) Bradytrophic mutations lead to reduced synthesis of the corresponding amino acids and therefore reduced growth rates on minimal medium. All strains were grown on minimal medium up to an optical density of 1—2, before harvesting and determination of enzyme activities.

[b]) Relative specific enzyme activities are given, the level of the wild type strain X2180-1A grown on minimal medium being set as 1. The following absolute specific activities (nmoles of product formed or substrate used per mg protein per min.) were determined for the wild type strain: anthranilate synthase 1.58 ± 0.21, phosphoribosylanthranilate isomerase 4.65 ± 0.34, indole-3-glycerolphosphate synthase 1.78 ± 0.16, tryptophan synthase 3.27 ± 0.68, histidinol phosphatase 63.98 ± 3.11, ornithine carbamoyltransferase 371 ± 48, argininosuccinate lyase 8.88 ± 1.01. Derepression of histidinol dehydrogenase was calculated for each strain as quotient between specific activity on minimal medium and amino acid supplemented minimal medium, because the absolute values showed to much variation from day to day.

[c]) nd = not determined

growth rates in comparison to the wild type under external excess of basic amino acids and of amino acids belonging to branched biosynthetic sequences and adapted more slowly to shifts in amino acid supply than the wild type (P. NIEDERBERGER, unpublished). This suggests, that the "general control" helps the cells to cope efficiently with external amino acid imbalances.

Mutant strains of the Cdr-class maintain high levels of enzymes under the "general control" even under conditions of amino acid sufficiency. An outstanding characteristic of these strains is their 20—30% slower growth rate even in rich media.

Not all enzymes of the tryptophan biosynthetic sequence are derepressed under the influence of the "general control" (Table 1; MIOZZARI et al. [20]). Nevertheless a significant increase in tryptophan overproduction in a strain carrying a feedback resistant anthranilate synthase in combination with a cdr-mutation could be achieved. Elimination of competitive reactions, primarily chorismate mutase (KRADOLFER et al. [16]), contributes also to an increased tryptophan overproduction (Kradolfer, unpublished).

Further efforts to improve productivity may well result in limitation of single enzyme steps, however. Techniques of "genetic engineering", in which the gene dosage for such limiting enzymes is increased, have been used successfully (M. AEBI, unpublished). These experiments also showed, that cdr-mutations are "trans" acting on the additional gene copies carried on plasmids.

References

[1] BERTRAND, K., L. KORN, F. LEE, T. PLATT, C. L. SQUIRES, C. SQUIRES and C. YANOFSKY: New features of the regulation of the tryptophan operon. Science **189** (1975), 22–26

[2] CRAWFORD, I. P.: Gene rearrangements in the evolution of the tryptophan synthetic pathway. Bacteriol. Rev. **39** (1975), 87–120

[2a] CRAWFORD, I. P., and G. V. STAUFFER: Regulation of tryptophan biosynthesis. Ann. Rev. Biochem. **49** (1980), 163–195

[3] DELFORGE, J., F. MESSENGUY and J. M. WIAME: Regulation of arginine biosynthesis in *Saccharomyces cerevisiae*. The specificity of arg R^- mutations and the general control of amino acid biosynthesis. Eur. J. Biochem. **57** (1975), 231–239

[4] FANTES, P. A., L. M. ROBERTS and R. HÜTTER: Free tryptophan pool and tryptophan biosynthetic enzymes in *Saccharomyces cerevisiae*. Arch. Microbiol. **107** (1976), 207–214

[5] FERGUSON, A. R., T. KATSUNUMA, H. BETZ and H. HOLZER: Purification and properties of an inhibitor of the tryptophan-synthase-inactivating enzymes in yeast. Eur. J. Biochem. **32** (1973), 444–450

[6] GIBSON, F., and J. PITTARD: Pathways of biosynthesis of aromatic amino acids and vitamins and their control in microorganisms. Bacteriol. Rev. **32** (1976), 465–492

[7] GREER, H., and G. FINK: Isolation of regulatory mutants in *Saccharomyces cerevisiae*. In: PRESCOTT, D. M. (Ed.): Methods in Cell Biology, Academic Press, New York 1975, Vol. XI, 247–272

[8] HAGINO, H., and K. NAKAYAMA: L-tryptophan production by analog-resistant mutants derived from a phenylalanine and tryosine double auxotroph of *Corynebacterium glutamicum*. Agric. Biol. Chem. **39** (1975), 343–349

[9] HASILIK, A., H. MÜLLER and H. HOLZER: Compartimentation of tryptophan-synthase proteolyzing systems in *Saccharomyces cerevisiae*. Eur. J. Biochem. **48** (1974), 111–117

[10] HOLZER, H.: Possible mechanism for selective control of proteinase action. Adv. Enzyme Regul. **12** (1974), 1–10

[11] HÜTTER, R.: Regulation of the tryptophan biosynthetic enzymes in fungi. In: Vaněk, Z., Z. HOŠŤÁLEK and J. CUDLIN (Eds.): Internat. Symp. on the Genetics of Industrial Microorganisms, Academia, Prague 1973, Vol. 2, 109–124

[12] HÜTTER, R.: Regulation of primary metabolism. In: SEBEK, O. K., and A. I. LASKIN (Eds.): Genetics of Industrial Microorganisms, Proc. 3rd. Internat. Symp., American Society of Microbiology, Washington D.C. 1979, 44–53

[13] HÜTTER, R., P. NIEDERBERGER and P. KRADOLFER: Regulation of primary metabolism. In: Proc. VIth Internat. Ferment. Symposium, London, Ont. 1980

[14] KATSUNUMA, T., E. H. SCHÖTT, S. ELSÄSSER and H. HOLZER: Purification and properties of tryptophan-synthase-inactivating enzymes from yeast. Eur. J. Biochem. **27** (1972), 520–526

[15] KELLER, E. B., and J. M. CALVO: Alternative secondary structures of leader RNAs and the regulation of the trp, phe, his, thr, and leu operons. Proc. Nat 1. Acad. Sci. US **76** (1979), 6186–6190

[16] KRADOLFER, P., J. ZEYER, G. MIOZZARI and R. HÜTTER: Dominant regulatory mutants in chorismate mutase of *Saccharomyces cerevisiae*. FEMS Microbiol. Lett. **2** (1977), 211–216

[17] KRADOLFER, P., and R. HÜTTER: Aminotransferases in the metabolism of aromatic amino acids in *Saccharomyces cerevisiae*. Experientia (in press)

[18] LINGENS, F., W. GOEBEL and H. UESSELER: Regulation der Biosynthese der aromatischen Aminosäuren in *Saccharomyces cerevisiae*. 1. Hemmung der Enzymaktivitäten (Feedback-Wirkung). Biochem. Z. **346** (1966), 357–367

[19] LINGENS, F., W. GOEBEL and H. UESSELER: Regulation der Biosynthese der aromatischen Aminosäuren in *Saccharomyces cerevisiae*. 2. Repression, Induktion und Aktivierung. Eur. J. Biochem. **1** (1967), 363–374

[20] MIOZZARI, G. F., P. NIEDERBERGER and R. HÜTTER: Tryptophan biosynthesis in *Saccharomyces cerevisiae*: control of the flux through the pathway. J. Bacteriol. **134** (1978), 48–59

[21] OXENDER, D. L., G. ZURAWSKI and Ch. YANOFSKY: Attenuation in the *Escherichia coli* tryptophan operon: Role of RNA secondary structure involving the tryptophan codon region. Proc. Nat 1. Acad. Sci. US **76** (1979), 5524–5528

[22] PLATT, T.: Regulation of gene expression in the tryptophan operon of *Escherichia coli*. In: MILLER, J. H., and W. S. REZNIKOFF (Eds.)/The Operon, Cold Spring Harbor Laboratory 1978, 263–302

[23] SAHEKI, T., and H. HOLZER: Comparison of the tryptophan-synthase-inactivating enzymes with proteinases from yeast. Eur. J. Biochem. **42** (1974), 621–626

[24] SCHÜRCH, A., J. MIOZZARI and R. HÜTTER: Regulation of tryptophan biosynthesis in *Saccharomyces cerevisiae*: mode of action of 5-methyl-tryptophan and 5-methyl-tryptophan-sensitive mutants. J. Bacteriol. **117** (1974), 1131–1140

[25] TRIBE, D. E., and J. PITTARD: Hyperproduction of tryptophan by *Escherichia coli*: genetic manipulation of the pathway leading to tryptophan formation. Appl. Environm. Microbiol. **38** (1979), 181–190

[26] TRIBE, D. E., and J. PITTARD: Aromatic amino acid hyperproducing mutants of *Escherichia coli*: biochemistry, genetics and fermentation kinetics. in Proc. VIth Internat. Ferment. Symposium, London Ont., 1980

[27] TURNER, J. R., and W. H. MATCHETT: Alteration of tryptophan-mediated regulation in *Neurospora crassa* by indoleglycerol phosphate. J. Bacteriol. **95** (1968), 1608–1614

[28] UMBARGER, H. E.: Amino acid biosynthesis and its regulation. Ann. Rev. Biochem. **47** (1978), 533–606

[29] WIAME, J. M., and E. L. DUBOIS: The regulation of enzyme synthesis in arginine metabolism in *Saccharomyces cerevisiae*. In: MACDONALD, K. D. (Ed.)/Genetics of Industrial Microorganisms, Proc. 2nd. Internat. Symp., Academic Press, New York 1976, 391–406

[30] WOLFNER, M., D. YEP, F. MESSENGUY and G. R. FINK: Integration of amino acid biosynthesis into the cell cycle of *Saccharomyces cerevisiae*. J. Mol. Biol. **90** (1975), 273–290

Institut für technische Chemie
der Akademie der Wissenschaften der DDR, Leipzig

Die biologische und technologische Bedeutung der Zellwand

K. SATTLER

1. Einführung

Die Zellwand bestimmt die Form der Mikroorganismenzelle und gewährleistet ihre mechanische Stabilität. Die Kontakte der Zelle zur belebten und unbelebten Umwelt werden durch sie vermittelt, nicht im Sinne einer konstanten Barriere, die zu überwinden ist, sondern durchaus im Sinne der Förderung, Hemmung oder Unterbrechung solcher Kontakte in Abhängigkeit von den Milieubedingungen. Als Beispiele sind Vorgänge, wie die Adsorption von Phagen, die Phagozytose, Konjugation, Anhaftung an Oberflächen aber auch die Aufnahme und Ausscheidung von Stoffen zu nennen. Im periplasmatischen Raum, einer Zone zwischen Zellmembran und den hochpolymeren Zellwandstrukturen, werden Stoffe vor ihrer Aufnahme in die Zelle angereichert oder Ausscheidungsprodukte zurückgehalten. Die äußeren Regionen der Zellwand selbst sind an der Aufnahme solcher hydrophober Substanzen, wie der Kohlenwasserstoffe offensichtlich aktiv beteiligt. An der Oberfläche der Zellwand prägen sich charakteristisch Strukturen in der Art von „fingerprints" aus und machen sie damit zum Träger wichtiger Merkmale der Individualität und Artspezifik.

Wenn es um die technische Ausnutzung mikrobieller Leistungen geht, gewinnen Untersuchungen zur Struktur und Funktion der Zellwand besonderes Interesse, vor allem unter dem Aspekt, durch Veränderungen im Zellwandbereich zu Leistungssteigerungen oder anderen technologischen Vorteilen zu kommen.

Die weiteren Ausführungen beziehen sich auf die Eiweißproduktion mit Hefen und auf die kohlenwasserstoffassimilierende Hefe *Lodderomyces elongisporus* als Untersuchungsobjekt. Die Untersuchungen zur Variabilität der Zellwand werden im Hinblick auf folgende Fragen durchgeführt:

- Reduzierung des Anteils von Zellwandpolysacchariden
  - zur Verbesserung der Hefequalität und
  - zur Verbesserung der Substratverwertung für Eiweiß
- Modifizierung der äußeren Zellwand-Schicht
  - zur Verbesserung der Substrataufnahme und
  - zur Verbesserung des Abtrennverhaltens
- Strukturelle Charakterisierung der äußeren Zellwand-Schicht
  - zur Identifizierung des Stammes
  - zur Identifizierung des physiologischen Zustandes.

Es liegt im Rahmen dieser Zielstellung, Formen zu gewinnen, die auf der Basis genetischer Veränderungen eine stabil abweichende Beschaffenheit von Zellwand und Zelloberfläche aufweisen. Ein wesentlicher Schritt auf diesem Wege besteht jedoch darin, zunächst sichere Kenntnisse zu gewinnen über die Grenzen der milieubedingten, phänotypischen Variabilität. Dabei ist zu beachten, daß die Zellwand einerseits zu den Strukturen gehört, ohne die der normale Vermehrungszyklus der Zelle nicht vollzogen werden kann, andererseits Charakteristika von Sekundärprodukten oder Reservestoffen aufweist, die für die vitalen Funktionen der Zelle nur von geringer Bedeutung zu sein scheinen.

Die den heutigen Stand der Zellwandforschung an Hefen repräsentierenden Arbeiten sind überwiegend an *Saccharomyces cerevisiae* durchgeführt worden (z. B. Farkaš [1]). Danach bietet sich folgendes Bild:

— Die Zellwandpolysaccharide machen ca. 20% der Hefetrockensubstanz aus.
— Die innere Schicht ist aus Glucanen und Chitin aufgebaut, sie dient als Stützskelett.
— Die äußere Schicht ist aus Glycoprotein aufgebaut (Mannan), die durch Disulfid- und Phosphodiesterbrücken untereinander vernetzt sind. Außerdem sind hydrolytische Enzyme eingelagert, wie Invertase, saure Phosphatase, Mannanasen, Proteasen.

Funktionen dieser Schicht sind: Vermittlung von Wechselwirkungen mit anderen Zellen, rezeptospezifischen Proteinen (Lektinen) und Antikörpern sowie Beeinflussung der Stoffaufnahme (z. B. Kohlenwasserstoffe, Antibiotikaresistenz).

Die Biosynthese erfolgt über einen Multienzymkomplex aus verschiedenen Glycosyltransferasen, die an Membranen des endoplasmatischen Retikulum und des Plasmalemma gebunden vorkommen, niemals aber in der Zellwand festgestellt werden konnten. Auch Enzyme vom Ligase-Typ sind niemals in der Zellwand festgestellt worden. Die Synthese der Zellwand erfolgt also aus dem Zellinneren heraus, wobei der Aufbau der spezifischen Zellwandpolymere aus dem Plasmalemma heraus erfolgt. Die Ausbildung von Überstrukturen durch weitere Vernetzung, Ausbildung von Disulfidbrücken, Porenbildung u. dgl. findet offenbar ohne Beteiligung enzymatischer Prozesse nach rein physikalisch-chemischen Gesetzmäßigkeiten statt.

So entsteht ein Bild einerseits engster Verflechtung der Zellwand mit intrazellulären Stoffwechselvorgängen und andererseits der direkten und indirekten Abhängigkeit von den Milieubedingungen.

2. Ergebnisse

Die Untersuchungen zur phänotypischen Variabilität der Hefe *Lodderomyces elongisporus* werden im Bereich Biologie des ItC in Abhängigkeit von zahlreichen Milieufaktoren durchgeführt, von denen hier beispielhaft nur der Einfluß der relativen Wachstumsgeschwindigkeit und der Kohlenstoffquelle auf die Polysaccharidzusammensetzung (Mannan, Glucan) und das Rezeptorenmuster an der Oberfläche der Zellwand betrachtet werden sollen.

2.1. Einfluß der C-Quelle auf die Glucan- und Mannanbildung

Bei den verwendeten Kohlenstoffquellen kam es vor allem auf den Vergleich Kohlenwasserstoffe und Kohlenhydrate an. Bereits in einer frühen Arbeit (Ludvik u. a. [2]) zum ultrastrukturellen Vergleich von kohlenhydrat- und kohlenwasserstoffgewachsenen Hefezellen wurde festgestellt, daß Kohlenwasserstoffhefen offenbar eine deutlich dünnere Zellwand ausbilden. Gleichzeitig wurde die Erfahrung gemacht, daß gerade diese Zellen sich nur schwer homogenisieren, also mechanisch zerstören lassen. Diese frühen Befunde zeigen eine Zelle, die zwar eine dünnere aber in ihrer mechanischen Stabilität völlig unbeeinträchtigte Zellwand hervorbringt.

Man kann davon ausgehen, daß sich Veränderungen im Zellwandbereich auch auf die Kolonieform auswirken oder daß unterschiedliche Kolonieformen (etwa die rauh-glatt Modifikation) auch bei Hefen Zellwandveränderungen signalisieren.

Alle diese morphologischen Befunde bleiben jedoch ohne Beweiskraft, wenn nicht die Analyse typischer Zellwandbestandteile hinzukommt. Tabelle 1 zeigt, daß Kohlenhydrat-Zellen, unabhängig davon, welche Verbindungen im einzelnen assimiliert wurden, die doppelte Menge Zellwandpolysaccharide im Vergleich zu Kohlenwasserstoffzellen bilden.

Tabelle 1
Einfluß der C-Quelle auf die Glucan- und Mannanbildung (nach HILGER)
(Angaben in % der Hefetrockensubstanz)

Substrat	Mannan	Glucan	Zellwandpolysacch. gesamt
Glucose	7,1	12,3	19,4
Galactose	7,1	12,5	19,6
Glycerin	7,1—7,8	9,9—11,8	17,0—19,6
n-Alkane	4,7	5,3	10,0

Diese Versuche wurden unter Bedingungen durchgeführt, die auch die Bildung intrazellulärer Reservestoffe, wie Glykogen und Lipide ermöglichen.

Der geringeren Bildung von Zellwandpolysacchariden bei Kohlenwasserstoffzellen entspricht ein höherer Rohproteingehalt. Der von Kohlenwasserstoffhefen bekannte hohe Rohproteingehalt (BAUCH u. a. [3]) kommt demnach nicht allein durch die im Verlauf der Aufarbeitung erfolgende Lipidextraktion, sondern auch dadurch zustande, daß von vornherein mehr Protein auf Kosten von Zellwand-Polysacchariden gebildet wird. Auch dafür gibt es in der Arbeit von LUDVIK erste qualitative Hinweise, indem bei Kohlenwasserstoffhefen die Strukturen des endoplasmatischen Retikulums stärker ausgebildet sind [2].

2.2. Einfluß der relativen Wachstumsrate auf die Glucan- und Mannanbildung

Wenn die Zellwand den doppelten Charakter einer lebensnotwendigen Struktur und eines z. T. entbehrlichen Sekundärproduktes besitzt, so sollte man erwarten, daß auch in Abhängigkeit von der Wachstumsrate der Zelle quantitative und qualitative Veränderungen im Bestand der Zellwandpolysaccharide eintreten.

Tabelle 2 zeigt, daß dies unter Bedingungen der C-Limitation im Bereich relativer Wachstumsraten von 0,4—0,6 der Fall ist, allerdings nur auf Glycerin, das hier die Kohlenhydrate vertritt, nicht auf n-Heptadecan. Mit Kohlenwasserstoffen als Substrat bildet die Zelle, offensichtlich unabhängig von den Milieubedingungen, die Zellwand in einer Minimalvariante aus. Ob dies auch in funktioneller Hinsicht bereits ein Minimum ist, darüber gibt es z. Z. noch keine Klarheit. Wir wissen lediglich: auf Kohlenwasserstoffen erreichen wir bei Lodderomyces die untere Grenze der phänotypischen Variabilität der Zellwand und damit ein Maximum im Rohproteinanteil der Zelle.

Tabelle 2

Einfluß der relativen Wachstumsrate auf die Glucan- und Mannanbildung bei Limitation durch die C-Quellen (nach HILGER)
(Angaben in % der Hefetrockensubstanz)

μ_{rel}	Glycerin		n-Heptadecan	
	Mannan	Glucan	Mannan	Glucan
0,6	6,6	6,3	4,9	5,3
0,4	7,3	9,9	4,5	5,4

2.3. Gruppierung von Hefen auf der Basis ihrer Lectinmuster

Die Untersuchung der Variabilität der Zellwand sollte sich nicht auf quantitative Gesichtspunkte der Verteilung von Glucan und Mannan beschränken. Als eine sehr brauchbare Methode zur Erfassung struktureller Besonderheiten an der Zelloberfläche erwies sich die Agglutinierbarkeit der Zellen mit Lectinen [4, 5]. Tabelle 3 gibt einen Überblick über die Verschiedenheit der Lectinmuster bei unterschiedlichen Hefearten und -gattungen die unter einheitlichen Ausgangsbedingungen gezüchtet wurden. Die Zellen befinden sich in der stationären Phase. Quantitative Abstufungen der Agglutinationsfähigkeit werden durch die parallele Anwendung von Concanavalin A und Linsenlectin erfaßt. Linsenlectin besitzt eine 50fach geringere Affinität zu den als Rezeptoren infrage kommenden Mannosylresten und reagiert folglich nur auf Zellen mit besonders starker Rezeptorausstattung.

Tabelle 3

Agglutinationsmuster von Hefen verschiedener Taxa mit Lectinen [5]

Art	Reaktion mit Lectinen (Angaben in % der untersuchten Stämme)			
	Concanavalin A		Linsenlectin	
	positiv	negativ	positiv	negativ
Candida lipolytica	100	0	25	75
Candida guilliermondii	100	0	95	5
Candida boidinii	100	0	87	13
Saccharomyces cerevisiae	100	0	100	0
Pichia spec.	100	0	100	0
Hansenula spec.	100	0	83	17
Torulopsis spec.	100	0	87	13
Rhodosporidium toruliodes	50	50	10	90
Rhodotorula rubra	0	100	0	100

Die Erfassung derart grober Abstufungen kann z. B. durch den schnellen Nachweis von morphologisch sonst nicht unterscheidbaren Hefekontaminanten inmitteln von Produktionshefen, praktische Bedeutung erlangen. Insgesamt weist der Vergleich der Lectinmuster auf große, genetisch bedingte Unterschiede im Zellwandaufbau der verschiedenen Hefearten und -gattungen hin. Sie werden überlagert durch Unterschiede innerhalb einer Art, die in Abhängigkeit von den Milieubedingungen auftreten, einen bestimmten physiologischen Zustand signalisieren und nur durch weitere quantitative Abstufung der Agglutinationsreaktion zu erfassen sind. Solche Untersuchungen wurden an *Loderomyces elongisporus* mit dem Lectin Concanavalin A durchgeführt.

2.4. Einfluß der C-Quelle auf die Agglutinationsfähigkeit

Beim Vergleich von Zellen aus der stationären Phase, die auf Kohlenhydraten und Kohlenwasserstoffen gewachsen sind, sind mit den z. Z. zugänglichen halbquantitativen Titerbestimmungen keine Unterschiede festzustellen. Demnach gibt es für die zwischen Kohlenhydrat- und Kohlenwasserstoffhefen beobachteten großen Unterschiede im Gehalt an Zellwandpolysacchariden keine Entsprechung in der Oberflächenstruktur.

2.5. Einfluß des physiologischen Zustandes auf die Agglutinationsfähigkeit

Bei Kultivierungsversuchen mit *Lodderomyces elongisporus* fiel auf, daß ältere Kulturen die sich in der stationären Phase befanden, gegenüber Kulturen aus der exponentiellen Phase bereits bei einem sehr niedrigen Concanavalin A-Titer agglutinierten (Tab. 4).

Tabelle 4
Einfluß der Kultivierungsmethode auf die Agglutinierbarkeit von Lodderomyces elongisporus mit Concanavalin A (*nach* I. Flemming)

Kultivierungsmethode		Agglutination bei Titerstufe
Schrägagar	48 Std.	1:22
Schüttelkultur	24 Std.	1:64
Schüttelkultur (oder exponentielles Wachstum im Fermentor)	8 Std.	1:4

Entsprechend wurde auf dem Substrat n-Heptadecan die Abhängigkeit der Agglutinierbarkeit von der relativen Wachstumsrate untersucht. Obwohl die Wachstumsrate in diesem System Menge und Verhältnis der Zellwandpolysaccharide nicht beeinflußt, reagiert die Oberflächenstruktur sehr empfindlich auf Veränderungen der Wachstumsgeschwindigkeit. Bei hoher Wachstumsgeschwindigkeit ist die Agglutinationsfähigkeit gering, d. h. sie wird nur mit hohen Lectinkonzentrationen herbeigeführt. Mit Verringerung der Wachstumsgeschwindigkeit steigt die Agglutinationsfähigkeit, was daran zu erkennen ist, daß die Agglutination bereits bei niedrigen Lectinkonzentrationen möglich ist (Abb. 1).

Offenbar weist die Zelle im Stadium des exponentiellen Wachstums die geringste oberflächenbedingte Spezifik auf. Die art- und stammspezifischen „fingerprints" sind erst in der stationären Phase voll ausgebildet. Reifung oder Alterung der Zelle bedeutet nicht zuletzt Ausformung des Oberflächenreliefs, Herausbildung der eingangs erwähnten Überstrukturen, die aber keine Artefakte, sondern hochspezifische Funktionselemente der Wechselbeziehung zum belebten und unbelebten Milieu sind. Erst die reifende,

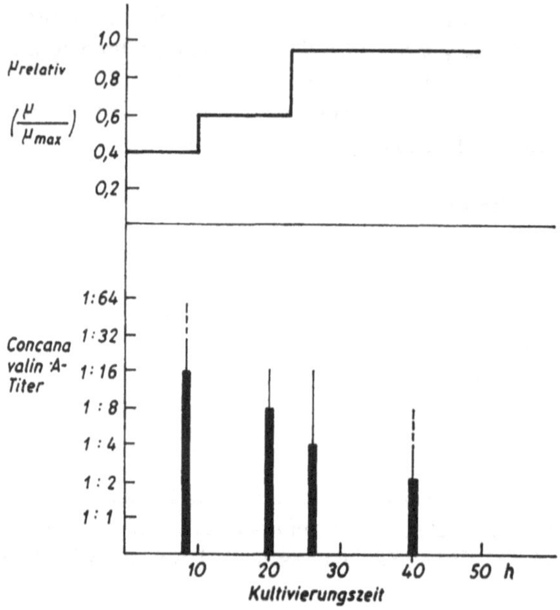

Abb. 1. Agglutinierbarkeit von Lodderomyces elongisporus in Abhängigkeit von der relativen Wachstumsrate im C-limitierten System
Substrat: n-Heptadecan

alternde Zelle scheint zu solchen Wechselbeziehungen fähig zu sein. Das gilt nicht nur für Hefen. Eine Arbeit von Ofek u. a. [6] liefert ein interessantes Beispiel für *E. coli* und deren Fähigkeit, an den Epithelzellen des Darms zu haften. Nur Zellen der späten stationären Phase sind dazu fähig. Für Methoden zur Charakterisierung von Mikroorganismen, die auf der Reaktion mit Lectinen oder Antikörpern beruhen, bedeutet dies, daß sie nur in der stationären Phase zuverlässig funktionieren.

Erst die alternde Zelle weist soviel Spezifik auf, daß sie wirklich identifizierbar ist.

3. Schlußfolgerungen

— Die Zellwand der Hefe *Lodderomyces elongisporus* ist sowohl im Hinblick auf ihren Bestand an den Zellwandpolymeren Mannan und Glucan wie auch ihre Oberflächenstruktur in weiten Grenzen phänotypisch variabel, ohne in ihrer Lebensfähigkeit beeinträchtigt zu werden.

— Das lebensnotwendige Minimum ist damit offensichtlich noch nicht erreicht.

— Die art- und stammspezifischen Rezeptorenmuster für Lectine werden erst nach Erreichen der stationären Phase voll ausgeprägt, sie sind empfindliche Kennzeichen für den physiologischen Zustand der Zellen.

Literatur

[1] Ludvik, J., V. Munk and M. Dostalek: Experientia vol. 24, Fasc. 7, 1066–1068, 1968
[2] Farkaš, V.: Microbiological Reviews, p. 117–144, Jun. 1979
[3] Bauch, J., L. J. Koslowa, K. Sobek, K. Triems, G. J. Meschtschankin und M. J. Roschkowa: Chem. Techn. 30. Jg., H. 6, S. 284–287, 1978
[4] Gabert, A., M. Rudel, W. Lauk und J. Meinhold: Ztschr. Allgem. Mikrobiol. 19, 10, 741–744, 1979
[5] Meinhold, J., A. Gabert, L. Wünsche und P. Roth: Ztschr. Allgem. Mikrobiol. 19, 10, 741–744, 1979
[6] Ofek, J.: Nature vol. 268, Febr. 17, p. 623–625, 1977

Akademie der Wissenschaften der DDR
Institut für technische Chemie, Leipzig

Einfluß von Prozeßvariablen auf die Ausbeute- und Erhaltungskoeffizienten bei Zellsubstanzsynthesen

J. D. SCHNEIDER, F. GLOMBITZA und M. RINGPFEIL

Einleitung

Die Ausbeute stellt eine wesentliche Größe dar, welche die Effizienz und Ökonomie mikrobiologischer Prozesse entscheidend prägt.

Sie hängt einerseits von dem benutzten Mikroorganismus, dem C-Substrat oder von der Kombination zwischen beiden ab. Andererseits aber wird die Ausbeute von den Prozeßvariablen wie den extracellulären Konzentrationen der chemischen Stoffkomponenten, dem pH-Wert, der Temperatur und von der Verweilzeit der Mikroorganismen beeinflußt.

Änderung einer Prozeßvariablen führt gleichzeitig zur Veränderung des Ausbeute- bzw. des Erhaltungskoeffizienten. Über die Richtung der Ausbeuteänderung (Zu- oder Abnahme) kann zunächst ohne Kenntnis der funktionellen Zusammenhänge zwischen Ausbeute und Prozeßvariablen nichts ausgesagt werden.

Im allgemeinen zeichnen sich diese funktionellen Zusammenhänge durch einen Optimalwert aus (Abb. 1). Der Optimalpunkt oder auch optimale Bereich resultiert aus der Überlappung zwei getrennter funktioneller Teilkurven.

In Abbildung 1 ist dieser Sachverhalt durch die sogenannte Wachstumskurve (suboptimaler Bereich; Kurve 1) und die Inhibierungskurve (superoptimaler Bereich;

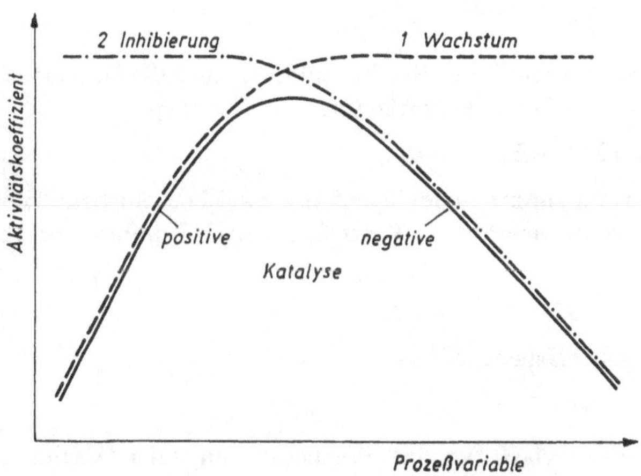

Abb. 1. Allgemeiner Zusammenhang zwischen Aktivitätskoeffizienten (Y, μ, $\Delta_R S^{-1}$) und den Prozeßvariablen (T, pH, C_i) für Wachstumsfließgleichgewichte

Kurve 1: positiver Einfluß (Wachstumsbereich)
Kurve 2: negativer Einfluß (Inhibierungsbereich)

Kurve 2) verdeutlicht. Die Ausbeute, Wachstumsrate und reziproke Reaktionsentropie repräsentieren das Leistungsvermögen eines Mikroorganismus. Das Leistungsvermögen wird in Abb. 1 als Aktivitätskoeffizient charakterisiert.

Der Erhaltungskoeffizient m ist mit dem Ausbeutekoeffizienten nach der allgemein gültigen Formel verknüpft [1]:

$$Y^{-1} - Y_0^{-1} = m \cdot \mu^{-1} \tag{1}$$

bwz. für kontinuierliche Prozesse:

$$Y^{-1} - Y_0^{-1} = m \cdot t_r \tag{2}$$

Im folgenden werden an Beispielen Zusammenhänge gezeigt, die zwischen den Ausbeute- bzw. Erhaltungskoeffizienten und den Prozeßvariablen bestehen.

Des weiteren wird dargestellt, daß sich die Produktion der Entropie aus den Koeffizienten der Fließgleichgewichte kalkulieren läßt.

Einfluß der Temperatur

Wenn man davon ausgeht, daß Koeffizienten von chemostatischen Fließgleichgewichten auch Gleichgewichtsgrößen im thermodynamischen Sinne sind, dann können nach den thermodynamischen Gesetzmäßigkeiten zur Abhängigkeit einer Gleichgewichtskonstanten K' von der Temperatur analoge Beziehungen formuliert werden.

Chemisches Gleichgewicht:

$$\ln K' = -\frac{\Delta_R H}{RT} + \text{const} \tag{3}$$

mikrobiologisches Fließgleichgewicht:

$$\ln m_S = -\frac{\Delta_R H}{RT} + \ln K_1 \tag{4}$$

Nach Gleichung (2) kann anstelle des Koeffizienten m_S auch die Differenz $(Y^{-1} - Y_0^{-1})$ bei $t_r = \text{const}$ als quasi-Gleichgewichtsgröße formuliert werden:

$$\ln m_S = \ln (Y^{-1} - Y_0^{-1}) - \ln t_r \tag{5}$$

Schließlich erhält man die funktionelle Beziehung zwischen Ausbeutekoeffizient und den Prozeßvariablen „Temperatur“ und „Verweilzeit“ nach Kombination von Gleichung (4) und (1) [3]:

$$Y^{-1} = Y_0^{-1} + K_1 \cdot e^{-\Delta_R H/RT} \cdot t_r \tag{6}$$

bzw. für den Erhaltungskoeffizient [2]:

$$m_S = K_1 \cdot e^{-\Delta_R H/RT} \tag{7}$$

Die Reaktionsenthalpien $\Delta_R H$ für das Wachstum im suboptimalen Temperaturbereich ($T_i < T_{opt.}$) liegen im allgemeinen bei den Mikroorganismen innerhalb eines relativ engen Bereichs von 60—80 kJ · mol^{-1}.

Dagegen bestehen deutliche Unterschiede für den Inhibierungs- bzw. superoptimalen Temperaturbereich ($T_i > T_{opt.}$) (Tabelle 1). Aus den Daten der Tabelle 1 ist ersichtlich, daß die $\Delta_R H$-Werte hauptsächlich von der Art der Mikroorganismen und weniger vom benutzten C-Substrat abhängen.

Tabelle 1

Berechnete Reaktionsenthalpien $\Delta_R H$ für verschiedene Mikroorganismen-C-Substrat-Systeme aus Literaturdaten (chemostatische C-Limitation im Inhibierungsbereich bei $T_i > T_{opt.}$)

Mikroorganismus	C-Substrat	$\Delta_R H$ (kJ · mol⁻¹)	Literaturdaten
Candida utilis	Saccharose	240	[4]
Candida boidinii	Methanol	343	[5]
Hansenula polymorpha	Methanol	184	[6, 3]
Acetobacter spec.	Methanol	322	[3]
Saccharomyces cerevisiae	Ethanol	377	[7]
Lodderomyces elongisporus	Erdöldestillat	193	[3]
Bakterien spec.	Erdöldestillat	151	[3]

Inwieweit solche thermodynamischen Kennziffern zur Charakterisierung von Mikroorganismen-C-Substrat-Systemen mit herangezogen werden können, müssen weitere Untersuchungen zeigen.

Einfluß des pH-Wertes

Änderungen der extracellulären H-Ionenkonzentrationen beeinflussen signifikant die Leistungskoeffizienten der Mikroorganismen.

Ein früher ermittelter exponentieller Ansatz der Form [3]

$$m_S = K_2 \cdot (C_{H^+})^{K_1} \tag{8}$$

führt in Kombination mit Gleichung (1) zur allgemeinen Beziehung

$$Y^{-1} = Y_0^{-1} + t_r \cdot K_2 \cdot (C_{H^+})^{K_1} \tag{9}$$

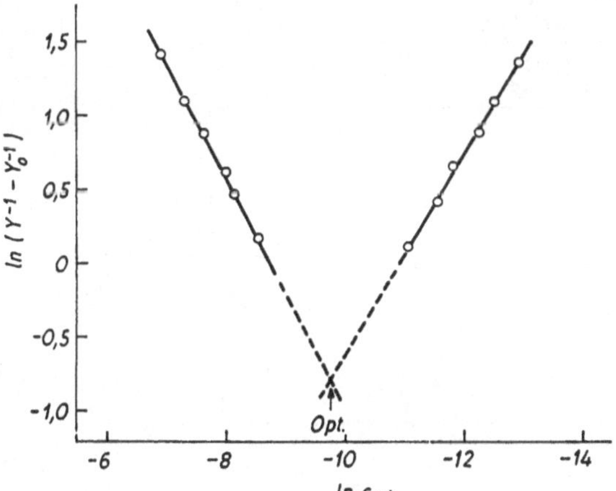

Abb. 2. Linearer Zusammenhang zwischen ln $(Y^{-1} - Y_0^{-1})$ und ln C_{H^+} nach Gleichung (10).

Fermentationssystem: Acetobacter spec., Methanol, C-Limitation, $t_r = 8$ h [3]

Gleichung (9) kann nach Logarithmieren linearisiert werden:

$$\ln (Y^{-1} - Y_0^{-1}) = \ln K_2 + \ln t_r + K_1 \cdot \ln C_{H^+} \tag{10}$$

$$(\ln C_{H^+} = -2{,}303 \cdot \mathrm{pH})$$

Bemerkenswert ist die Symmetrie der Kurvenverläufe in der Abb. 2, was darauf hindeutet, daß der Reaktionsmechanismus des H^+-Einflusses für den sogenannten Wachstums- und Inhibierungsbereich identisch sein kann.

Die Exponentialfunktion der Gleichung (8) weist desweiteren auf eine komplexere Natur des H^+-Einflusses hin bzw. darauf, daß der H^+-Einfluß nicht auf eine einzige begrenzende Reaktion beschränkt ist.

Einfluß der Limitationsart

Im allgemeinen kann man davon ausgehen, daß die die Wachstumsrate begrenzende Substanz auch den geringsten Verbrauch pro gebildete neue Biomasse aufweist.

So sind die Erhaltungskoeffizienten m_S für das C-Substrat dann minimal, wenn das Wachstum durch die C-Quelle begrenzt wird ($m_S \sim 10^{-2} \cdots 10^{-3}$ g Substrat/g TS · h).

Dieses Prinzip ist jedoch nicht auf die Ausbeute übertragbar [3]. Verschiedene Untersuchungen zeigten, daß bei Änderung der Limitation der Erhaltungskoeffizient m_S stets erhöht wird, aber nicht in allen Fällen die Ausbeutekoeffizienten (vgl. Abb. 3).

Wird zum Beispiel die Methanassimilation unter O_2-Limitation geführt, so erhält man unterhalb einer Verweilzeit von $t_r = 14$ h wesentlich günstigere Ausbeutekoeffizienten als unter C-Limitation (Abb. 3).

Diese Besonderheiten sind besonders für Optimierungsfragen bedeutsam.

Einfluß der Kettenlänge von n-Alkanen

Die Ausbeute- bzw. Erhaltungskoeffizienten sind bekanntlich von der energetischen, chemischen und strukturellen Zusammensetzung einer C-Substratquelle abhängig [9, 10].

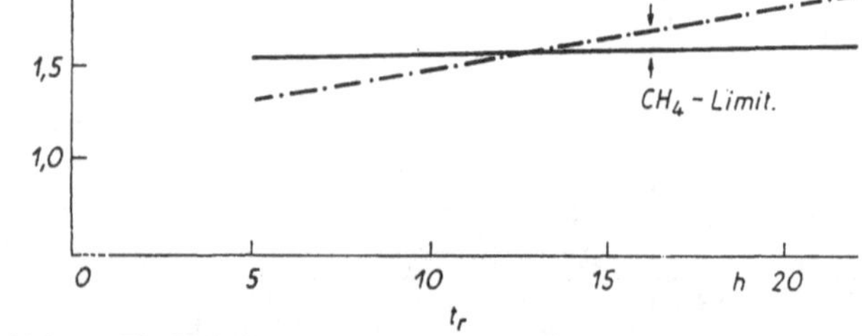

Abb. 3. Einfluß der Limitationsart auf die Ausbeute- und Erhaltungskoeffizienten bei der methanassimilierenden Bakterienkultur GB 21 [3, 8]

Kurve C-Limitation: $m_S = 7 \cdot 10^{-3}$ g CH_4/g TS · h

Kurve O_2-Limitation: $m_S = 34 \cdot 10^{-3}$ g CH_4/g TS · h

Uns interessierte in diesem Zusammenhang der Einfluß verschiedener n-Alkane, die sich strukturell und energetisch nur geringfügig voneinander unterscheiden.

Wie Abbildung 4 zeigt, steigt der Erhaltungskoeffizient für Sauerstoff m_{O_2} (Anstieg der Gerade) mit abnehmender Kettenlänge an.

Die Geradenschar besitzt bei $t_r = 0$ annähernd einen gemeinsamen Schnittpunkt mit $Y_0^{-1} = 1{,}55$ g O_2/g TS. Der deutliche Einfluß der Kettenlänge der n-Alkane auf den Erhaltungskoeffizienten kann nicht allein auf die energetischen bzw. stofflichen Unterschiede der n-Alkane im Kettenlängenbereich von C_{14}—C_{20} zurückgeführt werden (vgl. Abb. 6).

Vielleicht spielen Unterschiede in den Aktivierungsenergien der enzymatischen Hydroxylierungen der einzelnen n-Alkane eine wesentliche Rolle.

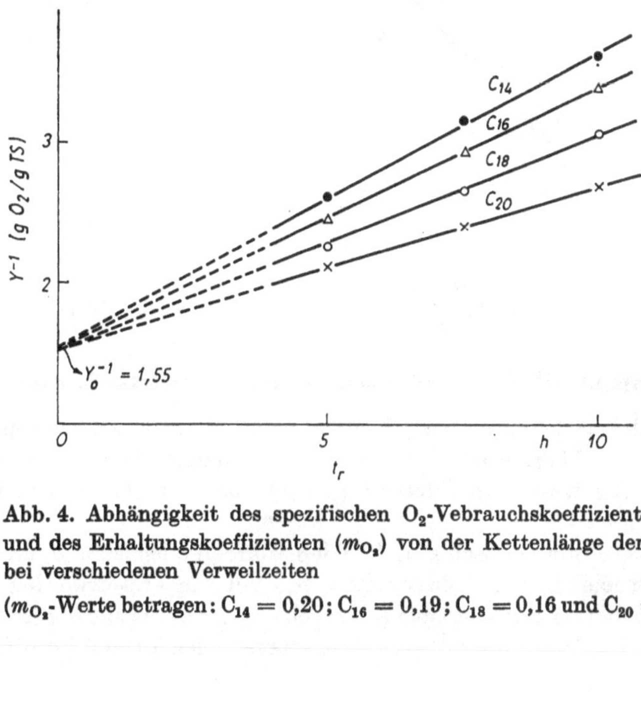

Abb. 4. Abhängigkeit des spezifischen O_2-Vebrauchskoeffizienten ($1/Y_{O_2}$) und des Erhaltungskoeffizienten (m_{O_2}) von der Kettenlänge der n-Alkane bei verschiedenen Verweilzeiten
(m_{O_2}-Werte betragen: $C_{14} = 0{,}20$; $C_{16} = 0{,}19$; $C_{18} = 0{,}16$ und $C_{20} = 0{,}12$ g O_2/g TS · h)

Einfluß von inerten Substanzen

Bei aeroben Fermentationen sind mitunter Stoffgruppen oder auch Hilfsstoffe zugegen, die während der mikrobiologischen Synthese nicht selbst utilisiert werden, aber indirekt das Wachstum der Mikroorganismen beeinflussen. Ein solcher Rohstoff, der eine Reihe nicht- oder schwerutilisierbarer Stoffgruppen enthält, ist zum Beispiel Erdöldestillat. Erdöldestillat enthält neben den leicht assimilierbaren n-Alkanen eine Reihe „inerter" Inhaltsstoffe wie iso-Alkane, cyclo-Alkane, Aromaten und heterocyclische Verbindungen.

Wie Untersuchungen zeigten, steigt der Erhaltungskoeffizient für den Sauerstoff (m_{O_2}) proportional mit dem Massenanteil der „inerten" Inhaltsstoffe ($C_{KW_{in}}$) an [11] (vgl. Abb. 5).

Für die Abhängigkeit gilt eine lineare Beziehung der Form [12]:

$$m_{O_2} = K_2 \cdot C_{KW_{in}} \tag{11}$$

mit: $K_2 = 0{,}0213$

In ähnlicher Weise scheinen auch oberflächenaktive Substanzen zu wirken [3].

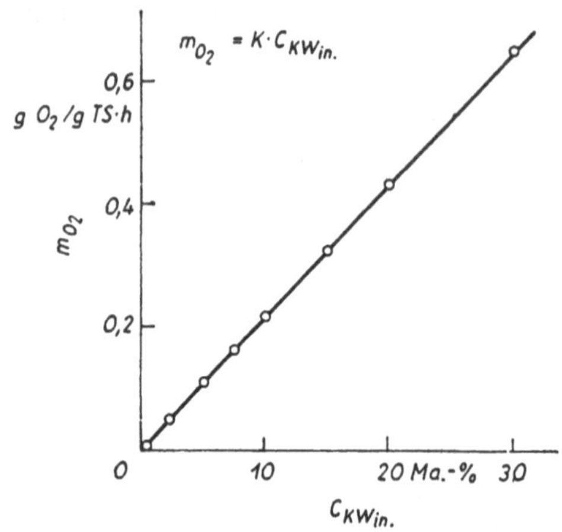

Abb. 5. Abhängigkeit des Erhaltungskoeffizienten für O_2 (m_{O_2}) von der Konzentration der „inerten" Inhaltsstoffe im Erdöldestillat ($C_{KW_{in.}}$)

Zusammenhang von Entropieproduktion und Ausbeutekoeffizienten

Zur Aufrechterhaltung des lebendigen Zustandes der Mikroorganismen und ihrer biologischen Stoff- und Wärmeproduktion ist ein bestimmter Energiebetrag notwendig. Dieser Energiebetrag wird vom Substrat geliefert und ist ebenso von den Prozeßvariablen abhängig.

Der Energie- und Stoffaustausch zwischen den Mikroorganismen und ihrer Umgebung kann mit der Entropiebilanz und ihrer zeitlichen Änderung erfaßt werden.

Die gesamte Änderung der Entropie setzt sich aus der Änderung der Teilsysteme (im Inneren dS_i bzw. im Äußeren dS_e) nach dem irreversiblen Prozeß im offenen System zusammen nach:

$$\frac{dS}{dt} = \frac{dS_i}{dt} + \frac{dS_e}{dt} \tag{12}$$

Die Änderung im Inneren wird auf die Entropieproduktion σ zurückgeführt, wobei Membrantransport- und Diffusionsprozesse wegen ihres geringen Beitrages vernachlässigt werden können:

$$\frac{dS_i}{dt} = \sigma \tag{13}$$

Durch die Annahme mikroskopischer Reversibilität, der darauf beruhenden linearen Kopplung zwischen Kraft (X) und Fluß (J) wird die Entropieproduktion σ durch die Affinität (A) der Reaktion, ihrer Geschwindigkeit (r) und dem Wärmestrom (gekoppelt mit dem Stoffstrom) bestimmt [13]:

$$\sigma = \sum_{i=1}^{i=n} X_i J_i \tag{14}$$

$$\sigma = \frac{1}{T^2} \dot{Q} (\text{grad } T) - \frac{1}{T} \sum_{i=1}^{i=n} A_i r_i \tag{15}$$

Setzt man für die Affinität die chemischen Potentiale (μ_i) und die stöchiometrischen Koeffizienten der Reaktionspartner (ν_i), für die Reaktionsgeschwindigkeit (r_i) die Änderung der Zellkonzentration ($\mathrm{d}x/\mathrm{d}t$) sowie den spezifischen C-Substrat-Verbrauchskoeffizient ($\alpha_x{}^S$), dann wird eine Verbindung der Entropieproduktion mit dem C-Substratverbrauch möglich:

$$\sigma = \frac{1}{T^2} \dot{Q} (\text{grad } T) - \frac{1}{T} \sum_{i=1}^{i=n} \nu_i \mu_i \cdot \alpha_S{}^x \cdot \mathrm{d}x/\mathrm{d}t \tag{16}$$

bzw. für den spezifischen Verbrauchskoeffizienten gilt nach Umformung der Gleichung (16):

$$\alpha_x{}^S = Y_S{}^{-1} = \frac{(\dot{Q} \text{ grad } T) - \sigma}{T \frac{\mathrm{d}x}{\mathrm{d}t} \sum_{i=1}^{i=n} \nu_i \mu_i} \tag{17}$$

Man kann aus Gleichung (17) ersehen, unter welchen Bedingungen der substratbezogene Verbrauchskoeffizient minimal wird. Die Produktivität (Geschwindigkeit) muß groß, die Triebkraft (chemische Potentiale) hoch und die Differenz zwischen Kräften und Strömen und der Entropieproduktion klein sein.

Für einen Vergleich verschiedener Fermentationszustände können die Energiedissipationswerte (Φ_x) (Rayleighsche Dissipationsfunktion) herangezogen werden.

Aus theoretischen Untersuchungen wurde ein minimal notwendiger Dissipationsbetrag von ca. 14,5 kJ/g TS abgeleitet (40% der Substratenergie) [14].

Bei Änderungen der Prozeßvariablen können die dissipierten Energiebeträge bis zu ca. 70 kJ/g TS anwachsen (5fache vom Minimum) (vgl. Tabelle 2).

Tabelle 2

Spezifische dissipierte Energie und spezifische Entropieproduktion

Spezifische Werte	Φ_x (kJ/g TS)	σ_x (J/g TS °K)	Φ Bemerkung
minimal	14,5	47,4	40% der Substratenergie
bei verschiedenen Prozeßzuständen	25–68	22,2–81,7	60% der Substratenergie

In der Tabelle 3 wird als Beispiel der Einfluß der Verweilzeit (t_r) als Prozeßvariable auf die Exzeßwerte der Energiedissipation ($\Delta\Phi_x$) und der spezifischen Entropieproduktion ($\Delta\sigma_x$) gezeigt.

Die Ausbeutekoeffizienten werden des weiteren von dem Energiegehalt und der chemischen Zusammensetzung der C-Substrate (C, H, O-Gehalte) bestimmt. Wie bekannt, ändern sich die Verbrennungsenthalpien der n-Alkane im Bereich von C_1 bis C_{16}

Tabelle 3

Einfluß der Verweilzeit auf die Exzeßwerte der spezifischen Energiedissipation und Entropieproduktion (System: Erdöldestillat/Lodderomyces elongisporus, bilanziert aus dem O_2-Verbrauch)

Verweilzeit	Exzeßwerte	
	$\Delta\Phi_x$	$\Delta\sigma_x$
(h)	[kJ/g TS)	(J/g TS °K)
5[1])	13,70	43
7,5	20,48	67
10,0	28,38	92,7

[1]) $\alpha_x^{O_2}$-Wert = 2,3 g O_2/g TS sowie Energietransfer ΔH = 13,2 kJ/g O_2

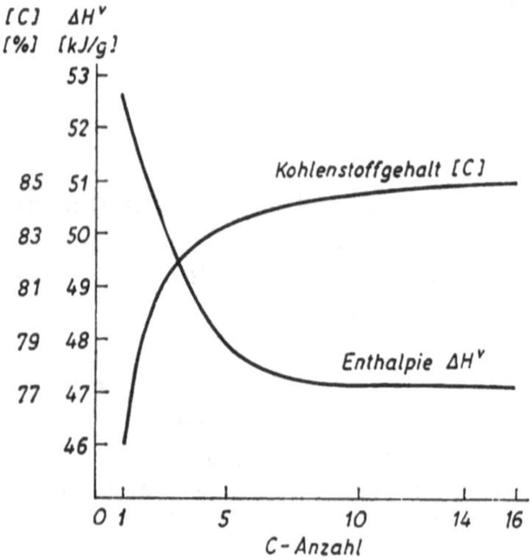

Abb. 6. Abhängigkeit des Substratenergiegehaltes (ΔH^v) von der Kettenlänge und der Substratzusammensetzung (% C) bei n-Alkanen

signifikant (Abb. 6). Die Abnahme des Wasserstoffgehaltes korreliert mit der Zunahme des Kohlenstoffgehaltes und der Abnahme des Energiegehaltes des C-Substrates.

Es ist demnach notwendig, die Sauerstoffangebote bei der aeroben mikrobiellen Zellsubstanzsynthese dem energetischen und stofflichen Charakter dieser Kohlenwasserstoffe anzupassen.

Insgesamt existieren also optimale Prozeßbedingungen mit einem bestimmten proportionalen Verhältnis zwischen Kohlenstoff, Wasserstoff und Sauerstoff im Angebot. Werden bei der Utilisation der n-Alkane diese optimalen stöchiometrischen Proportionen von etwa H : C: O $\approx$ 1: 7: 15 verlassen, dann erhält man höhere spezifische n-Alkanverbrauchskoeffizienten, wie verschiedene Fermentationsuntersuchungen zeigten (vgl. hierzu in Abb. 3 die Unterschiede zwischen O_2- und CH_4-Limitation bei t_R = const).

Symbolverzeichnis

C_{H^+} = Wasserstoffionenkonzentration (g/l)
C_i = Konzentration von Reaktionskomponenten (g/l)
$\Delta_R H$ = Reaktionsenthalpie (kJ/mol)
$K_1, K_2 \ldots$ = allgemeine spezifische Systemkonstanten
m_S = Erhaltungskoeffizient für C-Substrat (g TS/g S · h)
$\dot{Q}$ = Wärmestrom (J/l · h)
R = allgemeine Gaskonstante (J/mol · °K)
S = C-Substrat
$\Delta_R S$ = Reaktionsentropie (J/mol · °K)
T = Fermentationstemperatur (°K bzw. °C)
TS = trockene Biomasse
t_r = Verweilzeit (h)
x = Biomassekonzentration (g/l)
Y = Ausbeutekoeffizient (g TS/g S)
Y_0 = Ausbeutekoeffizient bei $t_R = 0$ (g TS/g S)
$\alpha_x{}^S$ = spezifischer Verbrauchskoeffizient (g S/g TS)
Φ_x = spezifische Energiedissipation (J/g)
σ = Entropieproduktion (J/mol °K)
σ_x = spezifische Entropieproduktion (J/g · °K)
μ = spezifische Wachstumsrate (h^{-1})
μ_i = chemische Potentiale ($i = 1 \ldots n$)

Literatur

[1] Pirt, S. J.: Proc. Roy. Soc. Ser. B 163 (1965), 224
[2] Topiwala, H., and C. G. Sinclair: Biotechnol. Bioeng. 13 (1971), 795–813
[3] Schneider, J. D.: Acta Biotechnologica 0 (1980) 0, 47–55
[4] Lorenz, M., A. Martini, W. Fritsche und S. Krüger: Z. Allg. Mikrobiol. 7 (1967), 363–371
[5] Kuvshinnikov, V. D., M. Sobotka, I. G. Minkevich and V. K. Eroshin: Folia Microbiol. 22 (1977), 189–197
[6] Cooney, C. L., and N. Magiguchi: Biotechnol. Bioeng. Symp. No. 7 (1977), 65–76
[7] Eroshin, V. K., I. S. Utkin, S. V. Ladynichev, V. V. Samoylov, V. D. Kuvshinnikov and G. K. Skryabin: Biotechnol. Bioeng. 18 (1976), 289–295
[8] Wendlandt, K.-D.: Unveröffentlichte Ergebnisse, Institut für technische Chemie der AdW der DDR, Leipzig
[9] Hempfling, W. P., and S. E. Mainzer: J. Bacteriol. 123 (1975) 3, 1076–1087
[10] Neijssel, O. M., and D. W. Tempest: Arch. Microbiol. 107 (1976), 215–221
[11] Klappach, G. und G. Otto: Unveröffentlichte Ergebnisse. Institut für technische Chemie der AdW der DDR, Leipzig
[12] Schneider, J. D.: Unveröffentlichte Ergebnisse. Institut für technische Chemie der AdW der DDR, Leipzig
[13] Glombitza, F., und B. Heinritz: Z. Allg. Mikrobiol. 19 (1979), 171–179
[14] Glombitza, F.: Unveröffentlichte Ergebnisse. Institut für technische Chemie der AdW der DDR, Leipzig

Central Institute of Microbiology and Experimental Therapy, Academy of Science, Jena, GDR

Genetic Instability of Industrial *Streptomyces* and *E. coli* Strains During Continuous Cultivation

D. Noack, M. Roth, G. Müller and Katrin Undisz

Introduction

The strategies concerning the improvement for higher productivity of industrial microorganisms in generality can be divided into two ways. The first one is the genetic way using methods for alteration and transfer of DNA, such as mutation, parasexual processes and finally the genetic engineering. The second one can be called as the metabolic way intending to influence the regulation of itracellular biosynthetic processes and precursor concentrations mainly by the choice of favourable culture media and cultivation conditions. But in the last years more and more attention has been focussed to the instability of microorganisms for example concerning their productivity of enzymes and secondary metabolites such as antibiotics and the resistance against antibiotics. This phenomenon must be fealed to display a more or less influence on the effectivity of the improvement strategies mentioned above. Two species of bacteria will be regarded in detail.

Streptomycetes known as the producers of most of the antibiotics used in medicine and agriculture show spontaneous degeneration with respect to their capacity to produce antibiotics. This property could be observed upon transfer on solid and liquid medium (Williams and McCoy [17], Perlman et al. [13], Reusser et al. [14]), during continuous antibiotic fermentation or chemostat cultivation (Bartlett and Gerhardt [2], Reusser [14], Sikyta et al. [16], Sala and Westlake [15]) and during industrial scale manipulations (Miyoshi et al. [12], Gräfe et al. [6]). The instability of naturally occuring resistance to antibiotics in Streptomycetes was reported by Freeman and Hopwood [4] and Fedorenko and Danilenko [3]. The reasons for most of the instabilities mentioned here seem to be on the genetic level at least in those cases where a reversion of degenerated variants to the parent phenotype could not be observed. Quite similar degeneration kinetics can be observed with *E. coli* strains containing antibiotic resistance plasmids. The loss of all or some resistance determinants of R-plasmids in the course of continuous cultivation in a chemostat has been reported by Melling [11], Godwin and Slater [5], Wouters and Andel [18] and Adams et al. [1]. The results are discussed either on the basis of diminished maximal growth rate of the plasmid-containing cells in comparison to plasmid-free cells or as the consequence of the action of colicins leading to a growth advantage of the ColE1-plasmid-containing cells over plasmid-free cells.

The observations mentioned here become more and more important in connection with the use of *E. coli* as host of recombinant plasmids constructed in vitro by methods of genetic engineering allowing the production of eukaryotic gene products by prokaryotes. Recently Klingmüller et al. [9] pointed to this problem. They observed a gradual loss of nif-genes during cultivation of an *E. coli* strain transformed with a recombinant plasmid originated from pBR 322.

The similarity of degeneration processes observed with both Streptomycetes and *E. coli* can be discussed on a common basis because an encreasing number of authors point to the involvement of plasmids or plasmid born genes in the regulation of antibiotic production in Streptomycetes (for review see Hopwood [7]). In the following paper it should be demonstrated that quite similar degeneration kinetics can be obtained when Streptomycetes and plasmid-containing *E. coli* strains are continuously cultivated in a chemostat under equal limitation conditions and comparable growth rates. From the results presented here it is concluded that two sets of cultivation parameters concerning substrate limitation, dilution rate and temperature can be found leading either to the stable inheritance of the original genetic information or to their loss in the course of the cultivation. On the other hand the results presented here can be regarded as a population genetic principle reflecting an interaction between culture conditions and stability of genetic informations present in microorganisms. Therefore the improvement of industrial microorganisms on the genetic or metabolic way must be considered also on a population genetic level.

Continuous Cultivation of Streptomyces hygroscopicus

The strain *Streptomyces hygroscopicus* is the producer of turimycin, a macrolide antibiotic related to the leucomycin group (Knöll et al. [10]). From earlier experiments concerning the action of intercalating dyes on the antibiotic activity of S. hygroscopicus it has been suggested that plasmids may be involved in the regulation of turimycin synthesis (Kähler and Noack [8]). From the investigations on the stable inheritance of plasmids during continuous cultivation of bacteria in a chemostat therefore it can be expected, that the continuous cultivation of our Streptomyces strain may result in the appearance of clones which lost their antibiotic forming capacity.

The first problem to be solved arised from the mycelial growth of Streptomycetes because the prerequisite for chemostat cultivation is the cell division which normally proceeds in eubacteria such as *E. coli*. To simulate this cell division the mycelia of Streptomycetes must be fractionated. This demand could be accomplished by continuous stirring of the culture with a glass nife which was horizontally fixed at the end of stirrer shaft. The turning speed was 3000 rev per min. The mycelium pieces produced by this equipment had an over all length of less then 100 μm with less then 20 branches.

As nutrition medium a synthetic mineral salts medium was chosen in order to allow a defined growth limitation. Furthermore it was necessary to prove that antibiotic formation did not appear because antibiotics will give a selection advantage to antibiotic resistant clones within the microbial population.

The potentiality of the mycelium pieces to produce antibiotics could only be tested after colony formation on solid medium. The antibiotic producing colonies give rise to inhibition zones resulting from the diffusion of the antibiotic into a layer of tester strain. By this technique two measured parameters can be estimated namely at first the percentage of colony forming units able to produce the antibiotic and at second the mean diameter of inhibition zones resulting from the antibiotic producing colonies within the layer of tester strain.

The strain Streptomyces hygroscopicus under study has been cultivated in the chemostat under four different cultivation conditions:

I. limiting substrate: glucose
dilution rate $D = 0.1\ h^{-1}$

II. limiting substrate: glucose
dilution rate $D = 0\text{-}3\ h^{-1}$

III. limiting substrate: ammonium chloride (NH_4Cl)
dilution rate $D = 0.1\ h^{-1}$

IV. limiting substrate: ammonium chloride (NH_4Cl)
dilution rate $D = 0.3\ h^{-1}$

The cultivation temperature was 30 °C in all cases.

The results of the experiments are presented in Fig. 1 and Fig. 2 respectively. Under cultivations condition I the percentage of turimycin-producing colonies decreased with time reaching 30% after 500 hrs corresponding to 70 generations. The phenotyp

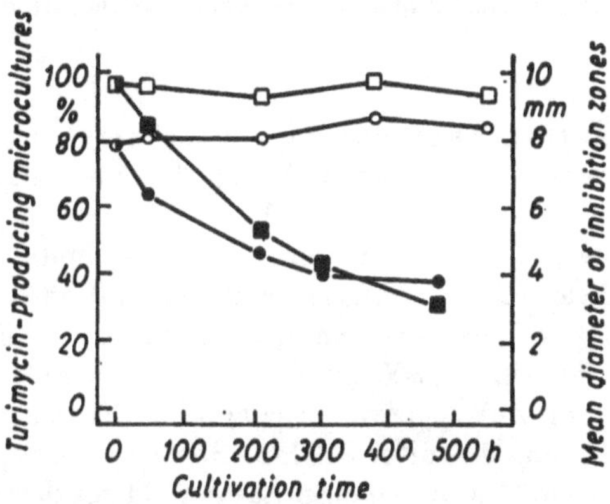

Fig. 1. Capability of S. hygroscopicus to produce turimycin in dependence on cultivation time in the chemostat at glucose limitation and 30 °C. Samples withdrawn from continuous culture were spread on agar medium. From the outgrown colonies about 250 per sample were randomly selected and transferred to microculture bowls filled with nutrition agar. Turimycin production of microcultures was tested quantitatively (mean diameter of measurable inhibition zones, ○, ●) and qualitatively (percentage of measurable inhibition zones, it is percentage of turimycin-producing microcultures, □, ■) by a bioassay.

Open symbols: dilution rate $D = 0{,}3\ h^{-1}$
Filled symbols: dilution rate $D = 0{,}1\ h^{-1}$

"antibiotic-non-producer" (ant^-) is strongly correlated with the loss of the capability to form aerial mycelium (amy^-) so that the negative segregants can be characterized by the destination ant^- amy^- in contrast to the original strain ant^+ amy^+. Most of the negative clones isolated by this technique are no further able to retain the original phenotype ant^+ amy^+ also after repeated transfer to fresh medium or after conservation. Some negative clones reverted to the original phenotype after repeated transfer. Parallel to the percentage af ant^+ amy^+ phenotyps the mean diameter of inhibition zones decreases reaching also about 30% of the original values.

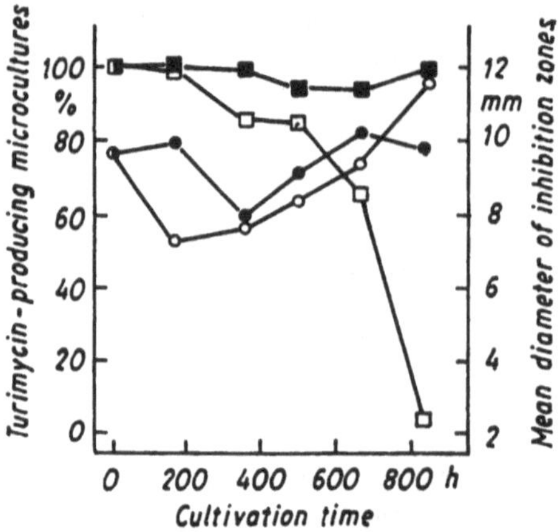

Fig. 2. Capability of S. hygroscopicus to produce turimycin in dependence on cultivation time in the chemostat at ammonium chloride limitation and 30 °C. Symbols as in Fig. 1

Under the cultivation condition II both the percentage of ant$^+$ amy$^+$ colonies and the mean diameter of inhibition zones remained constant during the same cultivation time. No segregation into ant$^-$ amy$^-$ clones could be observed.

The experimental results obtained with ammonium chloride limitation seem to exhibit a nearly reciprocal tendency. At low dilution rate (cultivation condition III) both the percentage of ant$^+$ amy$^+$ colonies and the mean diameter of inhibition zones remain constant during a cultivation time of 800 hrs corresponding more than 100 generations. In contrast at high dilution rate (cultivation condition IV) the percentage of ant$^+$ amy$^+$ colonies decreased reaching 5% after 800 hrs. However the mean diameter of inhibition zones of the remaining ant$^+$ amy$^+$ colonies at least did not decrease indicating a constant antibiotic forming capacity.

Continuous Cultivation of E. coli GY 2354 (pBR 325)

Basing on the proposal that plasmids may be involved in the control of antibiotic formation in Streptomycetes and that these plasmids may be responsible for their genetic instability it has been expected that similar results and segregation kinetics observed with Streptomycetes should occur also with plasmid containing E. coli strains. Also because of its scientific and industrial importance the multi-copy cloning vector plasmid pBR 325 has been chosen together with its cloning host E. coli GY 2354 as a model system for studing segregation processes during continuous cultivation in a chemostat. The cultivation conditions were the same as for Streptomycetes. The composition of the E. coli population was checked by testing the colony forming ability of the cells on media containing antibiotics the resistance to which is encoded on the plasmid. Moreover the presence of the plasmid has been proved by gel electrophoresis.

Fig. 3 shows the segregation kinetics obtained at glucose limitation and at different dilution rates. The segregation into antibiotic sensitive cells which lost the plasmid pBR 325 proceeds the faster the smaller the dilution rate is. In contrast, Fig. 4 shows that during ammonium chloride limitation a segregation does not occur. The composition

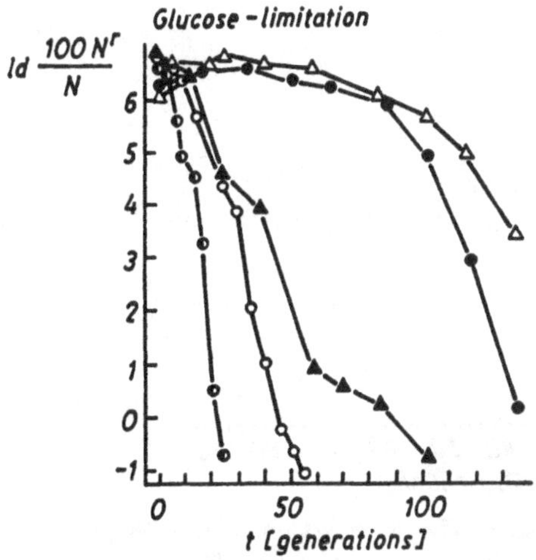

Fig. 3. Ratio of antibiotic resistant and plasmid containing cells of E. coli GY 2354 (pBR 325) in dependence on cultivation time in the chemostat at glucose limitation. Samples withdrawn from the chemostat were spread on agar medium with and without the antibiotics the resistance of which is encoded on the plasmid pBR 325. The ratio of the number of colonies grown on the respective plates is plotted against the number of generations. The dilution rates are marked on the curves.

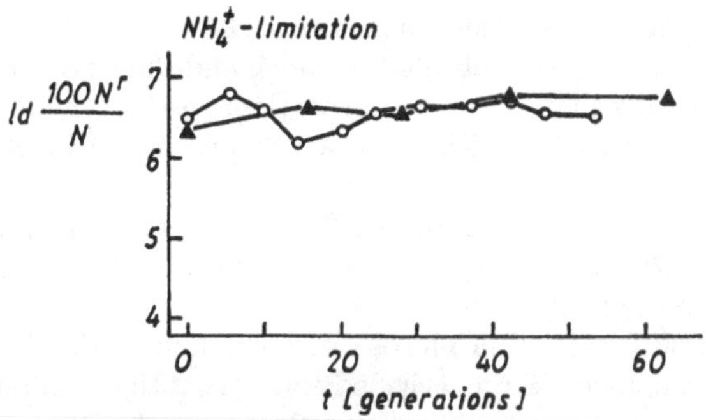

Fig. 4. The same as in Fig. 3 with except that ammonium chloride limits the growth instead of glucose.

of the E. coli population remains genetically homogeneous with respect to the antibiotic resistance and the presence of the vector plasmid pBR 325.

In order to investigate whether the alteration of limiting substrate going from glucose to ammonium chloride may restore a segregated population, a chemostat has been processed with glucose limitation at dilution rate $D = 0.1\ h^{-1}$. After the E. coli population reached a composition of 5% plasmid-containing cells (marked by the arrow, Fig. 5) the limiting substrate is changed from glucose to ammonium chlorid. This shift of the limiting substrate results in an encreased ration of plasmid-containing cells within the population. But after a transition phase the ratio of plasmid-containing cells decreases once although ammonium chloride acts as the limiting substrate.

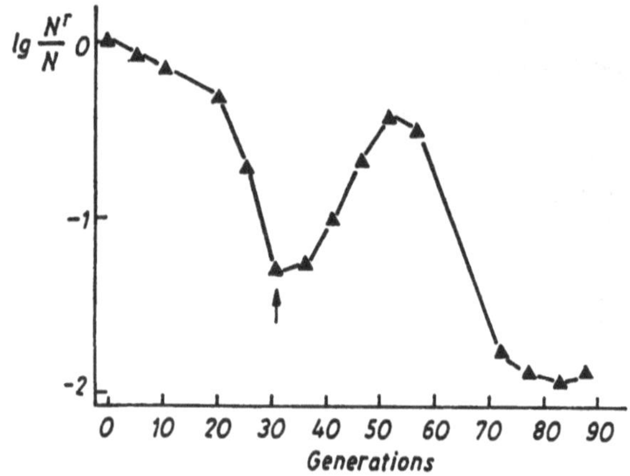

Fig. 5. The same as in Fig. 3. The chemostat started with glucose limitation has been shifted to ammonium chloride limitation after 30 generations, indicated by the arrow. Dilution rate $D = 0.1\ h^{-1}$ during the whole time.

Conclusions and Discussion

1. During continuous cultivation of S. hygroscopicus in a chemostat, two classes of cultivation conditions can be choosen resulting either in a segregation of the original phenotype into a phenotype ($ant^- amy^-$) not able to produce the antibiotic and aerial mycelium or in a genetically homogeneous population.
2. Most of the $ant^- amy^-$ phenotyps are absolutely stable and show no reversion to the original phenotype indicating that these $ant^- amy^-$ clones lost a genetic determinant eventually a plasmid like structure. The $ant^- amy^-$ phenotype must be another genotype.
3. Continuous cultivation of E. coli GY 2354 (pBR 325) results in the segregation of plasmid-free cells, when the culture parameters are comparable to those leading to $ant^- amy^-$ genotyps of S. hygroscopicus.
4. A shift of the limiting substrate from glucose to ammonium chloride results in a transient increase of plasmid-containing cells indicating that the segregation kinetics reflects the disadvantage of plasmid-containing cells during steady state conditions and to a disadvantage of plasmidfree cells during unlimited growth phase due to the nutrition shift.
5. The comparison of the results obtained with S. hygroscopicus and E. coli GY 2354 (pBR 325) indicates that an extrachromosomal genetic determinant may be involved in the control of antibiotic and aerial mycelium formation and that this genetic determinant is lost during continuous cultivation under a distinct set of culture parameters.
6. Both the genetic and the metabolic ways respectively for improvement of industrial microorganisms must be completed by a so called population genetic way in order to get a genetically homogeneous population needed for large scale manipulations, and because it could be demonstrated that their is an interaction between cultivation condition and genetic composition of the population.

References

[1] ADAMS, M. H.: Bacteriophages. Interscience, New York 1959

[2] BARTLETT, M. C., and P. GERHARDT: Continuous antibiotic fermentation. Design of a 20 litre, single-stage pilot plant and trials with two contrasting processes. J. Biochem. Microbiol. Technol. Eng. **1** (1959), 359–377

[3] FEDORENKO, V. A., and V. N. DANILENKO: Instability of natural multiple drug resistance in *Actinomycetes*. Antibiotiki **25** (1980), 170–178

[4] FREEMAN, R. F., and D. A. HOPWOOD: Unstable naturally occuring resistance to antibiotics in *Streptomycetes*. J. Gen. Microbiol. **106** (1978), 377–381

[5] GODWIN, D., and J. H. SLATER: The influence of the growth environment on the stability of a drug resistance plasmid in *E. coli K12*. J. Gen. Microbiol. **111** (1979), 201–210

[6] GRÄFE, U., M. ROTH, A. CHRISTNER and E. J. BORMANN: Biochemical characteristics of non-streptomycin-producing mutants of *Streptomyces griseus*. I. Role of NAD(P)-glycohydrolase in cell differentiation. Z. allg. Mikrobiol. **21** (1981), in press.

[7] HOPWOOD, D. A.: Extrachromosomally determined antibiotic production. Ann. Rev. Microbiol. **32** (1978), 373–392

[8] KÄHLER, R., and D. NOACK: Action of acridine orange and ethidium bromide on growth and antibiotic activity of *Streptomyces hygroscopicus JA 6599*. Z. allg. Mikrobiol. **14** (1974), 529–533

[9] KLINGMÜLLER, W.: Genetic engineering for practical application. Naturwiss. **66** (1979), 182–189

[10] KNÖLL, H., G. BRADLER und W. FORBERG: Turimycin – ein Antibiotikum der Makrolid-Gruppe: Gewinnung, Eigenschaften und Anwendungsgebiete. In: Abhandl. d. AdW der DDR, Abteilung Mathematik, Naturwiss. Technik, Akademie-Verlag, Berlin 1978, Nr. N1, 179–182

[11] MELLING, J., D. C. ELLWOOD and A. ROBINSON: Survival of R factor carrying *E. coli* in mixed cultures in the chemostat. FEMS Microbiology Letters **2** (1974), 87–89

[12] MIYOSHI, T., M. ISEKI, T. KONOMI and H. IMANKA: Biosynthesis of Bicyclomycin, appearance of aerial mycelia negative strains. J. Antibiotics **33** (1980), 480–487

[13] PERLMAN, D., R. B. GREENFIELD and E. O'BRIEN: Degeneration of a *Streptomyces griseus* mutant on repeated transfer. Appl. Microbiol. **2** (1954), 199–202

[14] REUSSER, F., H. J. KOEPSELL and G. M. SAVAGE: Degeneration of *Streptomyces niveus* with repeated transfer. Appl. Microbiol. **9** (1961), 342–345

[15] SALA, F., and D. W. S. WESTLAKE: Strain degeneration during continuous culture of chloramphenicol-producing *Streptomyces venezuelae*. Can. J. Microbiol. **12** (1966), 817–829

[16] SIKYTA, B., J. SLEZAK and M. HEROLD: Growth of *Streptomyces aureofaciens* in continuous culture. Appl. Microbiol. **9** (1961), 233–238

[17] WILLIAMS, A. M., and E. McCOY: Degeneration and regeneration of *Streptomyces griseus*. Appl. Microbiol. **1** (1953), 307–313

[18] WOUTERS, J. T. M., and J. G. VAN ANDEL: R-Plasmidpersistance in *E. coli* grown in chemostat culture. Antonie van Leeuwenhoek **45** (1979), 317–318

Zentralinstitut für Molekularbiologie der AdW der DDR,
Bereich Angewandte Enzymologie und Abteilung Hämkatalyse

Affinity chromatography

P. Mohr and K. Pommerening

1. General aspects of affinity chromatography

Nowadays chromatographic methods are of importance to analyze, separate and purify chemical compounds in the laboratory as well as in the industrial scale. Among these procedures the *affinity chromatography* is becoming an increasing significance in the last years especially for the preparation of biological active compounds, biomacromolecules, pharmacological receptors, cell fragments and cell organells as well as intact cells. This method is based on well-known selective interactions between biomacromolecules like antigens with antibodies, nucleic acids with proteins etc. or biomacromolecules with effectors like enzymes with their substrates. This ability is attributed to specific regions of these biomacromolecules i.e. active centres of enzymes which are characterized by the chemical structure and the steric arrangement of related groups forming these regions. For a given specific region, therefore, only selected molecules with a suitable structure are able to interact completely as it is demonstrated schematically in Fig. I by the

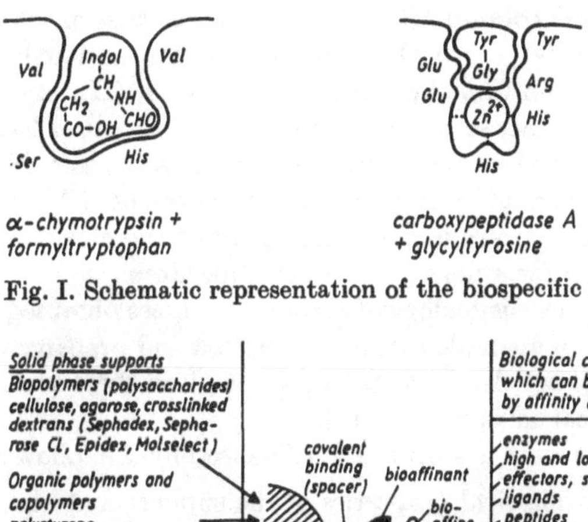

Fig. I. Schematic representation of the biospecific complex formation

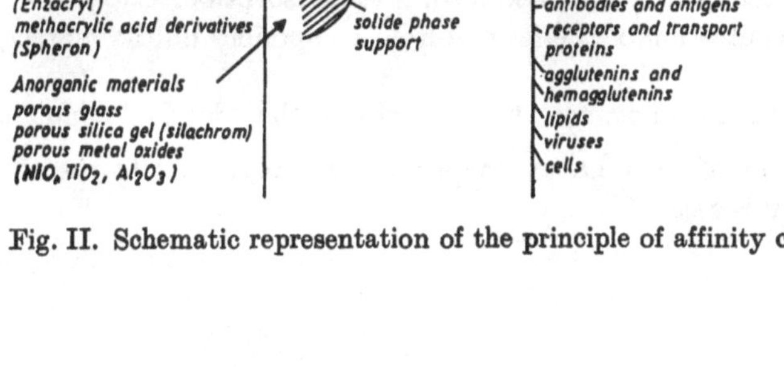

Fig. II. Schematic representation of the principle of affinity chromatography

example of two different enzyme-ligand complexes. This is the fundamental basis of affinity chromatography (AC). One component (the bioaffinant) is bound covalently to a solid phase support being insoluble in water (Fig. II), whereas the other component (the bioaffine component) can be separated from contaminations by adsorption to this matrix and then isolated by desorption in a purified form. As solid phase support biopolymers, organic polymers and anorganic materials can be used.

The AC procedure is carried out in an analogeous manner as other chromatographic procedures by using columns filled with the bioaffine support. This general practice is demonstrated in Fig. III by the example of haptoglobin isolation by immobilized ferri-

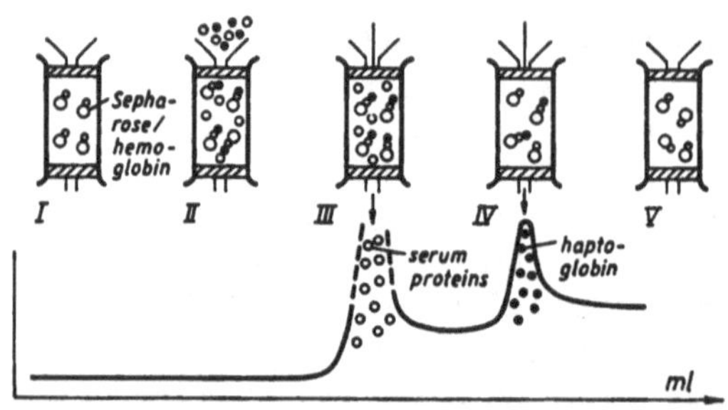

Fig. III. Isolation of haptoglobin by immobilized ferrihemoglobin

hemoglobin [8, 10]. For this end ferrihemoglobin is bound to CNBr-activated Sepharose and filled in a chromatographic column (I). In the first step (adsorption step) human serum containing haptoglobin is passed through this column and only haptoglobin forms a stable complex with the immobilized ferrihemoglobin (II). By the following addition of 0.9 M NaCl solution all serum proteins with exception of haptoglobin are removed (III) and can be proved in the elution diagram as a peak. Now the ferrihemoglobin/haptoglobin complex is splitted off by addition of 3 M guanidine HCl solution (IV) and haptoglobin appears in a secound peak of the elution diagram. The column (V) now can be utilized for a next purification procedure.

In an analogous manner numerous biological active substances obtained in a difficult way to date could be isolated in a simple manner or proved and prepared, resp. for the first time. Numerous synoptic articles have been published on these problems dealing with methodical and theoretical aspects [1, 3, 11].

The efficiency of an AC procedure is essentially influenced by the following factors:

- the chemical structure and physical properties of the support material,
- the immobilization procedure,
- the stability of the complex formed during the adsorption,
- the surface concentration of the immobilized component on the matrix,
- steric factors,
- nonspecific interactions between the support and the adsorbed component etc.

In the following some of these general aspects being important to the effectiveness of AC procedures are discussed.

2. The conformational state of immobilized biomacromolecules

One of the most important preconditions to develop the AC to a generally applicable method is the fact, that many biomacromolecules (proteins, nucleic acids) and other biological active substances (receptors, membranes, cells) can be immobilized on many supports without an essential change or destruction of the region being effective in the AC procedure. This can be demonstrated as follows: In the case of proteins (enzymes, transport proteins etc.) the kinetic parameters and stability constants are very sensitive indicators proving the native state of these biomacromolecules. Table I [4] shows the

Table I

Functional properties of some proteins in soluble and immobilized form

Protein	Constant	Soluble	Immobilized	Matrix	pH
Invertase	K_m[1])	0.06	0.05	Spheron P 40[4])	5.0
Peroxidase	K_m[2])	$(4.5 \pm 1.6) \times 10^{-6}$	$(5.5 \pm 2.1) \times 10^{-6}$	Sepharose[4])	4.1
Glucose oxidase	K_m (O_2) K_m (glucose)	5.0×10^{-4} 0.029	5.4×10^{-4} 0.014	Spheron 1000[4])	5.6
Glucose dehydrogenase	K_M (glucose) K_M (NAD^+)	47.5 4.5	37.6 0.63	Spheron 1000[5])	9[6]) 7.6[7])
Hemoglobin	pO_2[3])	18.2 mm Hg	14.1 mm Hg 3.2 mm Hg	Sepharose Sephadex[5])	6.0 6.0

[1]) K_m = Michaelis-Menten constant; [2]) with regard to leukomalachite green, 25 µmol H_2O_2; [3]) oxygen half saturation pressure; [4]) activated by CNBr; [5]) chinon activated aminohexyl Spheron 1000; [6]) for the soluble; [7]) for the immobilized enzyme

Michaelis-Menten constants K_m of some selected free and immobilized enzymes (invertase, peroxidase, glucose oxidase, glucose dehydrogenase) as well as the oxygen half saturation pressure pO_2^{50} of hemoglobin. In all cases these constants are in the same order of magnitude. This demonstrates that the functional region of these proteins and consequently the conformation is not modified drastically after their chemical binding to a solid phase support. The great number of well established AC methods based on biomacromolecules as bioaffinants shows that this statement is of general validity.

3. Non-specific interactions between the matrix and the bioaffine component

The matrix should be chemically constructed in such a manner that the biospecific adsorption is not disturbed (a) by chemical side reactions of matrix bound groups (e.g. epoxy, cyanate or aldehyde groups) with the bioaffine component or (b) by other chromatographic effects (e.g. ionic, exchange properties of the material, apolar groups and gel filtration effects) (Tab. II [4]). Hydrophobic materials (e.g. polystyrene) as well as charged polymers are often not suitable for the AC because many biomacromolecules can be adsorbed nonspecifically.

Table II
Influence of matrix bound groups on the affinity chromatography

Matrix	Group	Mode of matrix/ bioaffine component interaction	Property
Sephadex	CHO NCO $\underset{\diagdown O \diagup}{CH-CH_2}$	Chemical reaction	Not applicable to the AC
Cellulose	$CH_2-COO^{(-)}$ $CH_2CH_2-\overset{(+)}{\underset{H}{N}}(CH_2CH_3)_2$	Unspecific ionic interactions	Not generally applicable to the AC
Polystyrene Spheron-sulphoester	C_6H_5 $\overset{O}{\overset{\Vert}{C}}-O-CH_2-CH_2-O-\underset{H_5C_6}{\underset{\vert}{SO_2}}$	Unspecific hydrophobic interactions	
Polysaccharides Spherons Glass	OH	Very low unspecific interactions	Generally applicable to the AC

4. Steric factors influencing the biospecific adsorption

The effectivity of an AC procedure can be restricted considerably when the accessibility of the matrix bound bioaffinant for the bioaffine component is distrurbed by steric reasons. In this case it can be useful to bind the bioaffinant to the matrix via a chain rendering its free mobility. Moreover, it is often favourable to adapt the structure and the length of such a chain being designated as spacer (cf. Fig. II) also to the specific binding properties of the bioaffine component. This can be demonstrated experimentally by the model system:

polymethacrylate — spacer — affinant/ferrihemoglobin

The chains $-(CH_2CH_2)_n-$ ($n = 1.2.3$) were introduced as spacers in the polymer and the affinant was an imidazole group. The influence of the spacer length on the efficiency of the AC of ferrihemoglobin as model substance is demonstrated in Fig. IV [7].

(a) Poly-N-vinyl-imidazole (Fig. IVa) is unable to form a complex with ferrihemoglobin, since the distance matrix-imidazole (0.07 nm) is essentially shorter than the distance iron — protein surface (0.45 nm).

(b) The imidazole containing support with the short spacer arm (Fig. IVb; $n = 1$; spacer length 0.48 nm) can interact with the iron of the ferrihemoglobin molecule. Against

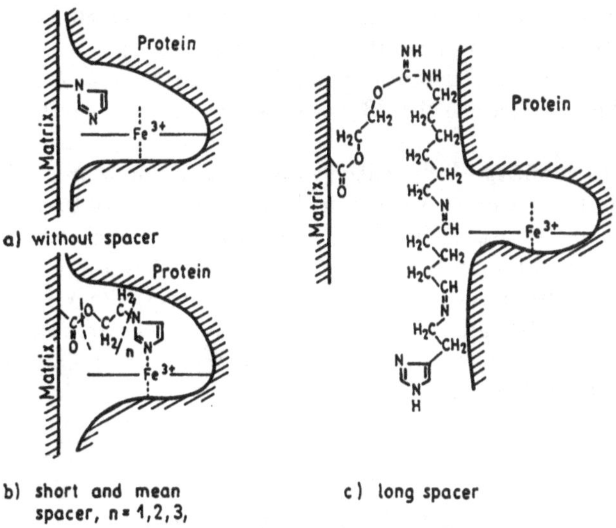

Fig. IV. Interaction between ferrihemoglobin and imidazole containing matrices [7]: (a) without spacer; (b) with spacer (n = 1.2.3); (c) with long spacer

Table III

Affinity chromatography of hemoproteins

Proteins	Matrix (n)[a])	pH	Isolated protein
MetHb/MetMb	2	8	MetMb
MetHb/catalase	1	9	Catalase
MetHb/cytochrome c	1	9	Cytochrome c
Cytochrome P-450/Cytochrome P-420	1 2 3	7.3	Cytochrome P-450
MetHb/serum	1 2	7.3	Serum

[a]) Polymethacrylate: side chain = $-CO-(OCH_2CH_2)_n-N$ (imidazole ring) (n = 1.2.3)
Abbreviations: MetHb = ferrihemoglobin; MetMb = ferrimyoglobin

it the support containing an OH-group instead of the imidazole is unable to adsorb ferrihemoglobin demonstrating that an iron imidazole interaction participates in the complex formation. This could be proved by the EPR [9] and the optical spectra. Therefore, these polymers are suitable for separating and purifying various hemoproteins like hemoglobin, myoglobin, catalase, cytochrome c and cytochrome P-450 (Tab. III; cf. [5]).

5. Interactions of the spacer and the bioaffine component

The stability of the ferrihemoglobin-imidazole complex is relatively low (pK = 2.23 at pH = 7.2 [6]). In contrast the complex between ferrihemoglobin and the polymer shown in Fig. IV is so stable that the desorption of the hemoprotein is only possible under denaturating conditions. It has to be assumed, therefore, that this complex is stabilized additionally by various "nonspecific" interactions between both partners.

With increasing length of the spacer arm the significance of these "non-specific" interactions can increase too. The matrix shown in Fig. IVc, therefore, is also able to adsorb ferrihemoglobin when the imidazole group is exchanged by an OH-group. In this case only hydrophobic interactions should contribute to the complex formation considerably.

An increasing hydrophobicity of the matrix also takes an important influence on the chromatographic behaviour. Curves a and b in Fig. V demonstrate that the amount of adsorbed ferrihemoglobin depends clearly on the content of mmol imidazole groups/g polymer whereas the adsorption of human serum albumin is low and independent of it. The hydrophobicity of the matrix and its ability to adsorb albumin increases very strongly, however, if the OH-groups being present beside the imidazole groups are partly esterified by aryl sulphonic acid (curve d). The more hydrophobic polymers are inadequate to separate ferrihemoglobin and albumin.

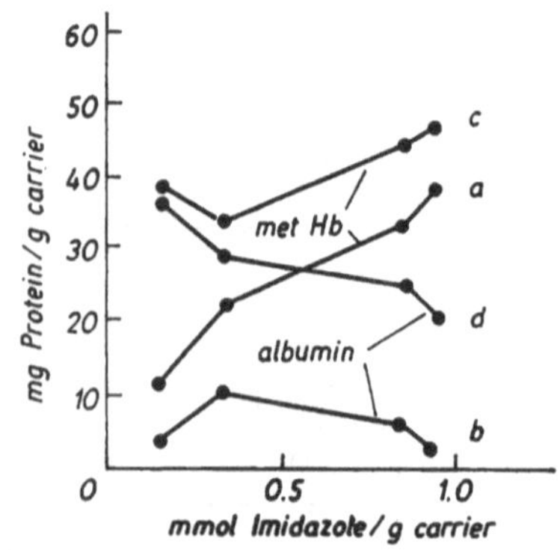

Fig. V. Adsorption of ferrihemoglobin and human serum albumin to hydrophilic and more hydrophobic polymethacrylate derivatives [4]. Substituents: (a) and (b) imidazole and OH-groups; (c) and (d) imidazole and aryl-sulfoester groups

The results obtained up to now demonstrate that the efficiency of an AC procedure can be considerably influenced by (a) steric factors, (b) the length and (c) the chemical structure of the spacer arm as well as (d) the hydrophobicity of the complete solid phase support. For a given bioactive substance which is to separate or to purify the solid phase support always has to be adapted under consideration of these factors.

Until now AC methods are utilized essentially in a laboratory scale. However, it is to take into account for the next period with an increasing application of selected methods also in a pilot and industrial scale [11].

References

[1] CUATRECASAS, P., and C. B. ANFINSEN: Affinity Chromatography. In: Methods in Enzymology, Vol. 22, p. 345 (W. B. Jakoby, Eds.) Academic Press, New York and London, 1971

[2] ERSSON, B.: Large Scale Preparation of a Lectin from Sunn Hempf Seeds (*Crotalaria juncea*). Biotechnol. Bioengng. 22, 79–88 (1980)

[3] LOWE, C. R., and P. D. G. DEAN: Affinity Chromatography. John Willey, & Sons, London, New York, Sydney, Toronto, 1974, 1st edition

[4] MOHR, P., K. POMMERENING and M. KÜHN: Molecular Aspects of Affinity Chromatography. J. Polymer Sci., Polym. Symp. 68 (1980) 109–119

[5] MOHR, P., K. POMMERENING, M. KÜHN, J. STAMBERG and M. BENES: Synthesis of Imidazole Containing Matrices (Polyhydroxymethacrylates, Polysaccharides) and its Application. In: Affinity Chromatography (O. HOFFMANN-OSTENHOF, M. BREITENBACH, F. KOLLER, D. KRAFT, O. SCHEINER, Eds.), Pergamon Press New York, p. 129–132

[6] MOHR, P., H. REIN, W. PFEIL, O. RISTAU, K. MÜLLER and W. SCHELER: Untersuchungen zur Natur der Ligand-Rezeptor-Beziehungen in Methämoglobin-Komplexen mit Imidazolen, 1.2.4-Triazol und Pyridinen. Acta biol. med. germ. 28, 221–235 (1972)

[7] POMMERENING, K., M. KÜHN, W. JUNG, K. BUTTGEREIT, P. MOHR, J. STAMBERG and M. BENES: Affinity Chromatography of hemoproteins: I. Synthesis of various imidazole containing matrices and their interaction with haemoglobin. Int. J. Biol. Macromolecules 1, 79–88 (1979)

[8] POMMERENING, K., P. MOHR and H. ZORN: Haptoglobin preparation by affinity chromatography. In: "Chromatography of Synthetic and Biological Polymers", Vol. 2 (R. EPTON, Ed.), Ellis Horwood Ltd. Publisher, Chichester, 1978, p. 293–297, 1st edition

[9] POMMERENING, K., O. RISTAU, M. KÜHN, P. MOHR, J. ŠTAMBERG and M. BENEŠ: Investigation of interaction between methemoglobin and polymethacrylates containing imidazole or hydrophobic side chains by means of EPR spectroscopy. J. Polymer Sci., in press

[10] POMMERENING, K., H. ZORN, K. BUTTGEREIT and W. JUNG: Verfahren zur Gewinnung von Haptoglobin. WP-DDR 118886

[11] TURKOVA, J.: Affinity Chromatography. Elsevier Scientific Publishing Company, Amsterdam and New York, 1978; 1st edition

Ingenieurhochschule Köthen, DDR

Modellierung der Stoffumwandlung mit trägerfixierten Enzymen aus technischer Sicht

U. Setzermann

Mit der Möglichkeit, in zunehmendem Maße Mikroorganismen als Enzymquelle zu nutzen, wurde die Basis für die Enzymgewinnung in größerem Umfang und damit für die industrielle Anwendung von Enzymen geschaffen. Vorzugsweise erfolgt der Einsatz der Enzyme in der Lebensmittelindustrie (Bäckerei, Molkerei, Fleischkombinate), der Getränkeindustrie (Brauerei, Weinkelterei), der Waschmittelindustrie, der Papierindustrie u. a. Dabei werden gegenwärtig größtenteils lösliche Enzyme angewendet, die neben den bekannten Vorteilen den Nachteil besitzen, nach einem einmaligen Produktionszyklus verlorenzugehen. Ein weiterer wesentlicher Aspekt bei der Anwendung von Enzymen ist die Berücksichtigung der natürlichen Empfindlichkeit des Enzymeiweißes gegenüber Temperatureinflüssen, pH-Schwankungen, Lösungsmitteln und Salzkonzentrationen.

Die Erweiterung der Enzymanwendung erforderte eine Stabilisierung der Proteinresistenz gegenüber diesen Faktoren. Eine grundsätzliche Möglichkeit dafür stellt die Immobilisierung von Enzymen an Trägern dar.

In den vergangenen 10—15 Jahren sind die Methoden für die Immobilisierung so weit entwickelt worden, daß auch im technischen Maßstab entsprechende Anlagen realisiert wurden. Die damit gegebene Möglichkeit des langzeitigen Enzymeinsatzes und der kontinuierlichen Betriebsweise ist eine Voraussetzung für eine ökonomische Enzymanwendung.

In der Literatur wird in den letzten Jahren verstärkt über die Anwendung trägerfixierter Enzyme zur Durchführung von Stoffumwandlungsprozessen berichtet [1—4, 6—30]. Auf Grund der Ähnlichkeit des kinetischen Ablaufes einer biochemischen Stoffumwandlung mittels trägerfixierter Enzyme mit der heterogenen Katalyse bei der chemischen Stoffumwandlung besteht auch die Möglichkeit der Anwendung ähnlich gestalteter Enzymreaktoren. Dabei gelten für die Auslegung entsprechender Verfahren und Ausrüstungen Forderungen wie

— vorzugsweise kontinuierliche Betriebsweise bei hohen Produktionsmengen
— unkomplizierte Maßstabsübertragung
— umweltfreundliche Technologien.

Für die Auslegung von biochemischen Reaktoren müssen die durch die trägerfixierten Enzyme gegebenen Einflußfaktoren, wie

— chemische und physikalische Eigenschaften,
— biochemische Eigenschaften und kinetisches Verhalten sowie
— Stabilität

berücksichtigt werden. Dabei ist die Stabilität für die Betriebsdauer des Reaktionssystems von entscheidender Bedeutung. Folgende Gründe sind für den Produktivitätsverlust von Reaktoren mit trägerfixierten Enzymen maßgebend:

— Verlust an Enzymaktivität; durch
  • Vergiftung
  • Hitzedenaturierung
  • mikrobiellen Befall
— unzureichender Kontakt zwischen Enzym und Substrat; durch
  • ungünstige Strömungsverhältnisse im Reaktor
  • Ablagerungen auf dem trägerfixierten Enzym
— Enzymverluste; durch
  • Zerfall des Trägers
  • in Lösung gehen des Trägers
  • Freisetzen des Enzyms vom Träger.

Zur Stoffumwandlung mit trägerfixierten Enzymen werden folgende Reaktorsysteme benutzt:

— Festbettreaktor (Rohrreaktor) (Abb. 1)
— Rührkesselreaktor (Abb. 2)
  • kontinuierlich
  • diskontinuierlich
— Wirbelschichtreaktor (Abb. 3)
— Membranreaktor (Abb. 4)
— Ultrafiltrationsreaktor (Abb. 5)
— Wandreaktor (Abb. 6)

Der *Festbettreaktor* besitzt eine festgepackte Schicht von immobilisierten Enzymen. Während des kontinuierlichen Durchflusses wird das Substrat in das Produkt umgewandelt. Der Festbettreaktor wird bei Reaktionssystemen mit trägerfixierten Enzymen am häufigsten angewendet, da das Zurückhalten der trägerfixierten Enzyme, die Fixierung und Regenerierung relativ einfach ist.

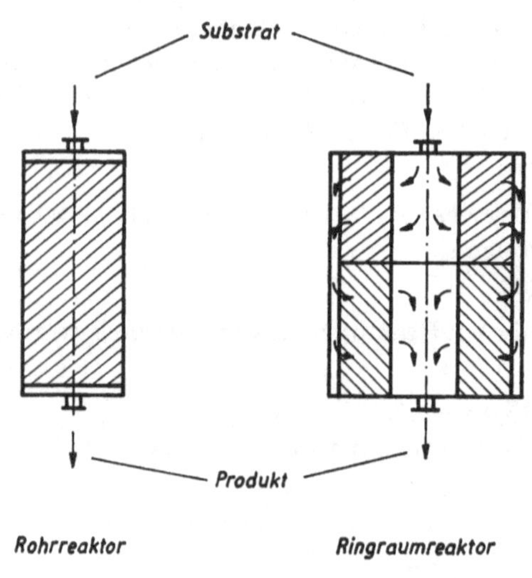

Abb. 1. Festbettreaktoren

Beim *Rührkesselreaktor*, der kontinuierlich oder diskontinuierlich betrieben werden kann, wird angestrebt, daß durch eine intensive Rührung das fixierte Enzym möglichst homogen im gesamten Volumen verteilt wird. Bei kontinuierlichem Betrieb muß das fixierte Enzym durch eine mechanische Sperre, z. B. durch ein Filter oder eine Membran, am Verlassen des Reaktors gehindert werden.

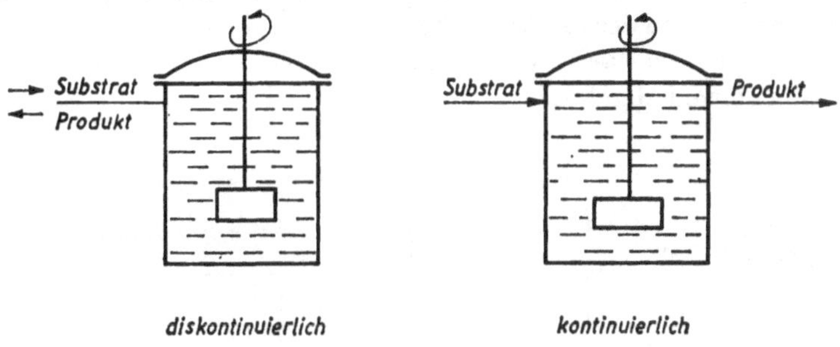

Abb. 2. Rührkesselreaktoren

In *Wirbelschichtreaktoren* strömt das Substrat von unten nach oben durch ein Bett mit trägerfixierten Enzymen, wobei die Strömungsgeschwindigkeit so groß gehalten wird, daß die Teilchen aufgewirbelt werden. Wirbelschichtreaktoren besitzen gegenüber Festbettreaktoren die Vorteile

- eines intensiven Stoff- und Wärmeaustausches zwischen den fixierten Enzymen und dem Substrat,
- eines konstanten Strömungswiderstandes und
- der Möglichkeit des Einsatzes von sehr kleinen Teilchen.

Das bedeutet, daß in der Praxis kleine Teilchen als Enzymträger verwendet werden können, wodurch die Bindung einer größeren Enzymmenge und die Verminderung der

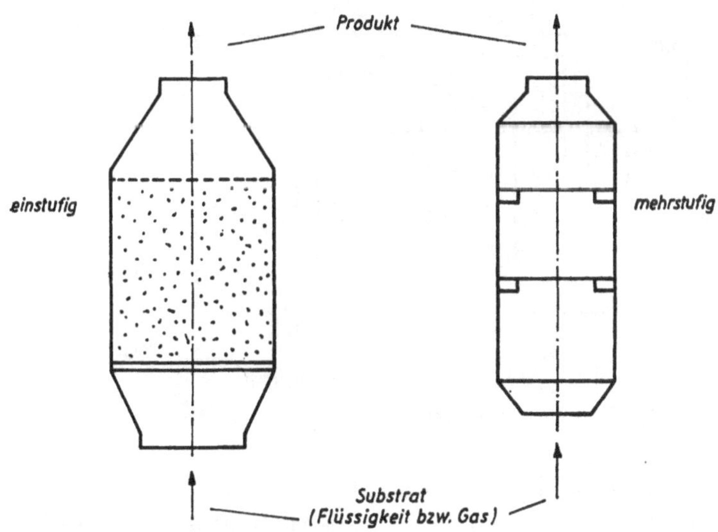

Abb. 3. Wirbelschichtreaktor

inneren und äußeren Diffusion möglich ist, ohne daß ein übermäßiges Ansteigen des Druckverlustes auftritt. Wirbelschichtreaktoren neigen nicht zu Verstopfungen und sind deshalb auch bei Substraten mit kolloidalen Bestandteilen anwendbar. Untersuchungen haben gezeigt, daß bei gleicher Verweilzeit und Bettausdehnung der Umsatz mindestens ebenso groß ist wie im Festbettreaktor [9].

Im *Membranreaktor* bildet die Membran den Träger für die Enzyme. Ein Vorteil des Membranreaktors ist, daß das gebildete Produkt sofort von den Enzymen getrennt wird. Bei der Hydrolyse von Stärke zu Glucose durch fixierte Glucoamylase zeigte es sich, daß diese Reaktion in einem Membranreaktor besser abläuft als in einem Reaktor mit fester Wand.

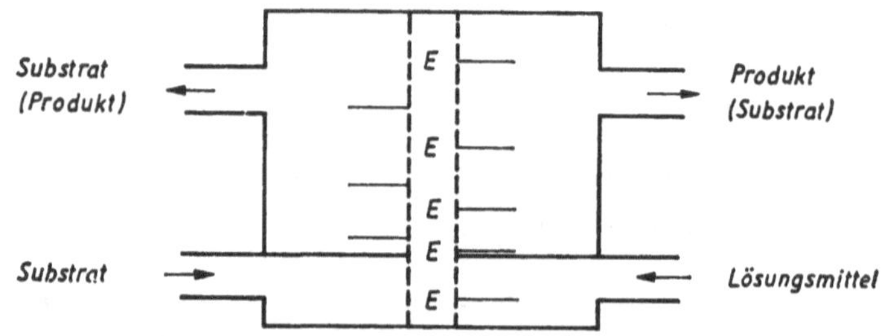

Abb. 4. Membranreaktor

Die Notwendigkeit der Trennung der entstehenden Produkte von trägerfixierten Enzymen führte neben dem Membranreaktor noch zum *Ultrafiltrationsreaktor*, in dem die gebundenen Enzyme durch eine chemisch inerte Membran am Verlassen des Reaktors gehindert werden, sowie zum *Wandreaktor*, bei dem die Reaktionsfläche durch eine röhrenartige Anordnung, ähnlich wie beim Rohrbündelwärmeübertrager, maximal vergrößert wird.

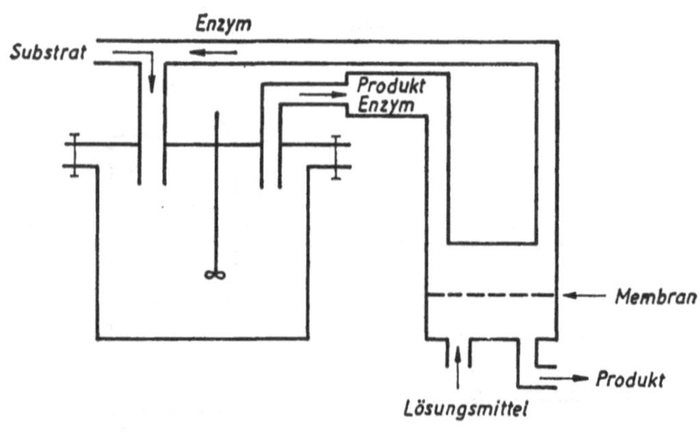

Abb. 5. Ultrafiltrationsreaktor

Alle aufgeführten Reaktoren ordnen sich bei kontinuierlicher Betriebsweise bezüglich des Strömungsverhaltens innerhalb der beiden Extreme, dem vollständig durchmischten kontinuierlichen Rührkesselreaktor (z. B. Wirbelschichtreaktor) und dem

Rohrreaktor mit idealer Pfropfenströmung (Festbettreaktor), ein. Die Auswahl eines biochemischen Reaktors hängt von verschiedenen Faktoren ab [14]:

- Kosten und Einsatzmöglichkeiten des Reaktors
- Betriebsanforderungen
- Enzymeinsatz und -regenerierung
- Reaktionskinetik.

Dabei ist eine Optimierung bei der Reaktorberechnung in zwei Richtungen möglich:

- die Bestimmung des kleinsten Volumens des Bioreaktors bei gefordertem Produktionsvolumen
- die Bestimmung der optimalen Produktendkonzentration bei vorgegebenen konstanten Werten der Substrateingangskonzentration s_0 und der Verweilzeit.

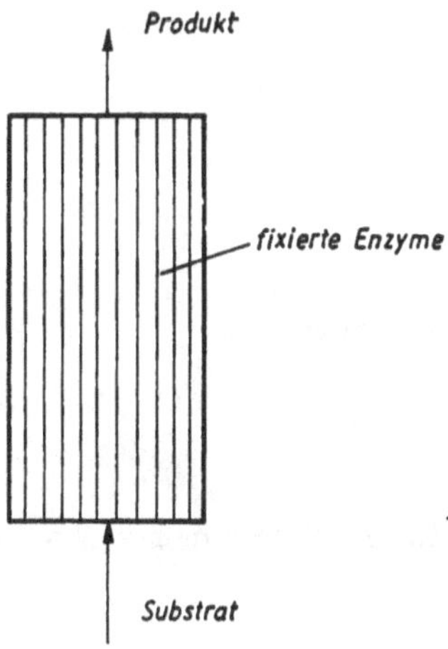

Abb. 6. Wandreaktor (Hohlfaserreaktor)

Unter der Voraussetzung, daß die ersten drei der obengenannten Faktoren spezifische Kenntnisse des Prozesses sowie seiner betrieblichen Realisierung erfordern und daß für die Reaktionskinetik die Michaelis-Menten-Gleichung als Grundlage angewendet werden kann, ist es möglich, allgemeine Grundsätze der Auswahl kontinuierlicher Bioreaktoren zu entwickeln. Ausgehend von der allgemeinen Transportbilanzgleichung

$$\frac{\partial \Gamma}{\partial t} = -\mathrm{div}\,(\vec{w} \cdot \Gamma) + \mathrm{div}\,(\delta \cdot \mathrm{grad}\,\Gamma) + G$$

ergeben sich unter der Voraussetzung

- idealer Strömungsbedingungen, d. h. Pfropfenströmung im Rohrreaktor und vollständige Vermischung im Rührreaktor
- isothermer Arbeitsweise
- stationärer Betriebsbedingungen
- konstanter Zulaufverhältnisse und
- konstantem pH-Wert

folgende Auslegungsgleichungen:

Kontinuierlicher Rührreaktor:

$$\tau_{\text{Rühr}} = \frac{V}{F} = \frac{s_1 - s_0}{r_s}$$

Rohrreaktor:

$$\tau_{\text{Rohr}} = \frac{V}{F} = \int_{s_0}^{s_1} \frac{\mathrm{d}s}{r_s}$$

Werden für die Berechnung die MICHAELIS-MENTEN-Gleichung

$$-r_s = k \cdot \frac{E}{V} \cdot \frac{s}{K_s + s},$$

die Geschwindigkeitsgleichung für die Substrathemmung

$$-r_s = k \cdot \frac{E}{F} \cdot \frac{s}{s + K_s + s^2/K_i}$$

oder die Geschwindigkeitsgleichung für die Produkthemmung

$$-r_s = k \cdot \frac{E}{V} \cdot \frac{s}{s + K_s + (K_s/K_i) \cdot p}$$

angewendet, ergeben sich folgende Gleichungen für die Enzymmenge E bezogen auf den Volumendurchsatz:

Rührreaktor

1. MICHAELIS-MENTEN-Kinetik

$$\frac{E}{F} = \frac{s_0}{k} \frac{(1 - U_s) + \frac{K_s}{s_0}}{(1 - U_s)} U_s = \frac{s_0}{k} \cdot N(U_s) \cdot U_s$$

2. Substrathemmung

$$\frac{E}{F} = \frac{s_0}{k} \cdot \frac{(1 - U_s) + \frac{K_s}{s_0} + \frac{s_0(1 - U_s)^2}{K_i}}{(1 - U_s)} \cdot U_s$$

3. Produkthemmung

$$\frac{E}{F} = \frac{s_0}{k} \cdot \frac{(1 - U_s) + \frac{K_s}{s_0} + \frac{K_s}{K_i} \cdot Y_s^P \cdot U_s}{(1 - U_s)} U_s = \frac{s_0}{k} \cdot N(U_s) \cdot U_s$$

Rohrreaktor

1. Michaelis-Menten-Kinetik

$$\frac{E}{F} = \int_{U_{s_0}}^{U_{s_1}} \frac{s_0}{k} \frac{(1 - U_s) + \frac{K_s}{s_0}}{(1 - U_s)} dU_s = \frac{s_0}{k} \int_{U_{s_0}}^{U_{s_1}} N(U_s)\, dU_s$$

2. Substrathemmung

$$\frac{E}{F} = \int_{U_{s_0}}^{U_{s_1}} \frac{s_0}{k} \frac{(1 - U_s) + \frac{K_s}{s_0} + \frac{s_0}{K_i}(1 - U_s)^2}{(1 - U_s)} dU_s = \frac{s_0}{k} \int_{U_{s_0}}^{U_{s_1}} N(U_s)\, dU_s$$

3. Produkthemmung

$$\frac{E}{F} = \frac{s_0}{k} \int_{U_{s_0}}^{U_{s_1}} \frac{(1 - U_s) + \frac{K_s}{s_0} + \frac{K_s}{K_i} Y_s{}^P U_s}{(1 - U_s)} dU_s = \frac{s_0}{k} \int_{U_{s_0}}^{U_{s_1}} N(U_s)\, dU_s$$

Die Abbildungen 7 bis 11 zeigen die graphische Darstellung des Wertes $N(U_s)$ in Abhängigkeit vom Umsatz U_s. Dabei wurden die Größenverhältnisse zwischen der Substrateingangskonzentration s_0 und den Gleichgewichtskonstanten K_s bzw. K_i als Parameter betrachtet. Die spezifische Enzymmenge E/F ergibt sich beim kontinuierlichen Rührreaktor aus dem Rechteck mit der Länge $(U_{s_1} - U_{s_0})$ und der Höhe $N(U_{s_1})$ und beim Rohrreaktor aus der Fläche unter der Kurve zwischen den Umsatzgrenzen.

Die Abb. 7 verdeutlicht, daß bei enzymkatalisierten Reaktionen ohne auftretende Hemmungseffekte ein Rohrreaktor am besten geeignet ist. Wenn die Substrateingangskonzentration $s_0 \gg K_s$ ist, kann bei Umsätzen bis zu 90···95% auch ein Rührreaktor eingesetzt werden.

Für substratinhibierte Enzymreaktionen beweisen die Abb. 8 und 9, daß die Anwendung eines Rührreaktors gegenüber einem Rohrreaktor günstiger ist. Das gilt im wesentlichen uneingeschränkt, wenn $s_0 \gg K_s$ und $s_0 \gg K_i$ ist (Abb. 9). Wird ein Umsatz über 90% gefordert, so ist eine Kombination von Rührreaktor und Rohrreaktor zu empfehlen, wenn die Substrateingangskonzentration s_0 annähernd so groß ist wie die Gleichgewichtskonstante K_s (Abb. 8).

Die Abb. 10 und 11 zeigen die Verhältnisse für produktgehemmte Enzymreaktionen. Hier gelten im wesentlichen die gleichen Feststellungen wie bei der ungehemmten Michaelis-Menten-Kinetik, d. h. prinzipiell ist die Anwendung eines Rohrreaktors günstiger. Wenn die Inhibierungskonstante K_i größer oder annähernd gleich der Michaelis-Menten-Konstante ist, kann bei Substratumsätzen bis zu 90···95% auch ein Rührreaktor verwendet werden. Das gilt besonders bei $s_0 \gg K_s$.

Die in diesem Falle angewendete quasi-homogene Modellierung eines Reaktionssystems, d. h. die Vernachlässigung der Wechselwirkung zwischen den einzelnen Phasen im Reaktor und ihres Einflusses auf den Prozeßablauf, bringt Erfolge, wenn die Stoff-

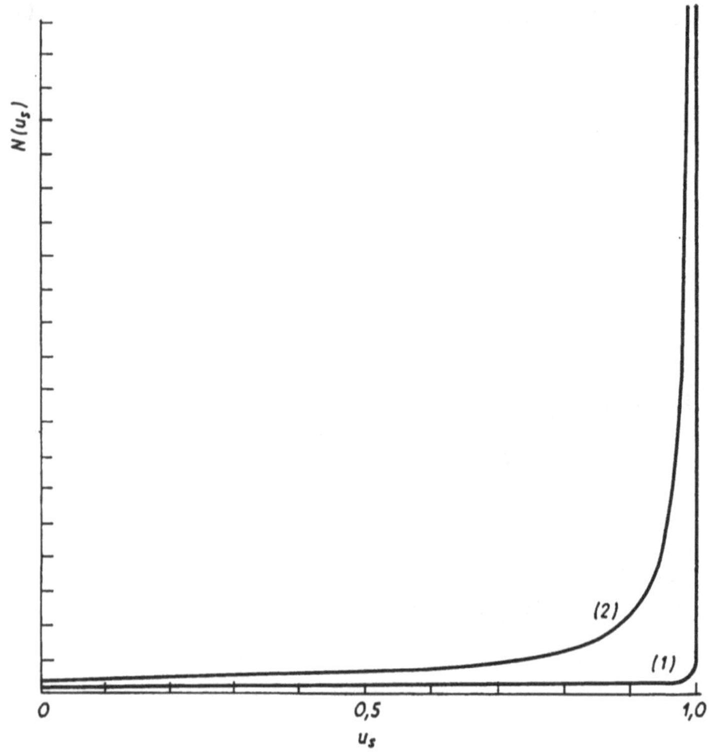

Abb. 7. $N(U_s)$ in Abhängigkeit von U_s (MICHAELIS-MENTEN-Kinetik) $K_s/s_0 = 0{,}01$ (1) und 1,0 (2)

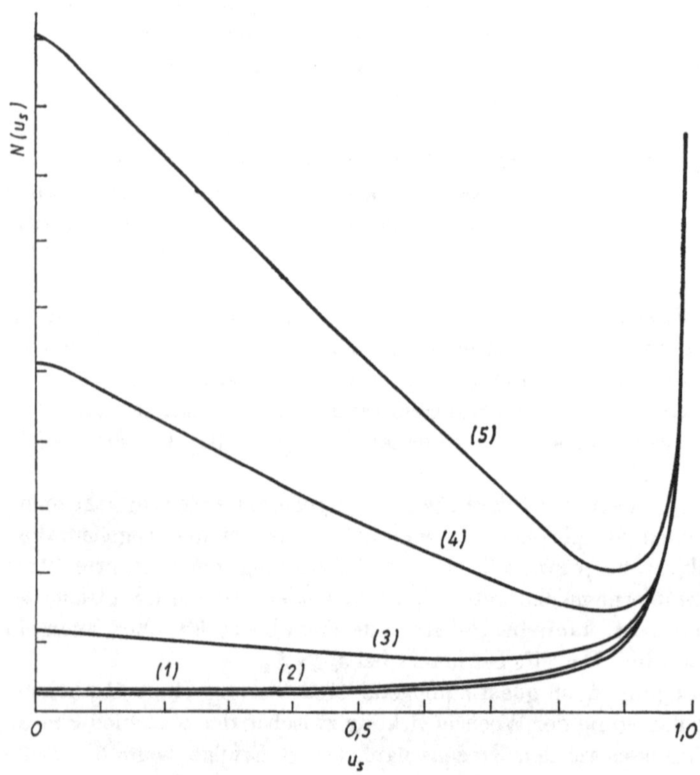

Abb. 8. $N(U_s)$ in Abhängigkeit von U_s bei substratinhibiertem Reaktionsablauf für $K_s/s_0 = 1{,}0$ und $s_0/K_i = 0{,}01$; 1,0 (2); 10 (3); 50 (4); 100 (5)

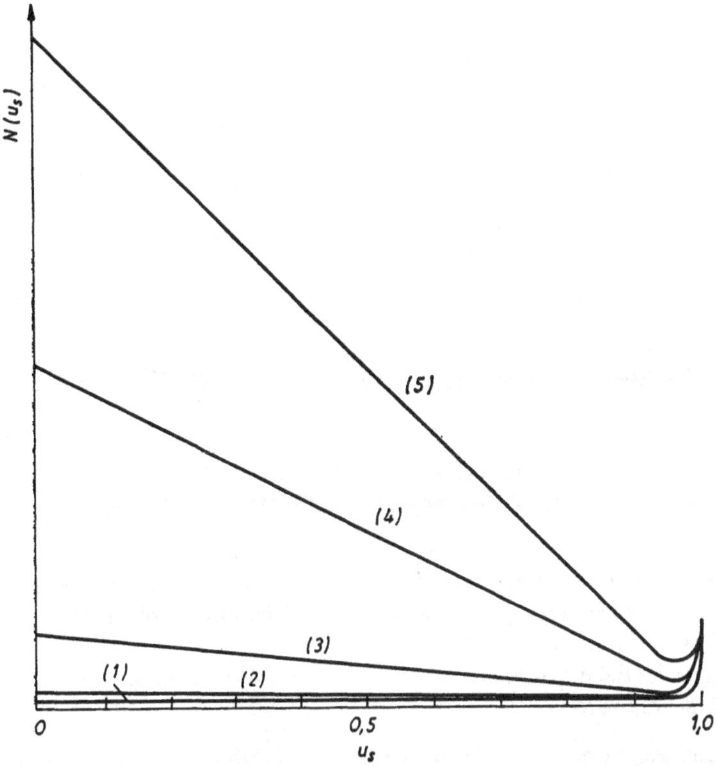

Abb. 9. $N(U_s)$ in Abhängigkeit von U_s bei substratinhibiertem Reaktionsablauf für $K_s/s_0 = 0{,}01$ und K_s/K_i wie Abb. 8 (Maßstab wie Abb. 8)

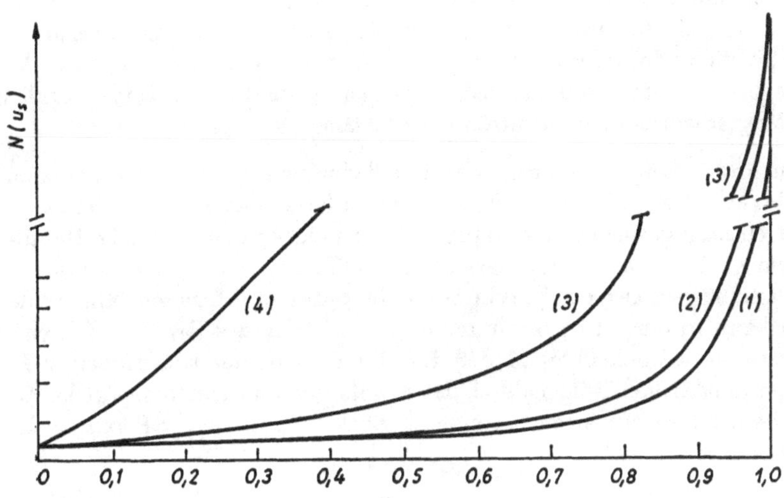

Abb. 10. $N(U_s)$ in Abhängigkeit von U_s bei produktinhibiertem Reaktionsablauf für $K_s/s_0 = 1{,}0$ und $K_s/K_i = 0{,}01$ (1); 1,0 (2); 10 (3); 100 (4)

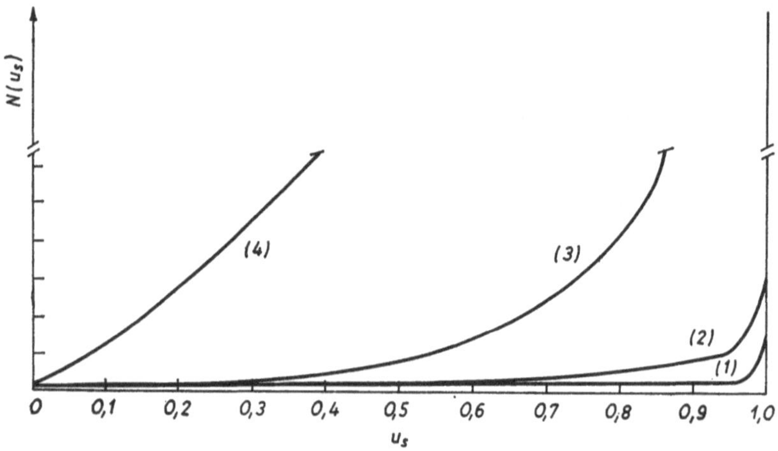

Abb. 11. $N(U_s)$ in Abhängigkeit von U_s bei produktinhibiertem Reaktionsablauf für $K_s/s_0 = 0{,}01$ und K_s/K_i wie Abb. 10 (Maßstab wie Abb. 10)

und Wärmeübergangsprozesse zwischen den verschiedenen Phasen den Reaktionsverlauf nicht merklich behindern. Das trifft vorwiegend bei langsam ablaufenden Reaktionen mit geringer Wärmetönung zu.

Quasihomogene Modelle können erfolgreich angewendet werden, wenn folgende Bedingungen erfüllt sind [5]:

- der geschwindigkeitsbestimmende Schritt ist die Reaktion an der Katalysatoroberfläche, d. h. Stoff- und Wärmetransport zwischen Substrat und trägerfixiertem Enzym und im Inneren der Teilchen verlaufen ohne Hemmung;
- die Verhältnisse Rohrdurchmesser zu Korndurchmesser bzw. Schüttungshöhe zu Korndurchmesser im Festbettreaktor sind groß genug, um die Randgängigkeit der Strömung klein zu halten und ungleichmäßige Durchströmung zu vermeiden;
- die Reaktion wird adiabat durchgeführt oder die Wärmetönung bzw. der Wärmetransportweg zum Temperiermedium ist gering, so daß sich keine merklichen Temperaturgradienten quer zur Strömungsrichtung ausbilden können.

Bei der Anwendung quasihomogener Modelle für heterogene Reaktionssysteme zeigten sich in der chemischen Technik oft die Grenzen bei Reaktionen, die den ökonomischen Foderungen nach geringem Investaufwand entsprechen und eine hohe Raum-Zeit-Ausbeute ermöglichen. Die Vernachlässigung der Transportvorgänge zwischen Substratmedium und trägerfixiertem Enzym, sowie der Substratdiffusion im Innern der porösen Teilchen kann zu einer Überbestimmung der Leistung des Reaktors führen. *LIN* [17] entwickelte ein allgemeineres Modell für die Anwendung trägerfixierter Enzyme in einem kontinuierlichen Rührreaktor, das sowohl den Substrattransport im Medium zur Oberfläche des trägerfixierten Enzyms als auch im Innern der Poren zu den aktiven Reaktionszentren berücksichtigt:

$$F(s_0 - s_1) - \frac{3 \cdot \alpha \cdot V}{R} \left(D \frac{\mathrm{d}s_z}{\mathrm{d}r} \right) = O \qquad D \left(\frac{\mathrm{d}^2 s_2}{\mathrm{d}r^2} + \frac{2}{r} \frac{\mathrm{d}s_2}{\mathrm{d}r} \right) - \frac{\frac{kE}{V} \cdot s_2}{s_2 + K_2} = O$$

Zur Untersuchung des Einflusses des Stofftransportes werden folgende Kennzahlen verwendet:

$$\beta = N(U_s) \cdot U_s = \frac{k}{s_0} \cdot \frac{E}{F}$$

$$\Phi = \left[N(U_s) \cdot U_s \cdot \frac{R^2}{D \cdot \tau}\right]^{1/2} = \left(\frac{kE}{s_0 \cdot F} \cdot \frac{R^2}{D \cdot \tau}\right)^{1/2}$$

(Thiele-Modul)

Dabei zeigte sich, daß sowohl bei ungehemmtem als auch bei gehemmtem Reaktionsablauf mit steigendem Wert β der Umsatz des Substrates ansteigt; durchaus verständlich, da dieser Anstieg mit einer Zunahme der Enzymmenge oder einer Vergrößerung der Geschwindigkeitskonstante verbunden sein muß. Die Zunahme des Thiele-Moduls bewirkt bei konstantem β eine Verringerung des Umsatzes, dadurch hervorgerufen, daß bei konstanter Verweilzeit im Rührreaktor der effektive Diffusionskoeffizient kleiner wird. Das Reaktionssystem wird besonders bei kleinen β-Werten zunehmend durch die Diffusion kontrolliert, denn je kleiner β wird, um so größer wird die Unabhängigkeit vom Thiele-Modul.

Bei niedrigem β-Wert und großem Thiele-Modul ist mit einem einzigen Rührreaktor nur eine begrenzte Substratumwandlung zu erreichen. Eine Steigerung des Substratabbaues ist durch Anwendung einer Rührreaktorkaskade möglich. Die Abb. 12 zeigt die Abhängigkeit des Umsatzes von der Rührreaktoranzahl mit dem Thiele-Modul als Parameter. Alle Kurven nähern sich mit zunehmender Reaktorzahl asymptotisch dem vollständigen Umsatz, wie es auch beim Rohrreaktor zu verzeichnen ist.

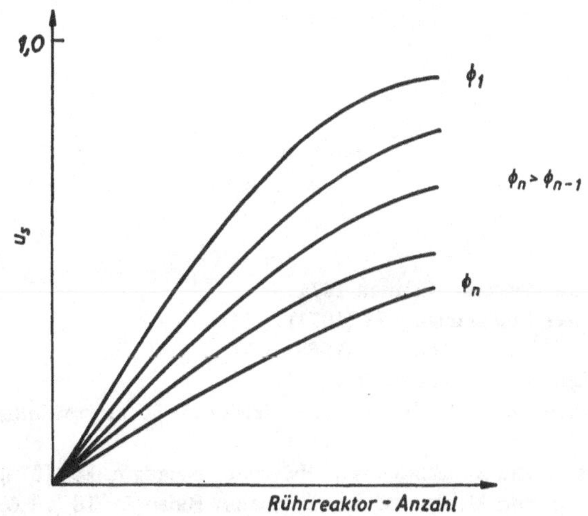

Abb. 12. Umsatz als Funktion der Rührreaktor-Anzahl und des Thiele-Moduls

Bei der Schaffung von Berechnungsunterlagen für Festbett-Enzymreaktoren sind die gekoppelten Stoff- und Energietransportprozesse in axialer und radialer Richtung zu berücksichtigen. Die dabei entstehenden komplizierten Modelle erfordern den Einsatznumerischer Rechentechnik, die Entwicklung anwendungsfreundlicher Rechenprogramme sowie die Bestimmung einer Vielzahl von stofflichen Kennwerten.

Symbolverzeichnis

D effektiver Diffusionskoffizient, m^2/s
E Enzymmenge, mol
F Volumendurchsatz, l/s
G Quelle, Menge/Volumen · Zeit
k Reaktionsgeschwindigkeitskonstante, mol Substrat/mol Enzym · s
K_s Sättigungskonstante, mol/l
K_i Inhibierungskonstante, mol/l
p Produktkonzentration, mol/l
r Radius, m
R Katalysatorradius, m
r_s Reaktionsgeschwindigkeit des Substratabbaus, mol/l · s
s Substratkonzentration, mol/l
U_s Substratumsatz, —
V Reaktionsvolumen, l
w Geschwindigkeit, m/s
Y_s^p Produktertragskoeffizient, mol Produkt/mol Substrat
α Anteil der Enzymteilchen am Reaktionsvolumen, —
β dimensionslose Kennzahl, —
Γ allgemeine Transportgröße, Menge/l
δ allgemeiner Leistungskoeffizient
Φ Thiele-Modul
τ Verweilzeit, 1/s

Indices

0 Eintritt
1 Austritt
2 im Teilcheninnern

Literatur

[1] ATKINSON, B.: Biochemical Reactors, London 1974
[2] BASKER, S. A. u. a.: Process Biochemistry **11** (1971)
[3] BROUN, G. u. a.: Biochim. Biophys. Acta **185** (1969), 260
[4] BUCHHOLZ, K., und M. REUSS: Chimia **31** (1977), 27—30
[5] BUDDE, K. u. a.: Reaktionstechnik. VEB Deutscher Verlag für Grundstoffindustrie Leipzig, 1976
[6] CALDWELL, K. D., R. AXEN und M. BERGWALL: Biotechn. Bioengin. **18** (1976), 1605—1614
[7] CALDWELL, K. D., R. AXEN und M. BERGWALL: Biotechn. Bioengin. **18** (1976), 1589—1604
[8] CHO, Y. K., und J. E. BAILEY: Biotechn. Bioengin. **19** (1977), 769—777
[9] COUGHLIN, R. W. u. a.: Chemie-Ing.-Techn. **47** (1975), 111
[10] HINBERG, A. u. a.: Biotechn. Bioengin. **16** (1974), 2
[11] HSICH, F., B. DAVIDSON und W. R. VIETH: J. appl. Chem. Biotechnol. **26** (1976), 631—644
[12] KIRSTEIN, D., und H. BESSERDICH: Chem. Techn. **29** (1977), 259—262
[13] LEE, D. D., Y. LEE, Y. P. J. REILLY, E. V. COLLINS jr. und G. T. TSAO: Biotechn. Bioengin. **18** (1976), 258—267
[14] LILLY, M. D.: Chem.-Ing.-Techn. **46** (1974), 16

[15] Lilly, M. D.: Process Biochemistry 8 (1971), 29—32
[16] Lilly, M. D., S. P. O'Neill und P. Dunnill: Biochimie **55** (1973), 985—990
[17] Lin, Sheng H.: J. appl. Chem. Biotechnol. **28** (1978), 677—685
[18] Losset, G. u. a.: Biotechn. Bioengin. **15** (1973)
[19] Oestergard. J., und S. Knudsen: Die Stärke **28** (1976), 350—356
[20] Okos, E. S., und W. J. Harper: J. Food Science **39** (1974), 88—93
[21] O'Neill, S. P., M. D. Lilly und P. N. Rowe: Chem. Engng. Sci. **26** (1971), 173—175
[22] O'Neill, S. P., P. Dunnill und M. D. Lilly: Biotechn. Bioengin. **13** (1971), 337
[23] Ramachandran, K. B., und D. D. Perlmutter: Biotechn. Bioengin. 18 (1976), 685—699
[24] Ramachandran, K. B., und D. D. Perlmutter: Biotechn. Bioengin. 18 (1976), 669—684
[25] Rowito, B. J., und J. R. Kittrell: Biotechn. Bioengin. **15** (1973), 143—161
[26] Smiley, K. L.: Biotechn. Bioengin. **13** (1971), 309—317
[27] Weibel, M. K., und H. J. Bright: Biochem. J. **124** (1971), 801
[28] Wilson, R. J. H., und M. D. Lilly: Biotechn. Bioengin. **11** (1969), 349—362
[29] Wingard, L. B. jr.: Advances in Biochemical Engineering, S. 1—48, Springer-Verlag, New York, Heidelberg, Berlin, 1972
[30] Zaborsky, O.: In: Wingard, L. B. Jr. (Ed.): Enzyme Engineering, S. 211—217, New York, John Wiley, 1972

z. B. von p-Xylen zu p-Kresol, wird von DEMAIN [3] diskutiert. Dem Cometabolismus sehr ähnliche Erscheinungen findet man auch für Naturstoffe. So wies KIRK [7] u. a. nach, daß einige Pilze, z. B. Phanerochaete chrysosporium, Lignin nur abbauen, wenn ein Wachstumssubstrat wie Zellulose zugegen ist. Allerdings kommt es dabei zu einem bis zu CO_2 führendem Abbau des Lignins. Ein teilweiser Abbau von Cosubstraten bis zu CO_2 und sogar ein schwacher Einbau in Zellmaterial wurde bereits in der klassischen Arbeit zur Cooxidation von LEADBETTER und FOSTER [9] nachgewiesen. Bei der erwähnten cometabolischen Chloranilinoxidation kommt es zur Freisetzung von Ammoniumionen, die als einzige N-Quelle genutzt werden.

Der Cometabolismus ist eine Erscheinung, die Übergänge zu anderen Arten des Substratmetabolismus zeigt, wie das bei biologischen Phänomenen allgemein der Fall ist. Er stellt eine Erweiterung des mikrobiellen Stoffwechselpotentials für viele von Menschen synthetisierten Chemikalien und Erdölkohlenwasserstoffe dar.

Literatur

[1] ALEXANDER, M.: The breakdown of pesticides in soils. In: Brady, N. C. (Hsg.), Agriculture and the quality of our environment. Amer. Ass. Advan. Sci. Washington, 1967

[2] ALEXANDER, M.: Role of cometabolism. In: Bourquin, A. W., and Pritchard, P. H. (Hsg.), Proceedings of the workshop: Microbial degradation of pollutants in marine environments (1979), S. 67–75

[3] DEMAIN, A. L.: The health of the fermentation industry: A prescription for the future. Dev. Ind. Microbiol. **18** (1977), 72–77

[4] FOSTER, J. W.: Bacterial oxidation of hydrocarbons. In: Hayashi, O. (Hsg.), Oxygenases. Academic Press Inc. New York 1962, S. 241–271

[5] HORVATH, R. S.: Microbial cometabolism and the degradation of organic compounds in nature. Bacteriol. Rev. **36** (1972), 146–155

[6] KACHHOLZ, T., and H. J. REHM: Degradation of long chain alcanes by bacilli. II. Metabolic pathways. European J. Appl. Microbiol. Biotechnol. **6** (1978), 39–54

[7] KIRK, T. K., W. J. CONNORS and J. G. ZEIKUS: Requirement for a growth substrate during lignin decomposition by two wood-rotting fungi. Appl. Environm. Microbiol. **32** (1976), 192–194

[8] KIRSO, U., and M. HANNUS: Cooxidation of Benzo(a)pyrene and phenols on activated sludges. Acta hydrochim. hydrobiol. 8 (1980), 131–136

[9] LEADBETTER, E. R., and J. W. FOSTER: Bacterial oxidation of gaseous alkanes. Arch. Mikrobiol. **35** (1960), 92–104

[10] PERRY, J. J.: Microbial cooxidations involving hydrocarbons. Microbiol. Rev. **43** (1979), 59–72

[11] RABSCH, W.: Bakterieller Metabolismus und Cometabolismus von Anilinen. Dissertation, Martin-Luther-Universität Halle

[12] SCHUKAT, B., und W. FRITSCHE: Rolle der Kohlenstoff- und Energiequelle für den cometabolischen Abbau von m-Chloranilin. Poster-Beitrag Nr. 143 des 2. Symposiums der sozialistischen Länder über Biotechnologie, Leipzig 1980

[13] SKRYABIN, G. K., and L. A. GOLOVLEVA: Microbiological transformation of the organic compounds in co-oxidation conditions. Izv. Akad. Nauk SSSR, Ser. Biol. **2** (1972), 232–244

[14] SKRYABIN, G. K., L. A. GOLOVLEVA, A. N. ZYAKUN, R. N. PORTSOVA and Y. V. SHURUKHIN: Degradation of DDT to phenylacetic acid by cultures of *Pseudomonas sp. 640*×. Dokl. Akad. Nauk. SSSR **237** (1977), 1212–1215

Akademie der Wissenschaften der DDR
Institut für technische Chemie, Leipzig

Energetische Grundlagen und biochemische Aspekte der Mischsubstratfermentation

W. Babel

Wichtige ökonomische Kenngrößen technisch-mikrobiologischer Prozesse sind die Ertrags- oder Ausbeutekoeffizienten. Sie geben an, mit welchem Wirkungsgrad Mikroorganismen die verschiedenen Substrate in zelleigene Substanz umsetzen. Die sog. Y-Werte sind keine Konstanten. Bei einer gegebenen Mikroorganismus/Substrat-Kombination werden sie mehr oder weniger stark von den Millieubedingungen beeinflußt, und es besteht eine Korrelation zwischen spezifischer Wachstumsrate μ und Ausbeute Y [16]. Sicher ist, daß bei $\mu = 0$ auch Y Null sein muß. Wann jedoch Y ein Maximum ist, kann nicht so eindeutig gesagt werden.

Die Kenntnis der theoretisch möglichen Y-Werte ist wichtig für Abschätzungen über eine zu erreichende Effektivität, für den Vergleich und die Auswahl von Substraten und Mikroorganismen sowie für die Einschätzung der Aussichten bei der phänotypischen Optimierung eines Prozesses.

Im folgenden wird ein Konzept zur effektiveren Substrat-Utilisation durch Mikroorganismen vorgestellt.

Die wichtigsten Kohlenstoffsubstrate für die mikrobielle Eiweißsynthese sind Zucker (Saccharose, Glucose, Xylose), Kohlenwasserstoffe (flüssige n-Alkane, Methan), Alkohole (Ethanol, Methanol), Säuren (Essigsäure, ...).

Verwenden Mikroorganismen diese Verbindungen als Kohlenstoffquelle, ohne daß ein zusätzlicher Wasserstoff- bzw. Elektronen-Donor erforderlich ist, so definieren wir diese Form der Ernährung als chemo-organo-heterotroph.

Bei der Utilisation dieser Substrate, die Kohlenstoff- und Energiequelle zugleich sind, vollzieht sich eine Differenzierung. Es entstehen Intermediate, von denen aus die Zellsubstanzsynthese erfolgt, und die Energie wird in eine biologisch verwertbare Form transferiert. Auf einem bestimmten Niveau des Katabolismus stehen sich entwertetes Kohlenstoffsubstrat und „biologische" Energie in Form von ATP und Reduktionsäquivalenten gegenüber:

$$\begin{aligned}
&2\,\text{Ethanol} + 2\,\text{ATP} &&\rightarrow \text{Pyr} + 6\,\text{NADH} + \text{FADH}_2 + \text{CO}_2\\
&\frac{1}{4}\,\text{Hexadecan} + \frac{1}{4}\,\text{ATP} &&\rightarrow \text{Pyr} + 3\frac{3}{4}\,\text{NADH} + 3\,\text{FADH}_2 + \text{CO}_2\\
&\text{Glycerol} &&\rightarrow \text{Pyr} + 2\,\text{NADH} + \text{ATP}\\
&\frac{1}{2}\,\text{Glucose} &&\rightarrow \text{Pyr} + \text{NADH} + \text{ATP}
\end{aligned}$$

$$\frac{3}{5} \text{ Xylose} \rightarrow \text{Pyr} + \text{NADH} + \text{ATP}$$

$$2 \text{ Essigsäure} \rightarrow \text{Pyr} + 2 \text{ NADH} + CO_2$$

Aus derartigen Bilanzgleichungen oder aus dem sog. ökonomischen Wirkungsgrad [7], aber auch schon aus so einfachen Quotienten wie ave⁻/C-Atom des Substrates wird klar, daß sich die einzelnen Substrate im Kohlenstoff/Energie-Verhältnis unterscheiden. Und es läßt sich eine Reihenfolge ermitteln, aber es kann nicht festgestellt werden, ob es im Hinblick auf maximale Ertragskoeffizienten ein optimales Kohlenstoff/Energie-Verhältnis gibt. Was also bestimmt den Ertragskoeffizienten, der Kohlenstoff- oder der Energiegehalt?

Eine Antwort auf diese Frage kann erhalten werden, wenn ein Normierungsmaßstab gefunden wird. Auf der Suche danach wurde festgestellt, daß sich die Verbrennungsenthalpien der Biomasse verschiedener Bakterien- und Hefespecies unabhängig von der verwendeten Kohlenstoff- und Energiequelle praktisch nicht unterscheiden.

Die aus den bei der Fermentation entwickelten Wärmemengen und den Y_S-Werten berechneten Verbrennungsenthalpien bei der Methan-, Methanol-, Pentadecan-, Essigsäure- und Glucosekonvertierung mit Bakterien bzw. Hefen liegen zwischen 19,2 und 21,7 kJ/g Trockensubstanz [1]. Selbst bei relativ großen Unterschieden in der makromolekularen Zusammensetzung der Biomasse sind die Verbrennungsenthalpien nicht wesentlich verschieden und bewegen sich in diesen Grenzen (z. B. 60% Protein, 5% Lipid, 15% Polysaccharide: 19,2 kJ/g Trockensubstanz; 40% Protein, 30% Lipid, 10% Polysaccharide: 23 kJ/g Trockensubstanz). Damit erweist sich die Verbrennungsenthalpie für die Bewertung der Substrate als geeignet.

Gemessen an der Verbrennungsenthalpie der Biomasse — es wurde mit einem Durchschnittswert von 21 kJ/g Trockensubstanz gerechnet — ist zwischen Substraten mit Energie-Überschuß und solchen mit Energie-Defizit zu unterscheiden. Methanol, Ethanol, n-Alkane gehören zur ersten Kategorie, Glucose, Saccharose, Essigsäure sind Substrate mit Energie-Defizit [1, 2].

Bei Substraten mit Energie-Überschuß sind die höchsten Y_C-Werte (g Trockensubstanz/g Substrat-Kohlenstoff) zu erwarten. Es sind sogar Werte nahe oder von 100% nicht undenkbar. Im Falle des Methans wäre, wenn 60% der Energie biologisch nutzbar gemacht werden könnte, der Kohlenstoff restlos assimiliert, in die Zellsubstanz inkorporiert (bei einem Kohlenstoffgehalt der Biomasse von 47%).

Tatsächlich liegen aber die experimentellen Y_C-Werte für Substrate mit Energie-Überschuß nur bei ca. 68% [siehe 1, 14]. Daß bei der Methankonvertierung nur Werte um 68% erreicht werden, kann mit dem „mixed function oxidase"-Mechanismus der Primäroxydation begründet werden. Wenn die Energie des ersten Schrittes bei der Methanutilisation biologisch nicht genutzt werden kann, dann stehen nicht 74 kJ/g Substrat-Kohlenstoff oder eine freie Enthalpie von 820 kJ/Mol zur Disposition, sondern nur 58%, also 43 kJ/g Substrat-Kohlenstoff, und dieser Wert bedeutet Ausgewogenheit, so daß keine höheren Y_C-Werte als zum Beispiel für Glycerol erwartet werden können. Für langkettige n-Alkane und Fettsäuren, insbesondere aber für Ethanol, läßt sich eine so einfache Erklärung für die anscheinende Kohlenstoffbegrenzung der Y-Werte nicht geben. Die experimentellen Y_C-Werte deuten vielmehr darauf hin, daß in Abhängigkeit von der Kohlenstoff- und Energiequelle für die chemo-organo-heterotrophe Ernährung bei Substraten mit Energie-Überschuß Energiekonservierungssysteme mit geringerer

Effizienz gebildet bzw. benutzt werden, so daß die Y_C-Werte wie bei Substraten mit Energie-Defizit bzw. Kohlenstoff-Überschuß ebenfalls energetisch determiniert werden. Die von JONES [13] zusammengefaßten Resultate über die Versatilität bakterieller Atmungskettensysteme machen diese Vermutung doch sehr wahrscheinlich.

Durch Vergleich der sog. 100%-Werte mit den experimentellen Y_C-Werten läßt sich errechnen, daß bei vergleichbarem Kohlenstoffeinbau im Falle des Methans nur 41,2% der Energie und im Falle der Glucose sogar 69,7% der Energie genutzt worden sind. In der Tabelle 2 sind der Kohlenstoff- und energetische Wirkungsgrad zusammengestellt. Es geht daraus hervor, daß tatsächlich die Energie von Substraten mit Energie-Defizit effektiver genutzt wird.

Tabelle 2

Maximale spezifische Wachstumsraten von Hansenula polymorpha beim Wachstum auf verschiedenen Substraten und Substrat-Kombinationen [2]

Substrat		Substrat-Kombinationen	
		Methanol	Ethanol
Methanol	0,15		
Xylose	0,12	0,21	
Glycerol	0,16	0,22	
Ethanol	0,30		
Fructose	0,27		0,37
Saccharose	0,23		0,31
Glucose	0,41	0,41	0,41

Die Wachstumsgeschwindigkeit μ (h^{-1}) wurde aus batch-Experimenten ermittelt. Bei den einzelnen Substraten wurde eine Startkonzentration von 1 g/l gewählt. Die Mischungsverhältnisse für die verschiedenen Substratkombinationen wurden variiert.

Die Wachstumsgeschwindigkeiten ergaben sich bei einem Mischungsverhältnis von 1 : 1, dabei erfolgte die Utilisation der Substrate simultan.

Vorausgesetzt, die Energie der Substrate mit Energie-Überschuß ließe sich ähnlich effektiv transferieren und konservieren wie von Substraten mit Energie-Defizit, dann müßte es möglich sein, die überschüssige Energie zur Inkorporation „substratfremden" Kohlenstoffs zu nutzen. Bei geeigneten Substratkombinationen und einem bestimmten Mischungsverhältnis hätte dies zur Folge:

eine Verbesserung der Ertragskoeffizienten, eine Erhöhung der spezifischen Wachstumsgeschwindigkeit, eine Erhöhung der Utilisationsgeschwindigkeit ohne Biomassebildung, z. B. bei Produktsynthesen oder bei Degradationen (Co-Oxidation) bzw. Transformationen. Außerdem ist ein regulatorischer Effekt zu erwarten, der sich auf die Qualität des Produktes auswirken kann.

Die chemostatische Kultivierung ist geradezu prädestiniert für eine simultane Utilisation, da konzentrationsbedingte Regulationsphänomene (Katabolit-Repression), die zur sequentiellen Verwertung (Diauxie) führen können, ausgeschaltet werden können [2].

Reduzierte C_1-Verbindungen wie Methan, Methanol sind Substrate mit Energie-Überschuß. Bei der Utilisation dieser Verbindungen tritt den Mikroorganismen Energie in sehr kompakter Form entgegen. Sie entledigen sich dieser Situation einerseits durch Oxidation und andererseits durch die Art der Assimilation, die sich unabhängig von den Stoffwechselwegen, ob bei Bakterien oder Hefen, auf molekularem Niveau als Zweisubstrat-Reaktion erweist. Die Fixierung der C_1-Verbindung bewirkt also eine Verteilung der auf ein Substrat-C konzentrierten Energie auf 3 (Serin, Dihydroxyaceton) oder 6 (Hexulosephosphat) Substrat-C in einem Molekül und damit eine „Entgiftung", d. h. die reduzierte C_1-Verbindung wird auf ein physiologischen Verbindungen gemäßes Energie-Niveau gebracht. Da das Co-Substrat oder der Akzeptor aus einem Regenerierungszyklus hervorgeht und letztlich aus Formaldehyd selbst synthetisiert wird, führt dieser Vorgang nicht zur Supplementierung des Kohlenstoffaufkommens und zur Ausnutzung des Energie-Überschusses der reduzierten C_1-Verbindung [3]. Dies ist nur möglich durch Zuspeisung von Auxiliarsubstraten. Im Falle der methylotrophen Ernährung bietet sich CO_2 (Carbonat) an; aber auch andere Verbindungen, die direkt oder indirekt als Co-Substrat akzeptiert werden, kommen in Betracht. Das Auxiliarprinzip scheint also bei der Assimilation von C_1-Verbindungen vorgebildet, und es ist stofflich-metabolisch sofort durchschaubar. Aber auch für Produkte, die durch Fixierung an einen Akzeptor, der regeneriert werden muß, synthetisiert werden, sollte dieses Prinzip mit Erfolg angewendet werden können. BEHRENS u. a. [5] haben dies bei der Überproduktion von Citronensäure mit dem System Parex II/Glucose—*Candida lipolytica* bewiesen. JANKE u. a. [12] konnten zeigen, daß Phenol, das zu den Substraten mit Energie-Überschuß gehört, in Gegenwart von Glucose schneller abgebaut wird und beide Substrate simultan utilisiert werden. Das Prinzip gilt also auch für Co-Oxidationsreaktionen, sie basieren sogar darauf.

In der Tabelle 1 sind Beispiele für die Erhöhung der Wachstumsgeschwindigkeit bei Verwendung von Substratgemischen zusammengestellt. Sie kann durch eine Vielzahl weiterer Substrat-Kombinationen ergänzt werden, z. B. Kohlendioxid plus Methan [18], Kohlendioxid plus Methanol [4, 15], Mannit plus Methanol [17], Glucose plus Methanol [8], Saccharose plus n-Alkane [6], Saccharose plus Ethanol [9]. In allen Fällen wurde eine erhöhte Wachstumsgeschwindigkeit und/oder eine Verbesserung der Ertragskoeffizienten im Vergleich zu den Einzelsubstraten nachgewiesen. Danach scheint die simultane Verwertung von Substraten, die Kohlenstoff- und Energiequelle zugleich sind, tatsächlich eher ein biologisches Prinzip zu sein, das den Organismen wegen der höheren Utilisationsgeschwindigkeit einen Selektionsvorteil einräumt, und es gilt auch bei der mixotrophen Ernährung [10]. Das Extrem des Auxiliarprinzips jedoch ist bei der chemolitho-autotrophen Ernährung realisiert.

Zusammenfassend läßt sich feststellen, daß das Mischen von Substraten eine Methode zur effektiven Ausnutzung von Substraten bzw. zur schnelleren Umsetzung von Substraten durch Mikroorganismen in biotechnologischen Prozessen ist, die sowohl für die SCP-Synthese, für die Produktsynthese und für Degradations- und Transformationsreaktionen Bedeutung hat. Bestimmte Reaktionen werden erst durch die Gegenwart eines Auxiliarsubstrates möglich. Nicht jedes Mischungsverhältnis führt zum Erfolg, das „richtige" muß gegenwärtig noch experimentell bestimmt werden [2]. Der Erfolg muß nicht in jedem Falle auf dem Ausbalancieren basieren, auch die Überwindung eines „Flaschenhalses" im Stoffwechsel oder die Eröffnung einer Sequenz kommen als Erklärung in Frage.

Biochemiker und Molekularbiologen stehen vor interessanten Problemen, deren Lösung weitere Einblicke in die Regulation und Bioenergetik erhoffen läßt, Biotechnologen haben die schwere Aufgabe, das Prinzip weiter zu verifizieren.

Tabelle 1

Vergleich der sog. 100%-Werte mit den experimentellen Y_S-Werten
Stofflicher (C) *und energetischer* (E) *Wirkungsgrad*

Substrat	100%-Wert* g TS/g S	Y_{exp} % C % E	Theoret. Y_{max}[11])	% E bei 68% C
Methan	1,6	1,1	1,22	
60**		68,7	76,2	
		41,2	45,7	
Methanol	0,8	0,54	0,73	
68,4**		67,5	91,2	
		46,2	62,4	
Ethanol	1,1	0,69		
78**		62,7		
		48,9		52,7
Hexadecan	1,81	1,12		
80**		62		
		49,6		54,1
Glycerol	0,83	0,55		
96,5**		66,2		
		63,9		65,2
Glucose	0,85	0,52		
114**		61,2		
		69,7		77,8
Malat	0,76	0,33		
159**		43,2		
		68,7		107,5

* 100%-Wert: Der Kohlenstoff des Substrates wird restlos in Biomasse umgewandelt und der Kohlenstoffgehalt beträgt 47%.
** Verbrauchte Energie bei 100%iger C-Inkorporation

Literatur

[1] Babel, W.: Bewertung von Substraten für das mikrobielle Wachstum auf der Grundlage ihres Kohlenstoff/Energie-Verhältnisses. Z. Allg. Mikrobiol. **19** (1979) 671–677

[2] Babel, W.: Mischsubstratfermentation — ein energetisch begründetes Konzept. Acta Biotechn. **0** (1980) 61–64

[3] Babel, W.: Assimilation von Methanol durch Mikroorganismen. Wiss. Z. Ernst-Moritz-Arndt Univ. Greifswald, Math. Nat. R. XXIX (1980) 4, 133–135

[4] Babij, T., B. J. Ralph and P. A. D. Rickard: The effect of methanol concentration and carbon dioxide on yield of biomass of *Pseudomonas TB 582*. In: Proceedings of 1st Intern. Symp. Microbial Growth on C_1-Compounds. Tokyo, 1974, pp. 213–220

[5] Behrens, U., E. Weissbrodt und W. Lehmann: Zur Kinetik der Citronensäurebildung bei *Candida lipolytica*. Z. Allg. Mikrobiol. 18 (1978) 549–558

[6] BLEY, T., B. HEINRITZ, G. ROGGE und E. STICHEL: Nichtstationäre Fermentationsprozesse. III. Theoretische Bestimmung maximaler Ertagskoeffizienten und Vergleich mit experimentellen Werten. 2. Symposium der sozialist. Länder über Biotechnologie, Leipzig 1980. Poster-abstracts

[7] DECKER, K., K. JUNGERMANN und R. K. THAUER: Wege der Energiegewinnung in Anaerobiern. Angew. Chem. 82 (1970), 153–173

[8] EGLI, T., and O. KAEPPELI: Simultaneous utilisation of glucose and methanol in chemostat cultures of *H. polymorpha* and *Kloeckera sp.* 2201. 3rd. Intern. Symp. Microbial Growth on C_1 Compounds, Sheffield, 1980. Poster-abstracts p. 19

[9] FEILER, E., U. BECKER und J. SCHNEIDER: Verhefung von Äthanol-Saccharose-Gemischen unter kontinuierlichen Fermentationsbedingungen. 2. Symposium der sozialist. Länder über Biotechnologie. Leipzig, 1980. Poster-abstracts

[10] GOTTSCHAL, J. C., and J. G. KUENEN: Mixotrophic Growth of *Thiobacillus A2* on Acetate and Thiosulfate as Growth Limiting Substrates in the Chemostat. Arch. Microbiol. **126** (1980) 33–42

[11] HARDER, W., and J. P. VAN DIJKEN: Theoretical Considerations on the Relation between Energy Production and Growth on Methane-utilizing Bacteria. In: Microbial Production and Utilisation of Gases (Ed. by H. G. SCHLEGEL, G. GOTTSCHALK, N. PFENNIG) E. Goltze KG Göttingen, 1976. pp. 403–418

[12] JANKE, D., R. POHL und W. FRITSCHE: Regulation of Phenol Degradation in *Pseudomonas putida*. Z. Allg. Mikrobiol. 21 (1981), 295–303

[13] JONES, C. W.: Aerobic respiratory systems in bacteria. In: Microbial Energetics (Ed. by B. A. HADDOCK and W. A. HAMILTON): Cambridge Univ. Press, Cambridge, London, New York, Melbourne 1977. pp. 23–59

[14] LINTON, J. D., and R. J. STEPHENSON: A preliminary study on growth yields in relation of the carbon and energy content of various organic growth substrates. FEMS Microbiology Letters 3 (1978), 95–98

[15] MALASHENKO, Yu. R., and V. A. GAGARINA: Assimilation of C_1-sources of carbon nutrition by yeast. XII. Internationaler Kongreß für Mikrobiologie, München, 1978. Abstract F 13

[16] STOUTHAMER, A. H.: The search for correlation between theoretical and experimental growth yields. In: Intern. Rev. Biochem. "Microbial Biochemistry" (Ed. by J. R. QUAYLE) Univ. Park Press, Baltimore, 1979. pp. 1–47

[17] VAN VERSEVELD, H. W., J. P. BOON and A. H. STOUTHAMER: Growth yields and the efficiency of oxidative phosphorylation of *Paracoccus denitrificans* during two- (carbon) substrate-limited growth. Arch. Microbiol. 121 (1979), 213–223

[18] WENDLANDT, K. D., und E. BRÜHL: Einfluß von CO_2/Carbonat auf die Ausbeutekoeffizienten bei der Methanfermentation. 2. Symposium der sozialist. Länder über Biotechnologie. Leipzig 1980. Poster-abstracts

Akademie der Wissenschaften der DDR
Institut für technische Chemie, Leipzig

Stand und Perspektiven der Automatisierung mikrobiologischer Prozesse

D. PÖHLAND

In den letzten Jahren sind die Aktivitäten auf dem Gebiet der Automatisierung mikrobiologischer Prozesse erheblich verstärkt worden. Auf Symposien in Dijon (1973), Berlin (West) (1976) und in den USA (1979) wurde die Erweiterung des Aufgabengebietes, die Zunahme der Forschungsarbeiten und die Erhöhung der Anzahl der an der Automatisierung arbeitenden Forschungseinrichtungen deutlich sichtbar.

Während 1973 weitgehend Konzeptionen zur prozeßrechnergestützten Fermentation vorgestellt wurden, werden heute Ergebnisse erprobter Fermentor-Rechner-System-Kopplungen vorgelegt [1, 2, 3, 4].

Fermentoren werden automatisiert zur Erhöhung der Effektivität der Forschungsarbeiten im Labormaßstab [5, 6] und Rationalisierung von Produktionsprozessen [7, 8, 9]. Dabei muß festgestellt werden, daß im Labormaßstab weit mehr Erprobungen durchgeführt wurden als Anwendungen in der industriellen Praxis erfolgten. Diese Diskrepanz ist auf die relativ geringe Anzahl neu errichteter industrieller Anlagen zurückzuführen.

Auffällig ist auch, daß noch viele Forschungsarbeiten zur Automatisierung von Batch-Prozessen, vor allem für die pharmazeutische, Alkohol- und Backhefeindustrie durchgeführt wurden [10, 11, 12, 13, 14, 15, 16].

Auf dem Gebiet der kontinuierlichen Fermentation setzte die finnische Firma Pekilo in ihrer industriellen Anlage zur Futtereiweißgewinnung einen Prozeßrechner zur Datenerfassung, Prozeßberechnung und Steuerung ein [17].

Weitere Veröffentlichungen zeigen den Vorteil der Rechneranwendung unter Hinweis auf die erfolgreiche Nutzung der Rechentechnik in der chemischen Industrie auf, geben aber keinen Hinweis auf die Einführung in die großtechnische Praxis [15].

Der Mangel an geeigneten Meßfühlern schränkt noch immer die Möglichkeiten der Nutzung der Rechentechnik ein. Die meisten Konzeptionen zur Steuerung von Fermentationsprozessen bauen deshalb auf Signale aus der Gelöstsauerstoffmessung oder der Analyse der Abgaszusammensetzung auf. Aus der Sauerstoffverbrauchsgeschwindigkeit werden über ein Steuersystem die Rührergeschwindigkeit, der Fermentordruck und die Belüftungsintensität verändert [7] (Tab. 1). Mit Hilfe eines solchen „Oxystaten" konnten Biomassekonzentrationen bis zu 140 g/l erreicht werden [18].

Außerdem wird die indirekte Messung des Substratverbrauches über die Messung der Ein- und Ausgangsströme angewandt. Auf der Basis dieser Messungen werden Energie- und Massebilanzen aufgestellt. Diese on-line-Datenanalyse ist ein wichtiges Hilfsmittel zur Prozeßsteuerung, insbesondere wenn Meßfühler für direkte Messungen nicht zur Verfügung stehen [19, 20, 21, 8] (Tab. 1).

Tabelle 1

Konzeptionen zur Steuerung von Fermentationsprozessen

direkter Meßwert		indirekter Meßwert		Stellglied
	———————————————→			
Gelöstsauerstoff-konzentration	→	O_2-Verbrauchs-geschwindigkeit	→	Rührergeschwindigkeit Fermentordruck
	↗		↘	Belüftung
Abgasanalyse CO_2; O_2	→	RQ-Wert	→	Substratzuführung
Redoxpotential	———————→			Substratzuführung
Viskosität	———————→			Substratzuführung
Mengenmessung	→	Massebilanz	→	Substratzuführung

Bevorzugt wird die Substratzuführung direkt über die Gelöstsauerstoffkonzentration oder indirekt über den Respirationsquotienten (RQ-Wert) auf der Basis von Abgasanalysen bzw. indirekt über die Zellmeßtechnik oder Substratnutzungsgleichung reguliert (Tab. 1).

Dadurch konnten ökonomisch bedeutsame Verbesserungen der Ausbeuten in der Backhefeproduktion erreicht werden [22, 8, 23].

Der Effekt beruht auf den konstanten geringen aktuellen Konzentrationen des Substrates im Fermentationsmedium. An Stelle der Gelöstsauerstoffkonzentration konnte erfolgreich die Änderung des Redoxpotentials als Signal für die Substratzuführung verwendet werden [23] (Tab. 1).

Zur Kontrolle der kontinierlichen Produktsynthese (Xanthan) wurde ein Kontrollsystem — „Productstat" — mit Hilfe eines Viskosimeters aufgebaut. Die Substratzuführung wird über den Viskositätsgrad reguliert [24] (Tab. 1).

In den vergangenen 5 bis 7 Jahren hat der Mikrorechner einen festen Platz in der Rechnerhierarchie erworben und in der praktischen Erprobung den Nachweis seiner Eignung bei der Substitution des Prozeßrechners erbracht. In verschiedenen pharmazeutischen Industrieanlagen wurde der Mikrorechner zur Steuerung individueller Fermentationsprozesse installiert. Sein Einsatz ermöglicht, eine Erhöhung des Informationsumfangs zu erreichen [25].

Bei der Kopplung mit einem Fermentor zur SCP-Produktion wurden dem Mikrorechner Aufgaben zur Regulierung von pH, Temperatur und Gelöstsauerstoffkonzentration und zur Erfassung und Auswertung von Abgasanalysen übertragen.

Auf dem Gebiet der mathematischen Modellierung werden die Modelle verfeinert, neue Größen wie z. B. die „Aktivität" [26] einbezogen, strukturierte Modelle aufgestellt und bevorzugt diskontinuierliche Prozesse sowie Fragen der Populationsdynamik bearbeitet. Diese Aktivitäten tragen zur Erhöhung des Erkenntnisgewinns bei, lösen aber nicht die grundsätzliche Aufgabe der Optimierung und Automatisierung von Prozessen. Die in anderen Industriezweigen gewonnene und in der Praxis bestätigte Erkenntnis, daß Modelle so einfach wie möglich sein müssen, um ihre Handhabung bei der Anwendung zu sichern, trifft auch auf die mikrobiologische Industrie zu. Es ist notwendig, diese Erkenntnis praktisch durchzusetzen.

Steuerungsstrategien werden noch immer bevorzugt für diskontinuierliche Prozesse auf der Basis dynamischer Programmethoden und nicht von Prozeßmodellen abgeleitet. Vorliegende Konzepte und Anwendungsbeispiele aus neuerer Zeit betreffen den Backhefeprozeß, die Zitronensäureproduktion, die Antibiotikaherstellung und die Äthanolgewinnung [14, 13, 16, 8, 27].

Die Entwicklung und Produktion von Meßfühlern und Meßgeräten für die speziellen Anliegen der Überwachung mikrobiologischer Prozesse sind in den letzten 10 Jahren hinter den Erwartungen zurückgeblieben. Das trifft insbesondere auf Geräte zur Erfassung biogener Signale zu. Die in der Literatur beschriebenen Labormethoden bzw. Labormuster zur Bestimmung von ATP, NAD, Cytochrom sowie zur Erfassung der Fluoreszenz biologischer Systeme [28, 29, 30, 31] wurden nicht in die industrielle Produktion von gerätebauenden Firmen übernommen. Das ist sicherlich ein Grund dafür, daß über großtechnische Anwendungen keine Berichte vorliegen. Ein anderer resultiert aus den Schwierigkeiten, die sich bei der Anwendung solcher Methoden und empfindlicher Meßgeräte im Industriemaßstab ergeben.

Die hohe Bedeutung biogener Signale für Überwachung und Steuerung mikrobiologischer Prozesse bleibt trotz dieser zur Zeit bestehenden Situation uneingeschränkt. Die Fortsetzung der Forschungsarbeiten auf diesem Gebiet in unterschiedlichen Forschungseinrichtungen unterstreicht diese Tatsache.

Bei der Durchführung von Forschungsarbeiten im Labormaßstab werden in neuerer Zeit die Massenspektrometrie meist in Kopplung mit der Gaschromatographie, Enzymelektroden bzw. mikrobiologische Elektroden und seit kurzer Zeit die Laser-Durchfluß-Mikrofluorometrie zur Charakterisierung von Fermentationsmedien, gebildeten Produkten sowie zur gezielten Bestimmung von Zellkomponenten, wie Protein und Nukleinsäuren und zur Beurteilung der Dynamik mikrobieller Populationen bzw. ihrer Infektion durch Fremdorganismen angewandt (Tab. 2) [32, 33].

Die Eignung dieser Analysenmethoden zur großtechnischen Prozeßführung bedarf noch eingehender Forschungsarbeit. Die größten Aussichten für eine breite Anwendung besitzen Enzymelektroden. Die Arbeiten zu ihrer Entwicklung und serienmäßigen Herstellung sind in den letzten Jahren gut vorangekommen.

Tabelle 2

Neue Methoden der Prozeßüberwachung

Meßmethode	Meßgröße	Anwendung
Biolumineszenz, Fluoreszenzspektroskopie, Spektroskopie	ATP NAD Cytochrom-C	Feststoff bei Zelluloseabbau und im Bioschlamm, Labor
Massenspektrometrie bzw. in Kopplung mit Gaschromatographie	Flüssige und gasförmige Bestandteile in Fermentationsmedien	Labor
Enzymelektroden, Mikrobiologische Elektroden	Substrate, NH_3 Vitamin B_1, NAD, BOD, Harnstoff, Phenol, Zellpopulation	Labor technische Anwendung in Vorbereitung
Laser-Durchfluß-Mikrofluorometrie	Protein- und NS-Gehalt in Einzelzellen, mikrobielle Populationsdynamik Infektionen in mikrobiellen Kulturen	Labor

Von den zur Charakterisierung von Fermentationsmedien hinsichtlich ihres Gehaltes an Substraten, Makroelementen und Gelöst-CO_2 entwickelten Meßfühlern und Meßgeräten haben die auf elektrochemischer Basis arbeitenden die größten Aussichten auf Anwendung in der großtechnischen Prozeßkontrolle (Tab. 3). Sie werden in Form von Elektroden bereits industriell gefertigt oder ihre Fertigung befindet sich in der Vorbereitung.

Tabelle 3

In Entwicklung befindliche Meßeinrichtungen

Meßgröße	Stand	Bearbeiter
NH_3	Labormuster	Inst. f. techn. Chemie, Leipzig
PO_4^{3-}	Funktionsmuster	VEB Reglerwerk Dresden
K^+, Na^+, Cl^-, SO_4^{2-}	industrielle Herstellung	Radelkis, Ungarn, Forschungsinstitut Meinsberg, VEB Industriekeramik Hermsdorf
CO_2	industrielle Herstellung Entwicklungsarbeiten	Radiometer Kopenhagen, Forschungsinstitut Meinsberg
Glukose	Serienfertigung begonnen	Zentrum für Wissenschaftlichen Gerätebau der AdW d. DDR
Äthanol	Labormuster	Technische Hochschule Prag
Äthanol/Methanol	Labormuster in Entwicklung	Inst. d. techn. Chemie, Leipzig

Für den Einsatz von Elektroden zur Erfassung von Makroelementen für die Prozeßkontrolle ist jedoch die Entwicklung von Zusatzeinrichtungen erforderlich.

Die Überführung der Forschungsergebnisse zur Automatisierung auf industrielle Anlagen ist bisher auf eine geringe Anzahl in der pharmazeutischen Back- und Futterhefeindustrie beschränkt geblieben (Tab. 4).

Tabelle 4

Steuerung von Fermentationsprozessen

Prozeß	Maßnahmen	Autoren
Backhefe	Substratzuführung	WEIGAND et al., 1979 PERINGER, 1979 AIBA, 1979 WANG, et al., 1979
Antibiotika	Substratzuführung	WEIGAND et al., 1979 CERNETIC und MODIC, 1980
Zitronensäure		AIBA, 1979
Futtereiweiß (Pekilo-Verfahren)	Eingangsstromsteuerung	HALME, 1979

In verschiedenen Ländern sind Großanlagen zur Protein-, Aminosäure- und Methanproduktion in Betrieb gegangen oder in der Projektierung bzw. im Bau befindlich. Mit ihrer Inbetriebnahme werden neue Automatisierungskonzeptionen realisiert werden (Tab. 5).

Tabelle 5
Vorhaben für mikrobiologische Großanlagen

Land	Produkt	Stand
DDR	Protein	Inbetriebnahme in Vorbereitung
USA	Methan	festiggestellt
Großbritannien	Protein	in Betrieb
Frankreich	Aminosäuren	Planung 1980
Spanien	Protein	Planung 1983
UdSSR	Protein	in Betrieb und in Vorbereitung

Die Prozeßrechentechnik wird fester Bestandteil aller Neuanlagen sein. Dabei wird der Vorlauf der chemischen Industrie auf dem Gebiet der rechnergestützten Prozeßführung genutzt werden [34]. Der zentrale Prozeßrechner wird durch dezentralisierte Mikrorechner in einem Teil seiner Funktionen ersetzt werden.

Die meßtechnische Ausrüstung wird sich im wesentlichen auf die bekannten handelsüblichen Meß- und Steuerungsgeräte stützen. Der Zuwachs an Neuentwicklungen für die speziellen Anforderungen mikrobiologischer Prozesse ist gering einzuschätzen.

Deshalb werden als Ersatz für fehlende Meßtechnik vor allem die Möglichkeiten der Rechentechnik auf der Basis von Masse- und Energiebilanzen genutzt werden. Indirekte Messungen werden vorherrschen bei der Beurteilung der biologischen Leistungsfähigkeit (Tab. 6).

Tabelle 6
Erforderliche Größen zur Prozeßkontrolle

	Varianten		
	I	II	III
Direkte Bestimmung	Biomasse CO_2 [Substrat] ↓	Biomasse CO_2 [Produkt] ↓	N-Verbrauch CO_2 [CSV] [1)] ↓
Indirekte Bestimmung	Produkt	Substrat	Biomasse Substrat

[1)] Anforderungen an die Geräteentwicklung

Die Nutzung biogener Signale zur Prozeßüberwachung und -steuerung muß durch weitere Forschungsarbeiten zur Zuordnung und Zuverlässigkeit der Signale sowie Entwicklungsarbeiten auf meß- und gerätetechnischem Gebiet vorbereitet werden.

In stärkerem Maße als bisher werden Ergebnisse diskontinuierlicher Laboranalysen mit Hilfe der Rechentechnik zur Prozeßüberwachung und -steuerung genutzt werden. Neue Techniken der Probenahme, des Probentransportes, der Auswertung und direkten Eingabe der Analysenwerte vom Labor in den Rechner verkürzen wesentlich den Zeitaufwand und ersetzen kontinuierlich arbeitende Prozeßmeßgeräte. Vor Aufnahme neuer Geräteentwicklungen müssen deshalb die Lösungsvarianten sorgfältig hinsichtlich des Aufwandes und des zu erwartenden Nutzens analysiert werden. Richtungsweisende Optimierungen wurden durchgeführt und liegen zur Nachnutzung vor [35, 36].

Literatur

[1] HUMPHREY, A. E.: Computer-assisted fermentation developments. Dev. Ind. Microbiol. 1976 (Pub. 1977) 18, 57–70

[2] HUMPHREY, A. E.: Fermentation process modeling: An overview. Ann. N.Y. Acad. Sci., (1976), 326, 17–33

[3] ARMIGER, W. B., and A. E. HUMPHREY: Computer application in fermentation technology. Microbial Technol. (2nd Edit.) 1979, 2, 375–401

[4] COONEY, C. L.: Computer application in fermentation technology – a perspective. Biotechnol. Bioeng. Symp. No. 9 (1979), 1–11

[5] SZIGETI, L., I. KURUCZ, E. PUNGOR jr., L. NYESTE and J. HOLLO: Open-loop on-line optimal control of a continuous fermentation process. Magy. Kem. Lapja (1979), 34 (7), 297–301

[6] KOMOCSI, S.: Development of an on-line computer research fermentorsystem in Hungary. Ferment. Kollok (Proc.), 4th (1978), 50–57

[7] NAGAKI, H., T. MIYOSHI and Y. OKA: Automated aerobic fermentor. Jpn. Kokai Tokkyo Koho 79143584, 18. 11. 1979

[8] WANG, H. Y., C. L. COONEY and I. C. WANG: Computer control of bakers' yeast production. Biotechnol. Bioeng. 21 (1979), 6, 975–995

[9] BEAVERSZOCK, M. C.: Fermentation control systems – a time for change. Biotechnol. Bioeng. Symp. No. 9 (1979), 240–256

[10] BIACS, P.: Results with the Fermac 2 m³ pilot – plant fermenters connected on-line to a computer. Ferment. Kollok. (Proc.), 4th (1978), 32–36

[11] JAGICZA, A.: Mass production of aerobic pathogenic bacteria with the Bilthowen fermenter. Ferment. Kollok. (Proc.), 4th (1978), 145–149

[12] VIG, J., F. FABIAN, L. KOZMA and J. ODOR: Industrial experience with 100 m³ fermenters. Ferment. Kollok. (Proc.), 4th (1978), 91–100

[13] AIBA, S.: Review of process control and optimization in fermentation. Biotechnol. Bioeng. Symp. No. 9 (1979), 267–281

[14] WEIGAND, W. A., H. C. LIM et al.: Optimization of a repeated fed-batch reactor for maximum cell productivity. Biotechnol. Bioeng. Symp. No. 9 (1979), 335–348

[15] LUNDELL, R.: Computer control of fermentation plants. Biotechnol. Bioeng. Symp. No. 9 (1979), 381–393

[16] PERINGER, P.: Modeling and optimal control of baker's yeast production in repeated fed-batch-culture. Biotechnol. Bioeng. Symp. No. 9 (1979), 205–225

[17] HALME, A.: Computer control of the Pekilo Protein Process. Biotechnol. Bioeng. Symp. No. 9 (1979), 369–380

[18] MORI, H., T. YANO, T. KOBAYASHI and S. SHIMIZU: High density cultivation of biomass in fed-batch system with DO-stat. J. Chem. Eng. Jpn. (1979), 12 (4), 313–319

[19] ERICKSON, L. E.: Application of mass and energy balance regularities in fermentation processes. Ann. N.Y. Acad. Sci. (1979), 263, 73–85

[20] ERICKSON, L. E., J. G. MINKEVICH and V. K. EROSHIN: Utilization of mass-energy balance regularities in the analysis of continuous. Biotechnol. Bioeng. 21 (1979), No. 4, 575–591

[21] SOLOMON, B. O.: Analysis and consistency of experimental data for microbial growth on renewable resources. Proc. Annu. Biochem. Eng. Symp. (1979), 9th, 43–55

[22] SPRUYTENBERG, R., I. J. DUNN and J. R. BOURNE: Computer control of glucose feed to a continuous aerobic culture of *Saccharomyces cerevisiae* using the respiratory quotient. Eur. Congr. Biotechnol., 1st (1978), 170–173, Dechema, Frankfurt/Main

[23] Lesniak, W., and J. Pietkiewicz: Automatic control of substrate inflow in cultivation of feed yeast. Przem. Ferment. Owocowo-Warzywny (1979), 23 (11) 7–11

[24] Silman, R. W., and E. B. Bayley: The viscostat: Productstat method of feed-rate control in continuous fermentations. Biotechnol. Bioeng. **21** (1979) No. 2, 173–179

[25] Jefferis III, R. P.: Single-board microcomputer for fermentation control. Biotechnol. Bioeng. Symp. No. 9 (1979), 229–239

[26] Moreira, A. R., G. van Dedem and M. Moo-Young: Process modeling based on biochemical mechanisms of microbial growth. Biotechnol. Bioeng. Symp. No. 9 (1979), 180–203

[27] Cernetic, J. and R. Modic: Formulation of a multiresponse model for the biosynthesis of antibiotics. Chemplant' '80, Heviz – Ungarn (1980), Vol. II, 912–927, EFCE Publication Series No. 10

[28] Humphrey, A. E.: Die heutigen Grenzen der Kontrolle und des Verständnisses eines Fermentationsprozesses. G. J., T. Fachz. Lab. 16 (1972) Sonderheft Labormedizin, 6, 350–355

[29] Harrison, D. E. F., and C. S. Harmes: Control of culture systems for ultimate process optimization. Proc. Biochem. April (1972), 13–16

[30] Arminger, W. B., D. W. Zabrieskie and E. A. Humphrey: Design and operational experience with a highly instrumented computer coupled fermentation systems. 5. Internat. Ferm.-Symp. Westberlin (1976)

[31] Zabrieskie, D. W., and A. Humphrey: Estimation of fermentation biomass concentration by measuring culture fluorescence. App. Environment. Microbiol. **35** (2), (1978), 337–343

[32] Hatch, R. T., and C. Wilder: Analysis and control of mixed cultures. Biotechnol. Bioeng. Symp. No. 9 (1979), 24–37

[33] Fazel-Madjlessi, J., J. E. Bailey and D. N. Mc Quitty: Flow microfluorometry measurements of multicomponent cell composition during batch bacterial growth. Biotechnol. Bioeng. (1980), 22 (2), 457–462

[34] Section Control, Chemplant '80 Heviz-Ungarn 1980, Vol. 1, 282–425, EFCE Publication Series No. 10

[35] Soyez, K. D. Theiss and M. Prause: Technologische Bewertung von Meßanordnungen und Meßgenauigkeiten. VI. Reinhardsbrunner Symposium 1978, Abhandlungen der AdW der DDR, Abteil. Math., Naturwiss., Technik, N 3, 1979, 299–308

[36] Veress, G. E., A. Bezegh, L. Domokos, I. Frank and E. Pungor: Optimal selection of measuring devices for process control design. Chemplant '80, Heviz-Ungarn (1980), 340–347, EFCE Publication Series No. 10

Институт физики Сибирского отделения Академии наук СССР,
Красноярск, СССР

Популяционные аспекты биотехнологии

Н. С. Печуркин, А. В. Брильков

1. Введение

Из-за малых размеров и многочисленности микроорганизмов все видимые проявления их жизнедеятельности связаны с наличием большого числа одновременно функционирующих особей, т. е. с популяциями микроорганизмов.

Действительно, взаимодействие микроорганизмов со средой и взаимоотношения микроорганизмов различных видов между собой проявляются на популяционном уровне. Популяции (а не отдельные микроорганизмы) служат звеньями экологических систем всех рангов. Популяции микроорганизмов, как и любых других организмов, являются элементарными эволюционными единицами. Однако, до последнего времени теоретические вопросы развития популяций микроорганизмов интенсивно не разрабатывались, за исключением ограниченного числа конкретных прикладных задач.

В прикладной микробиологии все шире используются процессы, направленные не только на рост биомассы, но и на интенсивный синтез микроорганизмами ценных продуктов. Современная микробиология достигла значительных успехов в селекции высокоактивных штаммов, продуцирующих целый ряд ценных соединений (медицинские и кормовые антибиотики, аминокислоты, ферменты, спирты, энтомопатогенные препараты, витамины и пр.). В промышленных масштабах используются микроорганизмы, превосходящие по продуктивности исходные дикие формы в сотни и тысячи раз. Их полученее стало возможным благодаря развитию генетики микроорганизмов и ее использованию в селекции микробов. Однако явления вырождения ,,культурных‘‘ штаммов, связанные с неизученными популяционными перестройками, часто приводят к резкому снижению продуктивности промышленных микробиологических процессов.

В настоящей работе рассматриваются вопросы устойчивости микробиологических процессов с акцентированием внимания на популяционных аспектах биотехнологии.

2. Динамическая устойчивость непрерывных культур микроорганизмов

Техническая устойчивость проточной культуры микроорганизмов во многом зависит от выбранной технологической схемы управления процессом ферментации, а также от кинетики поведения микробной популяции при изменении околоклеточной среды. По сравнению с традиционным способом управления проточной культурой — хемостатом — в конкретных случаях оказываются более надежными такие методы, как турбидостат [22], pH-стат [1] (аналогично, pH-ауксостат [23]), ауксостат [24], оксистат [25, 2], нутристат [26]. Основным свойством последних является наличие обратной связи между приростом концентрации биомассы (соответственно, изменением pH в культуре, выделением CO_2, потреблением кислорода, расходом субстрата) и удалением части популяции из ферментера. Эти величины должны быть равными и такое равенство, а с ним и концентрация биомассы, должны поддерживаться с помощью автоматических и следящих устройств.

Как известно, одно из главных достоинств непрерывных культур микроорганизмов состоит в том, что система может быть приведена в стационарное состояние, на основе которого осуществляется большинство проточных ферментационных процессов. При этом предполагается, что стационарное состояние должно быть

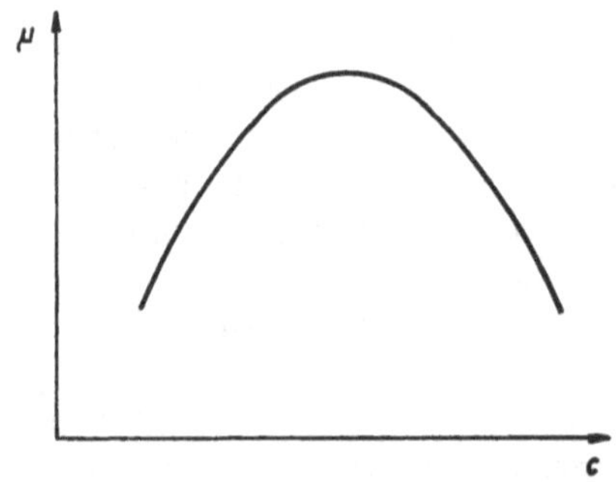

Рис. 1. Зависимость скорости роста микроорганизмов от концентрации некоторого фактора в среде $\mu(C)$

Таблица 1

Устойчивость одностадийных непрерывных культур микроорганизмов

Вид фактора	Характер действия фактора	Устойчивость		
		хемостат	турбидостат или др. способы с обратной связью	Примеры
Поступление со средой (субстрат ингибитор)	ингиби-рование	неустойчив	устойчив	Субстратное ингибирование [39, 40, 19]. Ингибирование в хемостате [41].
	стимули-рование	устойчив	устойчив	Лимитирование субстратом [42, 20, 23, 35]
Выделение фактора в среду (продукты метаболизма)	ингиби-рование	устойчив	устойчив	Ингибирование продуктом [41]; защелачивание среды; тепловы-деление [21].
	стимули-рование	неустойчив	устойчив	Закисление среды; стимулирование продуктом.

устойчивым, т. е. практически осуществимым. Поэтому, прежде чем проводить исследования в непрерывной культуре, следует оценить устойчивость возможных стационарных состояний. Как правило, это делается с помощью математического моделирования. Составляется модель, описывающая все существенные связи моделируемого процесса, а затем исследуется на устойчивость известными методами. Однако, иногда устойчивость непрерывной культуры можно оценить довольно просто. Поясним это на примере. Пусть зависимость скорости роста микроорганизмов от концентрации некоторого фактора μ(C) имеет вид, показанный на рис. 1. Устойчивость непрерывной культуры зависит от характера действия фактора (табл. 1). Из данных таблицы видно явное преимущество процессов с обратной связью — их устойчивость. Отметим, что несмотря на явные достоинства непрерывных процессов культивирования с обратной связью (турбидостат, pH-стат и др.), они еще редко применяются.

3. Генетическая изменчивость и автоселекция в проточных популяциях микроорганизмов

Наиболее серьезной причиной неустойчивости длительных ферментаций, отражающей внутренние свойства размножающихся популяций, является генетическая нестабильность непрерывных культур. В любой популяции имеют место процессы мутирования, спонтанного или индуцированного. Несмотря на редкость появления мутаций их общее число в микробной популяции может быть весьма значительным из-за высокой численности исходной популяции. В условиях непрерывного культивирования число образовавшихся мутантных клеток определенного типа определяется общим числом клеток в популяции — X, количеством поколений в непрерывной культуре — n и частотой мутирования данного гена — k [3]:

$$M = k \cdot X \cdot n \tag{1}$$

Например, при $X = 10^{14}$ клеток, $n = 10^2$ поколений и $k = 10^{-7}$, количество мутантных клеток по данному гену может достигать величины $M = 10^9$ клеток. Если принять общую частоту мутирования на клетку $k = 10^{-3}$—10^{-4} за поколение, то число образовавшихся мутантов даже за одно поколение достигнет огромной величины — 10^{10}—10^{11} клеток. И хотя частота образования мутантов с „улучшенными" признаками (типа увеличения скорости роста) существенно ниже средней частоты мутаций, вероятность образования более активных мутантов в большой популяции может быть очень высокой. Естественный отбор, действуя в пользу активных мутантов, должен приводить к замещению исходной формы, вытеснению ее из ферментера, т. е. к микроэволюционным переходам.

Анализ процессов микроэволюции с учетом одновременного действия мутаций и отбора существенно затруднен, так как требуется принимать во внимание целый ряд

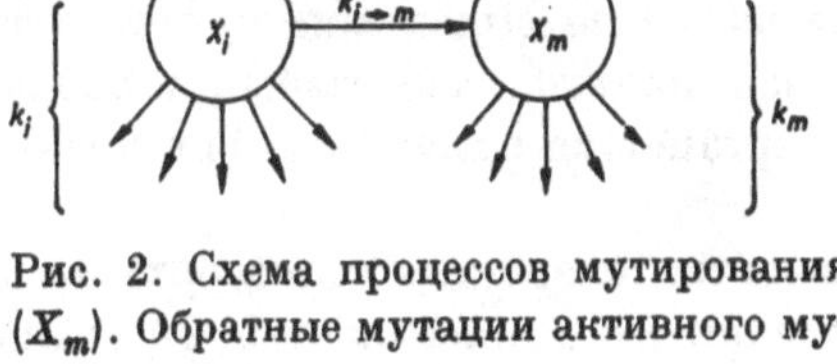

Рис. 2. Схема процессов мутирования исходного штамма (X_i) в мутантный (X_m). Обратные мутации активного мутанта не учтены ($K_{m\to i} = 0$)

взаимодействий и перехода одной формы в другую [27—29]. Для случая, показанного на рис. 2, математическая модель динамики численности исходной формы и активного мутанта дает соотношение:

$$\frac{X_m}{X_i} = \frac{X_{m0}}{X_{i0}} \cdot e^{\gamma t} + \frac{k_{i\to m}\mu_i}{\gamma \cdot \ln 2}\,(e^{\gamma t} - 1) \tag{2}$$

где

$$\gamma = \left(\mu_m - \frac{k_m\mu_m}{\ln 2} - \varepsilon_m\right) - \left(\mu_i - \frac{k_i\mu_i}{\ln 2} - \varepsilon_i\right)$$

k_m и k_i — частоты мутирования исходной форм по всему спектру мутирования, $k_{i\to m} \ll k_i$.

Можно учесть влияние трат на обмен (на поддержание организации) в наиболее простой форме, используя [30]:

$$\mu = \mu_{\max} S/(K_S + S) - \mu_e \tag{3}$$

Тогда выражение для γ примет вид:

$$\gamma = \left(\mu_m - \frac{k_m\mu_m}{ln\,2} - \varepsilon_m - \mu_{em}\right) - \left(\mu_i - \frac{k_i\mu_i}{ln\,2} - \varepsilon_i - \mu_{ei}\right) \tag{4}$$

Параметр γ характеризует в целом селективное преимущество мутантной формы по сравнению с исходной и является движущей силой отбора. При $\gamma > 0$ доля мутанта в популяции будет нарастать до тех пор, пока он не вытеснит исходный, дикий тип, а при $\gamma < 0$ доля мутанта будет уменьшаться до малого стационарного уровня.

Подчеркнем, что генетическая перестройка в микробной популяции имеет характер не просто увеличения численности активного мутанта, а приводит к замещению исходной формы в популяции, ее вытеснению. Таким образом, имеет место автоселекция штаммов в открытых системах. Автоселекция, являясь выражением результирующего действия естественного отбора в микробной популяции, проходит на протоке автоматически без вмешательства извне.

В целом, характер, темпы и направление действия отбора зависят как от кинетических свойств самой популяции, так и от факторов внешней среды. В зависимости от условий культивирования могут выделяться и накапливаться активные мутанты различных типов. Рассмотрим некоторые из них.

Мутанты, более полно утилизирующие лимитирующий субстрат. В условиях внешнего лимитирования роста в хемостатной культуре устанавливаются низкие концентрации лимитирующего субстрата, и селективное преимущество будут иметь мутанты, способные потреблять субстрат до еще более низких концентраций при заданной скорости протока. Автоселекция в этих условиях приводит к снижению действующей концентрации лимитирующего субстрата, т. е. к более полной его утилизации. Результаты экспериментов по выделению мутантов данново типа представлены на рис. 3. Аналогичная картина автоселекции наблюдается при конкуренции различных видов микроорганизмов за субстрат в проточнной культуре (см. раздел 4).

Более экономичные мутанты. При малых скоростях транспорта лимитирующего субстрата и высокой степени потребления его потока, клетки, способные экономно использовать его на рост и включение в биомассу, будут иметь преимущество перед формами, менее ,,экономичными" (например, избыточно расходующими субстрат на поддержание организации и метаболизма). Такой тип мутантов, вытесняющий исходную культуру, отмечался в экспериментах с популяциями дрожжей-сахаромицетов [31]. Новая форма оказалась способной более эффективно (на 30%) утилизировать на рост лимитирующий рост субстрат-β-глицерол-фосфат, при полном совпадении остальных кинетических характеристик.

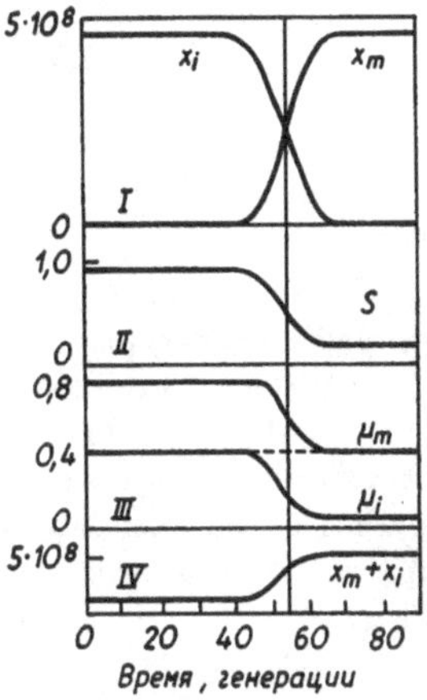

Рис. 3. Замещение штамма *E. coli* B/1 t более активным мутантом B/1 tf в хемостате [28].
Зона I - концентрации клеток исходного-X_i и мутантного-X_m штаммов; II-концентрация лимитирующего рост субстрата-триптофана (мл/л); III-удельные скорости роста; IV-суммарная концентрация биомассы (кл/мл). По оси абсцисс время в поколениях исходной формы

Резистентные формы. Условия ингибирования роста микробных популяций широко распространены в промышленных ферментациях и в природе. Селективное преимущество в данном случае будут иметь формы, более резистентные к различного рода ингибиторам. Например, согласно формуле (4) это могут быть мутанты с повышенной скоростью роста или с пониженной скоростью отмирания.

Очевидно, что приспособление (адаптацию) культур микроорганизмов к высоким концентрациям ингибиторов целесообразно проводить при определенной степени ингибирования их роста. Причем, для того, чтобы автоселекция прошла быстрее, необходимо организовать непрерывный процесс с наибольшей возможной скоростью роста популяции микроорганизмов при данной концентрации ингибитора. Однако при таких условиях хемостатная культура микроорганизмов неустойчива (см. табл. 1), адаптацию следует проводить, используя один из методов культивирования с обратной связью (см. раздел 2).

Так, например, адаптация дрожжей к фенолу-ингибитору была осуществлена в pH-стате [7] при 40% снижении скорости роста популяции по сравнению со скоростью роста без ингибитора (рис. 4). Картина автоселекции фенол-резистентного штамма в pH-стате представлена на рис. 5.

Пожалуй, самым впечатляющим примером эволюции микробных популяций в сторону повышения резистентности может служить повсеместное распространение патогенных микроорганизмов, устойчивых к самым разнообразным антибиотикам.

Мутанты с повышенной максимальной скоростью роста. При культивировании микроорганизмов без внешнего ограничения роста (турбидостат, pH-стат и др.) скорость протока с помощью технических следящих устройств поддерживается

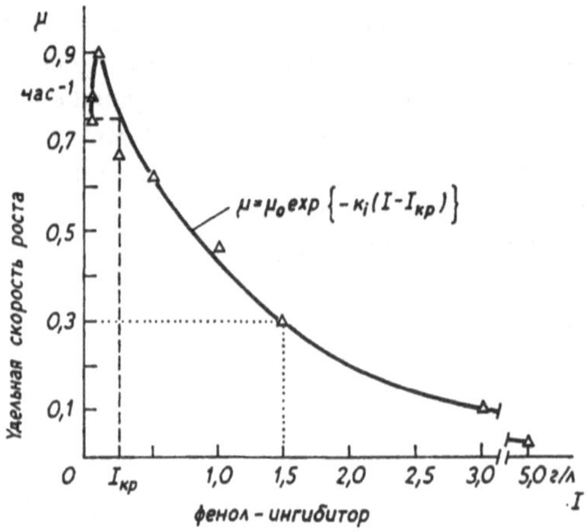

Рис. 4. Зависимость удельной скорости роста культуры *C. mycoderma* от концентрации фенола при непрерывном pH-статном культивировании $\mu(\mathrm{I})$, [7]. Концентрация биомассы $X = 0{,}5$ г/л; pH$=$ 3,0; T $=$ 30°C. Непрерывная линия — теоретически рассчитана по формуле $\mu = \mu_0\ exp\{-K_i(I - I_{kp})\}$ $I_{kp} = 0{,}25$ г/л; $K_i = 0{,}7$ л/г. На рисунке выделена ингибирующая концентрация фенола $I = 1{,}5$ г/л в среде, при которой проводилась адаптация дрожжей к фенолу в pH-стате (см. рис. 5)

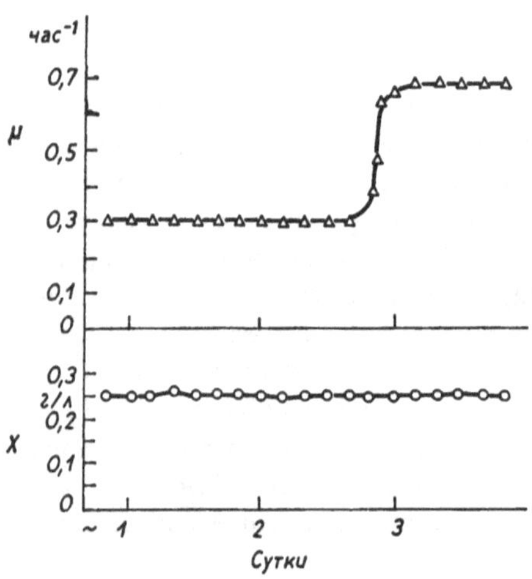

Рис. 5. Автоселекция по скорости роста резистентного к фенолу штамма *C. mycoderma* при непрерывном pH-статном культивировании. Минеральная среда с глюкозой 5 г/л, концентрация фенола 1,5 г/л, T $=$ 30°C

равной скорости роста популяции. Процесс автоселекции штаммов в данном случае сопровождается автоматическим подъемом скорости протока от величины, равной удельной скорости роста исходной формы, до величины, соответствующей удельной скорости роста более активного мутантного штамма. Суммарная численность популяции при этом поддерживается на постоянном уровне. Следовательно, в условиях роста без внешнего лимитирования микроэволюционный переход приводит к увеличению максимальной удельной скорости роста при сохранении размеров популяций (рис. 6).

В целом, микроэволюция в популяциях микроорганизмов, культивируемых на протоке с целью интенсивного синтеза биомассы, благоприятное явление, так как она приводит к интенсификации процессов метаболизма и повышению продуктивности непрерывной культуры. Совершенно иная картина наблюдается при микроэволюции проточной популяции в условиях интенсивного синтеза продуктов метаболизма. В настоящее время все шире используются процессы, направленные не только на рост биомассы, но и на интенсивный синтез микроорганизмами определенных ценных продуктов. В промышленных масштабах используются микроорганизмы, превосходящие в сотни раз по продуктивности исходные дикие формы. Однако, недостаточно только вывести высокоактивный штамм, возникает серьезная задача его ,,удержания" в популяции. Причина опасности спонтанных генетических перестроек при интенсивном продуктообразовании заключается в том, что сверхсинтез продуктов метаболизма является признаком популяционно невыгодным в большинстве случаев.

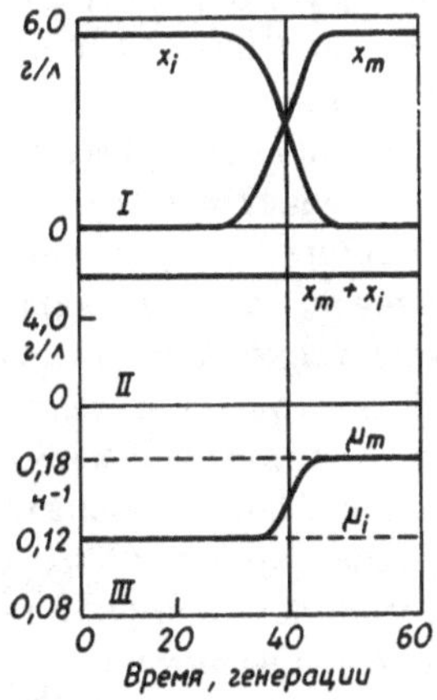

Рис. 6. Общая картина процесса микроэволюции в проточной популяции дрожжей без внешнего лимитирования [4].

I — изменение концентраций исходного (X_i) и мутантного (X_m) штаммов; *II* — суммарная концентрация; *III* — изменение скорости протока

Например, интенсивный синтез аминокислот, превышающих в десятки раз по сухому весу количество образовавшейся биомасссы, конечно не дает преимущества той форме микроорганизма, которая его осуществляет. Для клетки выгоднее экономно расходовать субстрат на рост биомассы и размножение, чем просто трансформировать его в какое-либо соединение, представляющее ценность для человека. Очень часто сверхсинтетиками являются ауксотрофные формы микроорганизмов, неспособные к синтезу определенного вещества или ряда необходимых для нормального метаболизма соединения. Поэтому спонтанное ревертирование к нормальному дикому типу может быть выгодным для ревертанта, более быстро и экономно использующего ресурсы среды для собственного роста и размножения.

На самом деле, потеря активности образования продукта не равнозначна деградации популяции. Скорее наоборот, при спонтанном замещении исходной ауксотрофной формы ревертантом с более высокой скоростью роста в данных условиях, происходит интенсификация процессов метаболизма и более полное использование ресурсов среды. Следовательно, и в этом случае автоселекция увеличивает приспособленность популяции, хотя она и направлена в нежелательную сторону с точки зрения интенсивности продуктообразования. Для борьбы с отрицательным действием автоселекции разработаны различные технологические приемы. Первый, самый простой из них: это регулярная смена головного ферментера при многоступенчатом непрерывном культивировании [3]. Однако, этот путь не может считаться удовлетворительным, так как физически означает отказ от непрерывного процесса. Второй путь связан с эмпирическим подбором таких условий культивирования, при которых продуцент был бы более активен по сравнению с мутантом. Однако, особых успехов и на этом пути ожидать не приходится, так как исходная и мутантная форма близки по большинству свойств, только мутант избавлен от недостатков, сдерживающих развитие исходной продуцирующей формы.

Обратимся еще раз к формуле (1) для оценки числа образовавшихся мутантов. Очевидно, что для уменьшения опасности появления ,,вредных'' мутантов в промышленных условиях не годится уменьшать на численность популяции-X, ни число поколений-n, чтобы не снижать продуктивности непрерывного процесса. Естественно обратить внимание на снижение частоты мутирования-k. Прежде всего, имеет смысл использовать многократно вырожденные мутанты типа полиауксотрофных форм [8]. Возврат к прототрофному варианту для таких ауксотрофов будет маловероятным событием, так как для образования нежелательного прототрофа необходимо, чтобы произошли несколько независимых мутаций. Следовательно, на этом пути имеется хороший резерв повышения устойчивости непрерывных культур, однако работа по выделению множественных мутантов-продуцентов с мутациями определенного, заданного типа требует больших затрат и пока только начата [8]. Определенный интерес представляет прямое снижение частоты мутирования с помощью антимутагенов [32]. К сожалению, и здесь нет особых оснований надеяться на быстрый положительный результат.

Несомненно, что единственным надежным путем повышения устойчивости нужных форм, активных продуцентов, является превращение ,,противника в союзника'', т. е. обращение действия естественного отбора в пользу продуцентов. Это возможно при использовании специальных регуляторных мутантов в условиях, при которых сверхсинтез нужного вещества является популяционно выгодным. В таком случае отбор не только способствует сохранению активной формы, но и может приводить к ее накоплению. К настоящему времени известен целый ряд методов, позволяющих использовать положительное действие естественного отбора [33, 34]. Например, для изменения механизмов регуляции активности анаболических ферментов перспективно использование структурных аналогов обычных метаболитов. В нормальных клетках активность анаболических ферментных систем контролируется через отрицательную обратную связь концентрацией конечных продуктов метаболизма. В настоящее время известен целый ряд мутантов, резистентных к аналогам и выделяющих нормальные метаболиты в среду, составлены таблицы соответвующих мутантов, продуктов и аналогов [34]. Общие свойства таких мутантов — в их повышенной конкурентоспособности, а следовательно и в высокой популяционной устойчивости. Селективное преимущество им дает резистентность к повышенным концентрациям аналога или самого конечного продукта, генетически связанная со сверхпродукцией. Поэтому, например, реверсия к дикой форме, прекращающая синтез продукта, автоматически должна приводить к уменьшению скорости роста из-за снижения резистентности к аналогу или метаболиту.

Итак, для повышения генетической устойчивости больших по размерам популяций продуцентов в непрерывных ферментациях необходимо использовать специальные формы типа регуляторных мутантов в условиях, при которых сверхсинтез продукта является популяционно выгодным. Остальные пути могут приводить лишь к временным успехам.

4. Смешанные проточные культуры микроорганизмов

Редкая непрерывная промышленная ферментация не заканчивается засорением исходной культуры популяциями посторонних микроорганизмов. Причем микробиологи относят проблему борьбы с контаминантами к чисто технической, ссылаясь на несовершенство промышленных технологий, не способных создавать условия полной стерильности, а технологи-производственники полагают, что основная причина засорения в неустойчивости самих штаммов. Однако правильнее говорить об устойчивости и конкурентоспособности определенных популяций в определенных условиях. Популяционный подход, таким образом, сближает крайние точки зрения и позволяет наметить наиболее перспективные пути решения проблемы.

Естественно требовать соблюдения чистых условий при проведении промышленных ферментаций. Однако при резком возрастании объемов промышленного производства траты на сохранение стерильности возрастают еще резче и могут приблизиться к стоимости продукта, к тому же не всегда это является необходимым.

Для нестерильных производств, например, при проточном выращивании биомассы, перспективно изменение физикохимических условий в ферментерах таким образом, чтобы популяции основных засорителей оказывались в невыгодных условиях. Известен, например, способ поддержания чистых дрожжевых культур в промышленных условиях путем снижения величины pH до значений, при которых популяции бактерий неспособны активно размножаться [9, 10]. Понятно, что такой метод требует знания кинетических свойств популяций потенциальных засорителей.

Конечно, если говорить о процессах тонкого биологического синтеза, то они невозможны без разработки особых мер по сохранению чистоты культуры. К примеру, одним из основных препятствий для широкого применения непрерывных промышленных технологий биосинтеза лизина микроорганизмами можно считать высокую опасность заражения процесса посторонней микрофлорой. В данном случае дело осложняется тем, что при биосинтезе лизина используются богатые питательные среды (типа меласс в добавлением кукурузного экстракта), на которых способно расти большое число засорителей. При использовании сред такого типа может оказаться перспективным прием, направленный на ,,ухудшение‘‘ условий для роста популяций посторонних микроорганизмов. Это может быть добавление специальных соединений, ингибирующих рост микроорганизмов, причем популяцию продуцента можно предварительно адаптировать к этому ингибитору [11].

Наиболее перспективный путь решения этой проблемы связан с анализом закономерностей конкурентных отношений в смеси популяций. На основе изучения хемостатных микробных культур обобщена формулировка одного из основных кинетических принципов экологии-принципа конкурентного исключения, или принципа Гаузе [12]. В современном варианте принцип конкурентного исключения гласит: число сосуществующих видов (популяций) не может превышать числа ограничивающих факторов, зависящих от плотности популяций. Помимо конкуренции за пишу, таким образом, учитываются нетрофические факторы (температура, pH среды и др.).

При использовании богатых сред необходимо организовать процесс таким образом, чтобы не оставался избыток неутилизированного субстрата. На языке популяционных отношений это означает, что не надо ,,давать'' пищи конкурентам. Кроме того, вводимый субстрат должен потребляться до низких концентраций, ибо остаточная концентрация субстрата — это один из основных показателей конкурентоспособности любого штамма [3].

Подчеркнем, что далеко не всегда в микробиологическом производстве необходимо иметь дело с монокультурами, затрачивая средства на поддержание стерильности. Иногда смешанные культуры продуктивнее чистых культур, как например, при непрерывной технологии получения молочнокислых продуктов [35]. Создание устойчивых смешанных культур с управляемым видовым осставом основывается на разрешении двух проблем, представляющих и самостоятельный интерес в динамике популяций.

Прежде всего, на сосуществование смешанных культур оказывают влияние метаболические взаимодействия микроорганизмов. Классификация типов взаимодействия по результатам (плюс или минус), предложенная Ю. Одумом, позволяет на микробных популяциях точно определить характер взаимодействия и найти условия устойчивого сосуществования популяций, их доминирования или элиминации. Введение индексов взаимодействия дает возможность не только учитывать характер взаимодействия, но и определять его интенсивность [13].

С другой стороны, в микробиологическом производстве, где как правило, используются сложные по составу среды, распространен рост популяций на сложных субстратах. Эффективное одновременное использование целого спектра соединений не под силу одной популяции; смешанные культуры здесь наиболее перспективны. В принципе, можно разработать управляемую по составу видов смешанную культуру, наиболее полно и экономично утилизирующую все компоненты сложного субстрата.

5. Взаимодействующие популяции разных трофических уровней: проблемы фаголизиса

Популяционные аспекты проблемы фаголизиса непрерывных культур пока по-настоящему не осознаны. Использование больших популяций в промышленных условиях представляет собой большое ,,благо'' для развития процессов фаголизиса. Фактически создается новая экологическая ниша — популяция хозяина, которая со временем должна быть заселена паразитом. Главная трудность здесь в том, что соблюдение стерильности процесса — еще не гарантия избавления от фаголизиса, так как, по-видимому, большинство культур лизогенно, т. е. имеет фаг в неактивном состоянии [14]. Переход фага в активное состояние — событие маловероятное для каждой отдельной пары фаговая частица-клетка хозяина. Однако для промышленных популяций с их высокими численностями вероятность такого перехода возрастает пропорционально численности к количеству поколений (см., например, формулу (1), которая может быть использована для грубой оценки и в данном случае).

Однако, в вышеизложенной ситуации есть некоторые основания для оптимизма. Согласно правилам действия естественного отбора фагоустойчивые формы должны сами отбираться в проточных условиях и популяционная система паразит-хозяин должна эволюционировать в сторону устойчивого сосуществования без катастрофических колебаний численностей обоих звеньев [15]. И хотя в экспериментальных исследованиях наблюдались несколько колебаний (эволюционных изменений) в популяциях и хозяина и паразита, тенденция к стабилизации может считаться общим правилом развития микробных систем паразит-хозяин [36].

6. Борьба с загрязнением окружающей среды

Биологические способы борьбы с загрязнением можно разделить на два типа: интенсивные, сконцентрированные в определенных местах, специально разработанные и экстенсивные, распределенные по всей планете, связанные с естественной деятельностью живых организмов биосферы.

Основная задача систем интенсивной очистки заключается в разложении загрязнений, имеющих большие объемы и доступных для быстрой переработки с помощью естественных биологических механизмов. Это, прежде всего, бытовые сточные воды и большая часть промышленных и агропромышленных стоков.

В большинстве случаев не удается определить качественный состав микрофлоры активного ила, работающего в очистных системах. Особенно сложна биологическая структура ила в непроточных периодических системах. Однако, несмотря на сложность активного ила, основные функции по очистке сточных вод производят лишь отдельные микробные популяции, наиболее приспособленные к данным условиям очистки и, прежде всего, к основным субстратам [16, 37]. В особенности это относится к промышленным стокам с их специфичными субстратами. Изучение кинетических свойств ограниченного числа культур уже не является безнадежным делом и позволяет разработать количественные основы микробиологической очистки сточных вод.

Серьезным ограничением деятельности организмов в сточных водах является наличие всякого рода ингибиторов роста. Несмотря на то, что среди всех деструкторов микроорганизмы наиболее устойчивы к отравлению, приходится принимать специальные меры для снижения концентраций ингибиторов, например, дополнительно разбавлять стоки чистой водой. Более перспективным приемом, основанным на популяционном подходе, следует считать применение проточных систем, и в особенности, систем с обратной связью, ввиду их устойчивости и способности к автоматическому улучшению свойств со временем (автоселекции), а также адаптацию популяций к высоким концентрациям ингибиторов [17]. Приложимость этих методов к процессам очистки сточных вод очевидна. Например, детальное исследование биодеградации токсических соединений целесообразно проводить именно с помощью непрерывной культуры с обратной связью, поскольку такие методы устойчивы при субстратном ингибировании роста микроорганизмов (см. табл. 1). Так была исследована биодеградация фенола различными микроорганизмами в фенол-стате [26] и в pH-стате [19] (рис. 7).

Окончательная переработка всех загрязнений в конечном счете осуществляется во всей биосфере повсеместно на основе естественных процессов. Конечно, по сравнению с интенсивными системами очистки скорости здесь гораздо ниже и поэтому нагрузки не должны быть высокими. До тех пор, пока интенсивные процессы очистки налажены недостаточно, нагрузка на естественные процессы само-

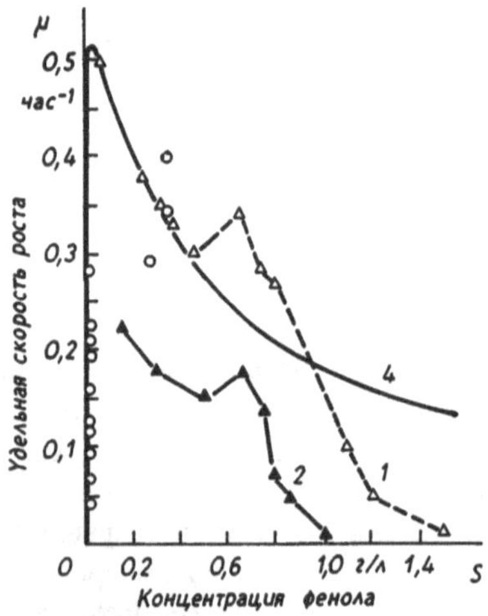

Рис. 7. Устойчивые стационарные состояния в pH-статной культуре дрожжей *C. tropicalis* при субстратном ингибировании их роста фенолом.

1 — стационарные состояния, полученные в pH-статной культуре при pH = 5,0 и 32°; 2 — то же, но при pH = 4,0; 3 — стационарные состояния в хемостатной культуре тех же дрожжей при pH = 5,0 и T = 32°; 4 — теоретическая кривая, рассчитанная по формуле $\mu = \mu_{max} S/(K_S + S + S^2/K_i)$. Параметры кривой опеделены с помощью метода наименьших квадратов: $\mu_m = 0{,}6 \pm 0{,}03$ час$^{-1}$; $K_i = 440 \pm 40$ мг/л и $K_S = 2{,}8 \pm 0{,}3$ мг/л

очищения биосферы является избыточной и параллельно с деструкцией загрязнений идет их постепенное накопление в окружающей среде [18]. Однако, разнообразие и лабильность типов обмена, позволяющие разлагать широкий спектр веществ-загрязнителей, а также высокие скорости адаптации позволяют надеяться, что темпы адаптации популяций микроорганизмов смогут поспевать за темпами роста загрязнений [38].

7. Заключение

Одна из основных задач современной биотехнологии — повышение устойчивости и продуктивности непрерывных культур — требует технического совершенствования, но основывается на популяционных законах. Для грамотного ведения непрерывных производственных процессов надо уметь использовать действие главной движущей силы эволюции популяций — естественного отбора. Если в процессах, направленных на получение биомассы, это сделать легко, опираясь на автоселекцию, то для сохранения форм-сверхсинтетиков нужных продуктов в проточных культурах необходимо принимать особые меры. В частности, нужно использовать специально выведенные штаммы (типа регуляторных мутантов), создавая условия, в которых сверхпродукция был бы популяционно выгодной.

Микроэволюционные переходы в популяциях зависят от условий среды и в настоящее время может быть предсказана их феноменология (типы выделяющихся мутантов), а в некоторых случаях и конкретные механизмы, т. е. изменения активности определенных ферментов или систем регуляции их синтеза.

Применение современных методов культивирования микроорганизмов требует изучения и использования популяционных закономерностей для сохранения и повышения продуктивности процессов биосинтеза в течение длительного времени. В частности, переход от периодических к непрерывным ферментациям требует пересмотра самих методов селекции с ориентацией на автоселекцию наиболее активных и устойчивых на протоке форм микроорганизмов.

Авторы считают своим приятным долгом выразить благодарность Н. И. Белянкиной и Г. А. Белоноговой за помощь при оформлении рукописи.

Литература

[1] Печуркин, Н. С., И. Н. Позмогова и И. А. Терсков: Регулирование процесса непрерывного культивирования *Candida tropicalis 29-10* изменением pH среды. Прикл. биохим. и микробиол., 1969, т. 5, 158—163

[2] Печуркин, Н. С., Г. С. Боровьева, А. М. Гладченко и Ю. Л. Гуревич: Об оксистатном способе управления скоростью протока в лимитированных по субстратуне прерывных процессах культивирования. В кн: Управляемый биосинтез и биофизика популяций. Красноярск, 1969, 200—201

[3] Печуркин, Н. С.: Популяционная микробиология. Новосибирск, Наука, 1978

[4] Печуркин, Н.С., И.Н. Позмогова, Г.М. Садовская, И.А. Терсков и И.И. Гительзон: Автоселекция дрожжей по скорости их роста при непрерывном культивировании на среде с парафином. Прикл. биохим. и микробиол., 1969, т. 5, 409—415

[5] Печуркин, Н. С., и И. А. Терсков: Автоселекционные процессы в непрерывной культуре микроорганизмов. Новосибирск, 1973, 64 с.

[6] Печуркин, Н. С., и. И. А. Терсков: Анализ кинетики роста и эволюции микробных популяций. (в управляемых условиях) Новосибирск, 1975, 240 с.

[7] Брильков, А. В., и Н. С. Печуркин: Ингибирование роста *Candida mycoderma* фенолом и автоселекция резистентных форм при непрерывном pH-статном культивировании. Микробиология, 1979, т. 48, 711—715

[8] Алиханян, С. И.: Селекция промышленных микроорганизмов. М., 1968, 392 с

[9] Квасников, Е. И., Л. А. Мельниченко, М. Г. Сумневич, О. Ф. Петренко, Р. А. Заватская и Н. С. Павлюк: Бактерии-возбудители инфекции дрожжей, выращиваемых на углеводородах нефти и некоторые особенности их физиологии. Прикл. биохим. и микробиол., 1967, т. 3, 653—659

[10] Гуревич, Ю. Л., Н. С. Печуркин, Л. А. Сомова и Ж. А. Судакова: О взаимоотношении бактерий и дрожжей при их совместном непрерывном культивировании. В кн: Непрерывное и периодическое культивирование микроорганизмов, Красноярск, 1972, 127—131

[11] Письман, Т. И., Т. В. Елкина, М. И. Теремова, Н. С. Печуркин и И. А. Терсков:

Динамика взаимодействия популяций бактерий и фага при периодическом и непрерывном культивировании. Доклады АН СССР, 1978, т. 241, 955–958

[12] Дегерменджи, А. Г., Н. С. Печуркин и И. А. Терсков: Критерий стационарного сосуществования проточных микробных популяций. Доклады АН СССР, 1979, т. 245, 987–990

[13] ... Смешанные проточные культуры микроорганизмов. Ред. Н. С. Печуркин. Новосибирск, 1980

[14] Раутенштейн, Я. И.: Бактериофаги и актинофаги. В кн: Жизнь растений, т. 1, 446–461

[15] ... Динамика малых экосистем и их звеньев. Ред. Н. С. Печуркин. Новосибирск, 1980

[16] Ротмистров, М. Н., П. И. Гвоздяк и С. С. Ставская: Микробная деструкция синтетических органических веществ. Киев, 1975, 223 с

[17] Печуркин, Н. С., и А. В. Брильков: Устойчивость непрерывных культур микроорганизмов при очистке сточных вод с ингибирующими субстратами. В кн: Микробиологические методы борьбы с загрязнением окружающей среды. Пущино, 1979

[18] Ковда, В. А.: Биогеохимические циклы в природе и нарушение их человеком. М., 1975, 74 с

[19] Брильков, А. В., Н. С. Печуркин и В. В. Литвинов: Субстратное лимитирование и ингибирование роста *Candida tropicalis* фенолом в непрерывной хемостатной и pH-статной культуре. Микробиология, 1980, т. 49, 466–472

[20] Ковров, Б. Г., и В. Н. Белянин: Пример совместного действия двух лимитирующих факторов на микроорганизмы в непрерывной культуре. В кн: Биология и культивирование микроорганизмов. Красноярск, 1969, 129–132

[21] Шкидченко, А. Н., Л. В. Гурина, Л. С. Чивисова, В. М. Грищенко и С. С. Рылкин: Физиолого-биохимические изменения дрожжей *Candida tropicalis* при культивировании в режиме аутотермостата. Микробиология, 1974, т. 43, 276–281

[22] Bryson, V.: Microbial selection. P. II. The turbidostatic selector — a device for automatic isolation of bacterial variants. Science, 1952, v. 116, 48–52

[23] Martin, G. A., and W. P. Hempling: A Method for the Regulation of Microbial Population Density during Continuous Culture at High Growth Rates. Arch. Microbiol., 1976, v. 107, 41–47

[24] Watson, T. G.: Steady-state operation of a continuous culture at maximum growth rate by control of carbon dioxide production. J. gen. Microbiol., 1969, v. 59, 83–89

[25] Hospodka, I.: Oxygen-absorption rate-controlled feeding of substrate into aerobic microbial cultures. Biotechnol. and Bioeng., 1966, v. 8, 117–134

[26] Yang, R. D., and A. E. Humphrey: Dynamic and Steady State Studies of Phenol Biodegradation in Pure and Mixed Cultures. Biotechnol. and Bioeng., 1975, v. 17, 1211–1235

[27] Northrop, I. H., and M. Kunitz: The proportion of mutants in bacterial cultures. J. of Gen. Physiol., 1957, v. 41, 119–130

[28] Moser, H.: The dynamics of baterial populations maintained in the chemostat. Washington, 1958. 155 p.

[29] Kubitschek, H. E.: Introduction to research with continuous cultures. Englewood Clifts, New Jersey, 1970

[30] Herbert, D., R. Elsworth and R. G. Telling: The continuous culture of bacteria. A theoretical and experimental study. J. of Gen. Microbiol., 1956, v. 14, 601–622

[31] Fransis, J. C., and P. E. Hansche: Directed evolution of metabolic pathways in microbial populations. Genetics, 1972, v. 70, 59–73

[32] Clarke, C. H., and D. M. Shankel: Antimutagenesis in Microbial Systems. Bacteriol. Rev., 1975, v. 39, 33–53

[33] Demain, A. L.: Industrial fermentation and their relation to regulatory mechanisms. In: Advances in Applied Microbiol., v. 8, 1966, 1–27

[34] Schlegel, H. G., and H. W. Jannasch: Enrichment cultures. Ann. Rev. of Microbiol., 1967, v. 21, 49–66

[35] MacBean, R. D., R. J. Hall and P. H. Linklater: Analysis of pH-stat continuous cultivation and the stability of the mixed fermentation in continuous yogurt production. Biotechnol. and Bioeng., 1979, v. 21, 1517–1541

[36] Paynter, M. I., H. R. III Bungay and M. T. Horne: Discussion on characterization of virulent bacteriophage infections of *E. coli* in continuous culture. Science, 1971, v. 172, 405

[37] Chiu, S. I., L. T. Fan, I. C. Kao and L. E. Erickson: Kinetic behaviour of mixed populations of activated sludge. Biotechnol. and Bioeng. 1972, v. 14, 179–199

[38] Metcalf, R. L.: A laboratory model ecosystem for evaluating the chemical and biological behaviour of radioabelled micropollutants. In: Comparative studies of food and environmental contamination, Vienna, 1974, p. 49

[39] Yano, T., and S. Koga: Dynamic Behaviour of the Chemostat Subject to Substrate Inhibition. Biotechnol. and Bioeng., 1969, v. 11, 139–153

[40] Edwards, V. H., R. C. Ko and S. A. Balogh: Dynamics and Control of Continuous Microbial Propagators to Subject Substrate Inhibition. Biotechnol. and Bioeng., 1972, v. 14, 939–974

[41] Pirt, S. I.: Principles of microbe and cell cultivation. Oxford, 1975, 274 p.

[42] Monod, J.: La technique de culture continue. Theorie et applications. Ann. Inst. Pasteur, 1950, v. 79, 390–410

Professur für Mikrobiologie
der Eidgenössischen Technischen Hochschule Zürich, Schweiz

Entwicklung der Meßtechnik für Fermentationsprozesse

A. EINSELE

1. Einleitung

Forschung und Entwicklung auf dem Gebiet der Bioreaktor-Instrumentierung haben in den letzten 10 Jahren niemals den gleichen Erfolg gehabt wie etwa die Neuentwicklungen des Bioreaktors selbst. Als Paradebeispiel sei die Messung des gelösten Sauerstoffs in der Kultivationslösung erwähnt. Obwohl die kritischen Probleme einer pO_2-Sonde bereits vor 20 Jahren veröffentlicht worden sind (PHILLIPS and JOHNSON [8]), kranken die auf dem Markt erhältlichen Produkte noch an den gleichen schwachen Punkten, wie etwa Langzeitstabilität oder Nacheichung. Dies ist um so erstaunlicher, als daß die Elektronik einen unerhöhten Aufschwung erlebt hat. Offensichtlich hat die Entwicklung der Meßtechnik im Bioreaktor damit nicht Schritt gehalten.

Auch die euphorische Verwendung des Prozeßrechners ist relativiert worden. Es ist verführerisch, die Unzulänglichkeiten der Meßwertgeber durch geschickte Modelle mit dem Computer zu beheben. Handelt es sich aber dabei nicht um ein Vertuschen der tatsächlichen Problematik am Meßfühler selbst?

Die Komplexität der Bioreaktorinstrumentierung äußert sich u. a. darin, daß die Instrumentierung eines Bioreaktors mit prohibitiven Kosten verbunden sein kann. Abbildung 1 zeigt eine Gegenüberstellung der Reaktorkosten und der Kosten für die Instrumentierung in Funktion der Bioreaktorgröße. Den Instrumentierungskostenberechnungen wurden die Erfassung und Regelung von pH, pO_2 und Schaumentwicklung

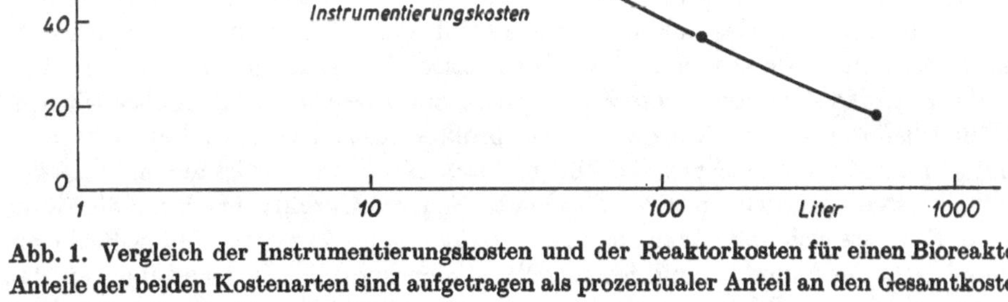

Abb. 1. Vergleich der Instrumentierungskosten und der Reaktorkosten für einen Bioreaktor. Die Anteile der beiden Kostenarten sind aufgetragen als prozentualer Anteil an den Gesamtkosten und in Funktion des Reaktorvolumens.

sowie die Messung und Registrierung von Druck, Luftmenge und Gaszusammensetzung zugrunde gelegt. Für die Gasanalyse wurde angenommen, daß sie gleichzeitig für 3 Bioreaktoren eingesetzt wird. Die standardmäßige Temperaturregelung wird üblicherweise zu den Reaktorkosten gerechnet. Unter der Annahme, daß die Instrumentierungskosten mit zunehmendem Volumen des Reaktors konstant bleiben, werden die Instrumentierungskosten erst für Reaktoren mit etwa 80—100 l Inhalt kleiner als die eigentlichen Reaktoraufwendungen.

Der Terminologie der Meßverfahren wird nicht immer die benötigte Beachtung geschenkt. Tabelle 1 zeigt eine Zusammenstellung der gebräuchlichen Verfahren für die Bioreaktor-Instrumentierung. Anzustreben sind Echtzeit-Messungen, welche in-situ durchgeführt werden können. Obwohl dadurch die Sonden sterilisierbar sein müssen, ist dieser Trend in den Neuentwicklungen eindeutig feststellbar.

Tabelle 1

Terminologie der Meßverfahren unter Berücksichtigung der Bioreaktor-Instrumentierung

Variable	Alternative	
Zeit	real	nicht real
	kontinuierlich	diskontinuierlich
Signalverarbeitung	on-line	off-line
Ort	am Ort	im by-pass
	in situ	am Austritt
	in tank	
Methode	direkt	indirekt
		(Ersatzgröße)
		„Gateway“

2. Einflüsse von Reaktorinhomogenitäten auf das Meßresultat

Selbst bei Meß-Sonden, welche direkt im Reaktor eingebaut sind, kommt dem Meßort große Bedeutung zu. Damit ist explizit auch gesagt, daß der Meßtechniker auch die Überlegungen des Stoff- und Energietransportes mit berücksichtigen muß. Insbesondere in Systemen mit höheren Viskositäten oder mit nicht-Newtonschen Fließverhalten konnte nachgewiesen werden, daß es im Bioreaktor aktive und weniger aktive Zonen gibt (FINN u. a. [3], SWALLOW [10]). Die experimentelle Bestimmung dieser beiden Zonen zeigte, daß die inhomogene Verteilung des Gas-holdup sowie die Unterscheidung in aktiven und passiven Gas-holdup in die Stoffübergangsmessungen mit einbezogen werden müssen (GESCHWEND u. a. [4]). Theoretisch läßt sich dies anhand der Verteilung der Energiedissipationsdichte E in einem Reaktor begründen. Eine übersichtliche Darstellung befindet sich in NAGATA [7]. Die größten Turbulenzen sind etwa 2—3 cm horizontal vom Rührer entfernt. In einem durch Xanthan verdickten mikrobiellen Wachstumssystem wurden mittels pO_2-Sonde Sauerstoffprofile in der Nährlösung gemessen. Es zeigte sich dabei, daß auf einer Strecke von 5—7 cm pO_2-Unterschiede von annähernd 20% der Luftsättigung festgestellt werden konnten. Dies sind Indizien, daß der Plazierung einer Meß-Sonde vermehrt Beachtung zu schenken ist.

In den wenigsten Fällen gibt sich der Biologe Rechenschaft darüber ab, daß die Meßdaten, die mit einer Sauerstoffsonde gemessen werden können, sehr wahrscheinlich nicht denjenigen Angaben entsprechen, die für die Zellen wirklich relevant sind. Zwei Beispiele veranschaulichen diese Situation:

a) Die Größenverhältnisse der aktiven Meßoberfläche einer Sauerstoffmeß-Sonde, verglichen mit dem Durchmesser einer Zelle, sind eindrücklich (10—100mal kleiner). Ohne Zweifel mißt die Sonde einen Mittelwert, welcher entscheidend verschieden sein kann von demjenigen, der für den Mikroorganismus wichtig ist.
b) Zudem ist — wenn wir die Filmtheorie auch für die Zelle anwenden — noch ein Konzentrationsgefälle im Film um die Zelle zu berücksichtigen.

Ferner ist keineswegs klar, ob die Zelle selbst auf den Partialdruck des Sauerstoffs oder aber auf die Konzentration des gelösten O_2 reagiert. Eine kürzlich erfolgte Untersuchung mit *Candida tropicalis* weist darauf hin, daß die gelöste Konzentration an Sauerstoff ebenfalls eine Rolle spielt (Maric und Einsele [6]). Abbilnung 2 zeigt die zusammen-

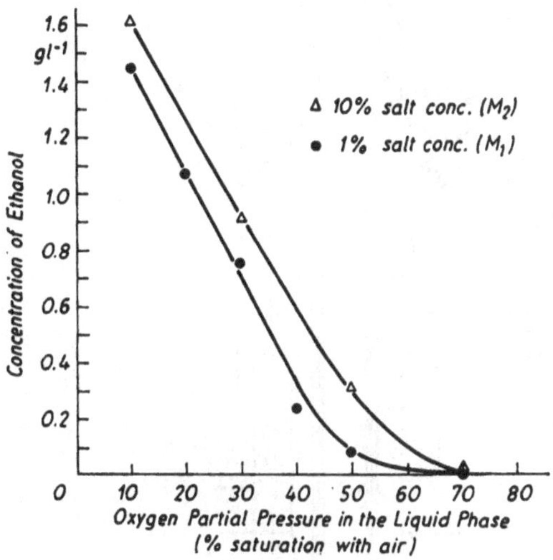

Abb. 2. Einfluß des gelösten Sauerstoffs auf die Äthanolkonzentration in Züchtungen von *Candida tropicalis*. Die Äthanolproduktion ist aufgetragen in Funktion des Sauerstoffpartialdruckes in der flüssigen Phase. Die Versuche wurden unter identischen Bedingungen, jedoch für zwei verschiedene Mineralsalzkonzentrationen (10% und 1%) durchgeführt.

fassende Darstellung der Ergebnisse. *Candida tropicalis* hat die Fähigkeit, den Metabolismus bei Sauerstoffmangel umzustellen, und dabei Äthanol zu produzieren. Eine Versuchsserie mit konstantem Sauerstoffpartialdruck der Zuluft aber unterschiedlicher, gelöster O_2-Konzentration (mittels Variation der Salzkonzentration) zeigte, daß bei höheren Salzkonzentrationen, d. h. kleineren O_2-Löslichkeiten mehr Äthanol produziert wird. Daraus kann geschlossen werden, daß der alleinigen Erfassung des O_2-Partialdruckes in der Flüssigphase nicht unbedingt die entscheidende Rolle zukommt.

3. Weiterentwicklung von in situ Meß-Sonden

3.1. Kohlendioxydpartialdruck

Obwohl hinlänglich bekannt ist, daß Kohlendioxyd einen Einfluß auf Wachstum und Produktbildung hat, wurde der Bestimmung des CO_2 gelöst in der Nährlösung bis anhin wenig Beachtung geschenkt. Erst die Entwicklung einer mehrfach sterilisierbaren pCO_2-Sonde ermöglichte weitere Untersuchungen (PUHAR u. a. [9]; EINSELE u. PUHAR [2]).

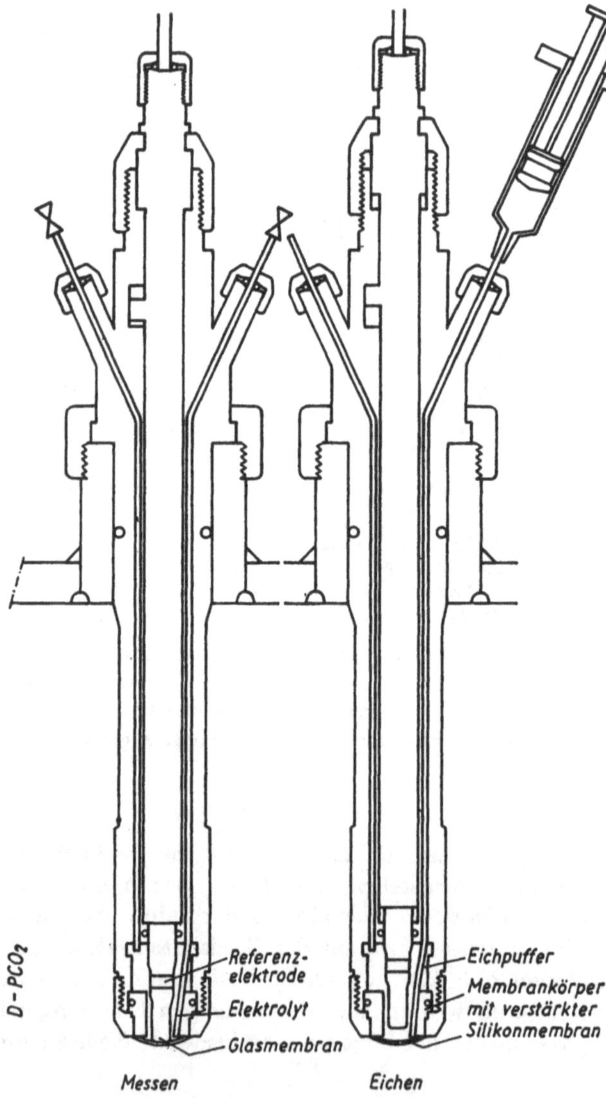

Abb. 3. Sterilisierbare pCO_2-Sonde. In der Position „Eichen" läßt sich Eichpuffer in die Sonde einfüllen. Damit ist eine in-situ Eichung möglich.

Die neuentwickelte Sonde zeichnet sich besonders dadurch aus, daß sie während dem Versuch in situ geeicht werden kann. Die Konstruktion ist in Abb. 3 wiedergegeben. Sie besteht aus einer Schutzhülse mit einem auswechselbaren Membrankörper, einer Elektrolytkammer mit Zuleitungen für die Eichung, einer Führungshülse mit der kombinierten Glaselektrode. Diese pH-Elektrode kann mittels eines Drehknopfes achsial bewegt werden. Damit werden die zwei Funktionen „Messen“ und „Eichen“ gewährleistet. In der „Eichposition“ kann durch eine Injektionsspritze Pufferlösung von bekannter Zusammensetzung in die Sonde gespritzt werden. Die Pufferzusammensetzung entspricht einem bestimmten Kohlendioxydpartialdruck. Somit lassen sich mehrere solche Pufferlösungen nacheinander in den Raum zwischen Membran und Glaselektrode spritzen, was eine genaue Eichung ermöglicht. Nach dem Eichen wird die Sonde wieder direkt an die Membran geschraubt, in die Position „Messen“.

Die für die Erfassung des Kohlendioxydpartialdruckes entwickelte Spezialsonde ließe sich auf weitere Gebiete anwenden. Beispielsweise ist auf diesem Wege die Entwicklung einer in-situ-Enzymsonde voraussehbar. Die Sonde als solche läßt sich ohne weiteres sterilisieren. Hingegen könnten hitzelabile fixierte Enzyme nach erfolgter Sterilisation in der „Kalibrationsposition“ zugegeben werden.

3.2. Fluoreszenzmessungen

Die Bestimmung der Fluoreszenz als Mittel zur Aufklärung von Stoffwechselwegen ist bekannt. Beispielsweise haben Harrison und Chance [5] die Veränderungen von NADH als Folge von externen Einflüssen auf die Zelle beschrieben. Weniger bekannt sind die Verwendungen der in-situ-Fluorometrie direkt im Bioreaktor. Die Entwicklung von derartigen Sonden ist kürzlich beschrieben worden (Einsele und Puhar [2]). Insbesondere ist auf eine Miniaturisierung der ursprünglichen Version hinzuweisen (Zabriskie und Humphrey [11]). Allerdings hat die Miniaturisierung verschiedene Probleme aufgezeigt. So ist die Führung der Lichtleiter speziell zu beachten (Beyeler [1]). Insbesondere sind die Abstrahlungswinkel des Lichtleiters zur Projektion des UV-Strahles sowie desjenigen zur Erfassung der Fluoreszenz derart zu konzipieren, daß beide Lichtquellen eine möglichst große gemeinsame Fläche im Bioreaktor überdecken. Die Intensität sowie die Stabilität der UV-Lampe ist nach wie vor als kritisch zu bezeichnen. Die Stabilität ist u. a. durch den Einbau einer Thermostatisier-Vorrichtung zu gewährleisten. Die Intensität sollte möglichst groß sein, damit die Fluoreszenz verstärkt werden kann. Bisherige Versuche zeigten, daß eine minimale Menge an Trockensubstanz von etwa 1 g/l notwendig ist, um optimale Signale am optischen Lichtverstärker zu messen. Allerdings ist noch offen, bis zu welcher Strahlentiefe die Fluoreszenzmessung aktiv ist. In Anlehnung an frühere Arbeiten (Harrison und Chance [5]) sind Versuche geplant, mit dem weiter entwickelten Fluorometer den kritischen Sauerstoffpartialdruck im Bioreaktor in-situ zu messen (Beyeler [1]).

4. Ausblick

Viele verschiedenartige Analysenmethoden sind theoretisch bekannt. Leider fallen aber oft deren praktische Anwendungen im Bereiche des Bioreaktors durch die Praxisprüfung durch. Umgekehrt wird die Nachfrage nach geeigneten, zuverlässigen Meßgrößen, welche für die Prozeßführung und Prozeßkontrolle verwendet werden können immer größer. Immerhin entsteht der Eindruck, daß auf dem Gebiet der Instrumentierung von Bioreaktoren den Sonden mit fixierten Enzymen oder fixierten Zellen in der Zukunft große Bedeutung zukommen wird.

5. Literatur

[1] BEYELER, W.: Interner Report ETHZ (1980)

[2] EINSELE, A., und E. PUHAR: On-line Erfassung von Fluoreszenz und Kohlendioxidpartialdruck in Bioreaktoren. Acta Biotechnol. 0 (1980), 33–37

[3] FINN, R. K., B. SWALLOW and A. EINSELE: Design of aerated fermentors for non-Newtonian liquids. First Europ. Congr. Biotechnology, Sept. 25–30 (1978) Interlaken/Schweiz

[4] GSCHWEND, K., H. LÄDERACH, A. EINSELE and A. FIECHTER: Oxygen transfer in a viscous, non-Newtonion medium using a microbial testsystem. Biotechnol. Bioengn. submitted (1980)

[5] HARRISON, D. E. F., and B. CHANCE: The transition state of NADH. Appl. Microbiol. 19 (1970), 446

[6] MARIC, V. and A. EINSELE: The influence of low dissolved oxygen levels in fermentors on the growth of *Candida tropicalis*. VIth Int. Ferm. Symp., Juli 20–25, 1980, F 6.1.6. London, Canada

[7] NAGATA, S.: Mixing, Principles and applications. John Wiley and Sons, New York 1975

[8] PHILLIPS, D. H., and M. J. JOHNSON: Measurement of dissolved oxygen in fermentations. J. of Biochem. and Microbiol. Technol. 3 (1961), 261–275

[9] PUHAR, E., A. EINSELE, H. BÜHLER and W. INGOLD: Steam-sterilizable pCO_2-electrode. Biotechnol. Bioeng. (1980) in press

[10] SWALLOW, B. R.: Design of aerated fermentors for non-Newtonian liquids. Thesis (1979), Cornell University, Ithaca, USA

[11] ZABRISKIE, D. W., and A. E. HUMPHREY: Real-time estimation of aerobic batch fermentation biomass concentration by component balancing. Appl. Environ. Microbiol. 35 (1978), 337–352

Ingenieurhochschule Köthen, Sektion Verfahrenstechnik, Köthen, DDR

Zum Aufbau von Prozeßmodellen für Fermentoren

Friedrich LIEPE, Wolfram MEUSEL und Jürgen MATSCHKE

Die Durchführung gezielter mikrobiologischer Prozesse setzt voraus, daß das im Fermentor erzeugte hydrodynamische Regime den Erfordernissen der speziellen Prozeßführung angepaßt ist. Signifikante Änderungen der örtlichen Konzentration prozeßrelevanter Komponenten können dabei zur Limitierung oder Inhibierung des Prozesses führen. Bei submersen, aeroben Verfahren ist neben der Verteilung der Biomasse, die Verteilung der Gelöst-Sauerstoff-Konzentration C im Prozeßraum bedeutsam.

Tabelle 1 enthält einen Überblick über die relevanten hydrodynamischen Parameter, die durch die Gestaltung der Fermentoren, insbesondere bezüglich der Art der Wirkbaugruppen und ihrer Kennwerte in bestimmten Grenzen beeinflußbar sind. Aus der Sicht

Tabelle 1

Voraussetzungen für aerobe Prozesse

Erfordernisse	Relevante hydrodynamische Parameter
Mikrobiologische Stabilität	
– Homogenität der Biomasse	$\frac{v_s \cdot h_0}{D_t}$, w_{Boden}, t_H, Vermeidung der Flotation
– Gelöst-O_2-Konzentration $C_L > C_{L\,\text{min}}$, $\frac{\dot{m}_{O_2}}{V_L} = \overline{\alpha_{O_2}}\,\bar{x}$	$\dot{V}_g/V_L$, P/m, t_z, $\vec{w}(\vec{r})$, $D_t(\vec{r})$, $\varepsilon_{\text{max}}/\bar{\varepsilon}$, Koaleszenz
– Ausreichende Verweilzeit	$\bar{t} > \bar{t}_{\text{min}} = 1/\mu$
– Schergradient	$G \sim \sqrt{\varepsilon/\gamma} < G_{\text{zul.}}$
– Substrat-, Salzkonzentration	t_H, D_t
Hydrodynamische Stabilität	
– Begasen des gesamten Prozeßraumes mit $\bar{A}_P > A_{P\,\text{min}}$	kein Überfluten oder Strahleindringtiefe
– Berherrschung des Schaumes	$h_T \approx h_0$, $\dot{V}_g/V_L$, P/m
– Vermeidung von Totzonen	$w_{\text{Oberfläche}}$, $\vec{w}(\vec{r})$
Thermische Stabilität	$\dot{Q}_{Ab} > \Delta H_{\text{reak}} + P$, α_i, w_{Wand}

des Verfahrenstechnikers ergibt sich die Eignung eines Fermentors daraus, welcher Aufwand an eingetragener Energie und welcher Investaufwand notwendig ist, um die erforderlichen Stoff- und Energietransportprozesse bis hin zur Zelle durchzuführen. Bei dem Aufbau von Prozeßmodellen für den Umsatz einzelner Komponenten sind die

Zeiten zu beachten, in denen prozeßrelevante Änderungen der Konzentration auftreten können. Sind diese Zeiten erheblich größer als die Misch- und Zirkulationszeiten des Fermentors, so kann dieser als ideal durchmischt betrachtet werden. Dies betrifft in der Kulturlösung gelöste Substrate, Salze, Komponenten zur pH-Wert-Regelung und die Biomasse.

Die Konzentration des Sauerstoffes in der flüssigen Phase kann sich dagegen bei intensiv geführten Prozessen in Zeiten, die kleiner als die Zirkulationszeit sind, prozeßrelevant ändern, falls Zonen mit fehlender oder ungenügender Begasung durchlaufen werden.

Es gilt:

$$\partial C/\partial t = -r_{O_2} + k_L a \cdot (C^* - C) \tag{1}$$

Zu beachten ist, daß der zweite Term der rechten Seite bei den meisten Fermentoren eine Ortsfunktion ist, während der Sauerstoffverbrauch meist als annähernd konstant betrachtet werden kann. Im Gegensatz zu den übrigen Komponenten ist somit für den Sauerstoff die Abhängigkeit des Sauerstoffangebotes von der Ortskoordinate im Reaktor von Bedeutung. Dies gilt insbesondere dann, falls Zonen mit geringer Sauerstoffkonzentration in der flüssigen Phase den Prozeß limitieren bzw. inhibieren. Die übliche Mittelwertbildung

$$\alpha_{O_2}\dot{x} = \overline{\frac{\dot{m}_{O_2}}{V_L}} = \underbrace{k_L \cdot \frac{6}{d_{P3,2}} \cdot \frac{\bar{\varphi}_P}{1 - \bar{\varphi}_P}}_{k_L a} \cdot f(Ha) \cdot (H \cdot p_{O_2} - \bar{C}) \tag{2}$$

liefert hierfür keine Aussagen. Dies gilt insbesondere auch beim Vergleich mit Testversuchen. Der Korrekturfaktor $f(Ha)$ in Gl. (2) berücksichtigt die Beschleunigung des Stoffüberganges infolge der erhöhten Reaktionsgeschwindigkeit in der Diffusionsgrenzschicht. Er ist für mikrobiologische Reaktionen $f(Ha) = 1$, kann jedoch bei Testversuchen mit der Na_2SO_3-Methode bei Verwendung von Cu^{++}-Ionen, Werte $f(Ha)$ 1,25···3 erreichen.

Eine Weiterentwicklung der Prozeßmodelle für Gas-Flüssigkeits-Reaktoren ist möglich, falls der Prozeßraum in eine große Anzahl von Teilvolumina zerlegt wird. Prinzipiell wäre eine Zerlegung in sehr kleine Volumenelemente und die Verwendung der Differentialgleichungen möglich.

Speziell für die Konzentration in der flüssigen Phase gilt:

$$w_r \frac{\partial C}{\partial r} + w_z \frac{\partial C}{\partial z} = D_{\text{eff}} \left[\frac{1}{r} \frac{\partial}{\partial r} \left(r \frac{\partial C}{\partial r}\right) + \frac{\partial^2 C}{\partial z^2}\right] + \frac{k_L 6}{d_P} \cdot \frac{\varphi_P}{1 - \varphi_P} \cdot (H \cdot p_{\text{stat}} \cdot y_{O_2} - C) \tag{3}$$

Die Koeffizienten dieser Differentialgleichung enthalten die mittlere Blasengröße d_P, den Volumenanteil des Sauerstoffes in der Gasphase y_{O_2}, den Stoffübergangskoeffizienten k_L und den Gasgehalt φ_P. Die Größen sind mit 3 weiteren Differentialgleichungen und arithmetischen Gleichungen mit Gl. (3) gekoppelt. Sind weitere Komponenten wie Kohlendioxid und Stickstoff zu berücksichtigen, so wären jeweils zwei weitere Differentialgleichungen aufzustellen. Weiterhin ist die Kenntnis des Strömungsfeldes einschließlich der Turbulenzparameter notwendig.

Um den Aufwand der numerischen Lösung des Gleichungssystemes in Relation zu der Genauigkeit der vorhandenen Aussagen über das Strömungs- und Turbulenzfeld zu bringen, ist es zweckmäßig zunächst Rotationssymmetrie vorauszusetzen und eine Aufteilung des Prozeßraumes in eine begrenzte Anzahl von Teilvolumina vorzunehmen.

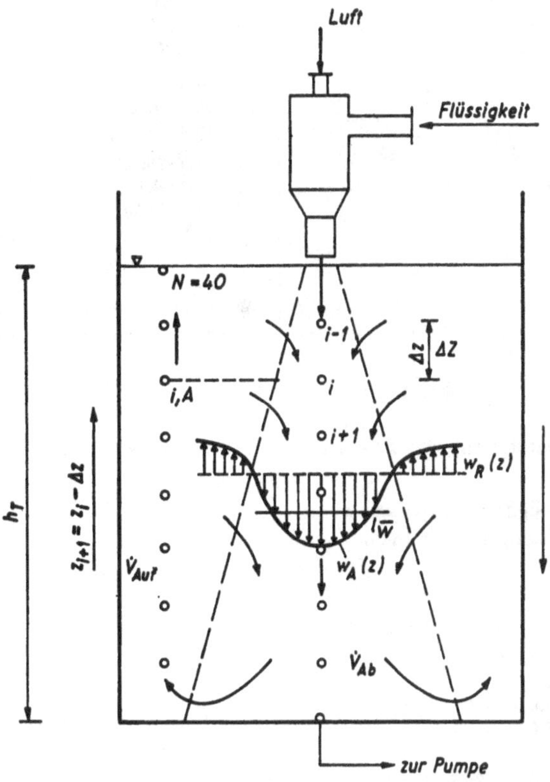

Abb. 1. Schematische Darstellung des Tauchstrahlfermentors

Für das Tauchstrahlverfahren (Abb. 1) ist eine Aufteilung in eine kegelförmige Abstrom- und in eine Aufstromzone möglich, wobei jede Zone in ca. 20 Teilbereiche aufgeteilt wurde. Für das Strömungsfeld können die Ergebnisse des Zweiphasenfreistrahles, bei Berücksichtigung des begrenzten Ausbreitungsgebietes verwendet werden (Langhans u. a. [8], Kraatz [5], Wygnanski u. a. [15]). Die örtliche Dissipation wurde aus dem Makromaßstab nach Brodkey [1] und aus dem von Kraatz [5] angegebenen Verlauf der örtlichen Strahlleistung berechnet.

Das Prozeßmodell wurde aufgebaut unter Verwendung:

– Der Bilanzgleichungen für die Gelöst-Sauerstoff-Konzentration, in der die axiale und radiale turbulente Diffusion, die Konvektion und die Ansaugung des Frei-

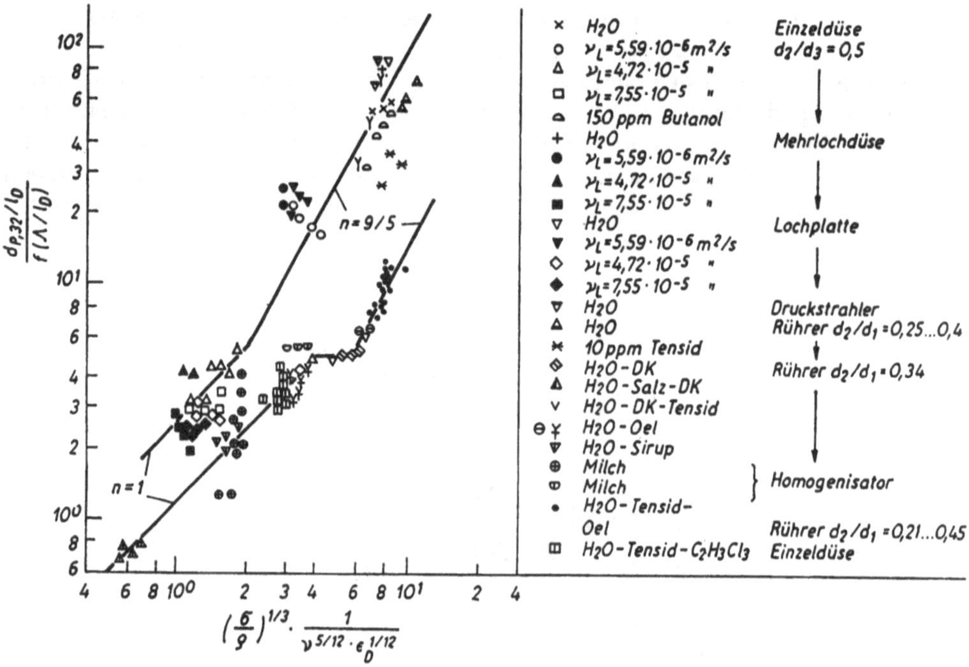

Abb. 2. Dimensionslose Darstellung der Primärblasengrößen für verschiedene Stoff- und Dispergiersysteme

Linke Kurve: Gas in Flüssigkeits-Dispersionen
Rechte Kurve: Flüssig-Flüssig-Dispersionen

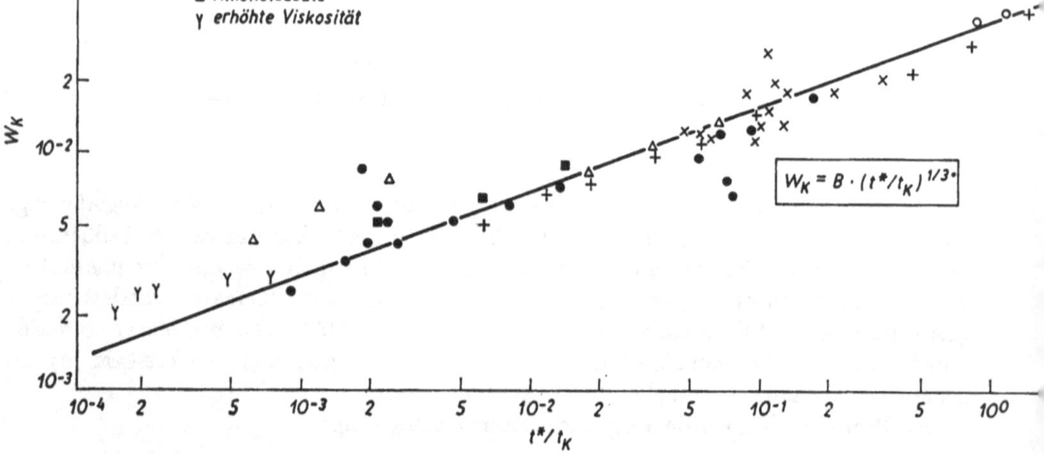

Abb. 3. Korrelation der Koaleszenzwahrscheinlichkeit für verschiedene Stoff- und Dispergiersysteme

strahles im Abströmbereich berücksichtigt wurde

$$\left[C_i - C_{i-1} \cdot \frac{\dot{V}_{i-1}}{\dot{V}_i} - C_{N+1+i} \cdot \left(1 - \frac{\dot{V}_{i-1}}{\dot{V}_i}\right)\right] \frac{\overline{w}_z}{\Delta z}$$

$$= D_{\text{eff}} \left[\frac{C_{i+1} - 2C_i + C_{i-1}}{\Delta z \cdot \Delta z} - 2 \cdot \frac{C_i - C_{N+1-i}}{r_{st} \cdot \Delta r}\right] + k_L a (C^* - C) - r_{O_2} \quad (4)$$

Als spezielle Randbedingung zur Modellierung der Zirkulationsströmung gilt:

$$C_{N+1} = C_1 \quad \text{und} \quad C_0 = C_N$$

Für den Sauerstoffverbrauch r_{O_2} kann entweder eine Kinetik nach dem Potenzansatz (1. und 2. Ordnung), eine Kinetik nach Michaelis-Menten oder ein Ansatz $r_{O_2} = OVR = \text{const}$ verwendet werden.

– Der Bilanzgleichung für den Sauerstoffgehalt in der Gasblase: $V_{O_{2,i}} = V_{O_{2,i-1}} - \mathrm{d}V_{O_2}$ mit

$$\mathrm{d}V_{O_2} = \frac{k_L}{\varrho_{O_2}} \cdot \pi\, \mathrm{d}_P{}^2 \cdot (H \cdot p_{O_2} - C_i) \cdot f(Ha) \cdot \frac{\Delta z}{w_z + \delta v_s} \quad (5)$$

Dabei gilt im Abstrom $\delta = -1$, im Aufstrom $\delta = 1$ und $\delta = 0$ bei Unterdrückung des mittleren Schlupfes der Gasblasen durch die Turbulenz [14].

Die Korrekturfunktion $f(Ha)$ wird aus der Blasengröße, der Blasenbeweglichkeit und der Reaktionsgeschwindigkeit bestimmt. Als Randbedingung gilt $p_{O_2} = 0{,}21 p_0$ bei $z = 0$.

– Der örtliche Blasendurchmesser ergibt sich aus der Primärdispergierung in der Dispergierzone, aus der Koaleszenz längs des Strömungsweges, aus der Auszehrung durch den Stoffübergang von Sauerstoff, Stickstoff und Kohlendioxid und der Änderung des hydrostatischen Druckes:

$$\mathrm{d}_{Pi} = \mathrm{d}_{Pi-1} \cdot \left[\left(1 - \frac{\mathrm{d}V_{O_2} + \mathrm{d}V_{N_2} + \mathrm{d}V_{CO_2}}{V_{\text{Blase}}}\right) \cdot \frac{p_{\text{stat}\,i-1}}{p_{\text{stat}\,i}} \cdot 2^{\frac{f_K \cdot \Delta z}{w_z + \delta \cdot v_s}}\right]^{1/3} \quad (6)$$

Das Gleichungssystem wurde für jedes der Teilvolumina in der Reihenfolge (5), (6), (4) gelöst. Für Gl. (4) wurde ein explizites Verfahren angewendet.

Die Koeffizienten des Gleichungssystemes enthalten Werte, die dem Strömungsfeld und den Modellen der Mikroprozesse des Stoffüberganges ohne und mit Reaktion in der Diffusionsgrenzschicht, der Primärdispergierung (Abb. 2), der Koaleszenz (Abb. 3), der Unterdrückung des mittleren Schlupfes der Gasblasen und der turbulenten Diffusion zu entnehmen sind (Tab. 2). Hierbei wird als Mikroprozeß der Vorgang in einem für den Vorgang charakteristischen kleinsten Volumen bezeichnet. Dabei ist davon auszugehen, daß die Wechselwirkung zwischen der zusammenhängenden flüssigen Phase und den Partikeln vorrangig durch Turbulenzelemente erfolgt, deren Abmessungen denen der Partikeln entsprechen [3, 6, 7, 9–14]. Einflußnehmend ist somit die Mikroturbulenz, deren Intensität und Struktur nach Kolmogoroff [4] durch die örtliche Dissipation ε bestimmt wird.

Bei der Bestimmung der prozeßbestimmenden Größe der Dissipation ist zu unterscheiden zwischen:

– Mikroprozessen, die beim Durchströmen von Zonen maximaler örtlicher Dissipation ($\varepsilon_{\max}$) im Prozeßraum ablaufen, wie Dispergiervorgänge (z. B. Clay [2], Vermeulen [13], Liepe [9], Liepe, u. a. [10]).

— Mikroprozessen, die durch die Dissipationsverteilung längs des Strömungsweges im Prozeßraum bestimmt werden, z. B. der Koaleszenzvorgang [11], die Intensivierung des Stoffüberganges an festen Partikeln [12] oder die Schlupfunterdrückung [14].

Tabelle 2
Koeffizienten des Gleichungssystems

Parameter	Mikro- oder Teilprozeß	Ansatz/Kennzahlen	Literatur
w_z, ε	Strömungsfeld	Freistrahl	[1], [4], [5], [8], [9], [15]
D_{eff}	Turbulente Diffusion	$D_{eff} \sim \Lambda_f \sqrt{\overline{w'^2}} = A \cdot w_0 \cdot d_1$	[1], [9]
k_L	Stoffübergang	$\mathrm{Sh} = \mathrm{A} \cdot \mathrm{Re}^{1/2} \cdot \mathrm{Sc}^m$	z. B. [9]
$f(Ha)$	Einfluß der Reaktion	Ha bzw. $k \cdot v_s/\mathrm{d}_P$	z. B. [9]
d_{P0}	Primärdispergierung	$\frac{\mathrm{d}_{P0}}{l_D} = A\left[\left(\frac{\sigma}{\varrho}\right)^{1/3} \frac{1}{\nu^{5/12} \varepsilon_D{}^{1/12}}\right]^n \cdot f\left(\frac{\Lambda}{l_D}\right)$	[10]
f_K	Koaleszenzfrequenz	$f_K = f_{st} \cdot w_K \left(1 - (\mathrm{d}_P/\mathrm{d}_{PGl})^3\right)$	[11]
$\delta = 0$	Schlupfunterdrückung	$\varepsilon^{2/3}/(g \cdot \mathrm{d}_P{}^{1/3}) > 1{,}5$	[14]

Eine Analyse des Dispergiervorganges ergab, daß eine Dispergierung bei

$$\frac{\tau_t}{p_\sigma} = \frac{\varrho \overline{w'^2}(\mathrm{d}_{P95})}{4\sigma/\mathrm{d}_{P95}} \geqq We_{krit} \tag{7}$$

erfolgt. Während eine Darstellung der Primärblasengröße über der Energiedissipation keine eindeutige Korrelation ergibt, läßt sich für verschiedene Ausrüstungen und Stoffsysteme eine gute Korrelation über einer dimensionslosen Kennzahl in der Form

$$\frac{\mathrm{d}_{P32}}{l_D} = A \cdot \left[\left(\frac{\sigma}{\varrho}\right)^{1/3} \cdot \frac{1}{\nu^{5/12} \cdot \varepsilon_D{}^{1/12}}\right]^n \cdot f\left(\frac{\Lambda_f}{l_D}\right) \tag{8}$$

erreichen (Abb. 2). Damit ist die Grundlage für die Berechnung der Primärblasengröße d_{P_0} gegeben.

Für den Mikroprozeß der Koaleszenz konnte unter Verwendung von Ansätzen für die Zusammenstoßfrequenz im Turbulenzfeld und Aussagen zur stoffspezifischen Koaleszenzzeit die Koaleszenzwahrscheinlichkeit w_K in der Form

$$w_K = B(t^*/t_K)^{1/3} \tag{9}$$

mit

$$t^* = \frac{1}{f_\lambda} = \frac{\lambda(d)}{\sqrt{\overline{w'^2}}} \sim \frac{\mathrm{d}_P}{(\varepsilon \cdot \mathrm{d}_P)^{2/3}} \tag{10}$$

korreliert werden (Abb. 3). Somit besteht die Möglichkeit, auch die Blasenvergrößerung infolge Koaleszenz entlang des Strömungsweges zu erfassen (Gl. 6). Die stoffspezifische Koaleszenzzeit t_K wird dabei experimentell mit einer einfachen Anordnung nach Abb. 4 ermittelt, da die Berechnung bei den Wechselwirkungen zwischen Elektrolyten, Tensid, bei Anwesenheit einer festen Phase kaum möglich ist.

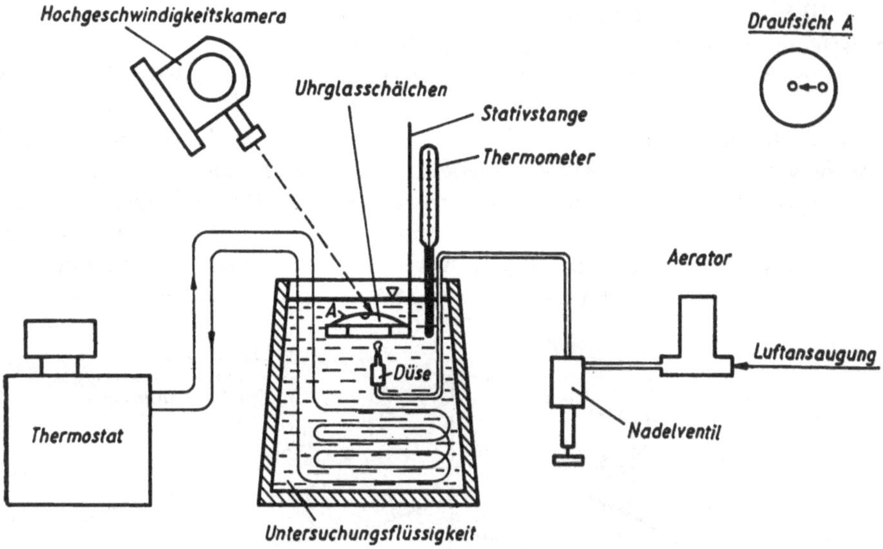

Abb. 4. Anordnung zur Bestimmung der Koaleszenzzeit

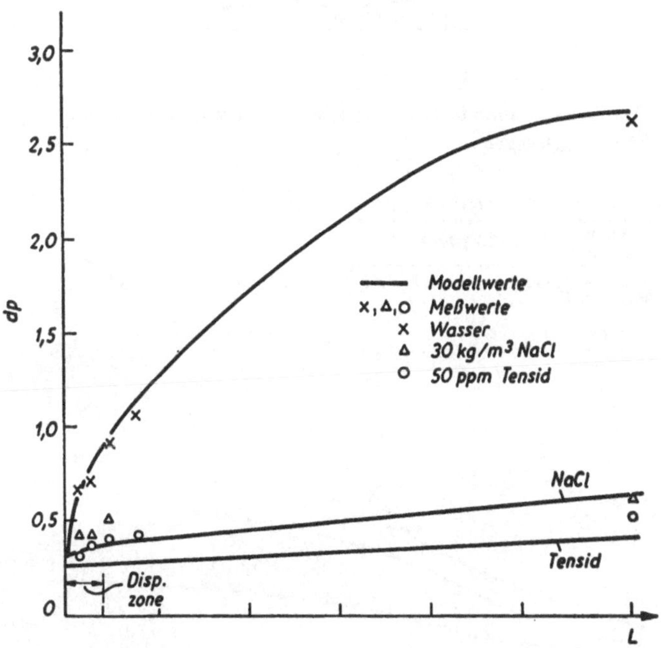

Abb. 5. Vergleich zwischen gemessenen und berechneten Blasengrößen längs des Strömungsweges in einer vertikalen Rohrströmung für verschiedene Stoffsysteme

Um die Gültigkeit der Modellgesetze komplex zu überprüfen wurden Experimente, die in einem vertikalen Rohr durchgeführt wurden, mit den Lösungen des vorgestellten Gleichungssystems nach dem RUNGE-KUTTA-Verfahren verglichen. Abb. 5 zeigt, daß durch die Verwendung der eingeführten Stoffwerte eine gute Voraussage der Ergebnisse möglich wird.

Abb. 6a und 6b zeigen Ergebnisse von Durchrechnungen für den Tauchstrahlreaktor, die für zwei verschieden stark koaleszierende Stoffsysteme bei einer Reaktion 0. Ordnung ($r_{O_2} = OVR =$ const) und bei einer Reaktion 1. Ordnung (Na_2SO_3-Oxidation mit Cu^{++}-Katalysator bei kleinem Salzgehalt) gewonnen wurden. Dabei war es notwendig, den mittleren Gasgehalt einzulesen. Dargestellt sind die Konzentrationsverteilung des Sauerstoffs in der flüssigen Phase und die Blasengröße längs des Strömungsweges.

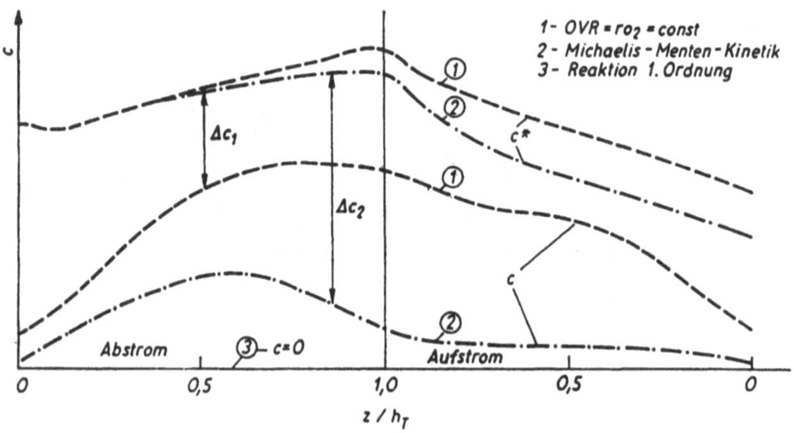

Abb. 6a. Verlauf der Gelöst-Sauerstoff-Konzentration bei unterschiedlicher Kinetik längs des Strömungsweges

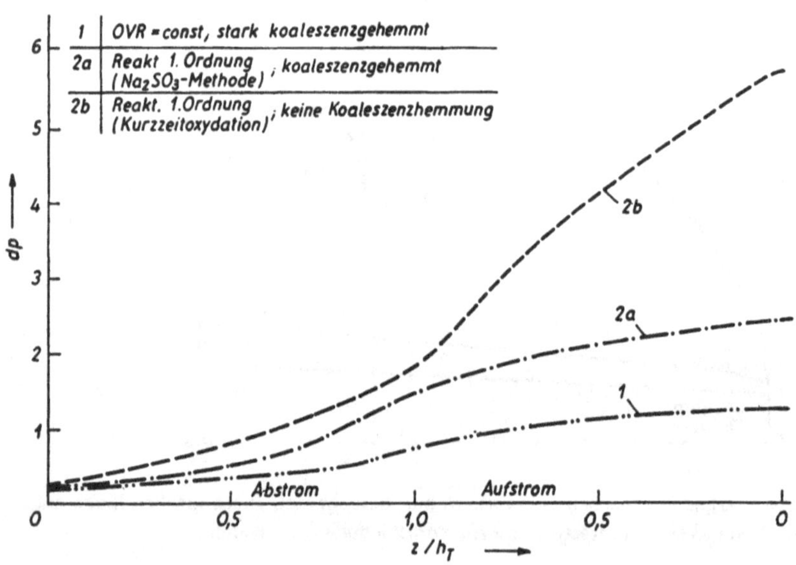

Abb. 6b. Änderung der mittleren Blasengrößen im Reaktor

Die Rechnung erfolgte auf der EDVA EC 1020.

Zur Erreichung der stationären Lösungen war es notwendig, ca. 10—20 Iterationen durchzuführen, die jeweils 15 s Rechenzeit erforderten.

Abb. 7 zeigt den Ablaufplan des Prozeßmodelles.

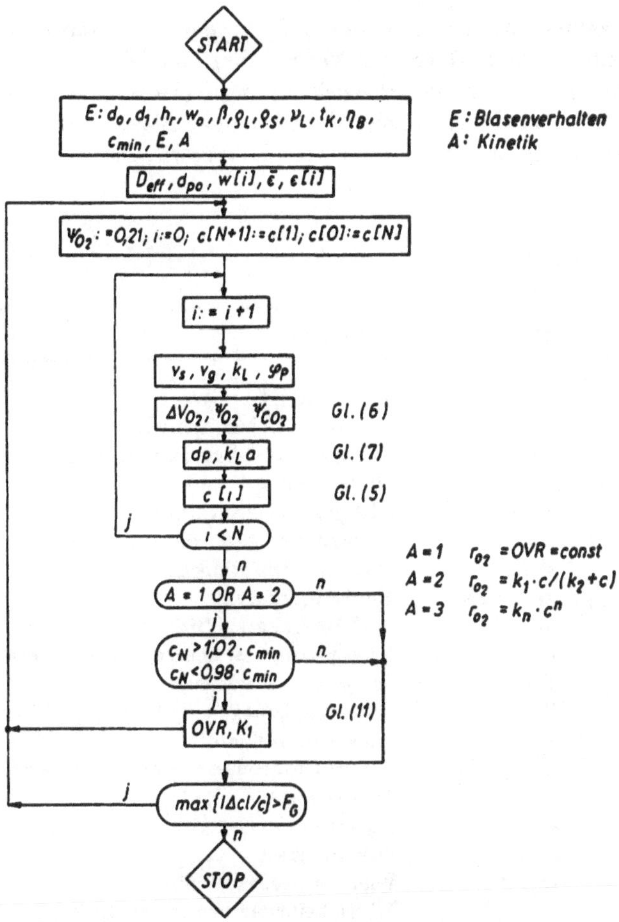

Abb. 7. Programmablaufplan des Prozeßmodelles

Für mikrobiologische Reaktionen ist eine doppelte Anpassung zweckmäßig. Einerseits muß der Wert C_N des Konzentrationsfeldes nach der Durchrechnung mit einer Genauigkeit von $\pm 3-5\%$ wieder berechnet werden. Andererseits wird der Senkenterm r_{O_2} in Gl. (4), so angepaßt, daß $C_N = C_{\min} = 0{,}001$ kg/m³ gleich einer vorgegebenen Zielgröße ist. Als Startwert werden alle Punkte mit diesem Wert $C_i = C_{\min}$ belegt. Nach jeder Durchrechnung erfolgt eine Korrektur von r_{O_2} entsprechend:

$$r_{O_2,K+1} = r_{O_2,K} \cdot \left(\frac{C^* - C_{\min}}{C^* - C_N}\right)^p \tag{11}$$

Dabei wird p je nach dem Grad der Abweichung $C_N - C_{\min}$ und nach der Richtung der Änderung $C_{N,K-1} - C_{N,K}$ größer oder kleiner Null mit $P = 0, 1, 2$, gewählt. $P = 2$ entspricht einer Überrelaxation.

Zusammenfassung

Das vorgestellte Prozeßmodell basiert auf der Aufteilung des Prozeßraumes in eine endliche Anzahl von Teilvolumina. Durch die Verwendung und Verknüpfung der Bilanzgleichungen für jedes Teilvolumen, bei Berücksichtigung der Gesetze verschiedener Mikroprozesse sind Aussagen über die räumliche Verteilung der Blasengröße, die Sauerstoffkonzentration in der Flüssigkeits- und in der Gasphase sowie über den gesamten Stoffumsatz möglich.

Nomenklatur

Symbol	Einheit	Definition
A, B	—	Konstanten
C_L	kg/m^3	Sauerstoff-Gelöst-Konzentration
$C_{L\,\min}$	kg/m^3	Minimalwert der Sauerstoff-Gelöst-Konzentration im Fermentor
$C_L{}^*$	kg/m^3	Sättigungskonzentration
$d_{P,32}$	m	Sauterdurchmesser der Gasblasen
D_{eff}	m^2/s	effektiver Diffusionskoeffizient
H	kg/m^3 Pa	Henry-Koeffizient
k_L	m/s	Stoffübergangskoeffizient
$\dot{m}_{O_2}$	kg/s	Massenstrom des übergehenden Sauerstoffs
p_{O_2}	Pa	Sauerstoffpartialdruck
p_{st}	Pa	statischer Druck
r	—	radiale Koordinate
r_{O_2}	kg O_2/m^3 s	Verbrauchsgeschwindigkeit an Sauerstoff
t_A	s	Auszehrzeit
t_K	s	Koaleszenzzeit
t_z	s	Zirkulationszeit
$\dot{V}$	kg/m^3	Volumenstrom
V_L	m^3	Flüssigkeitsvolumen im Reaktor
v_s	m/s	stationäre Steiggeschwindigkeit der Partikeln
w_r, w_z	m/s	Geschwindigkeitskomponenten
$\sqrt{\overline{w'^2}}$	m/s	Effektivwert der Schwankungsbewegung
$\dot{x}$	kg/m^3 s	Produktivität der biologischen Reaktion
z	—	axiale Koordinate
Δz	m	Schrittweite
ε	m^2/s^3	Energiedissipation
Λ_f	m	Makromaßstab der Turbulenz
ϱ	kg/m^3	Dichte
σ	N/m	Grenzflächenspannung
τ_t	N/m^2	turbulente Schubspannung
φ_P	—	Gasphasenanteil
y_{O_2}	—	Sauerstoffvolumenanteil

Literatur

[1] Brodkey, R.: Fluid motion and mixing Chapler 2. In: "Mixing" Academic Press, New York, 1966
[2] Clay, P.: Konikl. Ned. Akad. Wetenschep **48** (1940), 852
[3] Entov, V. M., V. A. Kaminski and E. J. Lapiga: Izvest. Akad. Nauk. SSR, Mech. Z. i. gaza Moskva (1976), 3, 47–55
[4] Kolmogoroff, A.: Sammelband zur statistischen Theorie der Turbulenz, Akademie-Verlag, Berlin 1958
[5] Kraatz, W.: Wiss. Zeitschrift der TU Dresden **12** (1963), 1671–1691
[6] Kuboi, R., J. Komasawa and T. Otake: Behavior of dispersed particles in turbulent liquid flow. J. of chem. Engn. of Japan **5** (1972), 4, 349–355
[7] Kuboi, R., J. Komasawa and T. Otake: Influence of turbulence of liquid on the motion of suspended particles. Chem. Engng. Sci. **29** (1974), 651–657
[8] Langhans, G., F. Liepe und K. Richter: Untersuchungen zum Stoffvereinigen in flüssiger Phase. Teil 5: Entwicklung des Druckstrahlers für das Tauchstrahlbegasungsverfahren. Chem. Techn. **26** (1974), 519–521
[9] Liepe, F.: Verfahrenstechnische Berechnungsmethoden. Teil 4: Stoffvereinigen in fluiden Phasen. VEB Deutscher Verlag für Grundstoffindustrie, Leipzig, 1978
[10] Liepe, F., W. Meusel und E. Wolter: Untersuchungen zum Stoffvereinigen in flüssiger Phase. Teil 11: Dispergieren im Turbulenzfeld. Chem. Techn. **31** (1979), 344–348
[11] Meusel, W.: Einfluß der Partikelkoaleszenz auf den Stoffübergang in turbulenten Gas-flüssig-Systemen. Dissertation IH Köthen, 1980
[12] Möckel, H.-O. und F. Liepe: Untersuchungen zum Stoffvereinigen in flüssiger Phase. Teil 6: Der Einfluß der Turbulenz auf den Stoffübergang suspendierter Teilchen. Chem. Techn. **28** (1976), 205–209
[13] Vermeulen, V.: Chem. Engng. Progr. **51** (1955), 85
[14] Wolter, E. und F. Liepe: Zur Bestimmung der Relativgeschwindigkeit von Gasblasen in Zweiphasenströmungen. Chem. Techn. **29** (1977), 442–445
[15] Wygnanski, J. und H. Fiedler: Journ. Fluid Mechanics **38** (1969), 579

VEB Chemieanlagenbaukombinat Leipzig/Grimma
— Stammbetrieb —
Wissenschaftlich Technisches Zentrum
7202 Böhlen, DDR

Technisch-ökonomische Untersuchungen am IZ-Strahlfermentor unter Druck

L. Jagusch und R. Schreck

1. Einleitung

Für die Ökonomie einiger technischer Fermentationsprozesse, z. B. bei der Methan- und Methanolkonvertierung, ist eine hohe Sauerstoffübergangsleistung der Fermentoren bei möglichst geringem Energiebedarf eine unabdingbare Voraussetzung. Dem wird bei der Entwicklung von Fermentoren durch Erhöhung der Energiedissipation, mehrfach wiederholte Gasdispergierung und Erhöhung des Sauerstoffpartialdruckes durch Zufuhr reinen Sauerstoffes oder Betrieb des Fermentors bei erhöhtem Gasdruck Rechnung getragen.

Eines der neuentwickelten Fermentorsysteme, die die derzeitigen Anforderungen der technischen Mikrobiologie weitgehendst erfüllen können, ist das IZ-Strahlfermentorsystem [1, 2]. Der IZ-Strahlfermentor wird in der DDR in immer stärkerem Maße in der Futterhefeindustrie auf Basis verschiedenster Rohstoffe, wie Sulfitablaugen, Melasse, Rohzucker, Molke und Erdöldestillat, erfolgreich angewendet. Es werden Produktionsfermentoren bis zu 800 m^3 Inhalt seit mehreren Jahren betrieben. Gegenwärtig befinden sich zwei Fermentoren mit einem Volumen von je 2200 m^3 in der Endphase der Realisierung.

Durch den Chemieanlagenbau der DDR und den Lizenznehmer für das IZ-Strahlfermentorsystem, die österreichische Firma Vogelbusch, wurden desweiteren IZ-Strahlfermentoren für verschiedenste Anwendungsfälle in mehreren Ländern realisiert, z. B. in der UdSSR, VRP, SFRJ, BRD, Frankreich und Japan. In diesen ohne erhöhten Gasdruck betriebenen Fermentoren werden Sauerstoffeintragsgeschwindigkeiten bis ca. 15 kg O_2/th erreicht.

Dem IZ-Strahlfermentor sind jedoch bei der Realisierung großtechnischer Fermentoren im Hinblick auf eine Erhöhung des Energieeintrages als eine der wesentlichen Voraussetzungen für eine weitere Steigerung der Sauerstoffübergangsgeschwindigkeit konstruktive Grenzen gesetzt. Sie resultieren aus der Anordnung der maximal möglichen Anzahl von Umwälzpumpen und Belüftungsvorrichtungen.

Durch Einsatz des Fermentorsystems bei erhöhtem Druck in der Gasphase kann jedoch — wie bei allen anderen Fermentorsystemen auch — die Sauerstoffübergangsgeschwindigkeit noch erheblich gesteigert werden. Dabei ist, wie die folgende Untersuchung zeigt, die auf Grund der selbstansaugenden Begasungsvorrichtung ohne zusätzliche Verdichter mögliche Gaszirkulation zwischen der Gasphase über der begasten Kulturflüssigkeit und dem Gaseintritt in die Begasungsvorrichtung von großer Bedeutung. Sie ermöglicht sehr einfach eine Variation und Optimierung der Frischgaszufuhr in das Fermentorsystem ohne Beeinflussung der Dissipations- und Dispergierverhältnisse in der begasten Kulturflüssigkeit (s. Abb. 1).

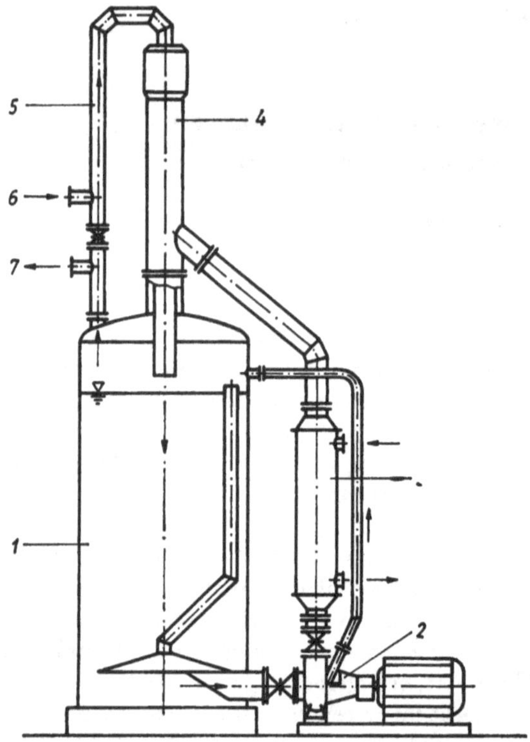

Abb. 1. IZ-Strahlfermentor mit Gaszirkulation

1 — Fermentorbehälter
2 — Spezialumwälzpumpe
3 — Rohrbündelwärmeübertrager
4 — Begasungsvorrichtung
5 — Gaszirkulationsleitung
6 — Gaseintritt
7 — Abgasaustritt

2. Theoretische Zusammenhänge

Ziel der folgenden Darstellung der theoretischen Zusammenhänge beim Betrieb des Fermentors mit erhöhtem Gasdruck ist die Ermittlung der möglichen Sauerstoffeintragungsgeschwindigkeit und des spezifischen Energiebedarfes für den Sauerstoffeintrag in Abhängigkeit

- vom speziellen Stoffübergangsmodell des IZ-Strahlfermentors
- vom spezifischen Leistungseintrag durch den Umwälzstrom
- vom Gassystemdruck und
- von der Frischgaszufuhr bzw. vom Gaszirkulationsverhältnis Frischgasmenge zur Gesamtgasmitnahme der Begasungsvorrichtung.

Das allgemeine Stoffübergangsmodell des IZ-Strahlfermentors kann wie folgt dargestellt werden:

$$K_L a = K \cdot P_{th\,F}^{\alpha_1} \cdot V_F{}^{\alpha_2} \beta^{\alpha_3} h_s{}^{\alpha_4} h_{lg}^{\alpha_5} \cdots \qquad (1)$$

Bei Einhaltung bestimmter Randbedingungen für eine optimale Auslegung eines Fermentors vereinfacht sich das Stoffübergangsmodell für den IZ-Strahlfermentor auf die Beziehung

$$K_L a = K_1 \cdot P_{th\,F}^{\alpha} \tag{2}$$

Der spezifische theoretische Leistungseintrag in die Fermentationsflüssigkeit P_{thF} ergibt sich aus der über die Begasungsvorrichtung umgewälzten Flüssigkeitsmenge und der Fallhöhe bezogen auf die Flüssigkeitsmenge im Fermentor:

$$P_{thF} = \frac{\dot{V}_l \cdot \varrho_l \cdot g \cdot h_s}{m_F} \tag{3}$$

Ausgehend von der bekannten allgemeinen Gesetzmäßigkeit für die Sauerstoffeintragsgeschwindigkeit in Flüssigkeiten

$$r_{O_2} = K_L a(C_s - C_a)\,\bar{p}_{O_2} \tag{4}$$

bzw.

$$r_{O_2} = K_L a\, \Delta C y_{O_2A} p_{Sys} \tag{5}$$

und dem speziellen Stoffübergangsmodell des IZ-Strahlfermentors gemäß Gl. (2) gilt für die Sauerstoffeintragsgeschwindigkeit im IZ-Strahlfermentor

$$r_{O_2} = K_1 P_{th\,F}^{\alpha}\, \Delta C y_{O_2A} p_{Sys} \tag{6}$$

Die Sauerstoffeintragsgeschwindigkeit eines Fermentors bei Belüftung resultiert zum anderen aus der Gasbilanz

$$r_{O_2} = \frac{\dot{V}_{gE\,Sys}}{m_F}\, \varrho_{O_2Sys} \left[y_{O_2E} - \frac{(1 - y_{O_2E})\, y_{O_2A}}{1 - y_{O_2A} - y_{CO_2A}} \right] \tag{7}$$

Beim IZ-Strahlfermentor ist die Gasmitnahme der Belüftungsvorrichtung vom Flüssigkeitsdurchsatz abhängig. Die spezifische Gasmitnahme für eine energetisch optimale Sauerstoffübergangsleistung ist dabei der Höhe der Begasungsvorrichtung direkt proportional.

$$\dot{V}_{gs} = \dot{V}_l K_2 h_s \tag{8}$$

Die optimale Gasmitnahme wird durch entsprechende Dimensionierung der Begasungsvorrichtung gesichert und bleibt auch bei Betrieb des Fermentors unter erhöhtem Gassystemdruck und offener Gaszirkulation zwischen dem Gasraum des Fermentors und dem Gaseintritt in die Begasungsvorrichtung erhalten. Der Flüssigkeitsstrom durch die Begasungsvorrichtung läßt sich aus dem theoretischen Leistungseintrag gemäß Gl. (3) errechnen:

$$\dot{V}_l = \frac{P_{thF} m_F}{\varrho_l g h_s} \tag{9}$$

Für die weitere Betrachtung wird das Verhältnis zugeführte Frischgasmenge unter dem Gassystemdruck zur Gasmitnahme der Begasungsvorrichtung als Zirkulationsverhältnis definiert

$$z = \frac{\dot{V}_{gE\,Sys}}{V_{qS}} P_{thF} \tag{10}$$

Aus Gl. (8), (9) und (10) ergibt sich somit für die spezifische Frischgaszufuhr in Gl. (5)

$$\frac{\dot{V}_{gE\,Sys}}{m_F} = \frac{zK_2}{\varrho_l g} \tag{11}$$

Die CO_2-Konzentration in der Fermentorabluft kann ausgehend vom Sauerstoffeintrag und dem Atmungskoeffizienten $\alpha_{CO_2}^{O_2}$ errechnet werden. Es gilt für sie die Beziehung

$$y_{CO_2A} = \frac{y_{O_2E} - y_{O_2A}}{(1 - y_{O_2E})\,\alpha_{CO_2}^{O_2} \dfrac{\varrho_{CO_2}}{\varrho_{O_2}} + y_{O_2E}} \tag{12}$$

Unter Berücksichtigung der Umrechnung für die Dichte des Sauerstoffes

$$\varrho_{O_2Sys} = \varrho_{O_2O} \frac{p_{Sys} T_0}{p_0 T_{Sys}} \tag{13}$$

und den Gleichungen (11) und (12) ergibt sich für Gl. (7) die Sauerstoffeintragsgeschwindigkeit im IZ-Strahlfermentor mit Gaszirkulation zu:

$$r_{O_2} = \frac{zK}{\varrho_l g} P_{thF} \varrho_{O_2O} \frac{p_{Sys} T_0}{p_0 T_{Sys}} \left[y_{O_2E} - \frac{(1 - y_{O_2E})\, y_{O_2A}}{1 - y_{O_2A} - \dfrac{y_{O_2E} - y_{O_2A}}{(1 - y_{O_2E})\,\alpha_{CO_2}^{O_2} \dfrac{\varrho_{CO_2}}{\varrho_{O_2}} + y_{O_2E}}} \right] \tag{14}$$

Gl. (14) nach y_{O_2A} aufgelöst und in Gl. (6) eingesetzt liefert nach Lösung einer quadratischen Gleichung für die Sauerstoffeintragsgeschwindigkeit die gesuchte Abhängigkeit vom speziellen Stoffübergangsmodell, dem Gassystemdruck und dem Gaszirkulationsverhältnis:

$$r_{O_2} = \frac{BCp_{Sys}}{2} (AzP_{thF} + K_1 P_{thF}^{\alpha} \Delta C) \pm \sqrt{\frac{B^2 C^2 p_{Sys}^2}{4} (AzP_{thF} + K_1 P_{thF}^{\alpha} \Delta C) - ABC\,\Delta C K_1 y_{O_2E} z P_{thF}^{(\alpha+1)} p_{Sys}^2}$$

$$A = K_2 \frac{\varrho_{O_2O} T_0}{\varrho_l g p_0 T_{Sys}} \tag{15}$$

$$B = (1 - y_{O_2E})\,\alpha_{CO_2}^{O_2} \frac{\varrho_{CO_2}}{\varrho_{O_2}}$$

$$C = \left[(1 - y_{O_2E})\,\alpha_{CO_2}^{O_2} \frac{\varrho_{CO_2}}{\varrho_{O_2}} + y_{O_2E} - 1 \right]^{-1}$$

Der spezifische Bruttoenergiebedarf für den Sauerstoffeintrag resultiert aus der Summe des spezifischen Bruttoenergieaufwandes für die Flüssigkeitsumwälzung und für die

Luftverdichtung unter Abzug von eventuell zurückgewonnener Energie durch Nutzung eines Teils der Druckenergie des Abluftstromes bezogen auf die Sauerstoffeintragsgeschwindigkeit.

$$E_{BrO_2} = \frac{P_{thF}K_{V1} + P_{thVF}K_{V2} - P_{thVF}K_{V3}}{r_{O_2}} \tag{16}$$

Hierbei gilt für den spezifischen theoretischen Leistungseintrag für die Flüssigkeitsumwälzung Gl. (3) und für die spezifische theoretische Verdichterleistung

$$P_{thVF} = \frac{\dot{V}_{qESys}}{m_F} p_{Sys} \frac{n}{n-1} \left[\left(\frac{p_{Sys}}{p_0} \right)^{\frac{n-1}{n}} - 1 \right] \tag{17}$$

bzw. mit Gl. (11)

$$P_{thVF} = \frac{zK_2}{\varrho_l g} P_{thF} p_{Sys} \frac{n}{n-1} \left[\left(\frac{p_{Sys}}{p_0} \right)^{\frac{n-1}{n}} - 1 \right] \tag{18}$$

Gl. (18) in Gl. (16) eingesetzt ergibt somit den spezifischen Bruttoenergiebedarf für die Sauerstoffeintragsleistung bei einem bestimmten Gassystemdruck, einem vorgegebenen Gaszirkulationsverhältnis und bei einem bestimmten spezifischen theoretischen Leistungseintrag aus der Flüssigkeitsumwälzung

$$E_{BrO_2} = \left\{ K_{V1} + \frac{zK_2}{\varrho_l g} p_{Sys} \frac{n}{n-1} \left[\left(\frac{p_{Sys}}{p_0} \right)^{\frac{n-1}{n}} - 1 \right] (K_{V2} - K_{V3}) \right\} \frac{P_{thF}}{r_{O_2}} \tag{19}$$

Die Faktoren K_{V1}, K_{V2} und K_{V3} in Gl. (19) beinhalten alle bei der Flüssigkeitsumwälzung, Luftverdichtung und Energierückgewinnung auftretenden Energieverluste. Sie sind von der konkreten Auswahl der Pumpen, Verdichter, Turbinen und Antriebsmotore sowie von der Ausführung des Umwälzsystems und der Gaszu- und -abführung abhängig.

3. Ergebnisse

Zur technisch-ökonomischen Einschätzung der in Gl. (15) und (19) wiedergegebenen theoretischen Zusammenhänge bei der Druckfermentation im IZ-Strahlfermentor mit Gaszirkulation sind auf den Abbildungen 2 und 3 für einen theoretische Leistungseinträge durch den Flüssigkeitsumwälzstrom und zwei ausgewählte Konstanten des speziellen Stoffübergangsmodelles des IZ-Strahlfermentors die Abhängigkeiten des spezifischen Energiebedarfes von der Sauerstoffeintragsgeschwindigkeit, dem Gassystemdruck und dem Gaszirkulationsverhältnis graphisch dargestellt:

- der theoretische spezifische Energiebedarf $E_{th\,O_2}$ ohne Rückgewinnung der Druckenergie der Fermentorabluft

  ($K_{V1} = K_{V2} = 1$; $K_{V3} = 0$)
- der spezifische Bruttoenergiebedarf ohne Energierückgewinnung E_{BrO_2} ($K_{V1} = 1{,}81$ bzw. 2,09; $K_{V2} = 1{,}63$; $K_{V3} = 0$) und
- der spezifische Bruttoenergiebedarf mit Rückgewinnung eines Teils der Druckenergie der Fermentorabluft E_{BrO_2R} ($K_{V1} = 1{,}81$ bzw. 2,09; $K_{V2} = 1{,}63$ und $K_{V3} = 0{,}6$).

Es ist an allen Beispielen die große Abhängigkeit des spezifischen Energiebedarfes und der Sauerstoffeintragsgeschwindigkeit vom Gassystemdruck und vom Gaszirkulationsverhältnis ersichtlich. Es zeichnen sich deutlich für jeden Systemdruck ein energetisch optimales Zirkulationsverhältnis bzw. für eine angestrebte Sauerstoffeintragsgeschwindigkeit ein energetisch optimaler Gassystemdruck mit einem dazugehörigen optimalen Gaszirkulationsverhältnis ab.

Desweiteren ist zu erkennen, wie sehr der spezifische Energiebedarf und das optimale Gaszirkulationsverhältnis durch die Größe der Verlustfaktoren K_{V1}, K_{V2} und K_{V3} beeinflußt werden. Insbesondere wird die große energetische Bedeutung einer Rückgewinnung eines Teils der Druckenergie der Fermentorabluft deutlich.

Der für einen bestimmten Gassystemdruck minimale theoretische Energiebedarf und der Bruttoenergiebedarf ohne Energierückgewinnung nehmen mit zunehmenden Gassystemdruck gegenüber der Prozeßführung ohne erhöhtem Gassystemdruck in Abhängigkeit von der Konstanten K_1 im Stoffübergangsmodell mehr oder weniger deutlich zu. Dagegen bleibt er bei der Rückgewinnung eines Teils der Druckenergie der Abluft bei günstigen Stoffübergangsbedingungen ($K_1 = 1000$ kg/Wh) mit zunehmendem Systemdruck annähernd gleich groß, und bei ungünstigeren Stoffübergangsbedingungen ($K_1 = 500$ kg/Wh) ist sogar eine merkliche Verringerung des spezifischen Bruttoenergiebedarfs zu verzeichnen.

Die Abbildungen zeigen weiterhin, daß im IZ-Strahlfermentor bei einer Prozeßführung unter erhöhtem Gassystemdruck Sauerstoffeintragsgeschwindigkeiten bis 100 kg O_2/th

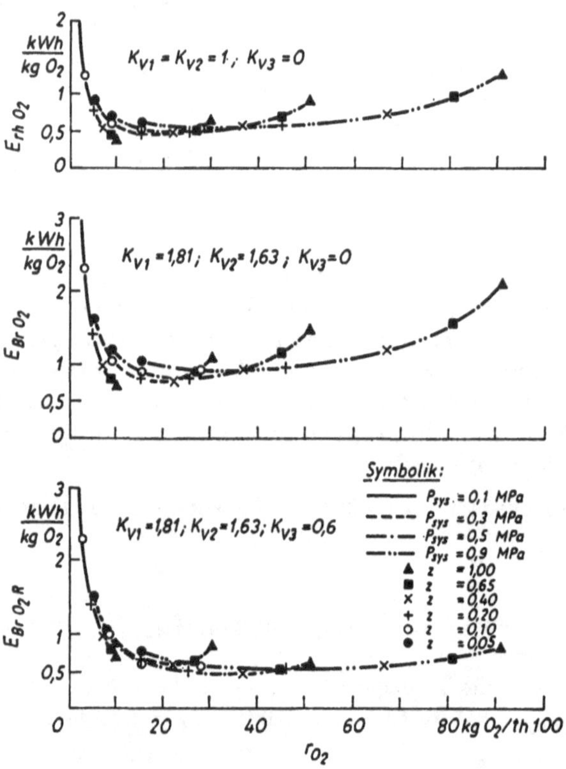

Abb. 2. Spezifischer Energiebedarf E_{O_2} in Abhängigkeit von der Sauerstoffeintragsgeschwindigkeit r_{O_2}, vom Gassystemdruck p_{Sys} und dem Gaszirkulationsverhältnis z für P_{thF} = 4 W/kg, K_1 = 500 kg/Wh und $\alpha = 1{,}0$

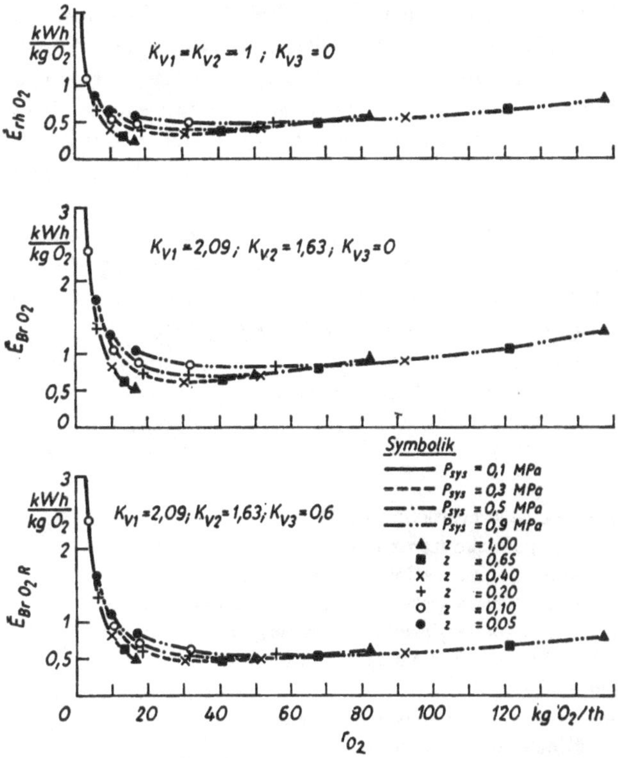

Abb. 3. Spezifischer Energiebedarf E_{O_2} in Abhängigkeit von der Sauerstoffeintragsgeschwindigkeit r_{O_2}, vom Gassystemdruck p_{Sys} und dem Gaszirkulationsverhältnis z für $P_{thF} = 4$ W/kg, $K_1 = 1000$ kg/Wh und $\alpha = 1{,}0$

realisiert werden können, ohne daß der spezifische Bruttoenergiebedarf gegenüber dem Wert bei Fermentation ohne Gasüberdruck ansteigen muß.

Die bisher vorliegenden Ergebnisse experimenteller Untersuchungen in einem kleintechnischen IZ-Strahlfermentor mit einem Fermentorbehältervolumen von 0,7 m³ bestätigen die obigen Aussagen.

Es wurde z. B. bei einem Gassystemdruck von 0,5 MPa, einem Gaszirkulationsverhältnis von $z = 0{,}2$ und einem spezifischen theoretischen Leistungseintrag durch die Flüssigkeitsumwälzung von $P_{thF} = 3{,}4$ W/kg bei einer ungünstigen Konstanten des Stoffübergangsmodells ($K_1 = 400$ kg/Wh) eine Sauerstoffeintragsgeschwindigkeit von $r_{O_2} = 34$ kg O_2/th erreicht, wobei der theoretische spezifische Energiebedarf ohne Energierückgewinnung nur 10% über dem bei Atmosphärendruck ermitteltem Wert lag.

In dieser Versuchsanlage, in der bis zu einem Gassystemdruck von 0,7 MPa gearbeitet werden kann, werden die technisch-ökonomischen Untersuchungen zur Druckfermentation im IZ-Strahlfermentor mit Gaszirkulation systematisch fortgeführt, um die dargelegten theoretischen und experimentellen Ergebnisse weiter zu bestätigen und zu präzisieren.

4. Zusammenfassung

Die bisher vorliegenden Ergebnisse zu den technisch-ökonomischen Untersuchungen zur Druckfermentation im IZ-Strahlfermentor zeigen, daß im IZ-Strahlfermentor sehr hohe Sauerstoffeintragsgeschwindigkeiten mit einem vertretbaren spezifischen Bruttoenergiebedarf realisiert werden können. Dazu ist jedoch die Einhaltung eines vom Gassystemdruck abhängigen optimalen Gaszirkulationsverhältnisses erforderlich. Von besonderer Bedeutung ist die Realisierung einer Rückgewinnung eines Teils der Druckenergie der Fermentorabluft. Hierdurch kann der spezifische Bruttoenergiebedarf auch bei sehr hohen Sauerstoffeintragsgeschwindigkeiten in der gleichen Größe oder unter dem bei Prozeßführung ohne erhöhtem Gassystemdruck erreichten Werten liegen.

Somit sind die energetischen Vorteile des IZ-Strahlfermentors gegenüber anderen Fermentorsystemen, die zu seiner vielfältigen großtechnischen Anwendung ohne erhöhtem Gasdruck führten, auch bei seinem Einsatz zur Realisierung sehr hoher Sauerstoffeintragsgeschwindigkeiten unter erhöhtem Gassystemdruck gegeben.

Bezeichnungen

C_a	g/kg M Pa	aktuelle Gelöstsauerstoffkonzentration
C_s	g/kg M Pa	Sauerstoffsättigungskonzentration
ΔC	g/kg M Pa	Gelöstsauerstoffkonzentrationsdifferenz
E_{BrO_2}	kWh/kg	spezifischer Bruttoenergiebedarf für den Sauerstoffeintrag
E_{BrO_2R}	kWh/kg	spezifischer Bruttoenergiebedarf bei Energierückgewinnung
$E_{th\,O_2}$	kWh/kg	spezifischer theoretischer Energiebedarf
g	m/s²	Erdbeschleunigung
h_s	m	Höhe der Begasungsvorrichtung (Schachtüberfall)
h_{lg}	m	begaste Füllhöhe im Fermentor
K, K_1	kg/Wh	Konstante im Stoffübergangsmodell
K_2	1/m	Konstante
K_V	—	Energieverlustfaktor
K_La	1/h	volumetrischer Stoffübergangskoeffizient
m_F	kg	Fermentormasseninhalt
n	—	Polytropenexponent
P_{thF}	W/kg	spezifischer theoretischer Leistungseintrag durch den Umwälzstrom
P_{thVF}	W/kg	spezifischer theoretischer Leistungsaufwand für die Gasverdichtung
po	M Pa	Normdruck
p_{O_2}	M Pa	mittlerer Sauerstoffpartialdruck in der Gasphase
p_{Sys}	M Pa	Gassystemdruck
r_{O_2}	kg/th	Sauerstoffeintragsgeschwindigkeit
To	K	Normtemperatur
T_{Sys}	K	Betriebstemperatur
$\dot{V}_{gS}$	m³/s	Gasmitnahme der Begasungsvorrichtung
$\dot{V}_{gESys}$	m³/s	Gaseintrittsvolumenstrom unter dem Gassystemdruck
$\dot{V}_l$	m³/s	Flüssigkeitsumwälzstrom
V_F	m³	Fermentorvolumen
y_{O_2A}	—	Volumetrischer Sauerstoffanteil im Fermentorabgas
y_{O_2E}	—	Volumetrischer Sauerstoffanteil im Gaseintrittsstrom
y_{CO_2A}	—	Volumetrischer Kohlendioxydanteil im Fermentorabgas
z	—	Gaszirkulationsverhältnis
α	—	Exponent
$\alpha_{CO_2}^{O_2}$	kg/kg	Atmungskoeffizient
β	—	spezifische Gasmitnahme

ϱ_{CO_2}	kg/m³	Dichte des Kohlendioxydes
ϱ_{O_2O}	kg/m³	Dichte des Sauerstoffes bei Normzustand
ϱ_{O_2Sys}	kg/m³	Dichte des Sauerstoffes unter Betriebstemperatur und dem Gassystemdruck

Literatur

[1] Jagusch, L. und W. Schönherr: Das Tauchstrahlbegasungsverfahren — ein ökonomisches Verfahren mit vielen Einsatzmöglichkeiten. Chem. Techn. 24. (1972), 68—72

[2] Schönherr, W. und L. Jagusch: IZ-Strahlfermentor — großtechnisch bewährt. Chem. Techn. 28. (1976), 687—688

Казанский химико-технологический институт им. С. М. Кирова
Казань, СССР

Оптимальное проектирование колонных ферментационных аппаратов

Ш. Г. Еникеев, В. М. Емельянов, М. С. Нурсубин, В. Н. Кузнецов, С. Г. Мухачев

Современные тенденции в развитии микробиологической промышленности связаны с созданием технологических процессов, характеризующихся значительными объемами производства при сравнительно низкой стоимости сырья. В этих условиях, когда затраты на эксплуатацию составляют наиболее существенную долю в себестоимости продукта, возникла необходимость пересмотра критериев, применяемых при разработке конструкции ферментационных аппаратов. Применявшийся многие годы реактор с мешалкой не выдерживает новых требований и постепенно уступает свое место другим типам аппаратов, более экономичным в крупнотоннажных производствах.

Главными требованиями, вытекающими из соображений экономичности, являются большая единичная мощность аппарата и минимальные энергозатраты на единицу получаемого продукта, при высокой интенсивности массообменных процессов.

Аппараты с механическим перемешиванием, хотя и являются аппаратами с высокоинтенсивным массобменом, характеризуются наиболее высокими энергозатратами. Кроме того, затруднения в корректном масштабировании ферментеров с механическим перемешиванием существенно возрастают с ростом единичной мощности аппарата. По этим причинам некоротые фирмы при разработке ферментационных аппаратов большой единичной мощности делают выбор в пользу других типов аппаратов [1—3].

Как правило, это та или иная модификация барботажной колонны с встроенными устройствами, с естественной циркуляцией, создаваемой эрлифтом или принудительной циркуляцией, создаваемой дополнительными насосами. Исследования показывают, что такие аппараты способны обеспечить интенсивность массообмена не ниже, чем у аппаратов с механическим перемешиванием при значительно меньших энергозатратах [4—6].

Перспективность применения таких конструкций при создании аппаратов большой единичной мощности вызывает необходимость разработки методов их расчета, обеспечивающих надежный масштабный переход.

В данной работе рассматривается один из возможных подходов к решению этой проблемы, который может служить основой для расчета широкого класса барботажно-эрлифтных и колонных аппаратов с естественной и принудительной циркуляцией.

Разработка методики расчета процесса ферментации, пригодной для целей оптимального конструирования и масштабирования базируется в данной работе на необходимости учета пространственной неоднородности ферментационной среды, то есть необходимости отказа при расчете от допущения о сосредоточенности параметров биореактора. Покажем вначале на простых примерах важность учета распределенности характеристик газо-жидкостной среды при оценке процесса массопередачи.

Из литературы хорошо известно, что мощность, рассеиваемая в единице объема аппарата, имеет определяющее значение для таких характеристик, как межфазная поверхность и газосодержание. Зависимости, описывающие экспериментальные данные, обычно содержат удельную мощность в качестве определяющего параметра. Следуя, например, Кольдербанку [7], для газожидкостной смеси имеем:

$$a = 1{,}44\ \frac{\left[\left(\dfrac{P}{v_c}\right)^{0,4} \cdot \varrho_c{}^{0,2}\right]}{\sigma^{0,6}} \left(\frac{W_c}{W_t}\right)^{1/2} \tag{1}$$

$$\varphi = \left(\frac{W_s\varphi}{W_t}\right)^{1/2} + 0{,}0216 \left[\frac{\left(\dfrac{P}{v_c}\right)^{0,4} \varrho_c{}^{0,2}}{\sigma^{0,6}}\right] \left(\frac{W_s}{W_t}\right)^{1/2} \tag{2}$$

Зависимости подобного типа, отличающиеся иногда показателями степени или числовыми коэффициентами, неизменно содержат удельную мощность. Несмотря на различия в условиях экспериментов, которые находят отражение в небольших различиях числовых значений отдельных коэффициентов и показателей степени, для большинства исследований характерно то, что они проводились в малых объемах газожидкостной смеси, то есть, когда значение удельной мощности можно практически принимать одинаковым для всех точек системы. В литературе так же хорошо известны и многочисленные факты, когда попытки распространить подобные корреляции на большие объемы оказались неудачными. Причем, на практике оказывается, что результат расчета всегда дает существенно завышенные значения. Дело в том, что при переходе к большим объемам обычно не удается обеспечить равномерность распределения удельной мощности в перемешиваемом объеме. Нетрудно видеть, что это приводит к снижению фактических значений скорости массопередачи. В самом деле, из уравнения (1) например, следует, что объемный коэффициент массопередачи зависит от удельной мощности нелинейным образом:

$$k_L a \propto \left(\frac{P}{v_c}\right)^m \tag{3}$$

Допустим, что весь объем газожидкостной смеси нам удалось разбить на N таких частей, что в каждой из них неравномерностью распределения удельной мощности можно пренебречь. Тогда среднее значение объемного коэффициента массопередачи, характеризующее весь объем смеси, будет

$$k_L a \propto \frac{1}{N} \sum_{i=1}^{N} \left(\frac{P}{v_c}\right) \tag{4}$$

Пренебрегая неравномерностью распределения удельной мощности, мы фактически вычисляем $k_L a$ по другому:

$$k_L a \propto \left[\frac{1}{N}\sum_{i=1}^{N}\left(\frac{P}{v_c}\right)_i\right]^m \tag{5}$$

Когда показатель степени m меньше единицы, значение, вычисленное по формуле (5) всегда больше, чем по (4), причем разница может составить десятки процентов.

Из рассматриваемого выше следует важный в методическом отношении вывод [7, 8]: в условиях существенной неоднородности системы по гидродинамическим параметрам операцию усреднения можно производить только над локальными значениями массообменных характеристик, а не над локальными значениями самих гидродинамических параметров. Под локальным понимается значение параметра для некоторой области, в которой его изменением можно пренебречь с приемлемой потерей точности.

Очевидно, что одним из возможных подходов к решению проблемы неоднородности, имеющей место в ферментерах большого объема, может быть разбиение аппарата на зоны [9, 10], в которых пространственные изменения поля скоростей и концентраций, и, следовательно, диссипируемой энергии пренебрежимо малы. Рассчитывая массообменные характеристики для каждой зоны на основе соответствующего математического описания и объединяя зоны на основе заданной структуры потоков, можно корректно рассчитать скорость массопередачи, интегральную по всему аппарату.

Общая схема расчета колонны

Целью рассматриваемого типа расчетов является обычно предпроектная оценка потенциально достижимых технико-экономических показателей аппарата и формирование исходных данных для его проектирования. Эту фазу предпроектной проработки часто называют также технологическим проектированием аппарата. Исходными данными для технологического проектирования служат результаты кинетических исследований и, в необходимых случаях, математического моделирования микробиологического процесса, результаты натурных гидродинамических и массообменных испытаний контактных устройств, данные технико-экономического анализа, а также система ограничений, определяющая область физического существования процесса в условиях данной конструктивной схемы аппарата.

Применение ЭВМ позволяет проектировщику за короткое время оценить большое число вариантов, отличающихся режимами работы аппарата и его геометрическими параметрами и отобрать из них наиболее приемлемый. При этом, проектировщику, как правило, приходится учитывать множество противоречивых требований, часто неформализуемых, что не дает в общем случае возможность сформулировать эту задачу в терминах оптимальных задач. Поэтому термин оптимальное технологическое проектирование имеет обычно частный смысл — оценка варианта с экстремальным значением того или иного технико-экономического показателя, достижимого в допустимой области значений конструктивных и режимных параметров.

На рис. 1 показана общая схема расчета оптимального варианта колонного аппарата. Целью гидродинамического расчета является отыскание распределений давления, газосодержания и приведенной скорости газа по высоте колонны.

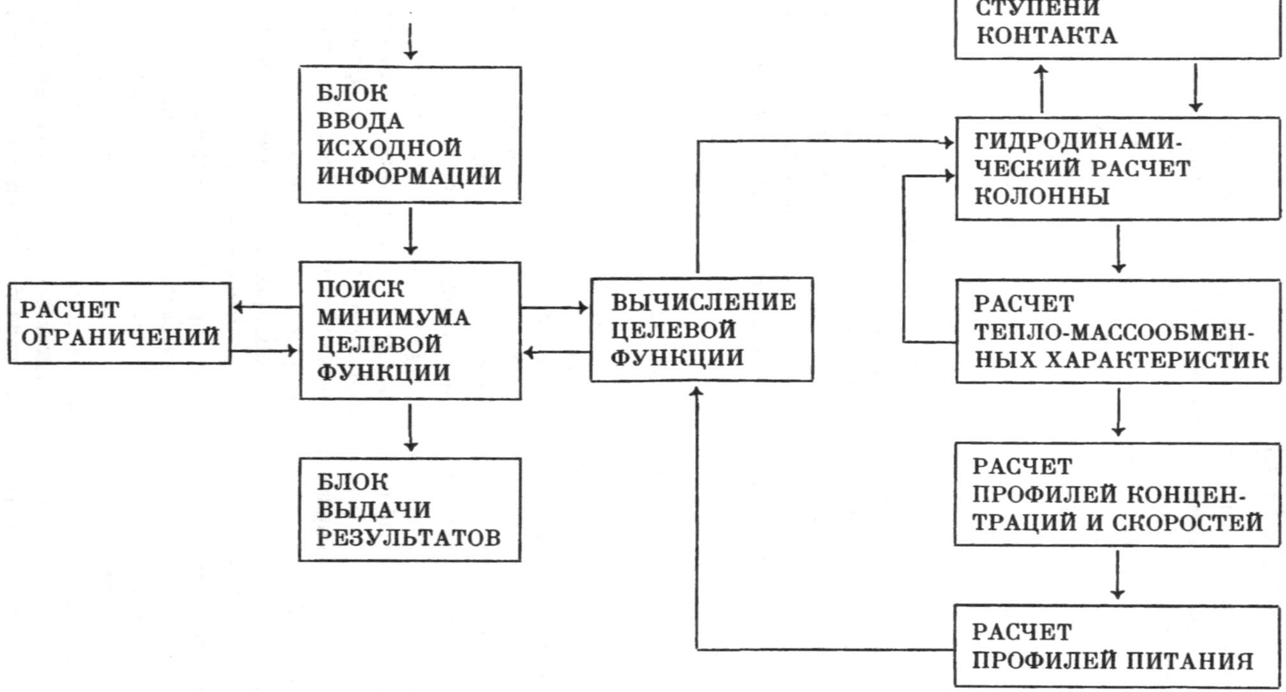

Рис. 1. Схема расчета оптимального варианта колонного ферментера

По этим профилям в блоке расчета тепло- и массообменных характеристик находят распределения коэффициентов тепло- и массопередачи, концентрации кислорода в газовой фазе, температуру хладоагента, а также скоростей массопередачи кислорода и тепловыделения. Поскольку суммарная скорость массопередачи кислорода должна соответствовать заданной производительности, расчеты гидродинамики и массобмена повторяются последовательно и при этом наращивается высота колонны до тех пор, пока не будет достигнута заданная производительность.

В результате расчета профилей концентраций и скоростей находят распределения концентраций биомассы, скорости потребления субстрата по высоте колонны.

По результатам предыдущих вычислений в блоке расчета профилей питания находятся значения всех внешних и внутренних потоков и концентраций питательных веществ в них.

Блок оптимизации осуществляет поиск в допустимой области значений свободных режимных и конструктивных параметров, минимизирующих функцию цели.

Колонный противоточный ферментер с распределенным питанием

В качестве примера рассмотрим методику расчета колонного аппарата, для которого схема потоков приведена на рис. 2. Аппарат разбит по высоте на N зон или ступеней контакта, в каждой из которых имеет место полное перемешивание по каждой из фаз. Воздух со скоростью n_0 моль/сек подается снизу колонны, а культуральная жидкость движется сверху вниз, причем в каждую зону имеется возможность подведения потоков питательной среды с объемной скоростью Q_i.

Если колонна продуцирует биомассу микроорганизмов, то ее производительность равна

$$M_x = F_N \cdot x_N, \tag{6}$$

где

$$F_N = \sum_{i=1}^{N} Q_i + F_0 \tag{7}$$

Такая колонна должна развивать скорость массопередачи кислорода, равную

$$M_{O_2} = \left(B + \frac{a_e}{\mu}\right) M_x \tag{8}$$

Эффективность колонны можно оценивать по приведенным затратам на единицу производимой биомассы, которые мы для простоты выразим в виде суммы двух компонент — энергозатрат и капитальных затрат, считая, что остальные виды эксплуатационных затрат фиксированы при заданной производительности колонны:

$$C = C_E + C_K \tag{9}$$

Энергозатраты, отнесенные к единице произведенной биомассы зависят от расхода и давления воздуха, подаваемого на аэрацию и производительности колонны:

$$C_E = f_1(n_0, P_N, M_x) \tag{10}$$

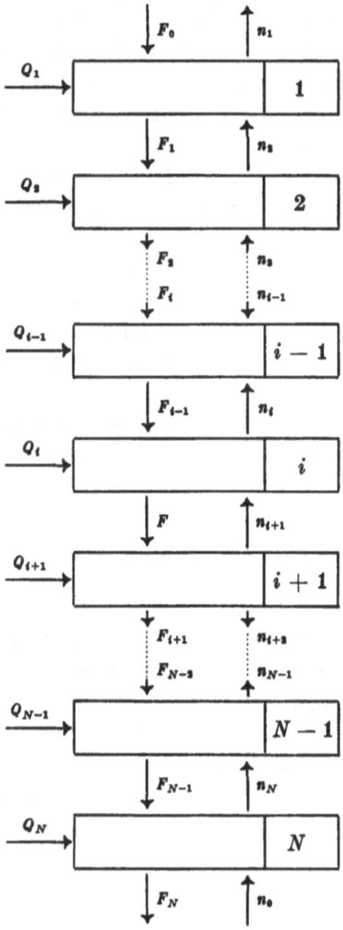

Рис. 2. Схема потоков колонного противоточного ферментера с распределенным питанием.

Капитальные затраты, отнесенные к единице произведенной биомассы определяются геометрическими параметрами и рабочим давлением, а также производительностью колонны

$$C_K = f_2(H, D, P_N, M_x) \tag{11}$$

При этом, независимо могут варьироваться лишь три из названных параметра — расход воздуха, давление верха и диаметр колонны. По условиям гидродинамического расчета колонны, удобнее задавать давление вверху колонны P_0. Таким образом, целевая функция может быть представлена в виде

$$C = C(n_0, D, P_0) \tag{12}$$

При отыскании оптимальных значений параметров n_0, D, P_0, минимизирующих целевую функцию, необходимо также задать допустимую область в пространстве параметров оптимизации:

$$F(n_0, D, P_0) = 0 \tag{13}$$

Наиболее надежными исходными данными для гидродинамического расчета следует считать данные гидродинамических испытаний контактного устройства, выполненного в натуральную величину. Однако, в ряде случаев может быть с успехом использована математическая модель ступени контакта. В любом случае, блок расчета ступени контакта по заданному давлению и мольной скорости газового потока в слое должен выдать значения газосодержания, перепада давления и приведенной скорости газа в слое. Так, например, в случае барботажной колонны расчет ведется по блок-схеме, показанной на рис. 3.

В результате гидродинамического расчета находят распределения

$$\{P_i\}, \{\varphi_i\}, \{W_i\}, \quad i = \overline{1, N} \tag{14}$$

удовлетворяющие ограничениям

$$\left.\begin{aligned} W_1 &\leq W^* \\ P_N &\leq P^* \end{aligned}\right\} \tag{15}$$

Для расчета локальных коэффициентов переноса используют соответствующие эмпирические зависимости [11—17], представленные в виде:

$$K_i = f(\varphi_i, W_i) \tag{16}$$

Обычно желательно иметь концентрацию растворенного кислорода постоянной по высоте колонны и равной некоторому заданному значению Y^*, поэтому на данном этапе может быть найдено распределение концентраций кислорода в газе

$$\{Z_i\}, \quad i = \overline{1, N}$$

по рекуррентным соотношениям

$$\begin{aligned} &n_0(Z_{i+1} - Z_i) - (k_L a)_i \left(\frac{P_i Z_i}{He} - Y^*\right)(1 - \varphi_i)\, v = 0, \quad i = \overline{1, N} \\ &Z_{N+1} = Z^*_{N+1} \end{aligned} \tag{17}$$

При этом должны выполняться ограничения

$$Z_1 \geq Z^* \tag{18}$$

$$H \leq H^* \tag{19}$$

$$V \sum_{i=1}^{N} (k_L a)_i \left(\frac{P_i Z_i}{He} - Y^*\right)(1 - \varphi_i) \geq M_{O_2} \tag{20}$$

Расчет профилей концентраций и скоростей

По данным кинетических исследований обычно известна концентрация субстрата, которую необходимо поддерживать в культуральной среде

$$S_i = S^* \tag{21}$$

Поэтому известна также и удельная скорость роста, которую также желательно выдержать постоянной по высоте колонны

$$\mu = \mu^* \tag{22}$$

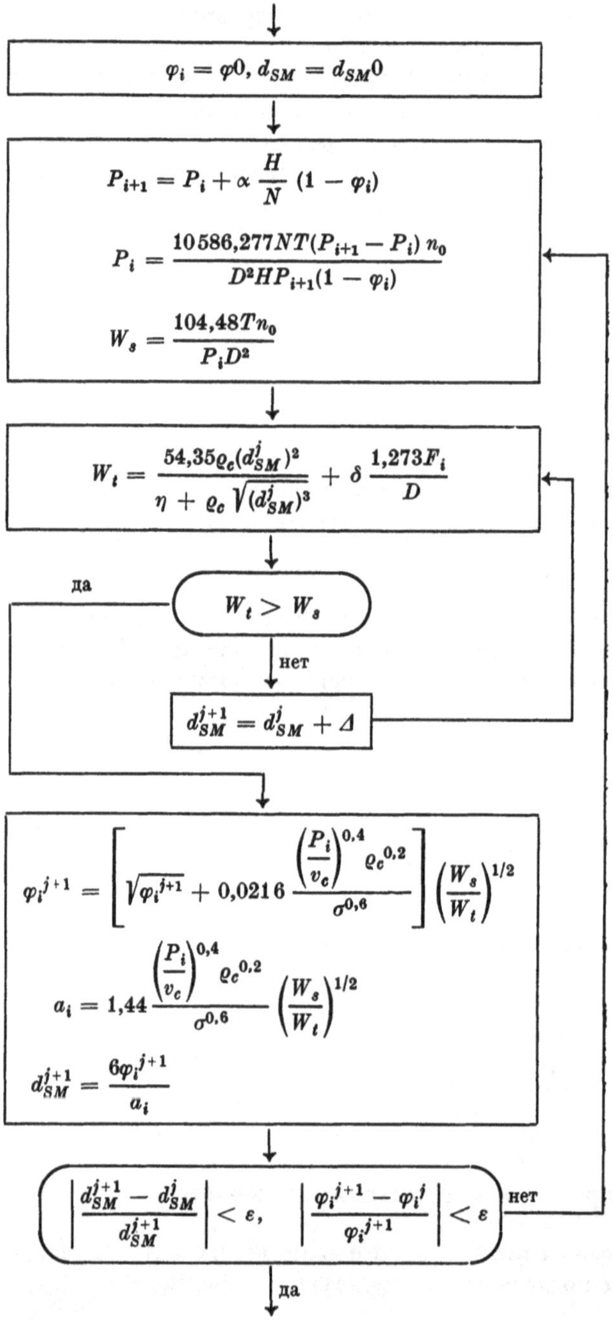

Рис. 3. Блок-схема гидродинамического расчета барботажной колонны

Условия (21—22) означают необходимость полного сопряжения профиля скорости дыхания с профилем скорости массопередачи кислорода. При этом должны иметь место условия сопряжения

$$Y_{O_2/x} R_x{}^i = R^i_{O_2}, \tag{23}$$

или

$$(a_e + B\mu^*)\, x_i = (k_L a)_i \left(\frac{P_i Z_i}{He} - Y^*\right), \quad i = \overline{1, N}, \tag{24}$$

откуда имеем рекуррентные соотношения для определения концентрации биомассы по высоте колонны:

$$x_i = \frac{(k_L a)_i \left(\dfrac{P_i Z_i}{He} - Y^*\right)}{(a_e + \beta\mu^*)}, \quad i = \overline{1, N} \tag{25}$$

При этом, должно выполняться ограничение:

$$x_N \leq x^* \tag{26}$$

Профиль скорости потребления субстрата может быть найден по формулам

$$R_s{}^i = (\alpha + \beta\mu^*)\, x_i v(1 - \varphi_i), \quad i = \overline{1, N} \tag{27}$$

Расчет профилей питания

Для расчета распределения потоков питания и концентраций субстрата в них воспользуемся следующими соотношениями:

$$F_N = \frac{M_x}{X_N} \tag{28}$$

$$Q_i = \frac{R_x{}^i - F_i(x_i - x_{i-1})}{x_{i-1}}, \quad i = \overline{1, N} \tag{29}$$

$$SB_x{}^i = \frac{R_s{}^i + Q_i S^*}{Q_i}, \quad i = \overline{1, N} \tag{30}$$

$$F_{i-1} = F_i - Q_i, \quad i = \overline{1, N} \tag{31}$$

$$x_0 = x_0{}^* \tag{32}$$

При этом, необходимо выполнить ограничение:

$$S^N_{Bx} \leq S^*_{Bx} \tag{33}$$

Оптимизация

В результате выполненных расчетов будут найдены входное давление аэрирующего воздуха P_N и высота колонны H, и теперь может быть вычислено значение целевой функции (9). При этом, система неявных ограничений (15), (18), (19), (20), (26) и (33) совместно с явными ограничениями

$$\left.\begin{aligned} n_0 &\leq n^* \\ D &\leq D^* \end{aligned}\right\} \tag{34}$$

гарантирует, что траектория поиска оптимума будет находиться в допустимой области. Очередной j-й шаг на пути к оптимуму состоит в задании новой комбинации P_0^j, n_0^j, D^j, так, чтобы выполнилось условие

$$C_j < C_{j-1} \tag{35}$$

Некоторые результаты исследования задачи оптимизации

На рис. 4, 6 и 8 показаны зависимости приведенных затрат от оптимизируемых параметров, рассчитанные для колонного ферментера, работающего по схеме рис. 2 и производящего дрожжевую биомассу. В этом примере целевая функция имеет место отчетливо экстремальный характер, вытекающий из поведения частных компонентов целевой функции, показанных на рис. 5, 7 и 9.

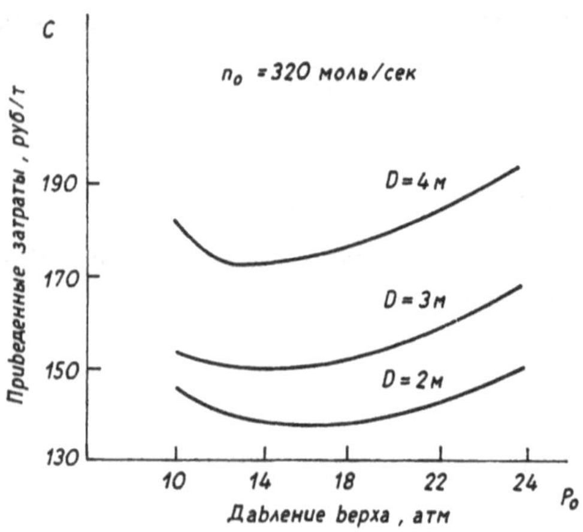

Рис. 4. Зависимость приведенных затрат от давления в верхней части колонны

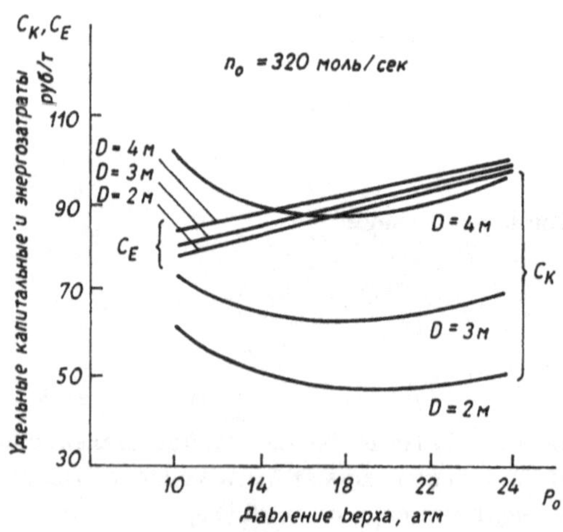

Рис. 5. Зависимость удельных капитальных и энергозатрат от давления в верхней части колонны

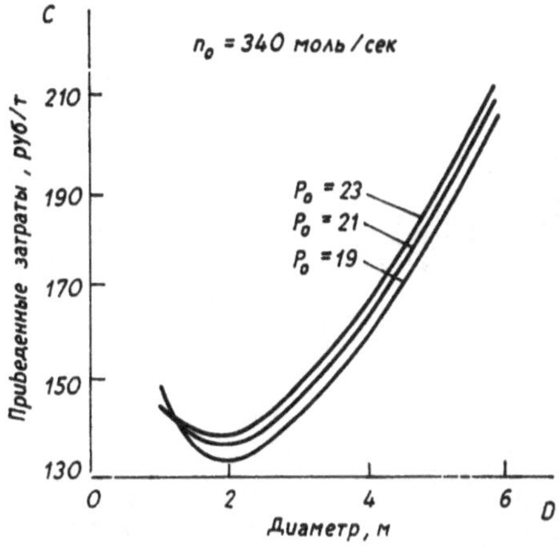

Рис. 6. Зависимость приведенных затрат от диаметра колонны

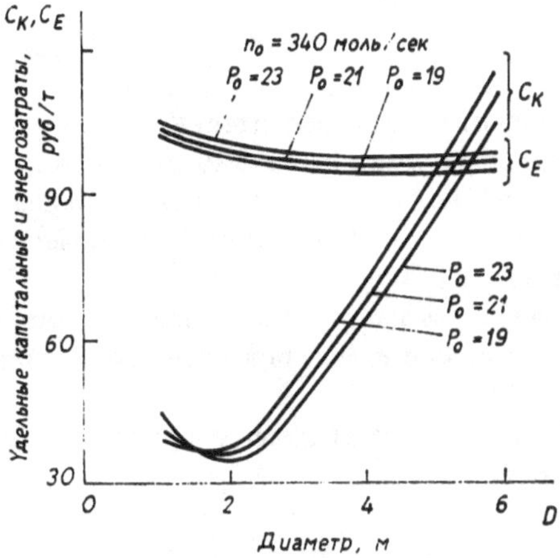

Рис. 7. Зависимость удельных капитальных и энергозатрат от диаметра колонны

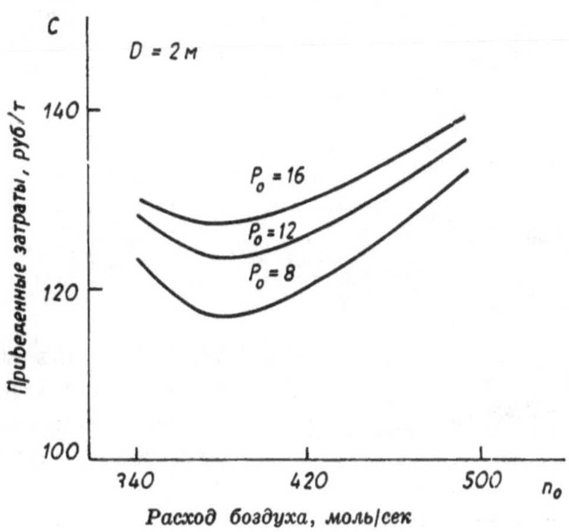

Рис. 8. Зависимость приведенных затрат от расхода воздуха

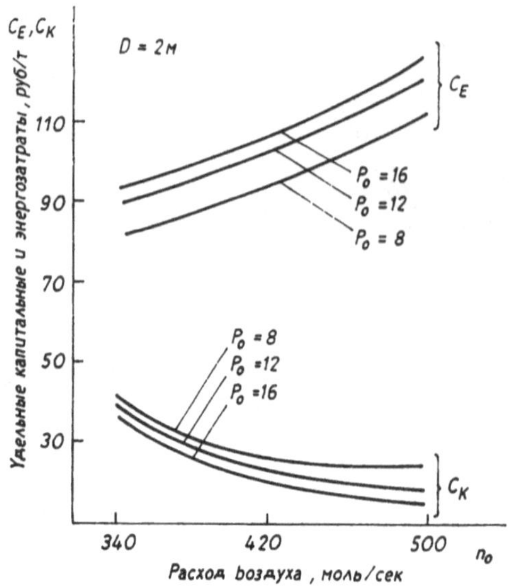

Рис. 9. Зависимость удельных капитальных затрат от расхода воздуха

Высота колонны, развивающей заданную производительность, является зависимым параметром. На рис. 10 показаны проекции границ допустимой области на плоскость геометрических параметров колонны, при разных расходах воздуха. На рис. 11 приведены проекции на плоскость $P - D$ линий пересечения плоскости $n = \text{const}$ с граничной поверхностью.

Из приведенных зависимостей следует, что для рассматриваемого типа аппаратов снижение энергозатрат на аэрацию возможно за счет повышения стоимости аппарата и наоборот.

На рис. 12—15 показаны некоторые профили, характеризующие работу колонны в одном из режимов в допустимой области.

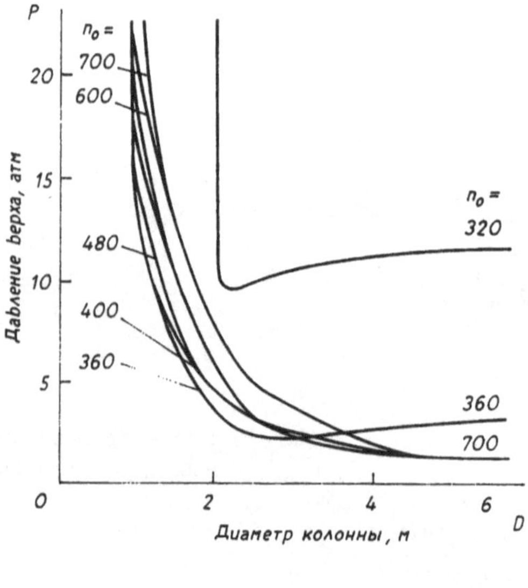

Рис. 10. Границы допустимой области для геометрических параметров колонны при различных режимах аэрации

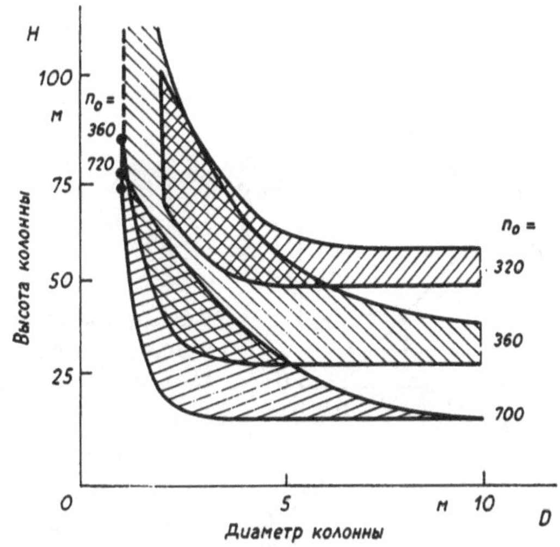

Рис. 11. Линии равного уровня аэрации для поверхности, ограничивающей допустимую область

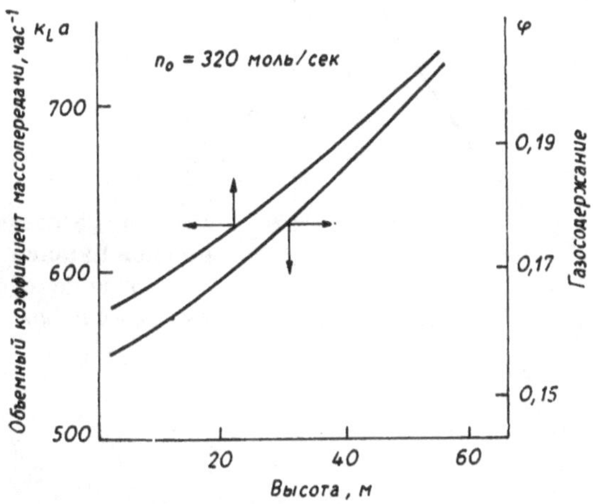

Рис. 12. Распределение объемного коэффициента массопередачи и газосодержания по высоте колонны

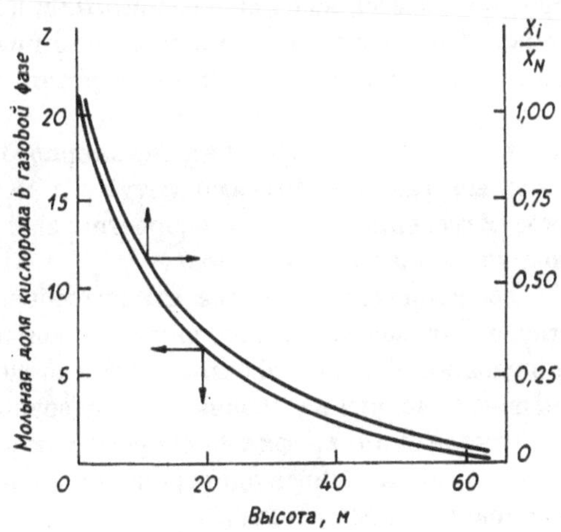

Рис. 13. Распределение движущей силы массопередачи кислорода и концентрации биомассы по высоте колонны

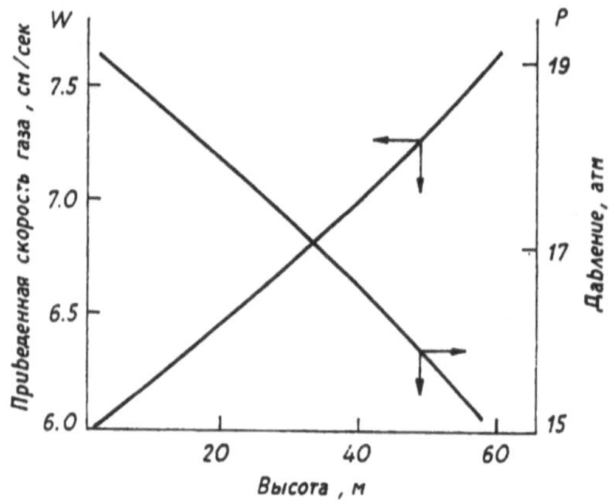

Рис. 14. Распределения давления и приведенной скорости газа по высоте колонны

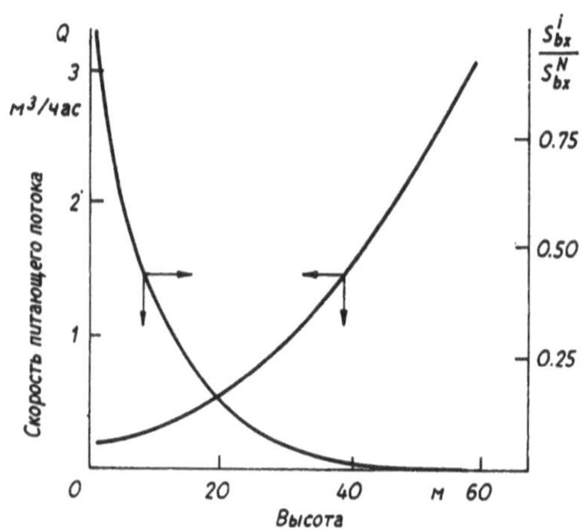

Рис. 15. Распределения потоков питания и входных концентраций субстрата по высоте колонны

Заключение

Рассмотренная методика расчета основывается на оценке режимных и конструктивных параметров колонны на каждом шаге оптимизации в первом приближении. После того, как оптимум локализован, расчеты могут быть уточнены методом итераций.

Необходимость итераций вызвана тем, что вследствие неэквимолярного замещения потребленного кислорода углекислым газом и другими летучими метаболитами может иметь место значительное изменение мольной скорости газового потока вдоль колонны, что в первом приближении не учитывалось.

Кроме того, при вычислении коэффициентов переноса мы пренебрегли зависимостью вязкости и поверхностного натяжения от концентрации биомассы. При уточнении профилей, характеризующих работу колонны, здесь также возникает итерационный контур. Дальнейшее усложнение задачи может возникнуть при отказе от условия идеальности сопряжения профилей скоростей массопередачи кислорода и дыхания при невозможности выполнить одновременно все наложенные ограничения для конкретного набора исходных данных.

Отмеченные моменты лишний раз подчеркивают, что в конечном счете процедура оптимального технологического проектирования есть диалог с ЭВМ, в котором решающее слово принадлежит Конструктору.

Список условных обозначений

a — межфазная поверхность, см$^{-1}$.
a_e — коэффициент, учитывающий расход кислорода в эндогенном метаболизме, см$^{-1}$.
B — расход кислорода на рост биомассы, кгO_2/кгX.
C — затраты на единицу производимой биомассы, руб/кг.
C_E — удельные энергозатраты, руб/кг.
C_K — удельные капитальные затраты, руб/кг.
D — диаметр колонны, см.
D^* — максимально допустимое значение диаметра колонны, см.
d_{SM} — средний объемно-поверхностный диаметр, см.
$d_{SM}O$ — начальное приближение для среднего объемно-поверхностного диаметра, см.
F_i — скорость потока жидкой фазы, см^3/сек.
H — высота колонны, см.
H^* — максимально допустимая высота колонны, см.
He — константа Генри, см^3 атм/г.
i — номер зоны.
j — номер итерации.
K_i — локальный коэффициент переноса, сек$^{-1}$.
$(k_La)_i$ — локальный объемный коэффициент массопередачи, сек$^{-1}$.
M_{O_2} — производительность колонны по кислороду, г/сек.
M_x — производительность колонны по биомассе, г/сек.
N — число зон или ступеней контакта.
n_0 — расход воздуха на аэрацию, моль/сек.
n^* — максимально допустимое значение расхода воздуха, моль/сек.
P_i — локальное значение давления, атм.
P^* — максимально допустимое давление в колонне, атм.
Q_i — скорость потока питательной среды, подаваемого в i-ую зону, см^3/сек.
$R^i_{O_2}$ — локальная скорость потребления кислорода, г/сек.
$R_s{}^i$ — скорость потребления субстрата, г/сек.
$R_x{}^i$ — скорость роста биомассы, г/сек.
S_i — локальная остаточная концентрация субстрата, г/см^3.
S^* — заданное значение остаточной концентрации субстрата, г/см^3.
S^i_{Bx} — концентрация субстрата в питающем потоке i-й зоны, г/см^3.
S^*_{Bx} — максимально допустимое значение концентрации субстрата в питающем потоке, г/см^3.
V — геометрический объем зоны, см^3.
V_c — объем сплошной фазы, см^3.
W_i — локальное значение приведенной скорости, см/сек.
W^* — максимально допустимая приведенная скорость газа в колонне, см/сек.
W_s — приведенная скорость газа, см/сек.
W_t — скорость подъема пузырей, см/сек.
x_i — локальная концентрация биомассы, г/см^3.
x^* — максимально допустимое значение концентрации биомассы в колонне, г/см^3.

x_0 — концентрация биомассы во входном потоке, г/см^3.
Y^* — заданное значение концентрации растворенного кислорода, г/см^3.
$Y_{O_2/x}$ — экономический коэффициент по кислороду, гO_2/гX.
Z_i — локальная концентрация кислорода в газе, мольн. доли.
Z^* — максимально допустимое значение концентрации кислорода в газовой фазе, мольн. доли.
Z^*_{N+1} — концентрация кислорода во входном потоке, мольн. доли.
μ — удельная скорость роста биомассы, сек$^{-1}$.
μ^* — заданное значение удельной скорости роста, сек$^{-1}$.
ϱ_c — плотность жидкости, г/см^3.
δ — поверхностное натяжение, дин/см.
φ — локальное значение газосодержания.
φ_0 — начальное приближение для газосодержания.
P — мощность, затрачиваемая на перемешивание, вт.
α — коэффициент перевода, атм/см.
δ — символ Кронекера.
η — вязкость, г/см. сек.
ε — точность сходимости в итерационном процессе.

Литература

[1] Gow, I. S., I. D. Littlehailes, S. R. L. Smith and R. B. Walter: SCP Production from Methanol: Bacteria. In: Tannenbaum, S. R., D. I. C. Wang, Single-Cell Protein II, The MIT Press, Cambridge, USA and London, England 1975, 370—384

[2] Kanazawa, M.: The Production of Yeast from n-Paraffins. In: Tannenbaum, S. R., D. I. C. Wang, Single-Cell Protein II, The MIT Press, Cambridge, USA and London, England 1975, 438—454

[3] ··· Симпозиум по микробиологии. Institut Francais du Petrole, Москва, сентябрь, 24—29, 1979

[4] Wang, D. I. C., R. T. Hatch and C. Cuevas: Engineering Aspects of Single-Cell Protein Production from Hydrocarbon Substrates: The Airlift Fermentor. In: Proceedings of the Eighth World Petroleum Congress, Applied Science Publishers Ltd, London 1974, 149—156

[5] Hatch, R. T. and D. I. C. Wang: Improvements in Fermentor Design for Single-Cell Protein Production: The Airlift Fermentor. Paper presented at the Joint Conference on SCP of the US—USSR Working Group, Cambridge, Mass., USA 1976

[6] Calderbank, P. H.: Mass Transfer in Fermentation Equipment. In: Blakebrough, N., Biochemical and Biological Engineering Science, Academic Press, London and New York 1967, vol 1, 101—180

[7] Yenikeyev, S. G.: Computer Simulation of the Microbial Population Dynamics in a Chemostat. Paper presented at the First European Conference on Computer Process Control in Fermentation, INRA, Dijon France 1973

[8] Yenikeyev, S. G.: On the Problem of Fermentation Process Modeling. Paper presented at the US—USSR Joint Conference on Data Acquisition and Processing for Laboratory and Industrial Measurements in Fermentation Processes, Univ. of Pennsylvania, Phila., Pa., USA, August 13—15, 1975, 1—33

[9] Ho, C. S., L. E. Erickson and L. T. Fan: Modelling and Simulation of Oxygen Transfer in Airlift Fermentors. Biotechn. and Bioeng. 19 (1977), 1503—1522

[10] Yenikeyev, S. G., V. M. Yemelyanov, M. S. Nursubin and L. E. Erickson: Computation of Oxygen Transfer Characteristics of Airlift Fermentors. Paper presented at the Joint US—USSR Conference on Mathematical Modelling of Fermentation Processes, MIT, Cambridge, Mass., USA 1979

[11] Hsu, K. H., L. E. Erickson and L. T. Fan: Pressure Drop, Gas Hold-Up and Oxygen Transfer in Tower Systems. Biotechn. and Bioeng. 19 (1977), 247
[12] Hsu, K. H., L. E. Erickson and L. T. Fan: Oxygen Transfer to Mixed Cultures in Tower Systems. Biotechn. and Bioeng. 17 (1975), 499—514
[13] Aiba, S., A. E. Humphrey and N. F. Millis: Biochemical Engineering. Univ. of Tokyo Press, Tokyo 1973
[14] Bailey, J. E. and D. F. Ollis: Biochemical Engineering Fundamentals. McGraw-Hill Book Company, New York 1977
[15] Кафаров, В. В.: Основы массопередачи. Высшая школа, Москва 1972
[16] Рамм, В. М.: Абсорбция газов. Химия, Москва 1976
[17] Касаткин, А. Г.: Основные процессы и аппараты химической технологии. Химия, Москва 1971

Akademie der Wissenschaften der DDR
Institut für technische Chemie, Leipzig

Stand und Entwicklungstendenzen der Aufarbeitung von Produkten der mikrobiellen Zellsubstanzsynthese

D. Beck

Wurde in der Vergangenheit die Fermentation als das „Herzstück" biotechnologischer Verfahren betrachtet, so setzt sich jetzt die Erkenntnis durch, daß die eigentlichen ökonomisch und technologisch bedeutsamen Probleme in den der biologischen Stoffwandlung nachgeschalteten Stufen liegen.

Der Fermentationsprozeß, insbesondere bei der Konvertierung von flüssigen Kohlenwasserstoffen weist eine hohe Eigenstabilität auf. Weiterhin wird beim Einsatz dieser Kohlenstoffquellen durch den Fermentationsprozeß wohl die Ökonomie des Verfahrens mitbestimmt, aber nur in geringem Umfang die Qualität des Endproduktes für die nahezu ausschließlich die nachfolgenden Stofftrenn- und Stoffreinigungsoperationen verantwortlich sind. Die eigentlichen Probleme der 2- und mehrphasigen Fermentationssysteme zeigen sich vornehmlich in den Stufen der Stofftrennung und Stoffreinigung. Beispielsweise liegen bei der Erdöldestillatkonvertierung die Invest- bzw. Selbstkosten

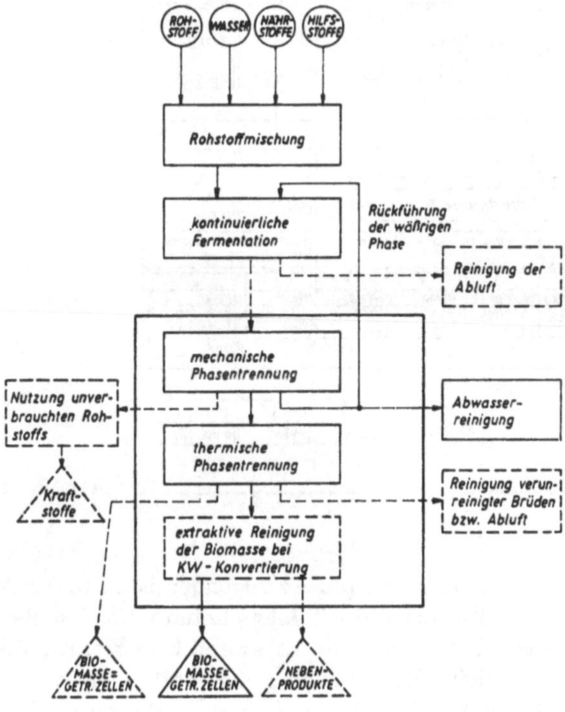

Abb. 1

für die Verfahrensstufe Fermentation bei 8 bzw. 19%, für die Stofftrennung-Reinigungsstufen noch bei 36 bzw. 47% des Gesamtverfahrens (Abb. 1).

Die bei der Züchtung von Einzellerprotein anfallenden Kultursuspensionen stellen ein Gemisch von Mikroorganismen, nicht umgesetzten Rohstoffen organischer und anorganischer Natur und Wasser dar. Die Aufarbeitung derartiger Systeme kann auf vielfältiger Weise geschehen, läßt sich aber in Abhängigkeit von der Kohlenstoffquelle und dem Mikroorganismus in folgende Operationskomplexe einordnen:

— mechanische Fest-flüssig-Trennung zur Entfernung eines Großteils der wäßrigen Phase, ggf. auch einer flüssigen KW-Phase;
— thermische Stofftrennung zur Trocknung der aufkonzentrierten Biomassesuspension;
— extraktive Stoffreinigung zur Entfernung nicht utilisierter Kohlenwasserstoffe bzw. unerwünschter biogener Inhaltsstoffe aus dem Zellmaterial.

Abhängig von den im Prozeß eingesetzten Mikroorganismen, der Kohlenstoffquelle, den aus dem Fermentationssubstrat abzutrennenden Komponenten sind die bei dem biotechnischen Stoffwandlungsprozeß anfallenden mehrphasigen Systeme durch einen unterschiedlichen Kompliziertheitsgrad und durch die Notwendigkeit der Anwendung unterschiedlicher Stofftrenn- und -reinigungsstufen sowohl für Haupt- als auch für Nebenprodukte gekennzeichnet (Abb. 2).

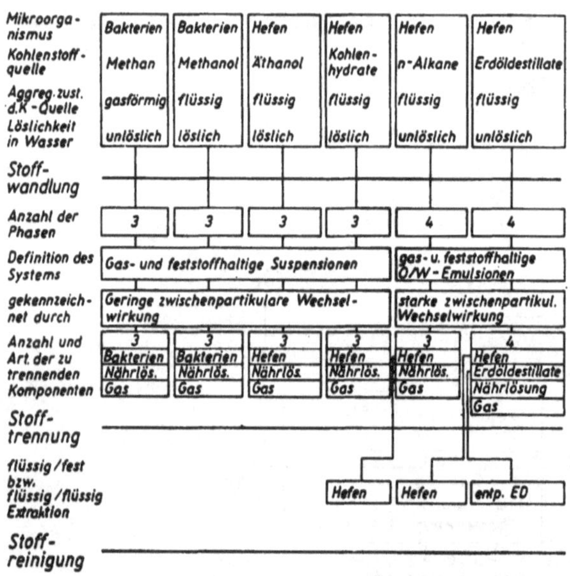

Abb. 2

Die Meinung, daß die den Fermentationsprozeß folgenden Schritte der Aufarbeitung wenig spezifisch sind und durch Einsatz von seit Jahrzehnten vielfach in der chemischen Technologie bzw. Verfahrenstechnik erprobten Apparaten beherrschbar sind, ist falsch und kann ohne vorherige vertiefte Untersuchung der stoff- und systemspezifischen Eigenschaften der zu verarbeitenden Produkte und ohne Beachtung möglicher Wechselwirkungen zwischen ihnen und dem Apparat zu erheblichen Problemen führen.

Welche stofflichen Besonderheiten weisen nun die Fermentationsmedien der Einzellerproteinproduktion auf?

— Es sind Suspensionen von Feststoffteilchen mit einem Wassergehalt von ca. 80% im Größenbereich von 1—7 μm in einer wäßrigen Phase,
— die Feststoffkonzentration (bezogen auf Trockenmasse) liegt in Abhängigkeit von den Fermentationsbedingungen zwischen 15 bis über 100 g/kg,
— sie weisen durch zwischenpartikulare Wechselwirkungen bereits bei niedrigen Feststoffkonzentrationen ein nicht-Newtonsches Fließverhalten auf, desweiteren ist ein drastischer Viskositätsanstieg durch Ausschüttung wasserlöslicher Biopolymere bei einigen Kulturen zu beobachten (Abb. 3).

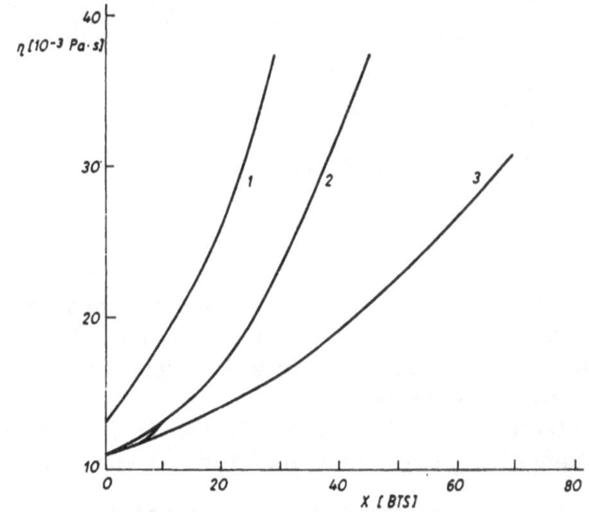

Abb. 3

— es bestehen zwischenpartikulare und zwischenmolekulare Wechselwirkungen zwischen
  • dem Mikroorganismus und der wäßrigen Phase
  • den Mikroorganismen untereinander
  • im Sonderfall der Konvertierung flüssiger, wasserunlöslicher Kohlenwasserstoffe zwischen den Mikroorganismen und der dispergierten Kohlenwasserstoffphase.

In allen Fällen nimmt die Wechselwirkung zwischen den Mikroorganismen und der umgebenden wäßrigen Phase bzw. den darin enthaltenen Substanzen eine dominierende Stellung ein, wobei als Phasengrenze die Zellbegrenzung des Mikroorganismus zu verstehen ist. Diese ist auf Grund ihrer chemischen und physikalischen Eigenschaften, ihrer Reaktivität, differentiellen Struktur und der Möglichkeit ihrer äußeren Beeinflussung für Trennprozesse bedeutsam.

Welche Eigenschaften der Zellbegrenzung, bestehend aus der Membran, der Zellwand und einer Biopolymerenschicht haben wesentlichen Einfluß auf die Stofftrennprozesse?

— die Oberflächenladung, induziert durch die Ausbildung elektrischer Doppelschichten, die allerdings durch die im Fermentationsmedien vorhandene hohe Ionenkonzentration erheblich komprimiert wird (Stärke $5 \cdot 10^{-3}$ μm) und damit die Anwendung elektrischer oder chemischer Aggregationsverfahren limitiert,

— in und an der Oberfläche vorhandene funktionelle Gruppen, die die Zelloberfläche zu einem Reaktionsmosaik inhomogener Verteilung gestalten, dessen Lage und Spezifität noch weitgehend ungeklärt ist, aber für Vernetzungs-, Aggregations- und Adsorptionsvorgänge bedeutsam ist (Abb. 4).

Funktionelle Gruppen	Träger	Hydrophil	Hydrophob
$-OH$ COO^-	Mannan, Glucan, Lipide Proteine, Kohlehydrate Lipopolysaccharide	+	
NH_2^- Guanidin Imidazol $-S-S-$	Proteine	+	
PO_4^- (Diester)	Mannan, Lipide	+	
Alkylgruppen CH_3, C_2H_5 C_6H_5	Kohlehydrate, Proteine		+

Abb. 4

— Adsorptionseigenschaften der Zelloberfläche, die bei anorganischen Ionen zur Kompression der elektrischen Doppelschicht, bei organischen Molekülen, wie Tensiden und polymeren Flockungsmitteln zum Aufbau von Adsorptionsschichten oder Vernetzung der Zellen untereinander führen,
— die aus Biopolymeren bestehende Schleimschicht, die einen entscheidenden Einfluß auf die mögliche Packungsdichte schwerkraftstabilisierter Systeme ausübt (Abb. 5).

Kultur → Kennzahl ↓	B4 GB4	B2b GB2(r)	I/70 GB8 GB12	GB21 (vorläufige Ergebnisse)
max. Aufkonzentrierung (20000 g, $\gg$ 20′)	21% = 250 g/l	10,6% = 110 g/l	7,9% = 82,5 g/l	19% = 200 g/l
Dichte der Zellsubstanz (abgeschätzt)	1,38 g/cm³	1,07 g/cm³	1,09 g/cm³	1,1 g/cm³
erreichbare Aufkonzentrierung bei				
Separation	ca. 109 g/l	ca. 90 g/l	ca. 70 g/l	ca. 160 g/l
Flockung	135 g/l	70 g/l B2b 90 g/l B2br	46 g/l	
Flotation	ca. 60 g/l	15 g/l	15 g/l	

Abb. 5

Die gleichfalls durch die Natur der Zellbegrenzung beeinflußten Wechselwirkungen von Mikroorganismen untereinander in biologischen 2- und mehrphasigen Systemen sind noch weitgehend unbekannt und bedürfen mit dem Ziel der Destabilisierung dieser Dispersionskolloide einer weiteren vertieften Bearbeitung.

Welche Schlußfolgerungen können für Stofftrennprozesse solcher komplexen Substrate gezogen werden?

In erster Linie sind dies:

- Der Mikroorganismus darf nicht als räumlich eindeutig begrenztes Feststoffpartikel betrachtet werden, dessen Abtrennung allein unter Anwendung der üblichen Gesetzmäßigkeiten für Fest-flüssig-Trennprozesse möglich ist,
- die Schwächung zwischenpartikularer Wechselwirkungskräfte in heterodispersen Systemen durch Anwendung von Tensiden oder die Verstärkung derselben mit dem Ziel der Aggregation müssen ein integraler Bestandteil der Technologie der angewandten Stofftrennprozesse sein,
- die Trennprozesse bei der Phasentrennung mikrobieller Mehrkomponentensysteme sind nahezu ausnahmslos Kraftfeldprozesse. Bei der Phasentrennung heterodisperser Systeme mit einer hydrophoben Komponente ist die gleichzeitige Überlagerung mit molekularen Triebkraftprozessen zur Schwächung der zwischenpartikularen Bindungskräfte beim Trennprozeß erforderlich,
- die Trennoperationen verlaufen in vielen Fällen in mehreren Stufen unter gleichzeitiger Verringerung der Anzahl der zu trennenden Phasen,
- der abzutrennende Feststoff ist vor der Trennung ein leicht zersetzbares Produkt und nur kurze Zeit lagerfähig.

Gestatten Sie mir, Ihnen nunmehr an Hand einiger spezieller Trennoperationen das zu verdeutlichen.

Der zunehmende Einsatz von Bakterien als mikrobieller Proteinträger, insbesondere durch Züchtung auf Kohlenstoffquellen wie Methanol oder Methan, wird trotz unbestreitbarer Vorteile, wie hoher Wachstumsgeschwindigkeit, niedriger spezifischer Substratverbrauchswerte und signifikant höherer Proteingehalte als Hefen, durch Probleme der Abtrennung limitiert.

Die äußerst geringe Sedimentationsgeschwindigkeit, die geringe Größe, das Vorhandensein von Biokolloidhüllen um das Individium schließt die ökonomische Anwendung von Sedimentation sowie Separationsverfahren in den bisher industriell üblichen g-Zahl-Bereichen, aus. Die weitere thermische Aufkonzentrierung von Fermentationsmedien mit in Zukunft durchaus erreichbaren Feststoffgehalten bis 150 g/kg ist ebenfalls unökonomisch — thermische Verfahren liegen kostenmäßig um den Faktor 5 über mechanischen Verfahren — und bringt auch durch die Aufdampfung aller in der Nährlösung enthaltenen Salze Probleme der Qualität mit sich. Der neuerdings viel diskutierte Einsatz von Hochleistungsseparatoren mit periphären Beschleunigungen bis 15000 g und einem realen Durchsatz bis 50 m^3/h hat sich u. a. durch den hohen Invest- und Energiebedarf dieser Apparate noch nicht durchgesetzt.

Ebenso ist der Einsatz von Filtertechnik, wie Tiefen- oder Membranfiltern, durch den Aufbau von Konzentrationspolarisationsschichten durch Biokolloide an der Filteroberfläche und der Porenverstopfung von Tiefenfiltern für die Massenproduktion nicht möglich. Die Flotation derartiger Kulturlösungen ergab, daß dieses Verfahren zwar möglich, aber sehr kulturspezifisch ist und weiterhin von Störungen im Fermentationsprozeß entscheidend beeinflußt werden kann. Es läßt sich daraus die grundsätzliche Forderung nach einer Aggregation der bevorzugt negativ geladenen Einzelorganismen zu größeren Flockenverbänden ableiten, um technisch realisierbare Kraftfeldprozesse zur Abtrennung einsetzen zu können.

Als Möglichkeiten dafür bieten sich an

— die Koagulationsflockung durch Kompression der elektrischen Doppelschichten und Reduzierung der Oberflächenladung,
— der Flockulation und Vernetzung mit organischen und anorganischen Polymeren,
— der Flockung durch Ladungskompensationen mit entgegengesetzt geladenen Ionen oder durch thermische Koagulation.

Gelöst ist allerdings dieses Problem bisher befriedigend weder im nationalen noch im internationalen Maßstab, weil

— die Oberflächenstruktur der für diese Prozesse eingesetzten Organismen unterschiedlich und noch ungenügend bekannt ist,
— einige biotechnologisch relevante Stämme, wie z. B. für die Methanolkonvertierung, keine Oberflächenladung aufweisen,
— die mechanische Stabilität der gebildeten Flocken keine hohen Scherbeanspruchungen bei Einschuß in Dekantoren oder Seperatoren zuläßt,
— bei Anwendung anorganischer Flockungsmittel der Aschegehalt der Trockenmasse unzulässig hoch ansteigt.

Am Beispiel der Trennung mehrphasiger Systeme der ED-Konvertierung mit Hefen möchte ich Ihnen einige andere Probleme der Phasentrennung aufzeigen.

Bekanntlich sind diese Systeme durch starke zwischenpartikulare Wechselwirkungen zwischen den Mikroorganismen und der hydrophoben Phase gekennzeichnet.

Hauptursache der relativen Stabilität dieser heterodispersen Systeme ist die Wechselwirkung zwischen den hydrophoben Zentren der Mikroorganismen mit den durch tensidischen Adsorptionsschichten stabilisierten Öltropfen, die zu feststoffstabilisierten Pickering-Emulsionen führen. Diese Flockenstrukturen aufweisenden Substrate ermöglichen im Gegensatz zur Aufarbeitung von zweiphasigen Systemen Dekantationsverfahren durch Aufschwimmen des stabilen Anteils der Hefe/Öl/Wasser/Gasblasen mit einer bis zu 70% Abtrennung der wäßrigen Überschußphase oder die Anwendung von Flotationsverfahren mit noch höherer Effektivität. Damit ist aber nur ein Teil des Trennproblems, die teilweise Entfernung der wäßrigen Phase, gelöst, entscheidend ist die Abtrennung bzw. Aufkonzentrierung der Hefezellen und die Rückgewinnung des nicht umgesetzten Erdöldestillats.

Die dazu erforderliche

— Schwächung der Bindungskräfte zwischen Mikroorganismen und der Kohlenwasserstoffphase
— die Destabilisierung der Phasengrenze Kohlenwasserstoff/wäßrige Phase
— die notwendige Verringerung der Viskosität

ist durch den Einsatz von Tensiden möglich, die allerdings sehr speziellen Anforderungen genügen müssen.

Die nachfolgende Stufe der Trocknung zur Erreichung eines lagerfähigen Produktes mit einem Restwassergehalt von ca. 10% erfolgt bevorzugt durch Trocknung im erhitzten Gasstrom.

Für die auf flüssigen Kohlenwasserstoffen — auch n-Alkanen — gezüchteten Mikroorganismen schließt sich die die Qualität des Endproduktes bestimmende Verfahrensstufe Stoffreinigung an. Die an und im Zellagglomerat bzw. der Einzelzelle physikalisch und chemisch gebundenen lipophilen Stoffe, insbesondere aromatischer und polyzyklischer Kohlenwasserstoffe und höherer Fettsäuren müssen weitestgehend entfernt werden, um bei der Applikation keine unerwünschten Wirkungen hinsichtlich Speicherung und Metabolisierung im Tierkörper hervorzurufen.

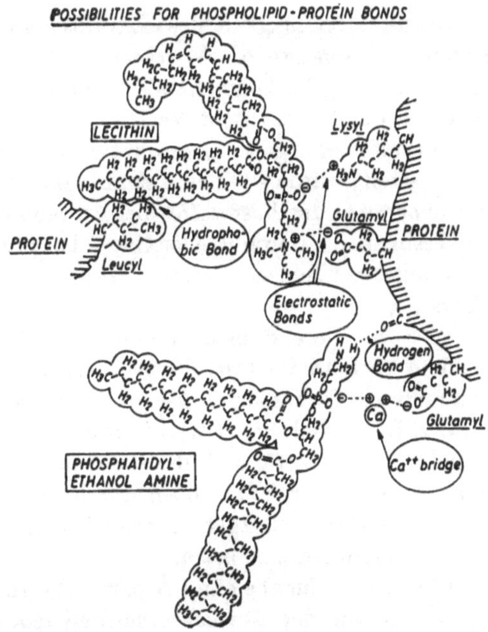

Abb. 6

Unsere Untersuchungen zum Extraktionsverhalten der Hefetrockensubstanz ergaben, daß weder eine homogene Feststoffstruktur noch eine Konzentrationsunabhängigkeit der Stoffübergangskoeffizienten vorliegt, sondern neben adsorbtiver Bindung an die Agglomeratoberfläche Einlagerungen in Vakuolen der Zelle und Kohlenwasserstoff-Lipoproteidkomplexe vorliegen (Abb. 6).

Die Zerstörung dieser komplexen Bindung kann nur durch polare Komponenten des Extraktionsmittels, vorzugsweise durch Alkohole, erfolgen. Damit verbunden ist eine Quellung des Feststoffes, hervorgerufen durch die kolloidalen Eigenschaften der Proteine als auch des Entstehens von Phosphatid-Flüssigkristallstrukturen. Das Proteingerüst im gequollenen Zustand erleichtert das Eindringen von Extraktionsmittelkomponenten, andererseits wird durch den hydrophilen Zustand des gebildeten Gels die Abspaltung hydrophober Stoffe, wie der Kohlenwasserstoffe, erleichtert.

Der Mechanismus der Extraktion läßt sich nach unseren bisherigen Erkenntnissen wie folgt postulieren:

- Das Lösungsmittelgemisch löst zunächst alle oberflächlich adsorbierten lipophilen Stoffe außer- und innerhalb des Feststoffagglomerats, dringt dann in den bis 10% Wasser enthaltenden Feststoff ein und entmischt sich dort auf Grund der durch den Zellwassergehalt eintretenden Instabilität des ternären Gemisches in eine polare Alkohol/Wasser-Phase und in eine Benzinphase.
- Gleichzeitig erfolgt ein Aufquellen des Feststoffes und durch die jetzt vorhandene hohe Alkoholkonzentration die Destrukturierung des Lipoproteid-Kohlenwasserstoffkomplexes.

— Innerhalb der polaren Phase erfolgt der Stofftransport zur Benzinphase und entsprechend der hohen Kapazität und geringen Selektivität dieses Lösungsmittels eine bevorzugte Verteilung in dieser Phase sowie die Verhinderung der Rückdiffusion der lipophilen Komponenten in den Feststoff.

Weitere Probleme ergeben sich aus der Abhängigkeit des Extraktionsprozesses von den vorgeschalteten Verfahrensstufen, insbesondere der Separation und Trocknung, bei der durch Bildung von geschlossenen Hohlkugelzellagglomeraten eine Reduzierung der scheinbaren Feststoffdichte eintritt, der das hydraulische Verhalten im Drehscheibenextraktor durch Aufschwimmen des Feststoffes negativ beeinflußt und spezielle technologische Maßnahmen erfordert. Festgestellt wurde auch eine signifikante Verringerung der Oberfläche und damit der Mikroporosität des Feststoffes bei Anwendung anionenaktiver Tenside in den Fest-flüssig-Trennstufen durch irreversible Adsorption der oberflächenaktiven Substanz, verbunden mit einer sehr erheblichen Verringerung der Stoffübergangskoeffizienten bei der Extraktion.

Ein völlig unerwartetes und bisher für diese Substanzen unbekanntes Verhalten zeigte die extrahierte Biomasse bei dem Verfahrensschritt der thermischen Restlösungsmittelentfernung. Im Gegensatz zu anderen Technologien der großtechnischen Extraktion von biologischem Material, wie z. B. Sojaschrot, tritt bei sprühgetrockneter Biomasse eine Retention der Benzinkohlenwasserstoffe auf, die dann aus dem Feststoff weder durch langandauerndes Erhitzen auf über 200 °C noch durch Druckabsenkung auf 0,1 Torr beeinflußbar ist. Die Masse der zurückgehaltenen Benzinkohlenwasserstoffe kann im Maximum bis 15% der Feststoffmasse betragen.

Dieses Problem konnte gelöst werden durch Zugabe eines Äthanol-Wasser-Gemisches vor der thermischen Behandlung und damit der Aufrechterhaltung eines optimalen Quellzustandes der Agglomerate während der thermischen Behandlung, um Strukturverdichtungen und damit Blockierungen der Dampfphasenleitung zu vermeiden.

Meine Damen und Herren, gestatten Sie mir, noch auf einige Aspekte der sich aus den stofflichen Eigenschaften des biologischen Materials ergebenden Apparate- und verfahrenstechnischen Entwicklungsrichtungen auf dem Gebiet Stofftrennung und Stoffreinigung einzugehen.

— Eine generelle Forderung ist die entscheidende Reduzierung von Verfahrensstufen durch Kompakttechnologien. Dies gilt sowohl für Kleinanlagen zur Aufarbeitung örtlich anfallender, distributiver Rohstoffe, insbesondere der Land- und Nahrungsgüterwirtschaft, als auch für Großanlagen mit Kapazitäten von 100 und mehr kta.
— Eine zweite Forderung unter Beachtung der Verfügbarkeit volkswirtschaftlicher Ressourcen auf dem Gebiet Forschung, Konstruktion und Realisierung ist die verstärkte Beachtung der ökonomisch günstigen mechanischen Fest-flüssig-Trennoperation durch Entwicklung leistungsfähiger Großraumseparatoren, Dekantoren und Filter, wobei durch Vorbehandlung der Fermentationssubstrate, insbesondere der Aggregation der Mikroorganismen, auf die Anwendung von Sonderwertstoffen und extrem hohen Antriebsleistungen aus ökonomischen Gründen verzichtet werden sollte.

  Die Anwendung von Membrantrenntechnologien zur Feststoffaufkonzentrierung erscheint zunächst im nächsten Jahrzehnt undiskutabel, wohl aber für die Entionisierung konzentrierter Mikroorganismen-Suspensionen zur Reduzierung des Aschegehaltes der Trockenprodukte, um aufwendige Waschoperationen einzusparen.

— Die Trennung mehrphasiger Substrate der Konvertierung flüssiger Kohlenwasserstoffe mit einem hohen Anteil nichtutilisierbarer Kohlenstoffquellen kann auch ohne Separation durch Einsatz von Koaleszenzrohren mittels kombinierter Anwendung tensidischer und molekularer Triebkräfte erfolgen.
Rein thermische Verfahren der Aufkonzentrierung — ausgenommen die Konfektionierungsverfahren der Trocknung, insbesondere Strom- und Wirbelbetttrockner — sind m. E. aus energetischen Gründen nicht zukunftsträchtig, wohl aber die Kombination thermisch-destillativer mit mechanischen Verfahren, wie das der umgekehrten Rektifikation.
Die Entwicklung von Verfahren und Apparaten zur weitgehenden Vereinheitlichung, Entvitalisierung und Enttoxifizierung von Mischpopulationen bei der zunehmenden Nutzung heteromolekularer Abfallkohlenstoffquellen erscheint notwendig.
Die in vielen Fällen notwendige extraktive Reinigung von thermisch denaturierten Mikroorganismen erfordert auf Grund der hohen Qualitätsanforderung an das Endprodukt und der stoffspezifischen Eigenschaften der Biotrockenmasse die Entwicklung neuer Extraktionsapparate, wobei die mechanische oder hydraulische Zwangsführung des Feststoffes und die Kombination mechanischer und thermischer Verfahren zur Lösungsmittelabtrennung technologische Mindestanforderungen sind.

Meine Damen und Herren, es war das Anliegen meines Vortrages, Ihnen einen Einblick in die Vielfalt, Problematik und Bedeutung von Stofftrenn- und -reinigungsprozessen in der Biotechnologie, speziell bei der Herstellung von Einzellerprotein für die Tierernährung zu geben. Es muß nüchtern eingeschätzt werden, daß wir uns hier erst am Anfang einer Entwicklung befinden, die in den nächsten Jahren und Jahrzehnten insbesondere durch einen hohen Grad interdisziplinärer Zusammenarbeit gekennzeichnet sein wird.

Akademie der Wissenschaften der DDR
Institut für technische Chemie, Leipzig

Aggregationsprozesse in Bakteriensuspensionen

H. Pickert, R. Rother und H. Skrowny

Bei der Abtrennung der Bakterien aus Fermentationsabläufen, die als Suspensionen vorliegen, ist die Berücksichtigung spezifischer Eigenschaften der entsprechenden Kulturen von Bedeutung, da diese untereinander erhebliche Unterschiede aufweisen. So liegen die äquivalenten Durchmesser der von uns untersuchten, meist stäbchenförmigen Bakterien im Bereich von $1{,}17 \cdot 10^{-6}$ m bis $1{,}81 \cdot 10^{-6}$ m, die spezifischen Oberflächen wurden in den Grenzen zwischen 11600 m^2/kg und 25200 m^2/kg bestimmt. Die bei Anwendung hoher künstlicher Schwerefelder erzielbaren Aufkonzentrierungen liegen zwischen 7,9% und 23,3%. Es können Kapseln oder Schleimschichten auftreten, die die Zellwand teilweise oder ganz umhüllen und in einem solchen Falle ist die Abtrennung bzw. Aufkonzentrierung der Zellen erheblich schwieriger.

Prinzipiell kann immer die Zentrifugation zur Trennung dieser bakteriellen Suspensionen Verwendung finden, jedoch gibt es hier die bekannten Nachteile. Schätzt man die Sedimentationsgeschwindigkeiten der untersuchten methanutilisierenden Kulturen ab, so erhält man Werte im Bereich zwischen 0,25 mm/h und 1,0 mm/h. Demzufolge scheidet eine Abtrennung durch Sedimentation ohne zusätzliche Maßnahmen im Erdschwerefeld von vornherein aus. Eine der Möglichkeiten, die energetisch und apparativ sehr aufwendige Anwendung künstlicher Schwerefelder zu ersetzen bzw. zu effektivieren oder die Filtration als Trennmethode praktisch überhaupt erst zu ermöglichen, stellt die Flockulation dar. Hierunter ist im folgenden die durch organische Makromoleküle hervorgerufene Zusammenlagerung von Bakterien zu verstehen. Weisen die Bakterien eine negative Ladung auf, so ist eine Flockulation mit entgegengesetzt geladenen Kolloiden, also mit kationischen, organischen Polyelektrolyten möglich. Der Übergang vom Anfangszustand, der durch sich gegenseitig stabilisierende Bakterien in einer wäßrigen elektrolytischen Lösung charakterisiert ist, zum sich durch die Anwesenheit zahlreicher Flocken auszeichnenden Endzustand vollzieht sich in einzelnen, aufeinanderfolgenden Teilschritten. In der Literatur findet man das folgende Schema [2] (Abb. 1).

Während die ersten beiden Schritte zur erwünschten Flockenbildung führen, sind die folgenden Reaktionen unerwünscht und müssen möglichst vermieden werden. Eine hier nicht berücksichtigte Reaktion ist die als 7 angeführte, die bei beginnender, optimaler Polymerzugabe bevorzugt ablaufen müßte. Die Bildung solcher Primärflocken wird so lange bevorzugt erfolgen, bis das Verhältnis Bakterienzelle : Flockungsmittelmolekül einen Wert von 2 : 1 erreicht hat. Dies ist bereits bei sehr geringen Flockungsmittelmengen der Fall. An Flockungsmittel aus der Gruppe der synthetischen, organischen, kationischen Polymere werden für den Einsatz in der SCP-Herstellung folgende Forderungen gestellt:

— eine möglichst große Moleküllänge, d. h. ein hohes Molekulargewicht
— eine weitgehend gestreckte Form
— eine hohe Anzahl bindungsaktiver Gruppen, d. h. ein geringes Äquivalentgewicht
— geringe Eigenkosten und eine
— toxikologische Unbedenklichkeit.

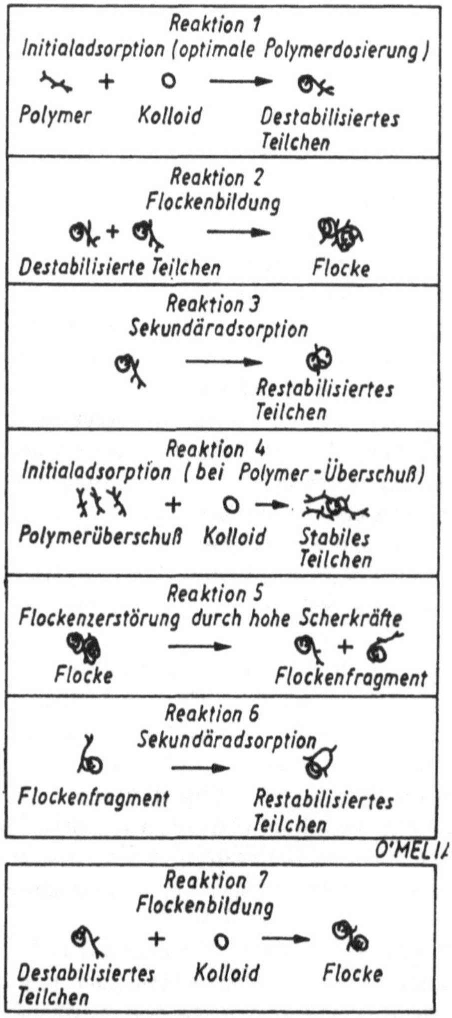

Abb. 1. Schema der Wechselwirkung zwischen Partikel und Polyelektrolyten

Die Flockungsmittelmoleküle können auf der Grundlage des Ladungsausgleiches als Reaktionsmechanismus auf der Zelloberfläche adsorbiert werden. Dieser Vorgang ist durch eine Simha-Frisch-Eirich-Isotherme zu beschreiben [1] (Abb. 2).

Die Größe β stellt die Zahl der Haftstellen des Polymers auf der Zelloberfläche dar, wobei die Ausbildung von Schleifen wahrscheinlich ist. Der Verlauf der Adsorptionskurven zeigt, daß in der Anfangsphase das Polymer quantitativ adsorbiert wird, nach

Erreichen der maximal adsorbierbaren Menge sich konzentrationsabhängige Gleichgewichte einstellen.

Entsprechend dem STOKESschen Gesetz ändert sich nach der Flockulation auch die Sedimentationsgeschwindigkeit erheblich, da der Teilchendurchmesser eine quadratische Einflußnahme aufweist. In Abhängigkeit von der Flockungsmittelkonzentration durchgeführte Messungen ergaben folgende Werte der Sedimentationsgeschwindigkeit (Tab. 1).

$$K \cdot P = \frac{\Theta}{\beta \cdot (1-\Theta)^{\beta}}$$

Θ Anteil der bedeckten Oberfläche
β Zahl der Haftstellen pro Polymer
K Konstante
P Polymeraktivität in der Lösung

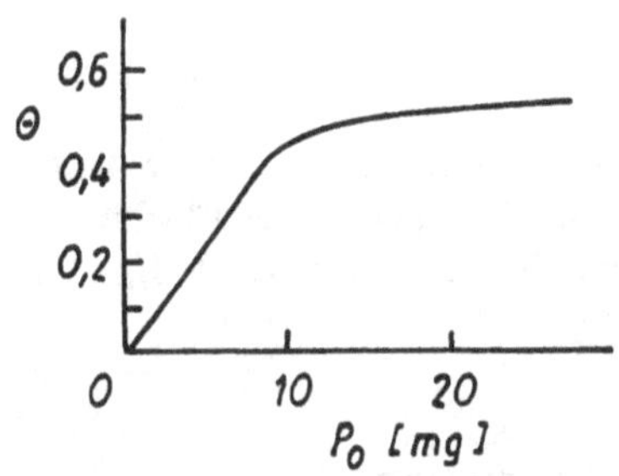

Abb. 2. Adsorption von Polyelektrolyten auf Bakterien-Zelloberflächen

Während im unteren untersuchten Konzentrationsbereich ein starkes Ansteigen der Sedimentationsgeschwindigkeit zu verzeichnen ist, nähern sich die Daten einem oberen Grenzwert, da eventuell gebildete größere Flocken während der Sedimentationsphase durch Scherkräfte wieder zerstört werden.

Tabelle 1

Sedimentationsgeschwindigkeiten einer methanutilisierenden Bakterienkultur in Abhängigkeit von der Flockungsmittelkonzentration

c_{FM}	w_S
0%	$0{,}36 \cdot 10^{-3}$ m/h
1,0%	3,0 m/h
1,5%	4,5 m/h
2,0%	6,3 m/h
2,5%	6,4 m/h
4,0%	6,9 m/h

Eine weitere Erhöhung der Flockungsmittelkonzentration führt zu einer Verringerung der Sedimentationsgeschwindigkeit, denn durch eine dann erfolgende Überdosierung tritt eine Restabilisierung der Suspension, also eine Verhinderung der Flockulation ein.

Betrachtet man die Konzentration der Biomasse in der Eindickzone einer Sedimentationsapparatur, so erhält man den folgenden Kurvenverlauf (Abb. 3).

Wie die Abbildung zeigt, ist bei derselben Kultur die Spezifik des verwendeten Flockungsmittels von erheblichem Einfluß auf die erreichbare Endkonzentration —

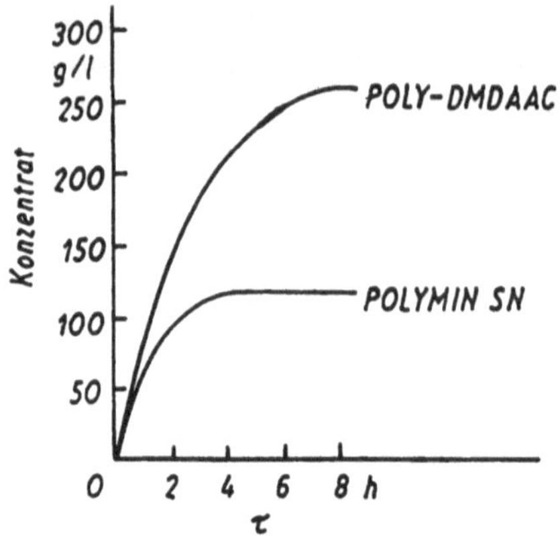

Abb. 3. Abhängigkeit der Aufkonzentrierung geflockter Bakterienbiomasse von der Verweilzeit

auch durch eine erhöhte Flockungsmittelkonzentration ist dieser Unterschied nicht auszugleichen. Stellt man den Biomasse-Restgehalt gegen die Flockungsmittelkonzentration graphisch dar, so erhält man, wenn letztere in mVal FM/g dargestellt wird, folgende Kurven (Abb. 4).

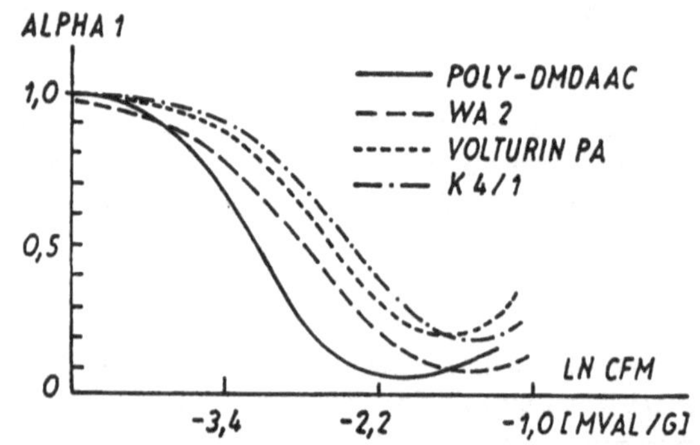

Abb. 4. Einfluß unterschiedlicher Flockungsmittel auf die Biomasse-Abreicherung

Die Tatsache, daß bei verschiedenen Flockungsmitteln mit quaternären Stickstoffgruppen die Minima der Kurven annähernd zusammenfallen, ist ein deutlicher Hinweis auf einen Ladungsausgleich.

Mögliche Apparate zur Abtrennung geflockter Biomasse stellen u. a. Eindicker und Separatoren dar. Beim Einsatz von Zentrifugen ist es erforderlich, daß die Flocken eine hohe Stabilität aufweisen, um durch die auftretenden Scherkräfte nicht einer starken Zerstörung zu unterliegen. Betrachtet man die Biomasse-Restkonzentration in der leichten Phase als Zielfunktion, den Biomassegehalt der Suspension, die Flockungsmittelkonzentration bzw. die Klärflächenbelastung als Einflußgrößen, so lassen sich die beiden erwähnten Prozesse durch statistische mathematische Modelle gut beschreiben:

Flockulation/Sedimentation:

$$\alpha_1 = \exp\left(-c_{FM}^{D} \cdot \exp\left(A + B \cdot x_0 + C \cdot c_{FM}\right)\right);$$

Flockulation/Separation:

$$\alpha_1 = 1 - \exp\left(-q_F^{F+G\cdot c_{FM}} \cdot \exp\left(A + B\cdot q_F + C\cdot c_{FM} + D\cdot c_{FM}^2 + E\cdot x_0\right)\right)$$

Die mögliche Durchflußleistung eines Separators nach einer vorangegangenen Flockulation der Bakterien stellt das folgende Bild dar (Abb. 5).

Ein Vergleich der in unseren Untersuchungen erzielten Biomassegehalte der eingedickten Phasen ergibt die folgenden Werte:

Zentrifugation (20000 g):	23,2%
Flockulation/Sedimentation:	23,6%
Separation:	17,9%

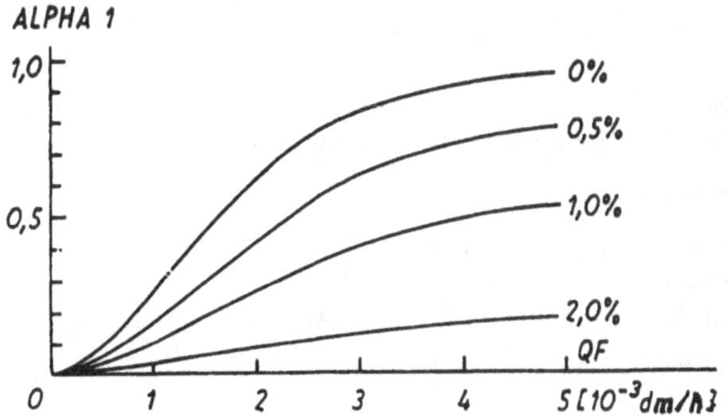

Abb. 5. Einfluß der Flockungsmittelkonzentration auf die Klärflächenbelastung bei der Zentrifugation

Hieraus ist ersichtlich, daß die Sedimentation aggregierter Bakterien von diesem Gesichtspunkt aus durchaus der Separation gegenüber konkurrenzfähig ist.

Eine andere Möglichkeit der Koagulation von Mikroorganismen besteht im Einsatz von Silikaten in Form von Wasserglas und der Anwendung von höheren Temperaturen (65 °C bis 80 °C). Durch den Einsatz der Silikate und durch die Temperatureinwirkung kommt es zur Zellzerstörung der Mikroorganismen. Durch die bekannte Tatsache, daß Eiweiß mit Hilfe von Silikaten ausgefällt werden kann [3], war es möglich, daß auch die elektrophoretisch unbeweglichen Mikroorganismen koaguliert werden können.

Der Flockungsprozeß läßt sich folgendermaßen beschreiben:

1. Der Suspension wird entsprechend ihrer Feststoffkonzentration 5—10% Siliziumdioxid zugesetzt.
2. Die Suspension wird in Abhängigkeit von der Kultur auf Temperaturen zwischen 65 °C und 80 °C erhitzt. Dabei ist zu beachten, daß sich während der Erwärmung ein gelartiger Zustand ausbilden muß.
3. Danach wird die Suspension auf Temperaturen zwischen 40 °C und 50 °C abgekühlt.
4. Die Suspension wird mittels Mineralsäuren (H_2SO_4, H_3PO_4) neutralisiert. Nach der Neutralisation tritt die Aggregation der Feststoffteilchen ein.

Diese Verfahrensweise kann, wie erwähnt, sowohl auf elektrophoretisch bewegliche als auch auf solche Mikroorganismen angewendet werden, die keine wirksame Oberflächenladung aufweisen.

Durch die Flockung mit Siliziumdioxid ist es möglich, über 80% der Feststoffteilchen aus dem Fermentationsmedium durch Sedimentation abzutrennen. Für zwei verschiedene Kulturen wurden folgende Daten ermittelt:

1. $x_0 = 15{,}0-60$ g BTS/l
   $x_1 = 1{,}1-8{,}0$ g BTS/l
   $x_2 = 90-140$ g BTS/l Zentrifugation, T 23, 5000 min^{-1}

   Proteingehalt der wäßrigen Phase

Ausgangssuspension	0,8—1,5 g/l
geflockte Suspension	2,3—4,8 g/l
Abreicherungsverhältnis	$\alpha_1 = 0{,}03-0{,}20$
Siliziumdioxidkonzentration	80—120 g SiO_2/kg BTS
Aschegehalt der Proben	13,0—20,0%

2. $x_0 = 7{,}0-15$ g BTS/l
   $x_1 = 0{,}3-1{,}3$ g BTS/l
   $x_2 = 150-240$ g BTS/l Zentrifugation, T 23, 5000 min^{-1}

   Proteingehalt der wäßrigen Phase

Ausgangssuspension	0,2—1,0 g/l
geflockte Suspension	1,0—1,6 g/l
Abreicherungsverhältnis	$\alpha_1 = 0{,}03-0{,}09$
Siliziumdioxidkonzentration	100 g SiO_2/kg BTS
Aschegehalt der Proben	13,0—18,0%

Erste Untersuchungen zur Anwendung eines Dekanters bieten dessen Einsatz als apparative Lösung zur Abtrennung der gebildeten Flocken an. Das Abreicherungsverhältnis α_1 liegt bei allen Versuchspunkten unter 0,1. Das bedeutet, daß über 90% der Feststoffteilchen aus der Bakterien-Suspension abgeschieden werden. Bisher erreichte Werte für die Aufkonzentrierung der Feststoffteilchen lagen zwischen 10% und 18%.

An dieser Stelle möchten wir die Frage aufwerfen, ob der Anteil Siliziumdioxid in der Bakterientrockenmasse in deren Aschegehalt — der in Summe als Glührückstand bei 800 °C bestimmt wird — einbezogen werden sollte oder ob es nicht eher berechtigt ist, von einem Ballaststoff-Anteil zu sprechen. Siliziumdioxid verhält sich sehr inert und der Literatur ist zu entnehmen, daß SiO_2 in Form von Feststoffpartikeln Verwendung als Futterzusatz findet.

Formelzeichen und Symbole

A	Konstante
B	Konstante
C	Konstante
D	Konstante
E	Konstante
F	Konstante
G	Konstante
K	Konstante
c_{FM}	Flockungsmittelkonzentration
P	Gleichgewichtskonzentration an Flockungsmittel

x_0	BTS-Gehalt der Suspension
x_1	BTS-Gehalt der leichten Phase
x_2	BTS-Gehalt der schweren Phase
FM	Flockungsmittel
BTS	Bakterientrockensubstanz
DMDAAC	Dimethyldiallylammoniumchlorid
a_1	Abreicherungsverhältnis (x_1/x_0)
β	Zahl der Haftstellen des Flockungsmittelmoleküls
Θ	Oberflächenbedeckungsgrad

Literatur

[1] SIMHA, R., H. L. FRISCH and F. R. EIRICH: The adsorption of flexible macromolecules. J. Phys. Chem. 57 (1953), 584

[2] SONTHEIMER, H., G. ALBERT und FUCHS: Untersuchungen zum Mechanismus der Flockung durch Polyelektrolyte. Vom Wasser 39 (1972), 121

[3] ... ULLMANNS Enzyklopädie der technischen Chemie, Bd. 15, Urban & Schwarzenberg, München—Berlin, 1964, 3. Aufl.

Институт им. Августа Кирхенштейна
АН Латвийской ССР, Рига, СССР

Препаративные формы аминокислот и ферментов микробного синтеза

Р. Ю. Аре, Я. Я. Лаукевиц, В. Т. Лука

Исходным материалом для получения препаратов концентратного типа или выделения очищенных продуктов микробиологического синтеза является культуральная жидкость, которая представляет собой сложную многофазную систему, содержащую клетки и ткани микроорганизмов, остатки питательной среды, продукты жизнедеятельности микроорганизмов. Доля основного метаболита в общей сумме сухих веществ культуральной жидкости нередко незначительна.

Выделение очищенных препаратов и свойства концентратов во многом зависят от качества культуральных жидкостей. Ниже приводятся основные факторы, влияющие на качество культуральных жидкостей.

1. Ферментации по возможности осуществлять на полностью ассимилируемых неокрашенных субстратах с использованием высокопродуктивных штаммов. Это обеспечивает оптимальное соотношение балластных веществ и целевого метаболита в культуральной жидкости, облегчает выделение чистых метаболитов и повышает их содержание в концентратах. Например, частичная замена мелассы сахарозой или ацетатами при биосинтезе лизина позволяет увеличить производительность ионообменного выделения на 9% [1]. Применение уксусной кислоты в качестве единственного источника углерода позволяет получить концентрат с содержанием 50—72% лизина монохлоргидрата (на мелассных средах 15—20%) или кристаллический лизин 97%-ной чистоты путем непосредственного высушивания элюатов из ионообменных колонн [2]. Соответственно до минимума должна быть доведена концентрация побочных метаболитов и остаточного субстрата.
2. Процесс ферментации должен быть интенсивным и хорошо управляемым, чтобы не допустить отмирания клеток в стационарной фазе роста. Помимо снижения выхода целевого метаболита наблюдается резкое ухудшение реологических свойств культуральной жидкости, что затрудняет их дальнейшую обработку (фильтрация, центрифугирование и т. п.).
3. Особо большое значение имеют оперативность и качество послеферментационных операций с точки зрения предотвращения попадания посторонней микрофлоры и сокращения времени переработки. В связи с этим возникает необходимость стабилизации целевого метаболита с учетом природи потерь — микробиологической, химической, термически химической и комбинированной.
4. Получение концентратов определенных стандартов требует усреднения или нормализации культуральных жидкостей, так как при микробиологическом биосинтезе наблюдаются флуктуации конечных результатов ферментации.

Пути получения препаратов микробиологического синтеза разнообразны и в основном зависят от их применения [3].

В СССР широкое распространение получило производство кормовых концентратов, получаемых обезвоживанием всей культуральной жидкости или поверхностным культивированием микроорганизмов на твердых субстратах. Это дает возможность организовать безотходное производство, например, производство кормовых концентратов лизина. При биосинтезе лизина на мелассных средах, особенно при интенсификации процесса и использовании высококонцентрированных питательных сред и различных ростовых факторов, культуральная жидкость помимо лизина, составляющего 22—30% сухих веществ, содержит значительное количество органических и неорганических соединений, имеющих определенную биологическую ценность в составе кормового концентрата. При ионообменном выделении чистого лизина эта часть является производственным стоком, утилизация которого является серьезной задачей с точки зрения экономики и защиты окружающей среды. Сотрудниками Института микробиологии им. Августа Кирхенштейна АН ЛатвССР под руководством академика М. Е. Бекера разрабатывается комплексная технологическая схема, позволяющая одновременно получать кристаллический лизин и кормовые концентраты с повышенным содержанием лизина с минимальными производственными отходами [4].

Известно, что ингредиенты и наполнители кормов и премиксов оцениваются по таким физико-механическим показателям, как гранулометрический состав, угол естественного откоса, распыляемость, гигроскопичность, слеживаемость и др. Сухие неочищенные препараты концентратного типа из-за аморфной структуры, как правило, имеют плохие технологические свойства — повышенную гигроскопичность, термопластичность и слипаемость, которые проявляются как в процессе производства препаратов, так и при хранении и применении их.

Уместно подчеркнуть, что кристаллические обогатители кормов и премиксов также не всегда имеют хорошие технологические свойства. Сказанное относится к сернокислым и хлористым солям микроэлементов, обладающим высокой гигроскопичностью.

Группой сотрудников Института микробиологии им. Августа Кирхенштейна АН ЛатвССР при исследовании свойств кормовых концентратов лизина выявлено основное объяснение специфических свойств концентратов: а) ввиду отсутствия кристаллизации растворенных в культуральной жидкости веществ при сушке, сорбция влаги носит абсорбционный характер, вследствие чего происходит обратная гидратация аморфных компонентов во всей массе концентрата, по существу происходит растворение; б) концентраты в высушенном состоянии являются веществом, обладающим высокой вязкостью, которая сильно меняется с изменением температуры и влажности образца. Состояние аморфного вещества характеризуется температурой стеклования (T_c), которая рассматривается как граница перехода между стеклообразным и вязкотекучим состоянием. При температурах ниже точки стеклования свойства аморфных веществ близки к свойствам кристаллических. Следовательно, стабильны в отношении слипания частиц и сохранения сыпучести могут быть только такие порошкообразные концентраты, точка стеклования которых выше температуры хранения. Температура стеклования концентратов снижается пропорционально с ростом относительной влажности атмосферы, при которой достигнута равновесная сорбция влаги. Спекание частиц в агрегаты под влиянием влажной атмосферы происходит по механизму вязкого течения и количественно описывается формулой Френкеля Я. М. [5].

Знание закономерностей спекания и данные о вязкости системы ,,препарат-вода" позволяют составить для этой системы изотермы вязкости и стабильности порошковой формы. Пример таких изотерм для кормового концентрата лизина представлен на рис. 1. Предлагаемый график охватывает все составы системы ,,препарат-вода"

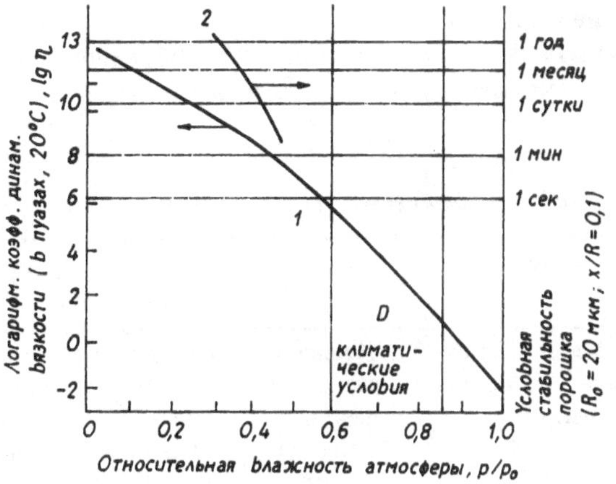

Рис. 1. Вязкость кормового концентрата лизина и стабильность порошка в состоянии равновесной сорбции влаги.

η — коэффициент динамической вязкости при 20°C, пуаз; P_0P_0 — относительная влажность атмосферы; R_0 — радиус шаровидной частицы; X — полуширина шейки спекания

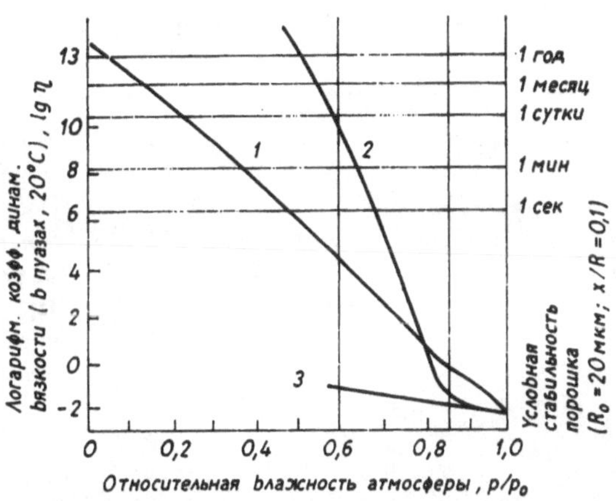

Рис. 2. Вязкость аморфных веществ в состоянии равновесной сорбции влаги.
1 — сахароза; 2 — калий хлористый

и даёт принципиальную картину гигроскопичности экстрацеллюлярных концентратов. В области сухого состояния препарата вязкость определяется температурой стеклования самого препарата, а в области высокой влажности определяющей является вязкость раствора препарата. Температура стеклования экстрацеллюлярного препарата складывается от T_c компонентов и их взаимодействия. Конкретное прогнозирование отклонения T_c в сложных системах концентратов пока не возможно. Оценка специфичного влияния отдельного компонента может быть проведена с использованием изотерм. В качестве примера выбраны калий хлористый, некоторые сахара, молочная кислота (см. рис. 2).

Изучение сорбции влаги и стеклования некоторых неочищенных ферментных препаратов (амилосубтилин и протосубтилин) выявили характеристики близкие с кормовым концентратом лизина.

Таким образом, из опытных данных и теоретических соображений следует вывод: сухие экстрацеллюлярные концентраты в технологическом аспекте не могут быть

Таблица 1

Характеристика промышленных препаративных форм кормового лизина

Препаративная форма	Состав, %			Технологическая характеристика	
	L-лизин-монохлоргидрат	Влажность	Добавка для улучшения технологических свойств (% от сухих веществ)	Предельная относительная влажность атмосферы, в равновесии с которой препарат сохраняет приемлемые свойства, %	Возможность использования в комбикормовой промышленности
Кристаллический L-лизин	95	1,5	—	около 85	В состав премиксов
Жидкий кормовой концентрат L-лизина	7—8	45—55	—		Обогащение кормов в состав премиксов
Кормовой концентрат L-лизина (ККЛ)	10—20	4—7	0—6	35	Приготовление предварительных смесей
Кормолизин — кормовой концентрат L-лизина с наполнителем					
а) сушка пастообразной смеси	7—8	10	50—55	53—55	Обогащение кормов, в состав премиксов
б) сушка в распылительной сушилке,	6—8	10	55—65	53—55	То же
смешивание в факеле	10—15	10	30—50	40—45	То же (в районах сухого климата)

малогигроскопичными. Согласно нашим исследованиям, гигроскопичность эффективно снижается при высушивании упаренной культуральной жидкости, структурированной пористыми носителями.

В качестве структурирующих наполнителей применяются кормовые ингредиенты: пшеничные и кукурузные отруби, дробленное фуражное зерно, подсолнечниковый, кокосовый и хлопковый шрот, кормовые дрожжи, кукурузная и травяная мука и др. Препараты относительно хорошо сушатся в гранулированном виде в сушилках кипящего или виброкипящего слоя [6]. Сушка липких паст в негранулированном виде в настоящее время технически не решена. В таб. 1 приводятся характеристики производимых в СССР препаративных форм кормового лизина [7].

Ввиду высокой биологической эффективности кормовых концентратов лизина была изучена возможность их применения в качестве наполнителя премиксов, являющихся основной формой сбалансирования комбикормов биологически активными веществами и создана новая товарная форма витаминно-аминокислотный премикс (ВАП) [8].

Институтом биологии АН Латвийской ССР разработаны нормы биологически активных веществ в премиксах для обогащения полнорационных комбикормов сельскохозяйственных животных и птиц. В таб. 2 приводятся рецепты некоторых премиксов с кормовым концентратом лизина в качестве наполнителя.

Таблица 2

Состав некоторых витаминно-аминокислотных премиксов на основе кормового концентрата лизина (на 1 тонну)

Компоненты	Ед. изм.	Для бройлеров	Для поросят
Витамины:			
A	млн. ИЕ	350	125
D_2	млн. ИЕ	—	50
D_3	млн. ИЕ	50	—
E	г	500	—
K_3	г	50	—
B_1	г	75	—
B_2	г	150	—
B_3	г	750	—
B_c	г	25	—
B_{12}	г	1,3	1,3
PP	г	1500	500
C	г	2500	—
Бацитрацин	г	1000	750
Дилудин	кг	10	10
DL-метионин	кг	12,3	2,3
L-лизин	кг	52,3	51,6

Создана еще одна товарная форма — жидкий премикс с использованием отхода микробиологического производства лимонной кислоты — упаренного фильтрата цитрата кальция в смеси с жидким кормовым концентратом лизина и рядом биологически активных веществ (таб. 3) [9].

Таблица 3
(Состав жидкого премикса с упаренным фильтратом цитрата кальция на 1 тонну)

Компоненты	Ед. изм.	Количество
Витамины:		
A	млн. ИЕ	60,75
D_2	млн. ИЕ	17,50
B_3	г	170
PP	г	340
B_{12}	г	0,8
Микроэлементы:		
Co	г	14
Mn	г	465
Cu	г	90
Zn	г	1170
Fe	г	270
J	г	0,3
Биомицин	г	500
Амилосубтилин	кг	16,7
Дилудин	кг	1,0
Лизин монохлоргидрат	кг	54,0
Упаренный фильтрат	кг	180

В Институте микробиологии им. Августа Кирхенштейна разработаны способы получения ряда гидролитических ферментов [10, 11].

Работы велись по глубинному культивированию продуцентов ферментов целлюлаз — гриба *Trichoderma lignorum* ОМ 534-6-2 на среде с молочной сывороткой в течение 44—52 часов, глюкоамилазы — дрожжеподобной культуры *Endomycopsis fibuliger* R-579 на средах с крахмалом или этанолом в течение 10 часов, липазы — дрожжей *Candida paralipolytica* 739 на средах с соевой мукой в течение 18—24 часов, а также поверхностное культивирование продуцентов целлюлаз и глюкоамилазы на пшеничных отрубях.

За единицу целлюлазной активности (фермента c_2) принято количество фермента, образующее 1 мг глюкозы при воздействии на фильтровальную бумагу в течениге 1 часа при pH 4,8 и 50 °C.

За единицу глюкоамилазной активности принято количество фермента, образующее 1 мг глюкозы при воздействии на растворимый крахмал в течение 1 часа при pH 5,0 и 30 °C.

За единицу липазной активности принято количество фермента, образующее 1 мкм жирной кислоты при воздействии на эмульсию оливного масла в течение 1 часа при pH 7,8 и 34 °C.

Технические препараты получены высушиванием культуральных жидкостей без отделения биомассы на распылительной сушилке фирмы Niro Atomizer при температуре входящего воздуха 120°, а выходящего 65—70 °C. Поверхностные культуры высушены конвективным методом при температуре 30 °C. Характеристики препаратов см. в таб. 4. Очищенные препараты получены методами осаждения

Таблица 4

Характеристика технических ферментных препаратов

Продуцент	Фермент	Активность, ед/г	Содержание белка, %
Глубинное культивирование			
Trichoderma lignorum OM 534-6-2	Целлюлаза	100—200	3—5
Endomycopsis fibuliger R-574	Глюкоамилаза		
Совместное культивирование	Целлюлаза	50—80	
Trichoderma lignorum OM 534-6-2	Глюкоамилаза	200—600	
и *Endomycopsis fibuliger* R-574			
Candida paralipolytica 739	Липаза	1000000	22
Поверхностное культивирование			
Trichoderma lignorum OM 534-6-2	Целлюлаза	20—30	28
Endomycopsis fibuliger R-574	Глюкоамилаза	600—800	

Таблица 5

Характеристика целлюлолитических препаратов Trichoderma lignorum OM 534-6-2

Осадитель	Содержание белка, %	Активность препарата, ед/г		
		субстраты		
		Фильтровальная бумага	Хлопковое волокно	Карбоксиметилцеллюлоза
Этанол	46	480	1130	1100
Ацетон	38	460	—	1080
Изопропанол	56	510	—	1400
Сульфат аммония	49	800	1720	3200
Сульфат аммония + изопропанол	60	2800	3600	6900
Танин + желатин	—	1000	1200	2000

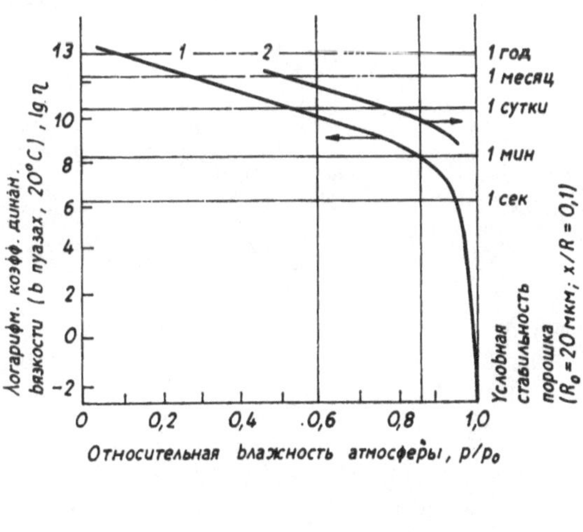

Рис. 3. Вязкость ферментных препаратов и стабильность порошка в состоянии равновесной сорбции влаги

сульфатом аммония, танином с желатином, органическими растворителями — этанолом, изопропанолом, ацетоном или комбинированными методами (таб. 5).

Исследования физико-механических свойств показали, что очищенные ферментные препараты глюкоамилазы и липазы (получены осаждением сернокилсым аммонием), как это можно было ожидать теоретически, обладают лучшими технологическими свойствами, так как имеют более однородный состав (см. рис. 3).

Литература

[1] Лаукевиц, Я. Я. и др.: Получение L-лизина на полусинтетических средах. В кн.: Биосинтез и выделение микробных метаболитов Зинатне, Рига 1975, 76—87

[2] Зубарев, Т. Н., Л. М. Евстюгов-Бабаев, А. К. Соколов и Б. Г. Зуев: Использование уксусной кислоты в качестве сырья при производстве лизина. Микробиол. промышленность 3 (1979), 43—44

[3] Аре, Р. Ю. и У. Э. Виестур: Получение микробных метаболитов. ОНТИТЭИ Микробиопрома, Москва 1979

[4] Аре, Р. Ю., Я. Я. Лаукевиц и У. Э. Виестур: Микробные концентраты, их свойства и применение. Известия АН Латвийской ССР 9 (1980), 113—126

[5] Гегузин, Я. Е.: Физика спекания. Наука, М. 1967

[6] Боярс, Я. А. и В. Н. Алпаев: Установка для сушки гранулированных материалов в кипящем слое. Авт. свидетельство СССР № 606062 (1978)

[7] Боярс, Я. А. и Я. Б. Лиепа: Товарные формы кормового концентрата лизина. Микробиологическая промышленность 3 (1979), 14—15

[8] Бекер, В. Ф.: Биохимия лизина и использование его препаратов в питании животных. Зинатне, Рига 1976

[9] Карклинь, Р. Я., А. Я. Оволс, Л. О. Раминя и др.: Новые биостимуляторы для животноводства. Известия АН Латвийской ССР 12 (1978), 123—125

[10] Бекер, М. Е., М. А. Дреймане, А. Ф. Апсите и др.: Способ получения глюкоамилазы. Авт. свидетельство СССР № 602544 (1977)

[11] Лобанок, А. Г., Р. П. Зелтинь, И. М. Эджиньш и др.: Способ получения целлюлазы. Авт. свидетельство № 720010 (1979)

VEB Chemieanlagenbaukombinat Leipzig/Grimma
Wissenschaftlich-Technisches Zentrum, Böhlen, DDR

Maßstabsübertragung für Fest-Flüssig-Drehscheibenextraktoren bei Einsatz zur Extraktion von Biomassen

K. Placht

Die Fest-Flüssig-Extraktion ist eines der ältesten Stofftrennverfahren, dennoch ist die wissenschaftliche Durchdringung dieses Prozesses im Verhältnis zur Destillation und Flüssig-Flüssig-Extration immer noch gering. Dies zeigt sich insbesondere an der Zahl der Veröffentlichungen auf diesen Gebieten. Im wesentlichen beschränken sich die Veröffentlichungen zur Fest-Flüssig-Extraktion auf die Ermittlung der Anzahl an Austauscheinheiten, also auf die Statik des Extraktionsprozesses. Vereinzelte Veröffentlichungen, die eine Auslegung des Extraktionsapparates auf der Grundlage des Stoffaustauschkonzeptes behandeln, müssen kritisch betrachtet werden, da nicht immer die Gültigkeit der Stoffaustauschgleichungen berücksichtigt wurde. Ich denke hierbei besonders an die Schmidtzahl, die bei der Fest-Flüssig-Extraktion häufig größer als 10^6 ist. Spezielle Untersuchungen zur Kinetik des Extraktionsprozesses insbesondere zur Ermittlung des Diffusionskoeffizienten erfolgten durch Romankov u. a. [3]. Beloborodov und Neščadim [1] in der Sowjetunion bzw. Plachco und Krasuk [2] im englischen Sprachraum. Angaben zur Maßstabsübertragung von Fest-Flüssig-Extraktoren finden sich aber bei keinem der Autoren.

Bei der Fest-Flüssig-Extraktion kann einmal der Extrakt und zum anderen das Raffinat das Zielprodukt sein. In den meisten Anwendungsfällen dient die Fest-Flüssig-Extraktion der Gewinnung des Extraktes, wie z. B. bei der Extraktion von Speiseöl aus Ölsaaten oder bei der Extraktion von Lanatosid oder Digoxin aus der Pflanze Fingerhut. Erst in der jüngsten Vergangenheit gewann das Zielprodukt „Raffinat" an Bedeutung. Erwähnt seien die Koffeinentfernung aus Kaffeebohnen und insbesondere die Gewinnung von hocheiweißhaltigen Nahrungs- und Futtermitteln. Ein spezieller Anwendungsfall, den ich meinen weiteren Ausführungen zugrunde lege, ist die Extraktion von Biomassen, bei denen Kohlenwasserstoffe des Erdöls als Kohlenstoffquelle dienen.

Bedingt durch die Aufarbeitungstechnologie fällt dabei eine pulverförmige Biomasse in einem Korngrößenbereich von etwa 0,050—1 mm an. In der DDR war kein zur Bearbeitung eines derartigen Feststoffes geeigneter Extraktor verfügbar. Im Chemieanlagenbaukombinat wurde deshalb, ausgehend vom Flüssig-Flüssig-Drehscheibenextraktor, ein Fest-Flüssig-Drehscheibenextraktor entwickelt.

In der Abb. 1 ist ein derartiger Extraktor in einer Übersicht dargestellt. Im Vergleich dazu ist auf der linken Seite der Abbildung ein herkömmlicher Flüssig-Flüssig-Drehscheibenextraktor angegeben. Zwischen beiden Extraktoren gibt es einige Unterschiede. Die oberen Trennkammern sind unterschiedlich ausgeführt. Beim Fest-Flüssig-Extraktor erfolgt die Zugabe des Feststoffes in ein Zentralrohr, und in der äußeren Kammer wird durch eine Querschnittserweiterung bedingt der von der Lösungsmittelphase mitgerissene Feststoff weitgehend abgeschieden. Im Gegensatz zum Flüssig-Flüssig-Extraktor hat der Fest-Flüssig-Extraktor keine untere Absetzkammer. Beim letzteren erfolgt die Phasentrennung außerhalb des Extraktors.

Ein offensichtlicher Unterschied ist das Fehlen der Statoren beim Fest-Flüssig-Extraktor. Die hier dargestellte Ausführungsform ist einsetzbar für Systeme bei denen die Feststoffdichte größer ist als die Extraktionsmitteldichte.

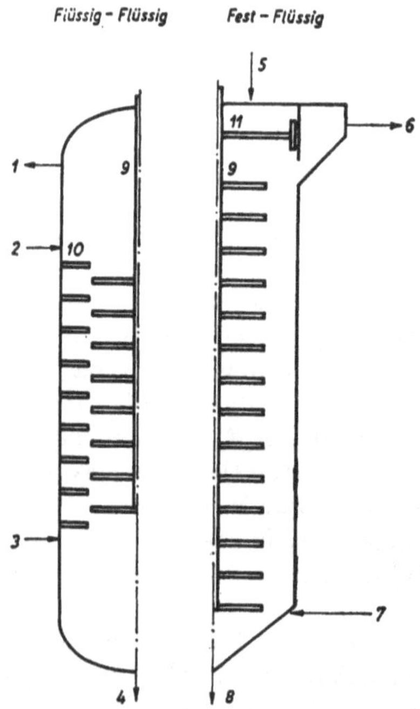

Abb. 1. Schematische Darstellung des Flüssig-Flüssig-Drehscheibenextraktors und des Fest-Flüssig-Rührwerkskolonnenextraktors

1 Austritt leichte Phase
2 Eintritt disperse Phase
3 Eintritt kontinuierliche Phase
4 Austritt schwere Phase
5 Eintritt Feststoff
6 Austritt Lösungsphase (Miszella)
7 Eintritt Lösungsmittel
8 Austritt Feststoffphase (feuchter Feststoff)
9 Rotor
10 Stator
11 Feststoffabstreifer

Die experimentellen Untersuchungen wurden mit einem Extraktor der Nennweite 150 mm begonnen. Die nächste Stufe war ein Extraktor mit einer Nennweite von 300 mm. Gegenwärtig wird eine großtechnische Anlage mit einer Nennweite von 2000 mm errichtet.

In der Abb. 2 ist ein vereinfachtes Verfahrensschema für den Fest-Flüssig-Drehscheibenextraktor dargestellt. Die Extraktionsanlage besteht aus dem Bunker (1)

und der Feststoffdosiereinrichtung (2), dem Extraktor (3). Die Suspension wird aus dem Sumpf des Extraktors mit der Suspensionspumpe (4) abgezogen und einer Zentrifuge (5) zur Abtrennung des Feststoffes zugeführt. Das Fugat wird über eine Standregelung mit Pumpe (6) in den Extraktor zurückgefördert. Die ablaufende Miszella wird im Filter (9) von mitgerissenen Feststoffteilchen befreit und anschließend der Lösungsmittelrückgewinnung zugeführt. Das frische Extraktionsmittel wird mit einer Dosierpumpe (7) über einen Wärmeübertrager dem Extraktor zugeführt.

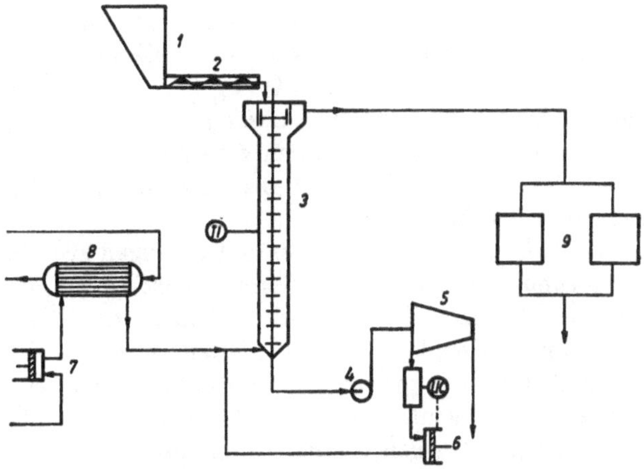

Abb. 2. Verfahrensschema Pilotanlage NW 150, Fest-Flüssig-Rührwerkskolonnenextraktor

1 Feststoffbunker
2 Dosiereinrichtung (Dosierschnecke)
3 Fest-Flüssig-Rührwerkskolonnenextraktor
4 Suspensionspumpe
5 Zentrifuge
6 Fugatpumpe
7 Extraktionsmittelpumpe
8 Extraktionsmittelvorwärmer
9 Filter für Lösungsphase (Miszella)

Für die experimentellen Untersuchungen wurden hauptsächlich die Systeme Hefe, die auf Erdölkohlenwasserstoffen mit Kettenlängen von C 10 bis C 25 und einem Siedebereich von 240—360 °C gezüchtet wurde, und Benzin, Benzin-Wasser bzw. Benzin-Äthanol-Wasser-Gemische als Extraktionsmittel eingesetzt. Weiterhin erfolgten Untersuchungen mit einer Hefe, die auf reinen n-Paraffinen der Kettenlänge C 10 bis C 20 und einem Siedebereich 247—296 °C gezüchtet wurde und Benzin, Benzin-Wasser als Extraktionsmittel. Daneben erfolgten einzelne Untersuchungen mit Hefe und einem Benzin-Methanol-Gemisch als Extraktionsmittel. Darüber hinaus wurden in der Anlage mit der Nennweite 150 Untersuchungen zur Extraktion von Raps mit Benzin und zur Extraktion von Digoxin bzw. Lanatosid aus Fingerhut mit Essigsäureäthylester, die ich nur der Vollständigkeit halber erwähne, durchgeführt.

Das Ziel dieser Untersuchungen war einmal, die Einflußgrößen auf den technischen Extraktionsvorgang zu ermitteln und zum anderen für den neu geschaffenen Extraktor

Auslegungsunterlagen und damit Angaben zur Maßstabsübertragung zu erhalten. Auf Grund der ähnlichen Konstruktion von Flüssig-Flüssig-Drehscheibenextraktor und Fest-Flüssig-Drehscheibenextraktor lag es nahe, auf vorhandene Beziehungen für die Berechnung des Flüssig-Flüssig-Drehscheibenextraktors zurückzugreifen. Dies ist aber nicht möglich, da schon durch den Wegfall der Statoren im Fest-Flüssig-Extraktor völlig andere hydrodynamische Bedingungen für das Absinken der dispersen Phase, die in diesem Fall aus dem Feststoff besteht, vorhanden sind. Ein zweiter Aspekt bezüglich des Verhaltens der dispersen Phase — die Koaleszenz — ist ebenfalls zu beachten. Bekanntlich spielt die Koaleszenz bei Feststoffteilchen nur eine untergeordnete Rolle, hat aber bei der Flüssig-Flüssig-Extraktion eine wesentliche Bedeutung.

Weitere in der Literatur z. B. von ROMANKOV [4] angegebene Beziehungen in Form einer charakteristischen Gleichung, die aus einer Lösung der Differentialgleichung für die Diffusion in Feststoffen erhalten wird, ist für den vorliegenden Fest-Flüssig-Extraktor nicht ohne weiteres anwendbar, da die für diesen Extraktortyp charakteristische Längsvermischung nicht berücksichtigt wird.

Prinzipiell sind für das Aufstellen der Berechnungsgleichungen zwei Wege möglich. Der erste wäre das Aufstellen und Lösen der Differentialgleichungen, die den Prozeß beschreiben. Der zweite nutzt die Ähnlichkeitstheorie, indem aus den Einflußgrößen, die den Prozeß beschreiben, Kennzahlengleichungen aufgestellt werden. Welcher Weg gewählt werden kann, hängt von den jeweiligen Gegebenheiten ab. Die Lösung der Differentialgleichung bereitet im allgemeinen große Schwierigkeiten, so daß dieser Weg selten beschritten werden kann. Dagegen ist die Anwendung der Ähnlichkeitstheorie einfach, hat aber den Nachteil, daß bei einer rein formellen Anwendung häufig die physikalischen Zusammenhänge nicht erfaßt werden.

Nachteilig ist darüber hinaus, daß die Einhaltung aller Ähnlichkeitskriterien schwierig, wenn nicht gar unmöglich ist. Am einfachsten ist noch die Einhaltung der geometrischen Ähnlichkeit. Dagegen bereitet schon die gleichzeitige Einhaltung von zwei Ähnlichkeitskriterien wie z. B. Reynoldszahl und Froudezahl große Schwierigkeiten. In den meisten Anwendungsfällen ist deshalb eine Einhaltung der vollständigen Ähnlichkeit nicht möglich, sondern man muß sich mit einer partiellen Ähnlichkeit begnügen.

Bei der Anwendung der Kennzahlengleichungen ist zu beachten, daß bei solchen Apparaten wie den hier behandelten Fest-Flüssig-Drehscheibenextraktor die Hydrodynamik auch vom aktuellen Maßstab abhängig ist. Bei einer Extrapolation von Kennzahlengleichungen ist deshalb besondere Vorsicht geboten.

Für die Ermittlung der Berechnungsgleichungen und der Maßstabsübertragungsbeziehung sind wir folgendermaßen vorgegangen:

Die beiden Extraktoren der Nennweiten 150 und 300 mm wurden, soweit es die jeweilige Größe zuließ, geometrisch ähnlich gestaltet, d. h. die Verhältnisse

Rotordurchmesser : Kolonnendurchmesser,

Scheibenabstand : Kolonnendurchmesser

waren in beiden Ausführungen gleich. Geringfügige Abweichungen der Verhältnisse sind in den Abmessungen innerhalb des Extraktorkopfes vorhanden. Ebenso unterscheidet sich das Verhältnis der Rotorwelle zum Kolonnendurchmesser in beiden Ausführungen.

Mit dem kleinen Extraktor wurden die Einflußgrößen auf den technischen Extraktionsvorgang ermittelt und über die Dimensionsanalyse Kennzahlengleichungen für den

Tabelle 1
Einflußgrößen auf den technischen Extraktionsvorgang

Einflußgrößen		
stoffliche	technologische	apparatetechnische
D Diffusionskoeffizient	n Rotordrehzahl	d1 Kolonnendurchmesser
μg Viskosität in der Feststoffphase (aufgesaugte Lösung)	$mgpss$ spezifischer Feststoffdurchsatz	d2 Rotordurchmesser
μf Viskosität in der Lösungsphase	wg Phasengeschwindigkeit der Feststoffphase	$h1$ Scheibenabstand
ϱg Dichte der Feststoffphase	wf Phasengeschwindigkeit der Lösungsphase	
ϱf Dichte der Lösungsphase	$\varkappa g$ Stoffdurchlässigkeit in der Feststoffphase	
dk Teilchendurchmesser	H Feststoff-hold-up	

Stoffübergang unter Berücksichtigung der Längsvermischung und für das Sedimentationsverhalten des Feststoffes im Extraktor aufgestellt. Wegen der relativ großen Zahl der Einflußgrößen wurde der Weg über die Differentialgleichungen nicht beschritten. In der Tab. 1 sind die ermittelten Einflußgrößen dargestellt. Die mit der Dimensionsanalyse aufgestellte Kennzahlengleichung wurde durch eine Regressionsrechnung numerisch gelöst. Es ergab sich:

$$Sh = 5{,}6 \cdot 10^{20} \cdot Re^{-4{,}95} \cdot Fr^{4{,}46} \cdot Sc^{1{,}1} \cdot H^{-0{,}84}$$
$$\times \left(\frac{\varrho}{\Delta\varrho}\right)^{2{,}83} \cdot \left(\frac{\mathrm{d}2}{\mathrm{d}k}\right)^{0{,}6} \cdot \left(\frac{wr + wf}{wf}\right)^{4{,}07} \cdot \left(\frac{\eta g}{\eta f}\right)^{7} \cdot \left(\frac{wf}{\mathrm{d}2 \cdot \omega}\right)^{2{,}68} \tag{1}$$

Korrelationskoeffizient 0,973 $\pm$ 0,01

Diese Kennzahlengleichung ist ein typisches Beispiel dafür, wie durch eine formelle Anwendung der Dimensionsanalyse zwar eine Kennzahlengleichung mit einem hohen Korrelationskoeffizienten erzielt wird, aber sonst jeder Überblick über die physikalischen Zusammenhänge verloren geht.

Es wurde deshalb durch systematisches Probieren aus Gleichung (1) eine neue Kennzahlengleichung ermittelt, die bei einer Vereinfachung einen besseren Überblick gibt. Dabei mußte aber ein um 2% schlechterer Korrelationskoeffizient in Kauf genommen werden.

$$Sh = 2{,}74 \cdot 10^{12} \cdot Re^{-2{,}1} \cdot Fr^{1{,}25} \cdot Sc^{0{,}83} \cdot H^{-1{,}21} \left(\frac{\varrho}{\Delta\varrho}\right)^{4{,}11} \left(\frac{\mathrm{d}k}{\mathrm{d}2}\right)^{2{,}01} \tag{2}$$

Korrelationskoeffizient 0,954 $\pm$ 0,016

Es lag jetzt nahe, die bei den Versuchen mit dem Extraktor der Nennweite 300 mm erzielten Sherwoodzahlen in die Regressionsrechnung mit den Daten des Extraktors der Nennweite 150 mm einzubeziehen. Diese Rechnung ergab bis jetzt noch kein befriedigendes Ergebnis.

Ein Vergleich der mit den beiden Extraktoren erzielten Ergebnisse zeigt, daß die logarithmierten Sherwoodzahlen des größeren Extraktors um etwa $^1/_3$ im Durchschnitt niedriger liegen. Für den Vergleich wurden aber nur solche Versuche herangezogen, die bei vergleichbaren Bedingungen durchgeführt wurden. In der Tab. 2 sind dazu einige Angaben enthalten. Von den erzielten logarithmierten Sherwoodzahlen beider Extraktoren wurden die Mittelwerte bestimmt und diese dem Signifikanztest unterzogen. Der Signifikanztest ergab eindeutige Niveauunterschiede zwischen beiden Extraktoren.

Tabelle 2

Vergleich der Mittelwerte für die Sherwoodzahlen der Extraktoren NW 150 und NW 300

	NW 150	NW 300
Anzahl der Meßpunkte	99	50
ln *Sh*	10,82	6,94
Standardabweichung	2,03	2,14
Vetrauensbereich (95%)	±0,405	±0,608

Anzahl der Freiheitsgrade für den Vergleich: 147

Prüfbedingungen $|t| > t_s$

$t_{s147} = 1{,}976$ (nach Tabelle für t-Verteilung)

$t = 10{,}84$

Da der Mittelwert nicht aussagekräftig für den gesamten Bereich der Sherwoodzahlen ist, wurde mit Hilfe der Gleichung (2) und den gemessenen Sherwoodzahlen des großen Extraktors ein weiterer Vergleich geführt (Abb. 3). Auf der Abszisse sind in dieser Abbildung die gemessenen logarithmierten Sherwoodzahlen und auf der Ordinate die mit Gleichung (2) berechneten logarithmierten Sherwoodzahlen aufgetragen. Die gestrichelte Linie repräsentiert den Vergleich der gemessenen und nach Gleichung (2) berechneten Sherwoodzahlen des Extraktors der Nennweite 150 mm. Mit diesem Wert

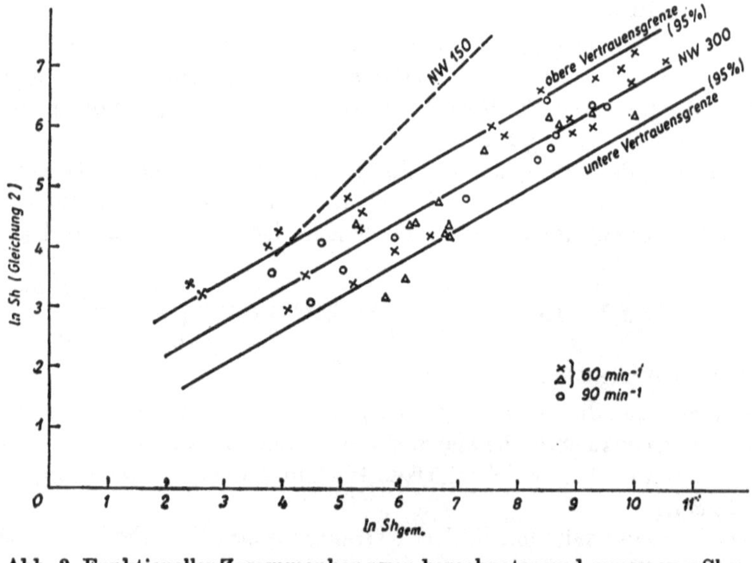

Abb. 3. Funktioneller Zusammenhang von berechneter und gemessener Sherwoodzahl

wurde eine einfache lineare Regression durchgeführt, durch die sich die folgende Gleichung ergab:

$$\ln S_{G/2} = 1{,}025 + 0{,}572 \cdot \ln Sh_{gemNW300} \tag{3}$$

Diese Gleichung ist in der Abb. 3 durch die Vollinie dargestellt. Sie hat eine Steigung von 0,572, was einem Steigungswinkel von ca. 30° entspricht.

Die Abweichungen der Steigung der Regressionsgeraden kann nun für die Maßstabsübertragung ausgenutzt werden. Im hier behandelten Fall bedeutet dies, daß bei einer Verdoppelung des Extraktordurchmessers bei sonst gleichen Verhältnissen Rotordurchmesser zu Kolonnendurchmesser die Steigung der Regressionsgeraden um $1/3$ abnimmt, d. h. die Sherwoodzahlen des größeren Extraktors sind um ebenfalls $1/3$ kleiner als beim kleinen Extraktor. Bemerkenswert ist in diesem Zusammenhang die recht gute Übereinstimmung des Anstiegs der Geraden mit dem Verhältnis der gemittelten Sherwoodzahlen. Eine Verallgemeinerung dieser Erscheinung ist erst nach weiteren Untersuchungen im Extraktor der Nennweite 2000 mm möglich. Es ist jetzt die Frage zu stellen, wie kann aus der Veränderung der Sherwoodzahl auf die Bestimmung der Apparateabmessungen geschlossen werden. Dazu ist zunächst zu sagen, daß mit der Sherwoodzahl nur die Extraktorlänge bestimmt werden kann. Der Extraktordurchmesser wird aus einer Analyse der Sedimentationsbedingungen ermittelt, die aber hier aus Zeitgründen und Platzgründen nicht behandelt wird.

Die Höhe des Extraktors l kann nach folgender Beziehung bestimmt werden:

$$l = \frac{nge \cdot \mathrm{d}k \cdot mgp}{Sh \cdot \varrho g \cdot D \cdot a3s \cdot A} \; [\mathrm{m}] \tag{4}$$

In dieser Gleichung sind außer den Größen, die durch das Stoffsystem bedingt sind, das sind Dichte, Korndurchmesser, Diffusionskoeffizient und die bereits behandelte Sherwoodzahl noch 3 weitere Größen enthalten. Die Anzahl an erforderlichen Übertragungseinheiten *nge* wird durch die Konzentration des Extraktes vor und nach der Extraktion und das vorgegebene Lösungsmittel-Feststoffverhältnis bestimmt und ist als statische Prozeßgröße unabhängig vom Apparatemaßstab. Dagegen sind die spezifische Stoffaustauschfläche *a3s* und der Apparatequerschnitt A in Verbindung mit dem Feststoffdurchsatz *mgp* vom jeweiligen Apparatemaßstab abhängig und werden durch die Sedimentationsbedingungen im Extraktor bestimmt.

Abschließend ist zu bemerken, daß im vorliegenden Material keine endgültige Lösung für die Maßstabsübertragung beim Fest-Flüssig-Drehscheibenextraktor angegeben werden kann, aber einige Probleme und Zwischenergebnisse aufgezeigt werden konnten.

Formelverzeichnis

A	m^2	Apparatequerschnittsfläche
$a3s$	m^2/m^3	spezifische Stoffaustauschfläche
D	m^2/s	integraler Diffusionskoeffizient
d1	m	Kolonnendurchmesser
d2	m	Rotordurchmesser
dk	m	Korndurchmesser
Fr	—	Froudezahl
g	m/s^2	Erdbeschleunigung

H	—	Feststoff-hold-up
mgp	kg/s	Massenstrom der Feststoffphase
nge	—	Anzahl der Übertragungseinheiten
Re	—	Reynoldszahl
Sc	—	Schmidtzahl
Sh	—	Sherwoodzahl
wf	m/s	Phasengeschwindigkeit der Lösungsphase in vertikaler Richtung
wr	m/s	Relativgeschwindigkeit zwischen Feststoffphase und Lösungsphase in vertikaler Richtung
ηf	kg/ms	dynamische Viskosität der Lösungsphase
ηg	kg/ms	dynamische Viskosität in der Feststoffphase
$\varkappa$	$kg/m^2 s$	Stoffdurchlässigkeit
ν	m^2/s	kinematische Viskosität
ϱf	kg/m^3	Dichte der Lösungsphase
ϱg	kg/m^3	Dichte der Feststoffphase
ω	1/s	Winkelgeschwindigkeit

Definition der Kennzahlen

$$Fr = \frac{d2 \cdot \omega^2}{2 \cdot g}$$

$$Re = \frac{d2(d1 - d2) \cdot \omega}{\nu}$$

$$Sc = \frac{\nu}{D}$$

$$Sh = \frac{\varkappa \cdot dk}{\varrho \cdot D}$$

Literatur

[1] BELOBORODOV, V. V. i A. G. NEŠČADIM: Temperaturnyj faktor v kinetike processa ekstrakcii rastitel'nych masel. Izvestija vysšich učebnych zavedenij piščevaja technologija (1962), 4, 133—139

[2] PLACHCO, F. P. and J. H. KRASUK: Solid-Liquid Countercurrent Extraktors. Ind. Eng. Chem. Process Des. Develop. 9 (1970), 3, 419—433

[3] ROMANKOV, P. G. u. a.: Nekotorye voprosy teorii i praktiki ekstragirovanija iz tverdych materialov. Chimičeskaja nauka i promyšlennost' (1958), 4, 506—511

[4] ROMANKOV, P. G. u. a.: Extraktion von Feststoffen. In P. G. ROMANKOV, u. a. Stoffübergangsprozesse der chemischen Technologie, Akademie-Verlag, Berlin 1979

Akademie der Wissenschaften der DDR
Institut für technische Chemie, Leipzig[1])
und Akademie der Landwirtschaftswissenschaften der DDR, Berlin[2])

Aerobe Behandlung von Abwässern aus Tierproduktionsanlagen und Gewinnung proteinreicher Biomasse

RINGPFEIL, M.[1]), K. KEHR[2])

Problemstellung

In den letzten Jahrzehnten hat die Tierproduktion im Bereich der Landwirtschaft große Änderungen erfahren. Große Konzentrationen der Tierbestände sind eingeführt worden, industriemäßige Methoden der Produktion wurden entwickelt. Damit wurden Voraussetzungen geschaffen, um die Fleischversorgung der Bevölkerung mit geringerem Aufwand an menschlicher Arbeitskraft zu gewährleisten.

Allerdings hat sich bei dieser Entwicklung auch eine negative Erscheinung gezeigt: Die Abprodukte können nur durch zusätzlichen technischen Aufwand beseitigt werden. Diese Erscheinung hat sich insbesondere in der Schweineproduktion gezeigt, weil diese nicht unmittelbar an landwirtschaftlich genutzte Flächen gebunden ist und deshalb eine hohe Konzentration der Tierbestände erlaubt.

Aus der systemanalytischen Betrachtung der Schweineproduktion und naturwissenschaftlichen und technischen Untersuchungsergebnissen wurde ein Verfahren entwickelt, das die mikrobielle Erzeugung von proteinangereicherter Futterbiomasse mit der Reinigung des Abwassers aus der Tierproduktion kombiniert. Das Verfahren wurde im Labormaßstab entwickelt. Seine Erprobung im kleintechnischen Maßstab sowie Anwendungsuntersuchungen werden gegenwärtig vorbereitet.

Die Anwendbarkeit der von der PAG des UNO-Systems und der IUPAC ausgearbeiteten Empfehlungen für die Wertigkeit und Unbedenklichkeit mikrobieller Biomassen für Tierfutterzwecke auf die nach dem entwickelten Verfahren hergestellten muß noch geprüft und bestätigt werden.

Das Verfahren kann kommerzialisiert werden, wenn kleintechnische Untersuchungen unter produktionsähnlichen Bedingungen die technische Zuverlässigkeit, auf der Basis dieser Ergebnisse und Standortbetrachtungen durchgeführte Wirtschaftlichkeitsberechnungen die ökonomische Zweckmäßigkeit sowie Anwendungsuntersuchungen die Unbedenklichkeit der erzeugten Biomasse nachgewiesen haben. Von diesen Untersuchungen erfordern die Anwendungsuntersuchungen den längsten Zeitraum (etwa 5 Jahre vom Zeitpunkt der Bereitstellung repräsentativer Muster an).

Die ausgearbeiteten Verfahrensprinzipien sind nicht auf Schweineproduktionsanlagen beschränkt.

Fallbeispiel

In der DDR gibt es in Schweinemästereien Konzentrationen bis zu 200000 Tieren pro Betrieb. Nicht mehr als etwa $^1/_5$ der Abfälle solcher Betriebe können in der Pflanzenproduktion in benachbarten Gebieten verwendet werden. Die durchschnittliche Menge des täglichen Ausstoßes beträgt bis zu 3000 m³ flüssiger Abfälle. Diese Menge muß behandelt werden.

Die ersten Konzepte beinhalten die gleiche Behandlung wie für Abwasser. Geeignete Reinigungsgrade konnten durch aufeinanderfolgende Belüftungen zum Abbau von kohlenstoffhaltigen Verbindungen und zur Umwandlung des Stickstoffs von der reduzierten in die oxidierte Form und schließlich durch anaerobe Behandlung zur Umwandlung von Nitrat in molekularen Stickstoff erhalten werden. Dieses Vorgehen garantiert die Ausschaltung aller signifikant negativen Einflüsse auf die Umwelt, wenn eine begrenzte landwirtschaftlich genutzte Fläche für die ganzjährige Beregnung mit dem so gereinigten Abwasser zur Verfügung steht.

Das neue Konzept sucht diesen Prozeß zu vereinfachen und die Reinigung des Abwassers mit der Produktion mikrobieller Biomasse zu kombinieren.

Das neue Konzept

Urin und Faeces werden aus der Tierproduktionsanlage mit Wasser in Sammelbehälter gespült. Die Feststoffe werden durch einen Siebungsprozeß abgetrennt und können als Dünger, nach geeigneter Behandlung als Zusatz zu Wiederkäuerfutter oder als Rohstoff für mikrobielle Synthesen eingesetzt werden. Das zurückbleibende Abwasser enthält gelöste und feinsuspendierte Stoffe aus den Exkrementen der Schweine. Es wird nach einer Zwischenlagerung der aeroben Fermentation zugeführt. Die gelösten und suspendierten Stoffe werden zum größten Teil in Biomasse, Kohlendioxid und Wasser umgewandelt. Durch die Zugabe einer zusätzlichen Kohlenstoffquelle wird die Biomassemenge beträchtlich erhöht.

Die gebildete Biomasse soll durch Separatoren konzentriert, die weitgehend von suspendierten Bestandteilen befreite wäßrige Phase auf landwirtschaftliche Nutzflächen versprüht werden. Die biomassereiche Phase wird chemisch-thermisch in einer speziellen Apparatur behandelt und soll anschließend direkt der Futterbereitung zugeführt oder getrocknet werden (Abb. 1).

Während der Lagerung des Abwassers vor der aeroben Fermentation gehen wesentliche Veränderungen in der Zusammensetzung der organischen Stoffe in dem Abwasser

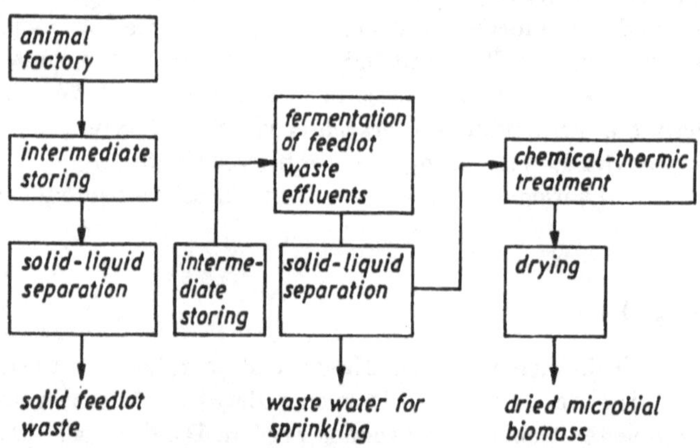

Abb. 1. Flow Scheme of the Combined Sewage Treatment Biomass Production Process

vor sich. Etwa 60—70% der löslichen C-haltigen Substanzen werden in niedere Fettsäuren umgewandelt, über 50% des organisch gebundenen löslichen Stickstoffes wird in Ammoniak umgewandelt.

Das unveränderte Urin/Faeces-Wassergemisch und auch das anaerob veränderte Abwasser enthalten weniger C-haltige Substanzen als zur Umwandlung des gesamten Stickstoffs, Phosphors und Kaliums notwendig ist. Zusatz C-haltiger Substanzen zur aeroben Fermentation führt zu vollständigerer Umwandlung des anorganischen Materials.

Wie bekannt ist, wird der beste Effekt erhalten, wenn das C : N : P : K-Verhältnis des Substrats äquivalent dem der Biomasse ist. K ist in solchen Mengen im Abwasser enthalten, daß die Einstellung des Verhältnisses durch C-, N- und P-Zugabe praktisch nicht möglich ist. Stickstoff kann nahezu komplett verwertet werden, wenn Kohlenstoff und eine bestimmte Menge Phosphor zugesetzt werden. Erfolgt dieser Zusatz von P als H_3PO_4, kann ein saurer pH während der Fermentation aufrechterhalten werden. Diese Möglichkeit der Einstellung des C : N : P : K-Verhältnisses der Substrate wurde für das neue Konzept angewandt.

Methanol erwies sich als geeignete zusätzliche Kohlenstoffquelle. Es ist in großen Mengen verfügbar. Es ist transportabel und nicht zu teuer.

Jedoch sind auch andere Kohlenstoffquellen für die Fermentation geeignet. Mit Glucose als Modellsubstanz im Hinblick auf ihre mögliche Verfügbarkeit aus landwirtschaftlichen Quellen konnten ähnliche Ergebnisse in den Laboratoriumsuntersuchungen erhalten werden wie mit Methanol. Während jedoch die Fermentationen unter Zusatz von Glucose am erfolgreichsten waren, wenn neutrophile Mikroorganismen verwendet wurden, konnten die Fermentationen unter Zusatz von Methanol mit acidophilen Mikroorganismen im sauren Bereich durchgeführt werden. Es wurde das im ItC Leipzig isolierte acidophile, methanolassimilierende Bakterium *MB 58* verwendet.

Acidophile Bakterien haben einige Vorteile, wenn die Nutzung der anfallenden Biomasse beabsichtigt wird. Im Vergleich mit anderen Fermentationen verändern sich die Proportionen der Komponenten der im sauren Bereich gezüchteten Kultur wesentlich. Mehr als 80% der Kultur entsprechen dem inokulierten Mikroorganismenstamm (Abb. 2). Folglich nähern sich die Eigenschaften der anfallenden Biomasse der der

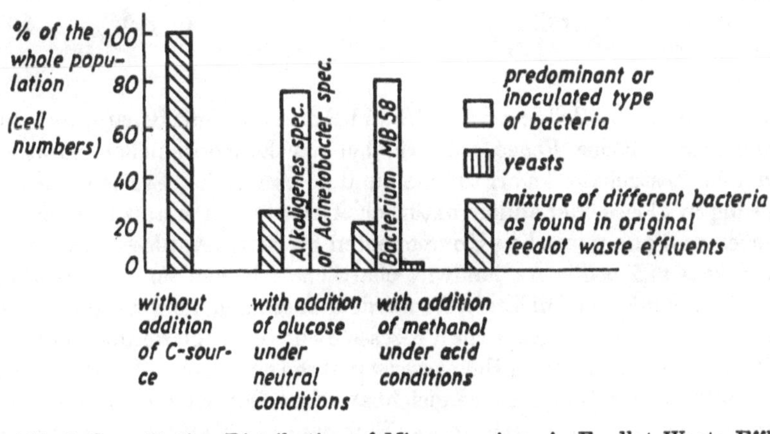

Abb. 2. Quantitative Distribution of Microorganisms in Feedlot Waste Effluents after Different Types of Aerobic Fermentation

reinen Kultur (Tab. 1). Der während der Fermentation vorherrschende saure pH-Wert hält die meisten anorganischen Ionen in Lösung, so daß die abgetrennte Biomasse nur wenige Prozent an anorganischen Stoffen enthält. Die Möglichkeiten für das Wachstum pathogener Mikroorganismen sind vermindert. Dagegen ist das Wachstum der die Abfallstoffe abbauenden Mikroorganismen nicht beeinträchtigt, wie aus den erreichten Reinigungsgraden hervorgeht (Tab. 2). Es kann sogar ein größerer Reinigungseffekt erreicht werden und sogar in nur $^1/_{10}$ der Zeit, die für den konventionellen Prozeß benötigt wird. Der dreistufige Abwasserreinigungsprozeß erfordert zwischen 50 und 70 h, während die Fermentation bei saurem pH in 5 bis 7 h beendet werden kann. Folglich ist auch das Belüftungsvolumen beträchtlich vermindert.

Tabelle 1

Chemical Composition of Biomasses derived from different Fermentation Systems

System	crude protein % dm (N × 6.25)	nucleic acids toal % dm	lysin g/kg dm	ash % dm
MB 58/MeOH/feedlot waste effluent	72	7–10.5	32–40	6–7.5
MB 58/MeOH	75	9.6–11.0	36	4.5–5.5
biosludge from an aerobic activated sludge process	40–60	6–9	10–25	15–30

Tabelle 2

Nutrient Loading of Feedlot Waste Effluents before and after Fermentation

	NH_3–N [mg/l]	PO_4–P [mg/l]	K mg/l]	COO [mg/l]
feedlot waste effluent	1500–5000	50–500	500–1200	12000–60000
fermented without C-addition	750–2500	20–200	400–1100	2400–18000
fermented with methanol addition	80	10–20	400–800	2000–5000

Die Abtrennung der Zellen wird in der üblichen Weise mit Separatoren durchgeführt. Die anfallende wäßrige Phase hat, wie bei der konventionellen Abwasserreinigung noch zu hohe Restgehalte an organischen und anorganischen Stoffen, um allgemein eine Einspeisung in Flüsse oder andere natürliche Gewässer zu erlauben. Aber der Gehalt an organischen und anorganischen Komponenten ist geeignet, dieses Wasser während des ganzen Jahres auf begrenzte landwirtschaftliche Flächen zu verteilen. Eine weitere Senkung der organischen Inhaltsstoffe würde immer noch die Versprühung erfordern, da der Kaliumgehalt durch biologische Prozesse nicht beseitigt werden kann.

Die Qualität der anfallenden Biomasse ist in ihren chemischen Parametern der konventioneller mikrobieller Biomasse vergleichbar. Natürlich ist die Zusammensetzung der Mikroorganismen heterogen. Um diese Biomasse als Tierfutter geeignet zu machen, scheint es notwendig zu sein, einen Schritt zur radikalen Zellzerstörung in den Prozeß einzubeziehen. Es wurde eine Hochtemperatur-Kurzzeit-Alkalisierung ausgewählt. Sie bewirkt die Zerstörung der Zellwände. Nach dieser Behandlung konnten keine lebenden Zellen in der Suspension mehr festgestellt werden.

Die Zerstörung der Zellwände führt nicht nur zum Abtöten der Zellen, sondern auch zu einer Erhöhung der Verdaulichkeit der behandelten Biomasse. Die angewandten Bedingungen führen zu keiner signifikanten Veränderung essentieller Aminosäuren (Tab. 3).

Tabelle 3
Changes in the Content of Essential Amino Acids during the High-Temperature Short-Time Alkalinization

Amino acid	g per 16 gN	
	before	after
	procedure	
Threonine	4.2	4.2
Methionine	1.8	1.8
Cysteine	0.75	0.56
Valine	4.9	4.1
Leucine	6.9	6.9
Isoleucine	3.9	3.9
Lysine	4.7	4.5
Histidine	2.1	1.8
Phenylalanine	3.8	3.8
Tryptophan	1.0	1.0
Arginine	4.8	4.5

Bis jetzt gibt es noch keine Ergebnisse zu Fragen der chronischen Toxizität und anderer langzeitlich wirkenden Faktoren.

Anwendungsbereich und Nutzensabschätzung des Verfahrens

Das Verfahren ist anwendbar bei Tierproduktionsanlagen, die Abwasser in der Größenordnung von mehr als 1000 m^3/d erzeugen und über eine Umgebung verfügen, die die ganzjährige Versprühung der gereinigten Abwässer zuläßt. Die Kohlenstoffquelle kann entsprechend den örtlichen Bedingungen gewählt werden. Die eingesetzte Menge ist nach unten soweit variierbar, als die zunehmende nicht umgesetzte Stickstoffmenge die Versprühung des Abwassers noch erlaubt und die zunehmende Heterogenität der organismischen Zusammensetzung der Biomasse keine Qualitätsbeeinträchtigung hervorbringt.

Ein qualitativer Vergleich von industriellen Schweineproduktionssystemen mit konventioneller Abwasserreinigung und unter Anwendung des neuen Konzepts zeigt (Abb. 3), daß bei Anwendung des neuen Konzepts Einsparungen von Investitionskosten durch die Zusammenlegung von Abwasserreinigung und Biomasseproduktion (C gegenüber B″ + C′) und von Kosten für die Rohstoffe (A gegenüber A′) bzw. der Kosten für diese Konzentratfuttermittel (B gegenüber B′) erwartet werden können.

Bei Anwendung des neuen Konzepts kann Biomasse für andere Verbraucher abgegeben werden. Die zur Versprühung des gereinigten Abwassers benötigte Fläche kann geringer sein als bei Anwendung des konventionellen Prozesses.

Die Produktion der Biomasse erfolgt kontinuierlich unter Bedingungen, die die Auswirkungen von unvermeidbaren Schwankungen der Abwasserqualität auf die Qualität der Biomasse und des gereinigten Abwassers stark vermindern. Die industrielle Gestaltung des Prozesses erlaubt eine kontinuierliche Kontrolle der Qualität der produzierten Futterbiomasse.

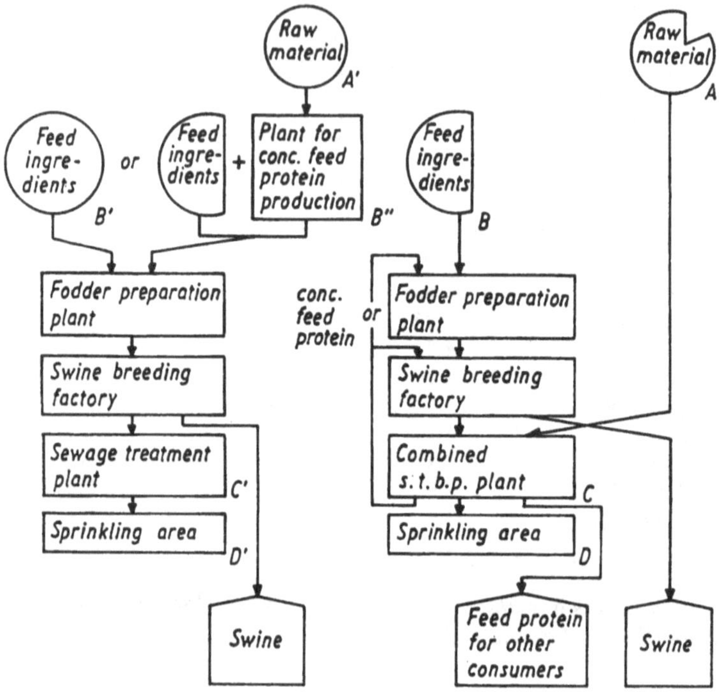

Abb. 3. Conventional and Proposed Scenarios of Industrial Swine Production

Literatur

[1] RINGPFEIL, M., W. HADEBALL, P. SCHEIBE, TH. KREUTER, D. BECK and K. KARBAUM: Aerobic Treatment of Wastes in Animal Factories and Production of Proteineous Biomasses. VI. International Fermentation Symposium, London, Canada, 1980

[2] RINGPFEIL, M., D. BECK, W. HADEBALL, TH. KREUTER and H.-J. HEINRITZ: Production of SCP from Wastes in Livestock Farming. VI. GIAM Conference, Lagos, 1980

[3] HADEBALL, W., I. RÜHLEMANN, S. PÖRSCHMANN, P. SCHEIBE, H.-J. HEINRITZ und M. RINGPFEIL: Verfahren zur Gewinnung von Biomasse aus Gülle. WP C 12 D/214 163

[4] BECK, D., TH. KREUTER, W. PAULI, W. SONNENKALB und M. RINGPFEIL: Verfahren zur Gewinnung proteinhaltiger Futtermittel aus Belebtschlamm. WP A 23 K/208 553

[5] Documents on Single Cell Protein issued by PAG 1976, March PAG Guideline No. 15 on Nutritional and Safety Aspects of Novel Protein Sources for Animal Feeding

[6] IUPAC — Technical Report Nr. 12, 1979, August

[7] IUPAC — Technical Report, Final Draft 1978, June

[8] SCHÖNBORN, W.: Use of Sewage Sludges as Fodder. IAEA-SM-194/701, 1975, p. 579—588

Zentralinstitut für Ernährung Forschungszentrum für Molekularbiologie und Medizin der Akademie der Wissenschaften, Potsdam-Rehbrücke, DDR

Gewinnung und Anwendung biotechnologisch hergestellter Produkte für Nahrung und Ernährung

H. Ruttloff

Seit Jahrhunderten, teilweise seit Jahrtausenden, werden mikrobiell/biochemische Prozesse zur Herstellung von Lebensmitteln genutzt. Die Produktion von Bier, Wein, Spirituosen, Brot, Käse, Essig, Sauermilchgetränken u. a. m. erfolgte mit hoher technischer Perfektion, ohne daß die Menschen hierbei einen Einblick in die dabei statthabenden Prozesse bzw. Stoffwechselabläufe besaßen. Der Erfolg der fermentativen Vorgänge war demzufolge vielfach von Zufällen abhängig, die jedoch durch Erfahrung weitgehend beherrscht wurden. Mit der sprunghaften Entwicklung der Naturwissenschaften seit etwa 100 Jahren verwandelten sich diese Verfahren in Technologien, die mehr und mehr auf exakter naturwissenschaftlicher Erkenntnis basierten (Tab. 1). Die

Tabelle 1

Einige bemerkenswerte Daten zur Geschichte der Biotechnologie

1880	Industrielle Herstellung von Bäckerhefe
1881	Herstellung von Milchsäure
1890	Einführung von Milchsäurekulturen für die Herstellung von Sauerrahmbutter
1894	Herstellung von Takadiastase im Emersverfahren
1907	Verwendung von Sulfitablauge für die Herstellung von Industriealkohol
1914—1918	Großtechnische Herstellung von Glycerin; Umstellung der Produktion von Bäckerhefe auf den Rohstoff Melasse
1923	Herstellung von Citronensäure in Emerskultur
1928	Herstellung von Gluconsäure
1933	Chemische Holzverzuckerung und Vergärung der Würze zu Industriealkohol
1936	Umwandlung von Sorbit zu Sorbose als Teilschritt der Produktion von Vitamin C
1939	Produktion von Hefe auf Holzzuckerwürze, Sulfitablauge und Brennereischlempe
1942	Industrielle Produktion von Penicillin
Nach 1945	Ära der modernen Fermentationstechnik und Biotechnologie

Funktion der Mikroorganismen, die durch sie ausgelösten Stoffwechselvorgänge sowie die damit in Zusammenhang stehenden Umsetzungen wurden inzwischen so weit aufgeklärt, daß erhebliche Verbesserungen in verfahrenstechnischer Hinsicht möglich waren; viele ursprünglich kleingewerbliche Produktionsstätten verwandelten sich in Industriebetriebe. In den letzten Jahrzehnten sind die Gewinnung von primären und sekundären Stoffwechselprodukten sowie die Ausnutzung der katalytischen Fähigkeit der Mikroorganismen immer mehr in den Vordergrund des Interesses gerückt und haben zugleich große volkswirtschaftliche und volksgesundheitliche Bedeutung erlangt. Hiervon haben auch die Lebensmittelindustrie und die Futtermittelproduktion in erheblichem Umfang profitiert.

Tabelle 2

Im Jahre 1974 im Weltmaßstab hergestellte Fermentationsprodukte (BRONN [3])

Produkt	Produktmenge	Wert [Mio DM]
Alkoholische Getränke		
Bier	600 Mio hl	60000
Wein	260 Mio hl	26000
Spirituosen	18 Mio hl	11000
Sake	10 Mio hl	4000
Traditionelle, nichtalkoholische Lebensmittel		
Käse und Sauermilchprodukte		30000
Speiseessig	1,0 Mio t	1000
Sojasoße	1,1 Mio t	5500
Miso	0,6 Mio t	600
Zellsubstanz		
Bäckerhefe	970000 t	700
Einzellerprotein (SCP)	1400000 t	980
Alkohole und Ketone		
Industrie-Äthanol	20 Mio t	1400
andere Alkohole und Ketone	30000 t	50
Organische Säuren		
Citronensäure	265000 t	640
Gluconsäure	43000 t	50
Milchsäure	14000 t	85
andere organische Säuren		10
L-Aminosäuren		
L-Glutaminsäure	200000 t	600
L-Lysin	10000 t	90
andere Aminosäuren		~ 10
5'-Ribonucleotide		~ 20
Enzyme		~ 330
Mikrobielle Polysaccharide		~ 10
Carotinoide, Wuchsstoffe, Vitamine		~ 150

Klassische Fermentationsprodukte

Bereits Mitte der 60er Jahre lag die Weltproduktion an Backhefe aus Melasse bei 150000 Jahrestonnen. Jährlich werden derzeitig mehr als 500 Mio hl Bier erzeugt. In vielen Ländern, so auch in der DDR, setzt man neben Gerstenmalz in verstärktem Umfang Rohfrucht ein, wobei Enzympräparate als technologische Hilfsstoffe verwendet werden. Zunehmend werden Forschungsarbeiten zur *kontinuierlichen* Bierherstellung betrieben. In der milchverarbeitenden Industrie steht im Vordergrund die Anwendung von phagenresistenten und mycotoxinfreien Starterkulturen. Von mikrobiell veredelten Milchprodukten haben sich in vielen Ländern neben verschiedenen neuen Käsesorten vor allem Joghurt, Dickmilch, Kefir, Buttermilch u. ä. zu Massenprodukten entwickelt. Mikrobiologische und biochemische Fragen stehen auch bei der Brotherstellung an, wobei vor allem die Aufklärung der Zusammensetzung und Wirkung der im Sauerteig vorhandenen Mikroorganismen im Vordergrund des Interesses steht. Die Herstellung von Starterkulturen zur Rohwurstreifung hat zur Entwicklung einer ganzen Anzahl von Wurstherstellungsverfahren mit mycotoxinfreien Impfkulturen geführt. Interessanterweise finden die seit langem in Ostasien beheimateten fermentierten Lebensmittel (z. B. Sojasoße, Miso, Tempeh, Natto, Shogu u. a.) zunehmend Eingang auch in Länder der westlichen Hemisphäre. Dies hängt offenbar mit ihrer besonderen Aromaqualität und -intensität zusammen. Die Folge dieser Entwicklung ist eine verstärkte wissenschaftliche Durchdringung der bei diesen Fermentationsvorgängen ablaufenden mikrobiologischen und biochemischen Prozesse.

Über die im Jahre 1974 im Weltmaßstab auf fermentativem Wege hergestellten Produkte bei der Lebensmittelproduktion unterrichtet Tab. 2.

Tabelle 3

Rohstoffe für Fermentationsprozesse im technischen Maßstab

Herkömmliche Rohstoffe	Nicht herkömmliche Rohstoffe	Abfallprodukte der Land-, Forst- und Nahrungsgüterwirtschaft, der Industrie sowie industrieller Ballungsgebiete
Stärke bzw. stärkehaltige Produkte	n-Paraffine	Holzabfälle aller Art
Melasse	Erdöldestillate	Stroh (Reis, Weizen u. a.)
Getreideschrote	Dieselkraftstoff	Pflanzenrückstände
Extraktionsschrote	Methan	Bagassen (Rohrzucker, Citrus u. a.)
Getreidekleie	Erdgas	Papier, Pappe
Brennereischlempe	Methanol	Abwasser
Melasse	Äthanol	
Rohrzucker		
Hydrol		
Sulfitablauge		
Holzzuckerwürze		
Maisquellwasser		

Einzellerprotein

Derzeitig ist international eine „Eiweißindustrie“ auf der Basis von mikrobieller Biomasse im Entstehen, die erhebliche Dimensionen annimmt. Als C-Quellen (vgl. Tab. 3) stehen einmal klassische Substrate (z. B. Stärke, Zucker, zuckerhaltige Rohstoffe, Getreideschrote und -kleien, Extraktionsschrote, Sulfitablauge, Melassen, Molke, Schlempen u. a.) zur Verfügung, zum anderen unkonventionelle Rohstoffe (z. B. gereinigte n-Paraffine, Erdöldestillate, Dieselkraftstoff, Methan, Erdgas, Methanol, Äthanol). In letzter Zeit werden zunehmend auch Ab- und Nebenprodukte der Forst- und Landwirtschaft bzw. industrieller Ballungszentren als zukünftige C-Quellen ins Auge gefaßt (z. B. Holzabfälle aller Art, Citrusrückstände, Zuckerrohrbagasse, Stroh, Papier, Abwasser).

Hefen bestehen zu 40 bis 65%, Bakterien zu 70 bis 85% i. T. aus Rohprotein. Es kommt hinzu der hohe Gehalt an Vitaminen der B-Gruppe. (So enthält z. B. die Biomasse aus Methylomonas je 100 g Trockensubstanz etwa 1 mg Vitamin B_1, 8 mg Vitamin B_2, 2 mg Vitamin B_6 und 35 µg Vitamin B_{12}.) Als belastend zu nennen ist der hohe Anteil an Nucleinsäuren (der bei Hefen 5 bis 10%, bei Bakterien 10 bis 15% der Trockensubstanz betragen kann). Zahlreiche Mikroorganismen lagern des weiteren in der Zelle ein Reservefett ein, das vom Menschen nicht verwertet wird (z. B. mit Poly-β-hydroxy-buttersäure als Fettsäurekomponente, Lipopolysaccharide u. a.). Auch wird in der Literatur verschiedentlich auf die Anwesenheit von Schwermetallspuren hingewiesen. Bei Mikroorganismen, die auf Paraffinen kultiviert wurden, sind ungeradzahlige sowie verzweigtkettige Fettsäuren gefunden worden. Diese Verbindungen sollen allerdings nach Literaturangaben vom Säugetierorganismus umsetzbar sein (so daß sie im Depotfett von Schlachttieren nicht mehr anzutreffen sind). Was die Aminosäurezusammensetzung der mikrobiellen Proteine anlangt, so weisen diese im allgemeinen niedrigere Werte an Methionin und Cystin als das FAO-Referenzprotein auf (Tab. 4); andererseits übertreffen sie jedoch hinsichtlich der biologischen Wertigkeit vielfach das Sojaprotein.

Tabelle 4

Essentielle Aminosäuren in Futterproteinen [g/16 g N] (KÜBLER *und* SCHULZ [6])

Aminosäure	Alkan-hefe	Methylo-monas-Bakterium	Scenedes-mus-Algen	Blattprotein-Konzentrat	Fisch-mehl	Soja	Weizen	FAO-Referenz-Protein
Lysin	7,8	6,9	5,7	6,5–7,5	7,9	6,2	2,8	5,4
Methionin + Cystin	2,5	3,1	2,3	2,7–3,7	3,9	2,9	3,8	3,5
Isoleucin	5,3	4,3	4,1	4,6–5,4	4,8	4,9	3,7	4,0
Leucin	7,8	7,9	8,0	7,2–8,5	7,6	7,6	6,6	7,0
Phenylalanin + Tyrosin	8,8	6,8	7,6	8,3–10,1	7,9	8,1	7,3	6,1
Threonin	5,4	4,3	5,2	5,3–5,8	4,5	4,0	2,8	4,0
Tryptophan	1,3	1,1	1,3	1,3–1,5	1,1	1,3	1,1	1,0
Valin	5,8	5,9	6,4	5,5–7,0	5,6	4,8	4,5	5,0

Diese und andere Befunde lassen den Einsatz mikrobieller Biomasse für die *menschliche* Ernährung nicht zu. Auch nach erfolgter Zell-Desintegration aufbereitete und entsprechend gereinigte Proteine sind vorerst noch nicht als Lebensmittelzusatzstoffe zugelassen. Die weitere Entwicklung auf diesem Gebiet bleibt abzuwarten.

Lösliche Enzyme

Forschungsseitig wird international besonders intensiv der Abbau des Cellulose-Lignin-Komplexes bearbeitet (Abb. 1) mit dem Ziel, die in erheblicher Menge anfallenden land- und forstwirtschaftlichen Abprodukte sowie Bestandteile des Mülls von industriellen Ballungsgebieten besser als bisher bzw. überhaupt als Energie- und Rohstofflieferanten wie auch für die Ernährung zu nutzen. Als Endprodukte werden angestrebt Glucose (als vergärbarer Zucker), Äthanol (als Rohstoff für die chemische Industrie) und Biomasse (als Einzellerprotein) (Abb. 2). Zur Produktion von Äthanol und/oder Biomasse werden Mikroorganismen benötigt. Diese werden entweder auf dem aufgeschlossenen und mit Cellulasepräparaten vorhydrolysierten cellulosehaltigen Material kultiviert, oder aber sie synthetisieren selbst den Cellulasekomplex, um das ihnen angebotene „Nährsubstrat“ abbauen zu können.

In diesem Zusammenhang verdient ein weiteres Enzym — die Xylanase — Interesse. In pflanzlichen Rückständen sind als Hemicellulosen u. a. auch Xylane vertreten, die durch geeignete Enzyme bis zur Xylose abgebaut werden können; hierbei werden sowohl

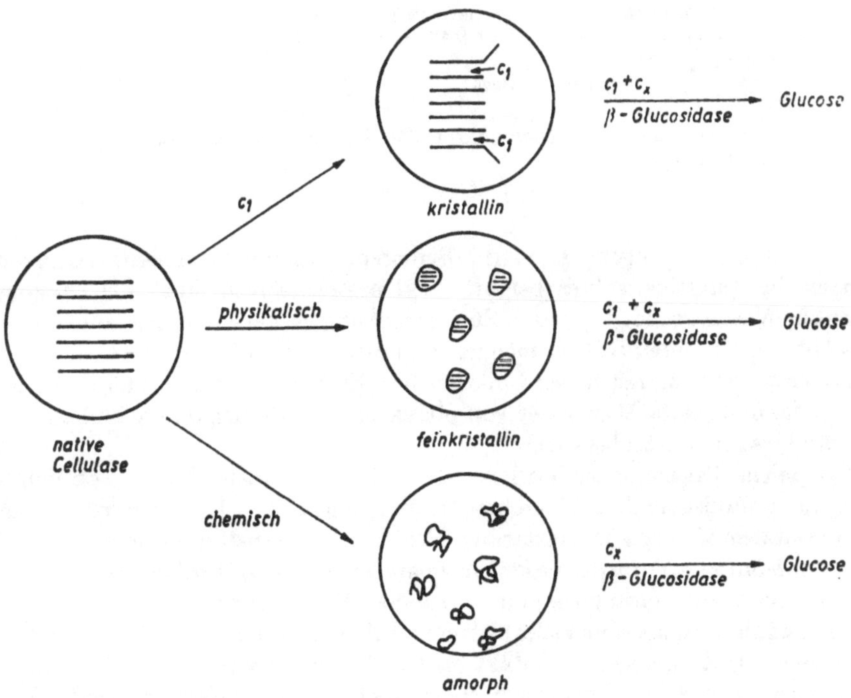

Abb. 1. Abbau der kristallinen Cellulosestruktur (Suzuki [8])

Endo- als auch Exoenzyme, ferner Xylobiase wirksam. Die entstehende Xylose läßt sich auf chemischem Wege in den als Diabetikerzucker bekannten Xylit überführen. Vor allem enthalten Maiskolben erhebliche Mengen an Xylan.

Eine nach wie vor interessante Enzymgruppe stellen die Proteasen dar. Sie werden verwendet, um herkömmliche wie auch nicht konventionelle Nahrungsproteine (z. B. Gluten, Rapsprotein, Ackerbohnenprotein), proteinhaltige Nahrungsstoffe (z. B. Getreidemehle, Sojaschrote) oder aber Nebenprodukte der Lebensmittelindustrie und Nahrungsgüterwirtschaft (z. B. Blutplasma, Knochenschrote, Geflügelabfallmehle) enzymatisch zu modifizieren und ihnen lebensmitteltechnologisch oder aber ernährungsphysiologisch günstigere Eigenschaften zu verleihen. Es können auf diese Weise Verfahren rationalisiert, die Qualität von Erzeugnissen verbessert sowie neue Sortimente entwickelt werden. Hierbei steht insbesondere die Ernährung von bestimmten Ziel-

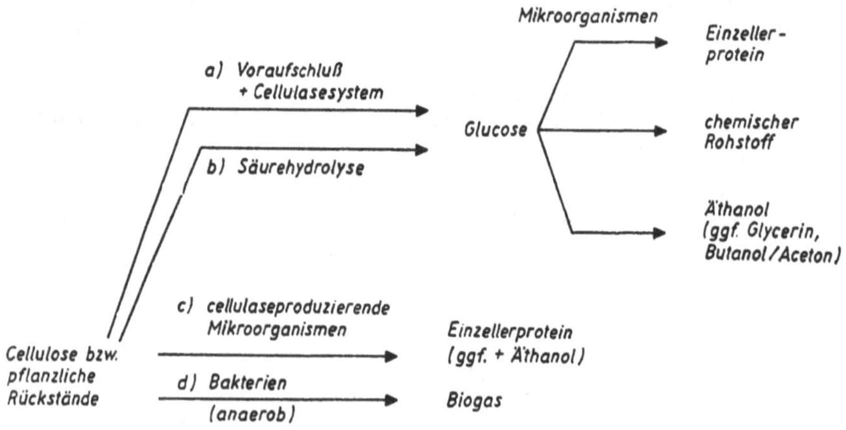

Abb. 2. Enzymatischer bzw. saurer und/oder mikrobieller Umsatz von Cellulose bzw. cellulosehaltigem Material

gruppen (z. B. von Säuglingen, Kindern, Senioren, Leistungssportlern, Kranken mit Störungen des Intestinaltraktes bei prä- und postoperativen Zuständen, Rekonvalenszenten) im Vordergrund. In diesem Zusammenhang ist auch die Plasteinreaktion zu nennen (Abb. 3), mit deren Hilfe es möglich ist, bestimmte Proteine von Off-Flavour zu befreien oder aber solche mit neuen funktionellen Eigenschaften zu erhalten. Es ist auch möglich, die biologische Wertigkeit von pflanzlichen Proteinen durch Einbau von essentiellen Aminosäuren aufzubessern.

Eine umfangreiche Palette neuer Sortimente ergibt sich aus dem Einsatz pektinolytischer Enzyme, teilweise auch in Kombination mit Cellulasen. Abgesehen von ihrem bisherigen Einsatzbereich (Fruchtsaftklärung, Erhöhung der Ausbeuten beim Pressen, Herstellung von Möhrensaft) dürfte dieser Enzymgruppe in Zukunft bei der Herstellung flüssiger Obst- und Gemüseerzeugnisse eine besondere Bedeutung zukommen (Tab. 5). Hier ist einmal zu denken an eine Vielzahl von trinkfähigen Mazeraten, d. h. von Produkten, bei denen die Zelle als solche intakt bleibt (Monozellsuspensionen). Aus diesen wiederum können verschiedene Folgeprodukte entwickelt werden (Gemüse- und Obstserumkonzentrate, Gemüsemayonnaisen usw.). Besondere Bedeutung dürfte in Zukunft

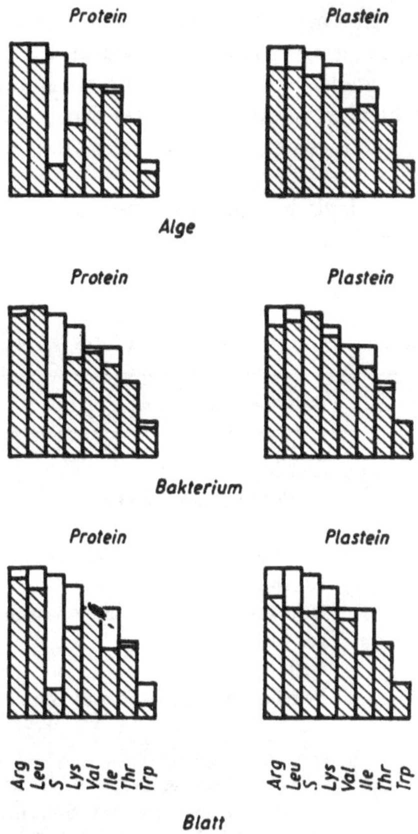

Abb. 3. Zusammensetzung der essentiellen Aminosäuren (schwarze Säulen) von Proteinen einer Blaualge (*S. maxima*), eines Purpurbakteriums (*R. capsilatus*), eines Blattes (*T. repens* L.) und der aus diesen Proteinen gewonnenen Plasteine im Vergleich zu den entsprechenden FAO/WHO-Mustern (weiße Säulen) (YAMASHITA u. a. [9])

Tabelle 5
Flüssige Obst- und Gemüseerzeugnisse (BOCK [2])

Tomaten-Enzymkomplex (nicht isoliert)

→ + NaCl

- Tomaten-Mischmazerate aus Obst- und Gemüsekompositionen mit und ohne zusätzliche Gewürze (TMM-Getränke)
- Trockenprodukte aus Tomaten-Mischmazeraten
- Ketchup-Erzeugnisse
- Konzentrierte Soßen und Suppen

Tomaten-Enzymkomplex (isoliert)

mikrobielle Mazerasepräparate oder Mischenzympräparate

→

- Obstnektare
- Obst- und Gemüsesaftgetränke
- Obstmark- und Gemüsemark-Konzentrate
- Kinder- und Diätnahrungsmittel
- Obst- und Gemüsepulver
- Krem- und mayonnaisenhaltige Erzeugnisse
- Instanterzeugnisse
- Kartoffeltrockenprodukte
- strukturierte Erzeugnisse

der enzymatischen Totalverflüssigung zukommen. Es handelt sich hierbei um Erzeugnisse aus Obst und Gemüse, bei denen auch die Zellwand abgebaut wird. Durch Verflüssigung der gesamten Substanz wird zugleich eine erhebliche Steigerung der Ausbeuten herbeigeführt. Voraussetzung hierfür ist allerdings das Vorhandensein eines leistungsfähigen Pektinase/Cellulase-Systems, das eine Totalverflüssigung vor allem auch aus ökonomischer Sicht möglich macht.

Über einige weitere lebensmitteltechnologisch oder aber ernährungsphysiologisch interessante lösliche Enzyme unterrichtet Tab. 6.

Tabelle 6

Weiter- bzw. Neuentwicklung von löslichen Enzymen mikrobieller Herkunft

Enzym	Anwendungsgebiet
Ligninasen	Ligninabbau
Cyklodextrin – synthetisierende Enzyme	Cyklodextrinsynthese
Isoamylase	Herstellung von linearen Ketten aus Stärke
β-Amylase	Herstellung von Maltose
Maltooligosaccharidbildende Amylasen	Herstellung von Maltooligosacchariden aus Stärke
Pullulanase	Pullulanabbau
Von pflanzlichen Pektinaseinhibitoren nicht hemmbare Pektinasen	Pektinabbau in Obst und Gemüse
Thermophile Enzyme	beschleunigter Ablauf erwünschter biochemischer Prozesse; Schutz vor Fremdinfektion bei der Inkubation

Immobilisierte Enzyme

Die industrielle Anwendung immobilisierter Enzyme bei der Lebensmittelproduktion schreitet trotz intensiver Bemühungen um ihre Einführung nur zögernd voran. Prinzipiell dürfte eine Vielzahl von Enzymen auch in trägerfixierter Form im Lebensmittelsektor verwendbar sein, und man hat in der Vergangenheit dieser Enzymgruppe eine große Zukunft vorausgesagt (Tab. 7). Tatsächlich haben sich jedoch bisher nur 3 Enzympräparate auch großtechnisch bewährt. Es sind dies Glucoseisomerase (Isomeratzucker), Aminosäure-N-acylase (L-Aminosäuren) sowie Lactase (Hydrolyse des Milchzuckers in der Milch und in Molke). Es könnte sein, daß auch Glucoamylase eines Tages durch die trägerfixierte Form ersetzt wird (Traubenzuckerproduktion), wobei eine Vorhydrolyse der Stärke durch eine thermostabile α-Amylase den Prozeß rentabler gestalten dürfte. Bisher kann jedoch das Verfahren unter Einsatz des immobilisierten Enzyms mit der herkömmlichen Technologie (Verwendung löslicher Glycoamylase) nicht konkurrieren.

Der Isomeratzucker, welcher aus Stärke via Glucose hergestellt wird, hat sich weltweit durchgesetzt und macht dem Invertzucker, jedoch inzwischen auch der Saccharose ernsthaft Konkurrenz (Abb. 4). Im Falle der immobilisierten Lactase handelt es sich vor allem um die Herstellung einer Milch, die auch von Personen mit Lactoseintoleranz

Tabelle 7

Anwendungsmöglichkeiten für immobilisierte Enzyme bei der Lebensmittelproduktion

Enzym	Anwendung
Glucoamylase	Stärkekonversion (Traubenzuckergewinnung)
Glucoseisomerase*	Herstellung von Isomeratzucker
Invertase	Herstellung von Invertzucker
Lactase*	Spaltung von Lactose (Milch, Molke)
Melibiase	Ausbeutesteigerung bei der Gewinnung von Rübenzucker
α-Amylase	Dextrinierung von Stärke
β-Amylase	Herstellung von Maltose
β-Glucanase	Viskositätserniedrigung von Würze und Bier
Pektinase	Klärung von Fruchtsäften durch Pektinabbau
Protease	Kältestabilisierung von Bier; Herstellung von Protein-Partialhydrolysaten
Lab	Käseherstellung
Glucoseoxydase + Katalase	Sauerstoffentfernung aus Getränken
Glucoseisomerase + Glucoseoxydase	Herstellung von Gluconsäure und Fructose aus Glucose
Katalase	Entfernung von H_2O_2 nach Entkeimung
Naringinase	Entbitterung von Citrussäften
Thioloxydase	Beseitigung der Geschmacksbeeinträchtigung der Milch nach dem Erhitzen
Aminosäure-N-Acylase*	Herstellung von L-Aminosäuren aus racemischen Gemischen
Tannase	Herstellung von Instant-Tee

* Immobilisierte Enzyme im großtechnischen Einsatz

vertragen wird. Dieses Krankheitsbild ist weiter verbreitet als ursprünglich angenommen wurde. Auf die anderen hinlänglich bekannten lebensmitteltechnologischen und qualitätsmäßigen Vorteile einer mit Lactase behandelten Milch möchte ich hier nicht eingehen. Eine weitere großtechnische Möglichkeit des Einsatzes von trägerfixierter

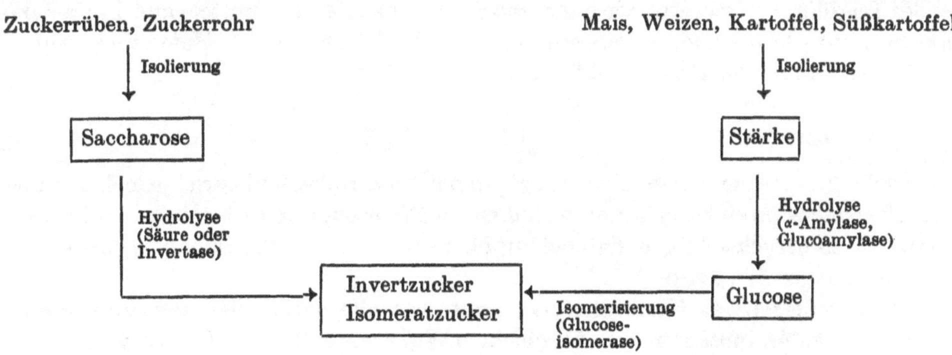

Abb. 4. Ausgangsmaterial und Herstellungsstufen von Invertzucker bzw. Isomeratzucker

Lactase besteht noch in der besseren Molkenverwertung für die Tieraufzucht. Außerdem ist die Umweltbelastung erheblich verringert, da bisher noch immer in vielen Ländern die Molke in die Vorfluter geleitet wird.

Eine interessante Kombination zwischen der katalytischen Wirkung von ganzen Zellen einerseits und derjenigen von immobilisierten Enzymen andererseits bietet sich durch den Einsatz von immobilisierten Zellen an. Diese werden vielfach durch Behandlung mit organischen Lösungsmitteln für den Stoffdurchtritt zugänglich gemacht. Dadurch verlieren sie zwar ihre Fähigkeit zur Vermehrung, behalten aber die Funktionsfähigkeit bestimmter Enzymsequenzen und gewinnen eine höhere Durchlaßfähigkeit ihrer Zellwand für Metaboliten. Ähnliche Wirkungen lassen sich durch kovalente Bindung von Zellen an makromolekulare Träger erzielen. Durch diese Methode können mehrschrittige enzymatische Reaktionen ausgeführt werden.

Organische Genußsäuren

Die meisten der organischen Genußsäuren werden auf fermentativem Wege hergestellt. Der Markt für einige von ihnen, z. B. Gluconsäure und Itaconsäure, ist jedoch klein. Gegenwärtig werden — im Weltmaßstab gesehen — in der Lebensmittelindustrie etwa 30000 t Citronensäure, 5000 t Fumarsäure und 6000 t einer Mischung aus Weinsäure, Adipinsäure und Äpfelsäure benötigt.

Citronensäure dürfte die wichtigste organische Genußsäure darstellen. Sie wurde ursprünglich aus Citrusfrüchten isoliert. Seit etwa der Jahrhundertwende ist bekannt, daß auch A. niger in der Lage ist, diese Säure zu synthetisieren. Die Produktion erfolgte lange Zeit in Emerskultur. Sie wird jedoch seit den 60er Jahren zunehmend durch das Submersverfahren verdrängt (obgleich die emerse Gewinnung noch immer nicht an Aktualität eingebüßt hat). In letzter Zeit wurden neben der bisher im allgemeinen eingesetzten Melasse auch nicht herkömmliche C-Quellen verwendet, so z. B. n-Paraffine. Die bei Gärungscitronensäure vielfach in geringer Menge als Begleitsubstanz auftretende Isocitronensäure ist aus ernährungsphysiologischer Sicht ohne Belang, da diese ohnehin ein Intermediärglied des Citronensäurecyklus darstellt. Citronensäure wird vielfältig in der Lebensmittelindustrie verwendet (Süßwarenindustrie, Getränkeindustrie, Säuglingsnahrungen, Puffersubstanz und Säureträger für Backpulver u. a. m.).

Des weiteren ist Milchsäure zu nennen, die bei der Herstellung von Limonaden und Essenzen Verwendung findet. Ihre Na- und Ca-Salze werden Backpulvern zugesetzt; die bei der Teigführung freiwerdende Säure macht die auftretenden Butter- und Essigsäurebakterien unwirksam, andererseits stimuliert sie das Wachstum der Hefen und trägt so zur Aromaqualität des Endproduktes bei.

Aminosäuren

Essentielle Aminosäuren werden vorrangig in der Futtermittelindustrie, jedoch auch bei der Lebensmittelproduktion benötigt, indem sie Pflanzenproteine biologisch aufwerten. Hierbei ist zu berücksichtigen, daß bei Supplementierung einer Aminosäure eine andere in Limitation geraten kann.

Nach dem derzeitigen Kenntnisstand lassen sich alle natürlichen, demzufolge auch alle essentiellen Aminosäuren auf mikrobiellem Wege synthetisieren. Hierbei wird sowohl die De novo-Synthese unter Einsatz spezieller Mutanten praktiziert, oder aber es werden dem Nährmedium bestimmte Präkursoren, Intermediärglieder oder geeignete Substrate als Vorstufen zugesetzt, die sodann mikrobiell in die gewünschten L-Aminosäuren überführt werden. Schließlich besteht die Möglichkeit, auf chemischem Wege racemische Gemische der Aminosäuren zu gewinnen; das Racemat wird sodann acetyliert und mit immobilisierter Aminosäure-N-Acylase behandelt (Abb. 5). Nach der letztgenannten Methode werden in kontinuierlichen Verfahren in Japan L-Methionin, L-Phenylalanin und L-Tryptophan hergestellt. Lysin und Tryptophan sind in Cerealienproteinen limitierend. Lysin wird zur biologischen Aufwertung von Weizen-, Reis-, Mais- und Sojabohnenprotein in der Futtermittelindustrie wie auch bei der Lebensmittelproduktion eingesetzt. Die Lysinproduktion in der Welt betrug 1967 etwa 2000 t. Jetzt liegt sie bei 40 bis 50000 t. Allein in Japan werden derzeitig für die Supplementierung von Reis ca. 20000 t Lysin eingesetzt.

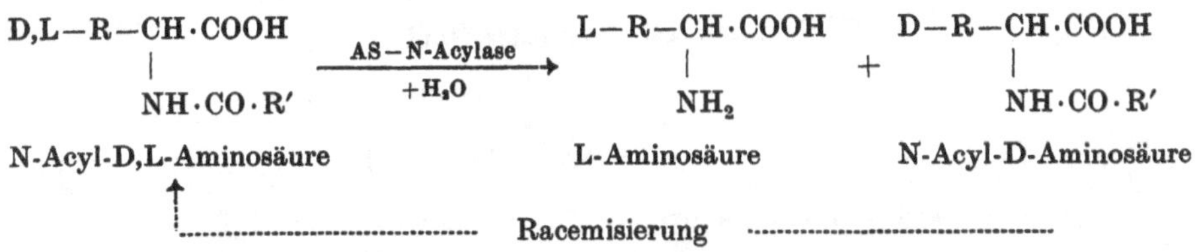

Abb. 5. Abtrennung von L-Aminosäuren aus Racematen mittels immobilisierter Aminosäure-N-Acylase (Chibata und Tosa [4])

Glutaminsäure wird in Form des Mononatriumsalzes als Aromaverstärker verwendet. Hiervon werden in der Welt etwa 300000 t/a gewonnen. Das bevorzugte Substrat für ihre Produktion ist Melasse. Es handelt sich im wesentlichen um eine De novo-Synthese unter Einsatz geeigneter Mikroorganismen. Als C-Quellen lassen sich neben Melasse auch Glucose, Essigsäure, Äthanol, Propylenglykol, n-Paraffin und Xylose verwenden. Ihre Herstellung durch Säurehydrolyse von Weizengluten ist international von untergeordneter Bedeutung.

Eine weitere interessante Aminosäure ist Asparaginsäure. Sie läßt sich mittels intakter *E. coli*-Zellen gewinnen, die in Polyacrylamidgel-Kügelchen eingelagert sind. Die Umwandlung erfolgt in einem Säulenreaktor unter Einsatz einer wäßrigen Lösung von Ammoniumfumarat als Substrat. Das Natriumsalz der Asparaginsäure wird in Japan mit 600 t pro Jahr als Geschmackskorrigens eingesetzt. Ein Teil davon wird auch in Sake sowie in Fruchtsäften und alkoholischen Getränken verwendet. Ihre Funktion besteht darin, synthetischem Sake, Fruchtsäften sowie alkoholfreien Getränken einen angenehmen Säuregeschmack zu verleihen.

Nucleotide

Zur Herstellung von 5′-Ribonucleotiden gibt es die in Abb. 6 aufgeführten Möglichkeiten, wobei sowohl fermentative als auch chemische Wege beschritten werden können. Einige japanische Gesellschaften begannen etwa 1960 mit der Produktion. Derzeitig werden in Japan hiervon etwa 3000 t pro Jahr produziert. Die kommerzielle Bedeutung beschränkt sich auf 5′-Inosinmonophosphat (IMP) und 5′-Guanosinmonophosphat (GMP). Nucleotide werden als Aromaverstärker herangezogen. Ihre Wirkung besteht — ähnlich der des Mononatriumglutamats — in einer synergistischen Wirkung. Sie intensivieren die Aromanote in Fleischrichtung und sind hierbei 50mal so aktiv wie Mononatriumglutamat. Ihr Einsatzbereich liegt auf dem Gebiet der Suppen, Soßen, Fleischkonserven, Fisch, Gemüse, Tomatensaft und Instantkaffee. Außerdem unterdrücken sie z. T. einige unbeliebte Aromaqualitäten wie Bitterkeit und Säurecharakter.

1. RNA —Mikroorganismen→ 5'-Nucleotide (1961)

2. Medium —Mikroorganismen→ Nucleoside ↓ chemisch 5'-Nucleotide (1964)

3. Medium —Mikroorganismen→ 5'-Nucleotide (1966)

4. RNA —chemisch→ Nucleoside (1962) ↓ chemisch 5'-Nucleotide (1967)

Abb. 6. Industrielle Produktion von 5'-Ribonucleotiden (ARIMA [1])

Mikrobielle Polysaccharide

Für die Zukunft dürften gewisse mikrobielle Polysaccharide sehr an Bedeutung gewinnen (Tab. 8). Und zwar handelt es sich um solche mit hohem Molekulargewicht, die löslich oder in Wasser dispergierbar sind. Sie erhöhen die Viskosität, stabilisieren Emulsionen und Schäume und bilden Gele und Filme. Die gegenwärtig im Handel

Tabelle 8

Einige lebensmitteltechnologisch bedeutsame mikrobielle Polysaccharide (RUTTLOFF [7])

Polysaccharid	Stamm	Struktur des Polysaccharids	Bemerkungen
Bakteriencellulose	*Acetobacter* spec.	β-1,4-Glucan	z. Z. noch teurer als Pflanzencellulose
Lävan (Polyfructosan)	versch. Bakterien	β-2,6-Fructosan	entsteht durch Transfructosidierung aus Saccharose (im Kulturmedium)
Bakterielle Alginate	*Azotobacter vinelandii*	D-Mannuronsäure, L-Guluronsäure (4 : 1 bis 20 : 1), teilweise acetyliert	gleiche Bausteine wie marine Alginate
	Bacillus subtilis	Glucose, Galaktose, Fucose, Glucuronsäure (2 : 2 : 2 : 1)	gelbildend, ähnliche Eigenschaften wie Agar-Agar
Phosphomannan	*Hansenula holstii*	Sequenzen aus 4 Mannoseeinheiten und 1 Mannose-6-phosphat-Einheit	bildet weiche gelartige Lösungen

befindlichen herkömmlichen Erzeugnisse basieren auf der Grundlage von Seeweizengummen (Agar-Agar, Carrageen, Alginate), Pflanzenexudaten (Gummi arabicum, Tragant), Samengummen (Guar), Stärke und Pektin. Diese Polysaccharide besitzen mehr oder weniger unterschiedliche Eigenschaften, die auf strukturellen Differenzen basieren. In Zukunft ist mit einem erheblichen Preisanstieg für diese Produkte zu rechnen.

Mikrobiell hergestellte kommerzielle Polysaccharide sind Dextran aus Leuconostoc mesenteroides sowie Xanthan aus Xanthomonas campestris (Abb. 7). Xanthangummen

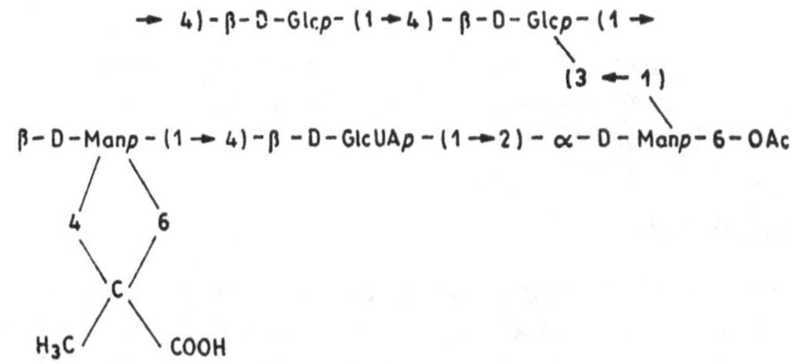

Abb. 7. Pentasaccharideinheit des Xanthans

Es bedeuten:

Man*p* Mannopyranose Glc*p* Glucopyranose GlcUA*p* Glucuronsäure (Pyranring)

werden bereits in der Lebensmittelindustrie eingesetzt. Weitere interessante Produkte dürften bakterielle Alginate und Pullulan darstellen. Erstere werden aus *Azotobacter vinelandii* produziert und sind chemisch denjenigen aus Braunalgen sehr ähnlich. Sie werden als Stabilisatoren und Dickungsmittel bei Eiscremes und zahlreichen anderen Lebensmitteln verwendet. Auch die physikalischen Eigenschaften der bakteriellen Alginate sind denjenigen aus Algen ähnlich. Im Vergleich zu den Algenprodukten besitzen sie den Vorteil einer günstigeren Konsistenz, einer größeren Brillanz und besseren optischen Reinheit.

Bei Pullulan (Abb. 8) handelt es sich um ein extrazelluläres Polysaccharid, das von *Pullularia pullulans* produziert wird, wenn dieser hefeähnliche Pilz auf saccharose-

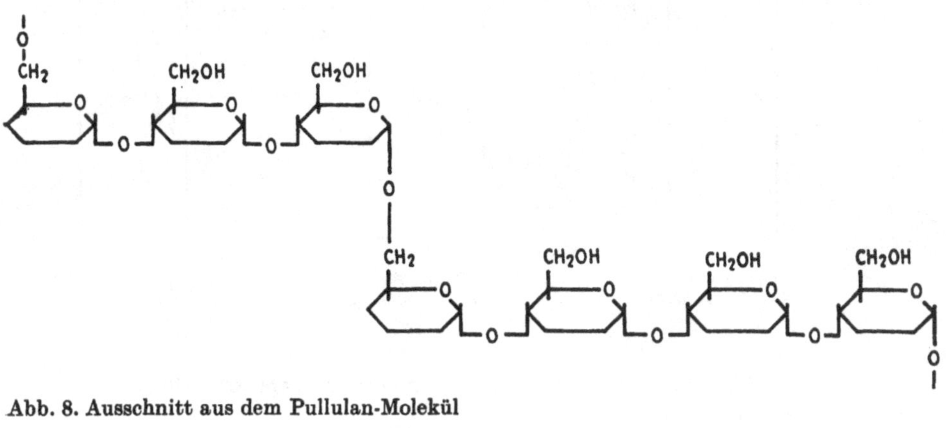

Abb. 8. Ausschnitt aus dem Pullulan-Molekül

haltigen Nährmedien kultiviert wird. Es besteht aus Maltotriose und Maltotetraose, die in α-1,6-Bindung verknüpft sind. Inzwischen wurden auch andere Stoffe, so z. B. Stärkehydrolysate, als Substrate verwendet. Pullulan ist ein geruchloses, geschmackloses und wasserlösliches Pulver. Es erhöht die Stabilität von Lebensmitteln, verleiht Körperbildung und wird nicht metabolisiert. Bei hohen Konzentrationen wirkt es fungistatistisch und erniedrigt das Verderben bei hohem Feuchtegehalt. Besonders günstig erscheint es zum Verpacken und Einwickeln von Lebensmitteln. Da Pullulanfilme widerstandsfähig gegenüber Sauerstoff sind, lassen sich vor allem Lebensmittel mit einem hohen Fettanteil besser als mit Cellophan oder Polyäthylenfolie verpacken. Man kann die Substanz auch durch Verätherung oder Veresterung wasserunlöslich machen. Mit Zuckeralkoholen lassen sich plasteähnliche Stoffe herstellen. Generell dürften diese Erzeugnisse eine große Zukunft haben.

Aromakompositionen

Bei der Herstellung von neuen und gesundheitsfördernden Lebensmitteln werden in zunehmendem Maße geeignete Aromakompositionen benötigt. Natürliche Aromen, wie sie bei verschiedenen Lebensmitteln durch Reifung, Veredelungs- oder Gärungsprozesse auf enzymatischem Wege gebildet werden, bestehen aus einer Vielzahl von Einzelkomponenten. Diese können aus ökonomischen Gründen nicht sämtlich auf chemisch-synthetischem Wege produziert und sodann zu Aromakompositionen zusammengesetzt werden. Wenngleich durch Verwendung von chemisch-synthetischen, insbesondere naturidentischen Substanzen (z. B. Vanillin) das erwünschte Aroma zusammengestellt werden kann, so ist dieser Weg in nur begrenztem Umfang möglich.

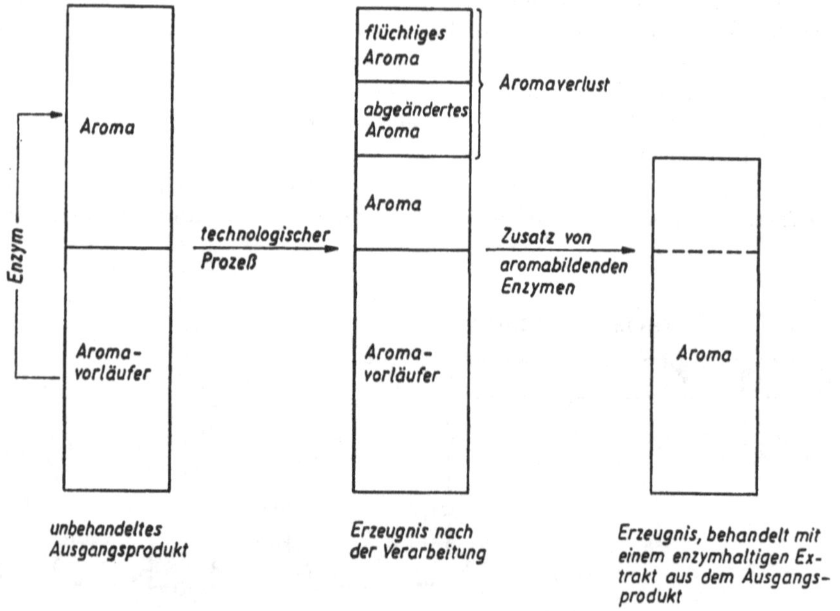

Abb. 9. Enzymatische Aufbesserung des Aromas von Lebensmitteln (schematisch) (HEWITT [5])

Seit Anfang der 60er Jahre befaßt man sich international mit aromabildenden Enzymen mit dem Ziel, diese zur Aromaproduktion heranzuziehen (Abb. 9). Diese Gruppe umfaßt Biokatalysatoren, die jeweils aus der Aromavorstufe die wirksamen Aromakompositionen bilden. Hoffnungen, durch Einsatz solcher Enzyme den Aromaverlust, wie er bei lebensmitteltechnologischen Prozessen auftritt, verhindern zu können bzw. das Aroma zu regenerieren, haben sich jedoch nicht erfüllt. Man geht daher zunehmend von der Konzeption isolierter aromabildender Enzyme ab und stellt biologische Systeme als Aromalieferanten zur Diskussion. Es ist naheliegend, hierfür diejenigen Systeme einzusetzen, die bei natürlichen Reifungs-, Veredlungs- und Lagerungsbedingungen sowie im Verlaufe lebensmitteltechnologischer Prozesse als Enzymlieferanten fungieren.

Schlußbetrachtung

In der Natur können sämtliche biosynthetisch entstandenen Substanzen von Mikroorganismen abgebaut und demzufolge in die natürlichen Stoffkreisläufe wieder einbezogen werden. Abfall- und Nebenprodukte der chemischen Industrie durchbrechen vielfach dieses Prinzip, da ihre Erzeugnisse häufig von den Strukturen der in der Natur vorkommenden Substanzen abweichen. Die Mikroorganismen verfügen dann nicht über die erforderlichen Enzymkombinationen zu ihrem Abbau. Die Biotechnologie hingegen liefert stets — zumindest im vorangehend genannten Sinne — umweltfreundliche Erzeugnisse wie auch Ab- und Nebenprodukte. Ihr Weiterumsatz läßt sich mit den Forderungen nach einer umweltfreundlichen Gestaltung der verschiedenen Lebensbereiche des Menschen weit besser in Einklang bringen als mit demjenigen von chemisch-synthetisch hergestellten Erzeugnissen und Abprodukten, die unseren Lebensraum mehr und mehr belasten.

Literatur

[1] Arima, K.: Recent Developments and Future Direction of Fermentations in Japan. Dev. Ind. Microbiol. [Tokyo] 18 (1976), 78—117

[2] Bock, W.: Anwendung von pektinolytischen und zellulolytischen Enzymen in der Lebensmittelproduktion. Lebensmittelind. 25 (1978), 27—30

[3] Bronn, W. K.: Die Entwicklung und wirtschaftliche Bedeutung von Fermentationstechnik und Biotechnologie. Monatsschr. Brauerei 7 (1976), 277—282

[4] Chibata, I. und T. Tosa: In: Appl. Biochem. Bioenging. 1 (1976), 329—357, Herausgeber: Wingard, L. B., E. Katchalski-Katzur und L. Goldstein, Acad. Press, New York

[5] Hewitt, E. J.: Enzymatic Enhancement of Flavor. J. agric. Food Chem. 11 (1963), 14—19

[6] Kübler, W. und E. Schulz: Ernährungsphysiologische und toxikologische Bewertung neuartiger Lebens- und Futtermittel. In: Biotechnologie, Umschau-Verlag, Frankfurt/Main 1978, 36—50

[7] Ruttloff, H.: Kohlenhydrate. In: Cremer, H.-D., D. Hötzel und J. Kühnau: Biochemie und Physiologie der Ernährung, Teil 1. Georg Thieme Verlag Stuttgart—New York 1980, 60—75

[8] Suzuki, S.: Vortrag gelegentlich der 28. Stärke-Tagung der Arbeitsgruppe Getreideforschung e. V., Detmold 1977

[9] Yamashita, M., S. Arai und M. Fujimaki: Plastein reaction for food protein improvement. J. agric. Food Chem. 24 (1976), 1100—1103

Forschungszentrum für Tierproduktion Dummerstorf-Rostock
Bereich Tierernährung, DDR

Eiweißfuttermittel mikrobieller Synthese auf der Basis unkonventioneller Rohstoffe und ihre Bedeutung für die Tierernährung, dargestellt am Beispiel der Untersuchung mit Fermosin®

G. Henk

In den letzten beiden Jahrzehnten haben weltweit die Anstrengungen zugenommen, um auf dem Wege der mikrobiellen Synthese Eiweißfuttermittel zu produzieren und damit einen Beitrag zur Lösung der Ernährungsprobleme zu leisten. Diese Anstrengungen könnten vervielfacht werden, wenn die Vorschläge der Sowjetunion und der anderen sozialistischen Staaten zur Rüstungsbegrenzung und Abrüstung realisiert und die dadurch frei werdenden großen ökonomischen Potenzen für die friedliche Entwicklung der Menschheit eingesetzt werden würden. Nur dieser Weg ermöglicht es, die Nahrungsmittelproduktion im Weltmaßstab so zu erhöhen, daß auch in den Entwicklungsländern zukünftig die Bevölkerung ausreichend ernährt werden kann. Dafür die Möglichkeiten der technischen Mikrobiologie in immer größerem Umfang zu nutzen, ist eine Zielstellung von höchster Bedeutung, weil durch die mikrobielle Verwendung konventioneller und unkonventioneller Rohstoffe die natürlichen Grenzen der Nahrungsmittelproduktion erheblich erweitert werden können. Dabei muß gegenwärtig vor allem an die Proteinerzeugung gedacht werden, während für die fernere Zukunft auch die Erzeugung technisch leicht verwertbarer Energie auf mikrobiellem Wege zunehmend Bedeutung gewinnen wird. Es sei in diesem Zusammenhang an die mikrobielle Erzeugung von Alkohol für technische Zwecke erinnert. Die dafür zur Zeit genutzten Verfahren verwerten jedoch noch Rohstoffe, die auch der Ernährung der landwirtschaftlichen Nutztiere oder direkt des Menschen dienen können. Solange direkt für die Ernährung verwertbare Rohstoffe für die Erzeugung technischer Energie eingesetzt werden, können diese Verfahren nur bedingt Bedeutung erlangen. Hier kann die Zielstellung nur darin bestehen, die nicht direkt für die Ernährung nutzbaren pflanzlichen Stoffe einer mikrobiellen Verwertung zuzuführen.

Mikrobiell erzeugte Produkte, insbesondere Hefen, werden bekanntlich in der Ernährung seit Jahrhunderten eingesetzt. Jedoch erst die Entwicklung entsprechender Verfahren der Biotechnologie hat die Voraussetzungen geschaffen, daß eine mikrobielle Verwertung herkömmlicher und ungewöhnlicher Rohstoffe im großtechnischen Maßstab möglich wurde. Heute werden neben Hefen vor allem Bakterienbiomassen, aber auch Pilzbiomassen großtechnisch produziert und gelangen vorwiegend zur Eiweißversorgung landwirtschaftlicher Nutztiere zum Einsatz.

Besonders die mikrobiell erzeugten neuen Eiweißfuttermittel auf der Basis ungewöhnlicher Rohstoffe wie Erdöl, Erdgas, Äthanol und Methanol treten in Konkurrenz mit den herkömmlichen Eiweißfuttermitteln wie Fischmehl und Sojaextraktionsschrot. Die Notwendigkeit zur Produktion und zum Einsatz neuer Eiweißfuttermittel kann im wesentlichen auf zwei Gründe zurückgeführt werden. Der 1. Grund ist ein ständig steigender Bedarf an Eiweißfuttermitteln für die Tierproduktion. Das ist sowohl durch die Erweiterung der Kapazität als auch durch einen bedeutenden Leistungsanstieg in der Tierproduktion bedingt. Hohe Leistungen in der Tierproduktion erfordern den Einsatz von Eiweißfuttermitteln mit hoher Proteinkonzentration. Und zweitens ist festzustellen, daß nur wenige Länder das Monopol über die herkömmlichen Eiweißfuttermittel, insbesondere Soja und Fischmehl, besitzen und alle anderen Länder dadurch ein Abhängigkeitsverhältnis eingehen müssen. Für viele Länder ist der Aufbau der mikrobiologischen Industrie zur Erzeugung von Eiweißfuttermitteln damit zur politischen und wirtschaftlichen Notwendigkeit geworden.

Das durch die Tierproduktion bereitgestellte wertvolle tierische Eiweiß nimmt in der Ernährung der Menschen einen sehr wichtigen Platz ein. SENEZ [3] kommt schon 1976 in Auswertung offizieller FAO-Statistiken zu dem Schluß, daß fast $^3/_4$ der auf der Erde lebenden Menschen unzureichend mit hochwertigem tierischem Eiweiß versorgt werden. In näherer oder fernerer Zukunft wird deshalb auch in den Entwicklungsländern die Tierproduktion wesentlich erweitert werden müssen, was mit einem weiteren Anstieg des Bedarfs an qualitativ hochwertigen Eiweißfuttermitteln verbunden sein wird. Die Qualität der Eiweißfuttermittel wird vor allem durch ihren Gehalt an verwertbarem Protein und essentiellen Aminosäuren bestimmt. Daneben gilt besonders für die auf der Basis ungewöhnlicher Rohstoffe mikrobiell erzeugten Eiweißfuttermittel, daß sie keine Schadstoffe enthalten, die in irgendeiner Weise die Gesundheit der Tiere oder der Menschen beeinträchtigen. Die zuletzt genannte Forderung nach der Unschädlichkeit der neuen Eiweißfuttermittel wird mit großer Berechtigung so nachdrücklich gestellt, weil jede weitere Belastung der Menschen mit Schadstoffen vermieden werden muß.

Der weitaus größte Umfang der Untersuchungen zur Beurteilung der Qualität der neuen Eiweißfuttermittel ist deshalb dem Nachweis der toxikologischen Unbedenklichkeit dieser Futtermittel für landwirtschaftliche Nutztiere sowie der Rückstandsfreiheit der Nahrungsmittel, die aus solchen mit neuen Eiweißfuttermitteln gefütterten Tieren gewonnen werden, gewidmet.

Die Untersuchungen zur Beurteilung der Qualität und Unschädlichkeit der neue Eiweißfuttermittel werden in der DDR und in der UdSSR nach einem gemeinsamen Stufenprogramm der medizinisch-biologischen Untersuchungen durchgeführt. In die sem Stufenprogramm sind die Forderungen und Empfehlungen der PAG und IUPAC zur Prüfung von SCP (singl cell protein) in vollem Umfang berücksichtigt. Das erste Produkt, das nach dem Stufenprogramm der medizinisch-biologischen Untersuchungen geprüft wurde, ist Fermosin. Fermosin ist eine Erdöldestillathefe, die nach einem gen meinsam von der UdSSR und DDR entwickelten Verfahren im PCK Schwedt produziert wird.

Im folgenden sollen einige Versuchsergebnisse zur chemischen Zusammensetzung, zur Proteinqualität und zum Futterwert von Fermosin im Vergleich zu anderen Eiweißfuttermitteln dargestellt werden. Als Vergleichsfuttermittel wurden Fischmehl und Sojaextraktionsschrot ausgewählt, weil beide Eiweißfuttermittel — sachgemäße Produktion vorausgesetzt — eine hohe Proteinversorgungswirksamkeit und gute Bekömmlichkeit aufweisen und zu den wertvollsten traditionellen Eiweißfuttermitteln zählen.

In Tab. 1 sind Angaben zum Rohnährstoffgehalt der vergleichend dargestellten Futtermittel enthalten. Die Futterhefe Fermosin besitzt einen hohen Proteingehalt, er ist mit dem Rohproteingehalt von Fischmehl mittlerer Qualität vergleichbar und ist 30% höher als der Rohproteingehalt des Sojaextraktionsschrotes. Der Rohfettgehalt des Fermosins ist niedrig, ebenfalls der Gehalt an Rohasche. Der geringe Fettgehalt ist auf die im Produktionsprozeß enthaltene Extraktionsstufe zur Herauslösung der nicht-utilisierten Kohlenwasserstoffe zurückzuführen.

Tabelle 1
Rohnährstoffgehalt von Fermosin, Fischmehl und Sojaextraktionsschrot (g/kg Trockensubstanz)

	Fermosin	Fischmehl (III)	Sojaex.-schrot
Organische Substanz	937	775	933
Rohprotein	657	690	488
Rohfett (HCl-Aufschluß)	32	26	30
Rohfaser	n. n.	—	69
N-freie Extraktstoffe	248	59	346
Rohasche	63	225	67

Die Qualität eines Eiweißfuttermittels wird wesentlich durch seinen Gehalt an verwertbaren essentiellen Aminosäuren bestimmt. Das Rohprotein der neuen Eiweißfuttermittel enthält neben den Aminosäuren einen beträchtlichen Anteil NPN-Verbindungen, vor allem an Nukleinsäuren, die vom Tier nicht oder nur in geringem Umfang verwertet werden können. Fermosin weist einen durchschnittlichen Nukleinsäuregehalt von 7% in der Trockensubstanz auf. Damit liegt dieser Wert an der unteren Grenze der für mikrobielle Biomassen charakteristischen Nukleinsäuregehalte. In der folgenden Tab. 2 wurden Angaben zum Aminosäuregehalt zusammengestellt. Um die Übersicht zu erleichtern, wurde bewußt eine Auswahl der wichtigsten Aminosäuren vorgenommen. Fermosin zeichnet sich durch einen hohen Lysingehalt aus. Der Gehalt an schwefelhaltigen Aminosäuren und an Arginin ist niedriger als in anderen Eiweißfuttermitteln. Alle anderen Aminosäuren — auch die hier nicht aufgeführten — sind im Protein des Fermosins zu einem Anteil enthalten, wie er für Eiweißfuttermittel üblich ist.

Der hohe Lysingehalt der Eiweißfuttermittel ist besonders deshalb von Bedeutung, weil das Getreide als Hauptkomponente in Futterrationen für Monogastriden ein

Tabelle 2
Mittlerer Gehalt ausgewählter essentieller Aminosäuren von Fermosin, Fischmehl und Sojaextraktionsschrot in g/16 gN

	Fermosin	Fischmehl (III)	Sojaex.-schrot
Lys	7,9	7,8	6,4
Met	1,6	3,1	1,7
Zys	0,9	1,1	1,8
Arg	4,7	7,3	6,3
Thr	5,8	4,5	4,2
Try	1,2	1,3	1,1

Lysindefizit im Vergleich zum Lysinbedarf der Tiere aufweist. Die Lysinergänzungswirkung eines Eiweißfuttermittels ist aus diesem Grunde ein entscheidendes Qualitätsmerkmal. Fermosin ist hinsichtlich der Lysinversorgungswirksamkeit direkt mit der des Fischmehls vergleichbar, wie aus Tab. 3 hervorgeht.

Im Gehalt an schwefelhaltigen Aminosäuren ist Fermosin zwar mit Sojaextraktionsschrot vergleichbar, jedoch nicht mit Fischmehl. Fischmehl liefert fast die doppelte Menge an Met + Zys im Vergleich zu Fermosin und Sojaextraktionsschrot. Durch die Gegenüberstellung des Gehaltes der Futtermittel einschließlich Getreide als wichtigste Rationskomponente auf der einen Seite und der Bedarfsansprüche der Tiere auf der anderen Seite wird sichtbar, daß eine Getreidemonodiät nur den Bedarf der Schweine an schwefelhaltigen Aminosäuren decken könnte. Gleichzeitig kann abgeleitet werden, daß eine Ergänzung der Schweinemastrationen mit Fermosin nur zur Deckung des Lysinbedarfs notwendig ist. Der geringe Met + Zys-Gehalt in der Futterhefe ist demzufolge in erster Linie für die Geflügelernährung von Nachteil.

Tabelle 3

Gehalt an Lysin und Met + Zys verschiedener Futtermittel sowie Lys- und Met + Zys-Bedarf von Mastschweinen und Broilern (g/kg Trockensubst.)

	Gehalt				Bedarf	
	Fermosin	Fischmehl	Sojaex.-schr.	Weizen	Schwein 70—120 kg LM	Broiler
Lys	52,1	53,8	31,2	4,1	6,2	12,0
Met + Zys	15,8	29,0	17,1	5,8	4,4	9,0

Der Mangel an schwefelhaltigen Aminosäuren ist auch die Ursache für eine geringe Biologische Wertigkeit des Proteins der Hefen. Die klassische Methode zur Bestimmung der Biologischen Wertigkeit ist deshalb nicht geeignet, um die Verwertbarkeit des Proteins der Hefen richtig beurteilen zu können. Durch eine bedarfsdeckende Ergänzung der Testration mit synthetischem Methionin wird die Verwertung des Hefeproteins von 50 auf 90—95% erhöht. Damit kann auch für Fermosin die Feststellung getroffen werden, daß das Hefeprotein in bilanzierten Futterrationen fast vollständig verwertet wird. Hierbei ist für Fermosin die hohe Verdaulichkeit des Rohproteins berücksichtigt, die bei Schweinen 90% beträgt.

Die dargestellten Kennziffern zur Proteinqualität bzw. zur Proteinversorgungswirksamkeit, die durch den Einsatz von Fermosin erreicht wird, lassen erkennen, daß Fermosin die herkömmlichen Eiweißfuttermittel protein- bzw. lysinäquivalent substituieren kann.

Fermosin erwies sich auch in den Fütterungsversuchen mit Mastschweinen und Broilern als hochwertiges Proteinkonzentrat, das Fischmehl und Sojaextraktionsschrot in Schweinemastrationen vollständig und in Broilerrationen teilweise ersetzen konnte. Der geringe Gehalt der Fermosinfutterhefe an schwefelhaltigen Aminosäuren ist in Broilerrationen der begrenzende Faktor. Die Untersuchungsergebnisse mit Fermosin an Mastschweinen sind im wesentlichen veröffentlicht (HENK u. HEINZ [2]), auf die Wiedergabe der einzelnen Daten kann deshalb verzichtet werden. In allen Schweinemastversuchen wurden mit 5 oder 7,5% Fermosin in der Futterration hohe Lebendmassezunahmen bei guter Futterverwertung erreicht. In keinem Fall wurde ein Einfluß der Fermosinverfütterung auf die Fleischqualität festgestellt.

An einem Beispiel aus den Schweinefütterungsversuchen mit Fermosin soll die hohe Lysinversorgungswirksamkeit dieses Eiweißfuttermittels dokumentiert werden. In diesem Versuch wurde eine Futterration auf Getreidebasis geprüft, in der Fermosin als alleiniges Eiweißfuttermittel eingesetzt wurde. Die Kontrollgruppe erhielt eine mit synthetischem Lysin ergänzte Getreideration. Der Fermosinanteil bzw. der Zusatz an synthetischem Lysin wurde entsprechend dem Bedarf der Tiere in den verschiedenen Lebendmasseabschnitten variiert, wie aus der Tab. 4 hervorgeht.

Tabelle 4

Zusammensetzung der Futtermischungen im Schweinemastversuch mit Fermosin bzw. synthetischem Lysin in g/kg

Lebendmasse-abschnitt (kg)	Gruppe 1*		Gruppe 2*		
	Weizen	Fermosin	Weizen	Fermosin	Lysin-HCl
33–42	850	100	916,7	30	3,3
43–55	860	90	916,9	30	3,1
56–66	870	80	932,0	15	3,0
67–77	875	75	946,7	–	3,3
78–88	880	70	947,1	–	2,9
89–103	885	65	947,2	–	2,8
104–110	895	55	947,6	–	2,4

* In der Ration waren außerdem 50 g Mineral- und Wirkstoffmischung je kg enthalten

Der Fermosinanteil in der Ration wurde mit zunehmender Lebendmasse der Tiere und dem damit verbundenen sinkenden Lysinbedarf kontinuierlich von 10% auf 5,5% reduziert. In entsprechendem Anteil wurde der Zusatz an synthetischem Lysin verringert. Die Ration für die Gruppe 2 wurde in den ersten Lebendmasseabschnitten zusätzlich mit 30 bzw. 15 g Fermosin supplementiert, um eine optimale Proteinbedarfsdeckung zu erreichen. Die erzielten Ergebnisse sind in Tab. 5 dargestellt.

Die Tiere hatten in beiden Gruppen eine sehr gute kontinuierliche Lebendmasseentwicklung. In allen Lebendmasseabschnitten wurden in beiden Gruppen gleiche Zunahmen erzielt. Die mittlere Lebendmassezunahme, der Futteraufwand und der Energieaufwand je kg Lebendmassezunahme sind in beiden Gruppen nach biostatistischer Auswertung als gleich zu werten. Damit ist eindeutig der Nachweis geführt, daß Fermosin als alleinige Eiweißfutterkomponente in Schweinemastrationen eingesetzt werden kann.

Zur Prüfung des Futterwertes von Fermosin wurden von uns 2 Broilermastversuche mit 64 bzw. 96 Tieren in Einzelhaltung — in einer Käfigbatterie — durchgeführt. Die Broiler stellen hohe Ansprüche an den Nährstoff Protein, sowohl in quantitativer als auch in qualitativer Hinsicht. Nur bei optimaler Proteinbedarfsdeckung kann das genetisch fixierte hohe Leistungspotenial dieser Tiere voll ausgeschöpft werden.

Im ersten Broilermastversuch wurde eine Weizen-Mais-Ration mit folgenden Anteilen an Eiweißfuttermitteln ergänzt (s. Tab. 6). Alle Rationen waren hinsichtlich des Nährstoff- sowie Wirk- und Mineralstoffbedarfs bilanziert.

Mit steigendem Fermosinanteil in der Ration wurden Sojaextraktionsschrot teilweise und Fischmehl vollständig substituiert. Mit diesen Rationsanteilen wurden die in Tab. 7 dargestellten Ergebnisse erzielt.

Tabelle 5

Lebendmasseentwicklung sowie Futter- und Energieaufwand im Schweinemastversuch mit Fermosin bzw. synthetischem Lysin

	Gruppe 1 (Fermosin)	Gruppe 2 (Lysin-HCl)
n	15	15
Anfangsgewicht (kg)	33,3 ± 1,4	33,5 ± 1,5
Endgewicht (kg)	111,5 ± 6,4	109,1 ± 3,5
Masttage	103	103
mittlere LMZ (g/Tier u. Tag)	759 ± 55	735 ± 24
Futteraufwand (kg TS/kg LMZ)	2,66 ± 0,16	2,77 ± 0,10
Energieaufwand (EFs/kg LMZ)	1,99	2,03

Die Differenzen sind statistisch nicht signifikant

Mit steigendem Fermosinanteil in der Ration ist in der Tendenz eine Verringerung der Lebendmassezunahme zu erkennen. Die aufgetretenen Differenzen waren statistisch jedoch nicht signifikant. Die Ursache für die Leistungsdepression muß in der Reduzierung der Futteraufnahme gesucht werden. Die geprüften Fermosinchargen wiesen eine sehr staubfeine Struktur auf. Die Struktur der Futterkomponenten ist für die Futteraufnahme bei Broilern von großem Einfluß, wie auch von anderen Autoren (BECK u. a. [1]) festgestellt wurde.

Wir prüften deshalb in dem 2. Broilermastversuch den Einfluß der Pelletierung einer 5% bzw. 15% Fermosin enthaltenden Ration auf die Futteraufnahme und Lebendmasseentwicklung der Broiler. Die Rationen waren hinsichtlich des Nährstoff- sowie Mineral- und Wirkstoffbedarfs der Broiler bilanziert. Es soll hier nur das Ergebnis der beiden Gruppen, die 15% Fermosin erhielten, dargestellt werden.

Tabelle 6

Eiweißfuttermittelanteile in der Ration (g/kg) im Broilermastversuch I

Eiweißfuttermittel	Gruppe			
	1	2	3	4
Fermosin	—	50	100	125
DL-Methionin	0,3	0,4	0,6	0,6
Melassehefe	30	—	—	—
Sojaextraktionsschrot	165	165	125	85
Fischmehl	50	20	—	—

Durch die Pelletierung der Ration wird der negative Einfluß der staubfeinen Struktur der Biomasse auf die Futteraufnahme ausgeschaltet. Das Ergebnis dieses Versuches ist in Tab. 8 auszugsweise dargestellt.

Tabelle 7
Lebendmassezunahme und Futteraufwand im Broilermastversuch I

	Gruppe			
	1	2	3	4
Fermosinanteil (%) in der Ration	—	5	10	12,5
n	15	15	14	15
LMZ in g vom 10.—56. LT	1625	1602	1556	1503
±s	56	68	96	93
Futteraufnahme in g/Tier	3415	3464	3189	3289
±s	80	99	52	62
Futteraufwand kg TS/kg LMZ	2,13	2,18	2,06*	2,21
±s	0,06	0,06	0,04	0,04

* signifikant ($\alpha = 0{,}05$) gegenüber Gruppe 2 und 4

Mit der mehlförmigen Ration realisierten die Broiler eine Lebendmassezunahme von 1784 g und mit der pelletierten Ration eine solche von 2013 g. Die aufgezeigten Differenzen in der Futteraufnahme sind sowohl in der Starterperiode vom 1.—28. Lebenstag als auch in der Mastperiode vom 29.—56. Lebenstag statistisch gesichert unter-

Tabelle 8
Lebendmassezunahme und Futteraufnahme im Broilermastversuch II

		Gruppe 1 (Mehl)	Gruppe 2 (Pellets)
Fermosin in der Ration (%)		15	15
n			
Starterperiode	(ST)	48	48
Mastperiode	(M)	23	23
LMZ	(St)	584 ± 13	669 ± 11
(g/Tier)	(M)	1200 ± 39	1344 ± 40
1.—56. LT		1784	2013
Futteraufnahme	(St)	929 ± 21	1070 ± 13
(g/TS/Tier)	(M)	2428 ± 53	2710 ± 51
1.—56. LT		3357	3780

alle Differenzen sind signifikant ($\alpha = 0{,}05$)

schiedlich. Im Futteraufwand (kg Futter-TS je kg Lebendmassezunahme) gab es in beiden Abschnitten keine Differenzen zwischen den Gruppen; auf die Wiedergabe dieser Werte wurde verzichtet.

Zusammenfassend kann festgestellt werden: Fermosin — eine Futterhefe auf der Basis von Erdöldestillaten mikrobiell erzeugt — weist einen hohen Futterwert auf. Ihre Qualitätskennziffern hinsichtlich Proteingehalt und -qualität sowie Lysinversorgungswirksamkeit sind mit Fischmehl mittlerer Qualität vergleichbar. In Broilerrationen ist der Mangel der Futterhefe an schwefelhaltigen Aminosäuren einsatzbegrenzend. In Schweinemastrationen kann Fermosin Sojaextraktionsschrot und Fischmehl vollständig substituieren. Somit wird durch die mikrobielle Erzeugung von Fermosin ein wertvoller Beitrag zur Minderung des Eiweißdefizits geleistet.

Literatur

[1] Beck, H., J. Gropp und H. Erbersdobler: Bakterienprotein in der Geflügelmast. Landw. Forschung, 2. Sonderheft, **31** (1974), 66

[2] Henk, G., T. Heinz und R. Schadereit: Untersuchungen zum Einsatz von Erdöldestillat-Futterhefe „Fermosin" in der Tierernährung. 1. Mitt.: Chemische Zusammensetzung, Aminosäurengehalt und Proteinqualität von Fermosin. Arch. Tierernährung, **29** (1979), 67—79

[3] Senez, J. C.: The role of SCPs grown on hydrocarbons for animal feeding. PAG Bulletin, Vol. VI, Nr. 4 (1976), 8

VEB Petrolchemisches Kombinat Schwedt, 1330 Schwedt, DDR
Allunionsinstitut für Eiweißforschung, Moskau, UdSSR

Biosynthese von Eiweißstoffen durch mikrobiologische Entparaffinierung von Erdöldestillaten und Qualität der erhaltenen Produkte

D. Bohlmann, J. Bauch, H. Gentzsch, G. Dzingel, R. Katrusch, L. Koslowa, M. Raschkowa und G. Meschankin

Das Eiweißdefizit für Ernährungs- und Futterzwecke erfordert für die weitere Entwicklung der Menschheit größte Aufmerksamkeit und stellt die Wissenschaft vor die Aufgabe, beschreitbare Lösungswege aufzuzeigen. Da die Weltbevölkerung auch weiterhin schneller zunimmt als die landwirtschaftliche Produktion, kann die Erschließung unkonventioneller Rohstoffe, wie die Kohlenwasserstoffe des Erdöls und des Erdgases, wesentlich dazu beitragen, daß die Lücke zwischen Angebot und Nahrungsbedarf geschlossen werden kann. Die Umsetzung dieser unkonventionellen Rohstoffe mit Hilfe von Mikroorganismen und die Verwertung des mikrobiellen Proteins für Nahrungs- und Futterzwecke sind ein Weg, der in den letzten 25 Jahren zur Entwicklung eines eigenen Industriezweiges, der mikrobiologischen Industrie, geführt hat. Dabei wurden durch die sozialistischen Länder, insbesondere durch die UdSSR, wissenschaftliche Leistungen erbracht, die für die weitere Entwicklung dieser Länder von entscheidender Bedeutung sind. In der UdSSR werden gegenwärtig eine Anzahl von Produktionsanlagen zur Erzeugung von Futterhefen auf der Basis von n-Paraffinen betrieben, die einen Ausstoß von mehreren 100000 Tonnen Eiweiß-Vitamin-Konzentrat haben [1]. Für die Periode 1981—85 ist die weitere Erhöhung der Produktion geplant [2]. In der DDR befindet sich eine Produktionsanlage zur Herstellung von Futterhefe auf der Basis von Erdöldestillaten im Bau [3]. Die Arbeiten zur Entwicklung und Erarbeitung der Technologie des Verfahrens zur Gewinnung von Futterhefe wurden in Zusammenarbeit zwischen der DDR und UdSSR durchgeführt [4]. Die komplexe Verarbeitung des Erdölrohstoffes zu Produkten der Biosynthese und zu entparaffiniertem Erdöldestillat mit verbesserten Eigenschaften, d. h., das gleichzeitige Erhalten mehrerer Produkte — Futtereiweiß, Biolipidextrakt und Komponenten für die Herstellung von tiefstockendem Dieselkraftstoff — trägt wesentlich zur Ökonomie des Verfahrens bei. Bei der Herstellung von Futterhefe aus Erdöldestillaten entfällt der Prozeß der Gewinnung und Reinigung der n-Paraffine. Als Kohlenstoffquelle können Destillate im Siedebereich von 240—360 °C aus Erdölen verschiedener Provinienz eingesetzt werden.

Im vorliegenden Vortrag werden die Ergebnisse der Untersuchungen zur Kultivierung von Hefen auf Erdöldestillaten und die Qualität der Endprodukte betrachtet.

Für den Prozeß der Biosynthese von Eiweiß werden Erdöldestillate im Siedebereich 240—360 °C, einem n-Alkangehalt von 12—20% und einer Kettenlänge der Kohlenwasserstoffe von C_{14}—C_{24} als günstige Bedingungen für das Wachstum der Hefen eingesetzt. Als Eiweißproduzenten wurden hochproduktive Hefestämme selektiert und geprüft, die ein breites n-Alkanspektrum verwerten, unter Produktionsbedingungen beständig sind, einen kontinuierlichen Züchtungsprozeß bei hohen Durchflußraten des

Mediums gestatten und hohe Eiweißmengen produzieren. Die grundlegenden Untersuchungen und die Leistungsversuche wurden mit dem Hefestamm *Candida guilliermondii* (nach neuer Bezeichnung *Lodderomyces elongisporus*) durchgeführt. Der kontinuierliche Prozeß der Biosynthese verläuft bei hohen Wachstumsgeschwindigkeiten mit Durchflußraten von 0,1—0,25 pro Stunde. Die Konzentration der Erdöldestillate kann im Prozeß der Biosynthese von 10—40% entsprechend der erforderlichen Tiefe der Entparaffinierung reguliert werden, wobei die Ausnutzung der n-Paraffine 40—90% beträgt (Abb. 1). Durch Grundlagenuntersuchungen wurde festgestellt, daß die quali-

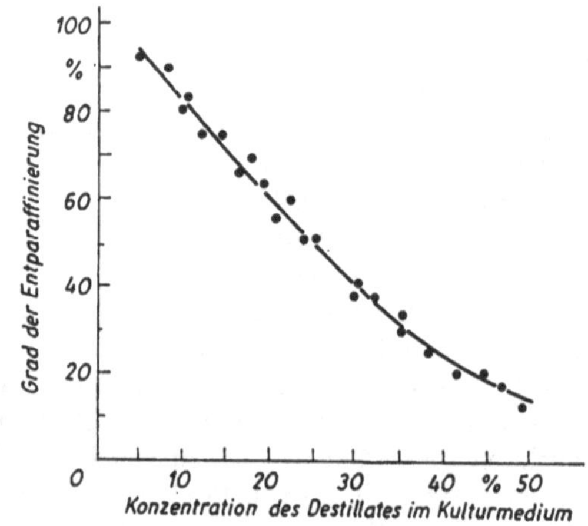

Abb. 1. Abhängigkeit des Grades der Entparaffinierung von der Konzentration des Destillates im Kulturmedium

tative Zusammensetzung der n-Alkane durch eine Entparaffinierung von 50—60% keine Veränderung erfährt (Abb. 2). Veränderungen der qualitativen Zusammensetzung der n-Alkane werden erst bei stärkeren Entparaffinierungen (über 60%) beobachtet, d. h. im einstufigen Prozeß bei hohen Verweilzeiten oder in der zweistufigen Fermentation.

Weiterhin konnte festgestellt werden, daß die n-Paraffinzusammensetzung und die Verweilzeit in der Fermentation auf die Biosynthese des Eiweiß und der Lipide sehr großen Einfluß haben.

Andere Faktoren der kontinuierlichen Kultivierung, wie Überangebot bzw. Defizit an bestimmten Nähr- und Spurenelementen, wirken ebenfalls auf die Biosynthese der Makromoleküle. Es konnten Bedingungen gefunden werden, die es ermöglichen, sowohl Biomassen mit einem Gehalt bis zu 65% Rohprotein zu synthetisieren als auch Biomassen, bei denen die Summe von Eiweiß und Lipiden 75% erreicht. Der Gehalt an Lipiden in der Hefezelle kann dabei 9—30% betragen. Die Menge der Hauptfraktion der Lipide (Triglyceride, Phosphorlipide, freie Fettsäuren u. a.) kann sich in Abhängigkeit von den Bedingungen der Biosynthese um das 2,5—4fache verändern.

Neuere Forschungsarbeiten wurden erfolgreich mit dem Ergebnis abgeschlossen, den kontinuierlichen Prozeß der Biomasseproduktion unter vollständiger Rückführung der Prozeßwasser in die Fermentation durchzuführen, d. h. den Prozeß mit geschlossenem Wasserkreislauf mit minimaler Abwassermenge zu betreiben.

Eine wichtige Stufe im technologischen Prozeß der Biomassegewinnung ist die extraktive Reinigung der Hefebiomasse von restlichen Kohlenwasserstoffen. Das ermöglicht es, den Prozeß der Biosynthese (Fermentation) ohne Limitation der Kohlenwasserstoffe zu führen. Außerdem erhält man im Ergebnis der extraktiven Reinigung der Hefe ein zweites Produkt, den sogenannten Biolipidextrakt, dessen Verwendung den Prozeß der Hefeproduktion ökonomischer gestalten kann und der sowohl als Gesamtextrakt als auch in seinen Einzelkomponenten volkswirtschaftlich effektiv verwendet werden kann [5].

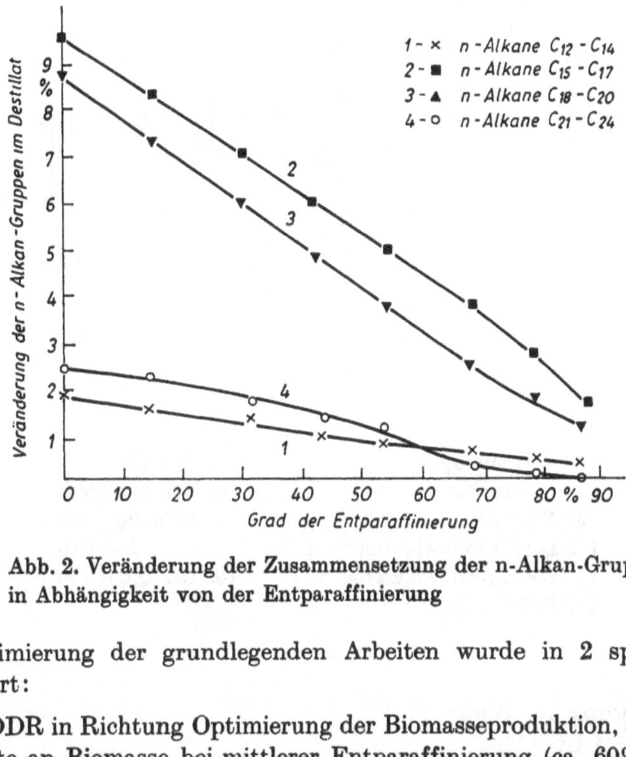

Abb. 2. Veränderung der Zusammensetzung der n-Alkan-Gruppen in Abhängigkeit von der Entparaffinierung

Die Optimierung der grundlegenden Arbeiten wurde in 2 spezielle Richtungen durchgeführt:

- in der DDR in Richtung Optimierung der Biomasseproduktion, also höchstmögliche Ausbeute an Biomasse bei mittlerer Entparaffinierung (ca. 60%) des eingesetzten Erdöldestillates
- in der UdSSR in Richtung Optimierung der Eiweißproduktion bei gleichzeitiger Produktion von Komponenten für tiefstockenden Dieselkraftstoff (Entparaffinierung ca. 90%). Damit wird eine Stockpunkterniedrigung des Erdöldestillates von ca. 40 °C erreicht.

Im weiteren Verlauf des Vortrages soll speziell auf das Verfahren zur Herstellung von ‚fermison'-Futterhefe eingegangen werden, der Variante, die in Richtung Eiweißerzeugung bei mittlerer Paraffinausnutzung optimiert wurde sowie auf die Qualität der erzeugten Futterhefe.

Das Verfahren gliedert sich in 3 große technologische Abschnitte (Abb. 3):

1. Erzeugung der Biomasse,
2. Aufarbeitung der Biomasse,
3. Reinigung der Biomasse und Aufarbeitung der anderen Produkte.

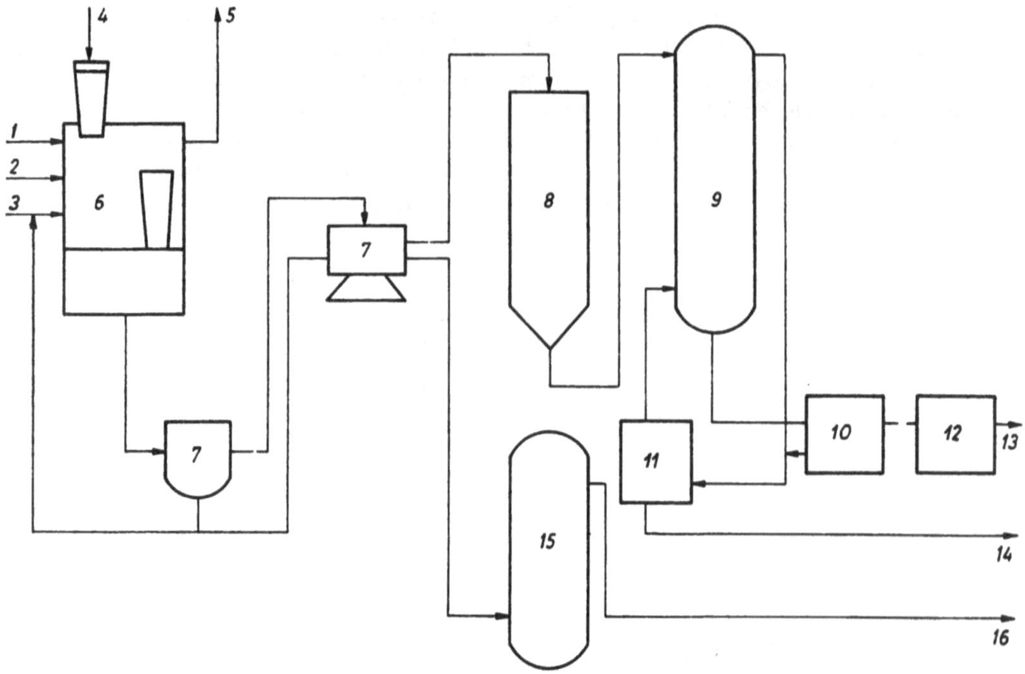

Abb. 3.

1. Nährsalze
2. Erdöldestillat
3. Wasser
4. Luft
5. Abluft
6. Fermentation
7. Abtrennung
8. Trocknung
9. Extraktion
10. Lösungsmittelabtrennung
11. Lösungsmittelaufarbeitung
12. Pelletierung
13. Futterhefe
14. Biolipidextrakt
15. Reinigung des entparaffinierten Erdöldestillates
16. Gereinigtes Erdöldestillat

Erzeugung der Biomasse

Die Erzeugung der Biomasse erfolgt, wie bei mikrobiellen Prozessen üblich, in Fermentoren. In der in Schwedt im Bau befindlichen Produktionsanlage werden 2 Fermentoren mit einem Volumen von je 2000 m³ eingesetzt. Diese Fermentoren arbeiten nach dem Tauchstrahlprinzip und sind Entwicklungen des Chemieanlagenbaues der DDR. Speziell bei diesem Verfahren werden Produktivitäten bis 4 g Biomasse/kg u. h erreicht. Der Fermentationsprozeß wird kontinuierlich bei 32—34 °C durchgeführt. Im Gegensatz zu anderen Verfahren der Biomasseerzeugung ist es nicht erforderlich, den Fermentationsprozeß unter sterilen Bedingungen durchzuführen. Die Erfahrungen des nunmehr über 10jährigen Betreibens der Versuchsanlage im VEB PCK Schwedt haben gezeigt, daß der eingesetzte Hefestamm unter allen auftretenden Bedingungen stabil und gegenüber anderen Mikroorganismen dominierend ist.

Aufarbeitung der Biomasse

Die Aufarbeitung der Biomasse erfolgt über die Stufen

- Aufrahmung (Schwerkraftabscheidung)
- Separation (Abtrennung restl. ED und Aufkonzentrierung der Biomasse auf ca. 20%)
- Trocknung (Sprühtrocknungsanlagen)

Reinigung der Biomasse und Aufarbeitung der anderen Produkte

Biomasse

In der Stufe Extraktion erfolgt mittels Drehscheibenextraktoren und unter Anwendung eines Lösungsmittelgemisches als Extraktionsmittel die umfassende Entfernung der noch in der Hefe vorhandenen restlichen Kohlenwasserstoffe und der biogenen Inhaltsstoffe. Die Extraktion ist die für das Verfahren entscheidende Stufe. Sie bewirkt, daß der Kohlenwasserstoffgehalt bis auf eine zu vernachlässigende Restmenge abgesenkt werden kann. Durch die Entfernung der biogenen Inhaltsstoffe aus der Hefe wird außerdem die Lagerfähigkeit des Produktes wesentlich erhöht.

Biolipidextrakt

Der in der Extraktion anfallende Biolipidextrakt kann für verschiedene Einsatzzwecke verwendet werden, so der Gesamtextrakt als Additiv für Heizöle zur Verbesserung des Verbrennungsverhaltens, als Trennmittel in der Bauindustrie sowie als Ausgangsstoff für die Gewinnung von Einzelkomponenten, wie Fettsäuren, Phosphatide, Ergosterol.

Erdöldestillat

Das in der Separation anfallende Erdöldestillat wird in der Regenerierung einer mehrstufigen Wäsche zur Entfernung von Stoffwechselprodukten, Nährsalzen und Fermentations-/Separationshilfsmitteln unterzogen. Nach Durchlauf dieser Stufe ist das Erdöldestillat als Komponente für Dieselkraftstoff bzw. als petrochemischer Grundstoff voll einsetzbar. Die erreichte Stockpunkterniedrigung bei Dieselkraftstoff beträgt bei dieser Verfahrensvariante ca. 10 °C.

Die Qualität der erzeugten Futterhefe

Da es sich bei dieser Futterhefe um ein völlig neues Produkt handelt, war es erforderlich, entsprechende strenge Untersuchungen durchzuführen, um den Futterwert, die Unschädlichkeit für landwirtschaftliche Nutztiere und die Qualität der so erzeugten Lebensmittel zu ermitteln [6]. Diese Untersuchungen wurden unter Berücksichtigung der Empfehlungen der WHO, FAO, PAG und JUPAC sowie unter Einhaltung und Beachtung der staatlichen Normative in der DDR und UdSSR durchgeführt.

Diese Untersuchungen, die seit ca. 11 Jahren durchgeführt werden, sind in entsprechenden Berichten und Gutachten zusammengefaßt. Sie wurden bisher an insgesamt

über 7000 Labortieren und an über 11000 Nutztieren

durchgeführt.

Die Qualitätsanforderungen an die Futterhefe haben sich in den Jahren der Entwicklung des Verfahrens und der Vorbereitung und des Aufbaues der Produktionsanlage wesentlich erhöht. Bereits in dem 1973 gemeinsam mit der UdSSR-Seite ausgearbeiteten Gutachten wurden Parameter aufgenommen, deren Bestimmung in der Hefe- bzw. Futtermittelindustrie zum damaligen Zeitpunkt noch nicht üblich war, wie z. B. der

— Gehalt an Schwermetallspuren (Blei, Arsen)
— Gehalt an 3,4-Benzpyren,

bei denen es aber bereits Erfahrungen der sowjetischen Seite aus den Untersuchungen von n-Alkanhefen gab.

Die Qualität der erzeugten fermosin-Futterhefe entspricht den internationalen Empfehlungen für Eiweißfuttermittel mikrobieller Herkunft, die von der PAG/JUPAC gegeben wurden (Tab. 1). In dieser Tabelle sind die Qualitätsanforderungen gemäß

Tabelle 1

Vergleich fermosin-Futterhefe mit den Empfehlungen der PAG/JUPAC

	TGL-Werte bzw. Qualitätsanforderungen	erreichte Qualität	Empfehlungen der PAG/JUPAC
1. Trockensubstanz	90–95	90–95	≧ 88
2. Rohproteingehalt, % bezogen auf Trockensubstanz	≧ 60	62–67	n. festgelegt
3. Lysingehalt im Rohprotein (g/16 gN)	≧ 6,5	7,0–7,8	n. festgelegt
4. Methionin + Cystin (g/16 gN)	≧ 2,0	2,0–2,3	n. festgelegt
5. Gehalt an Kohlenwasserstoffen, % (nach Hydrolysemethode)	≦ 0,5	0,1–0,4	≦ 0,5
6. Gehalt an 3,4-Benzpyren (ppb)	≦ 3	1–3	≦ 5
7. Gehalt an Rohasche, %	≦ 10	4–6	n. festgelegt
8. Gehalt an Blei (ppm)	≦ 5	1–4	≦ 5
9. Gehalt an Arsen (ppm)	≦ 2	1–2	≦ 2
10. Gehalt an Quecksilber (ppm)	≦ 0,1	0,05–0,1	≦ 0,1
11. Gesamtkeimgehalt (1 g Produkt)	≦ 100000	< 100000	≦ 100000
12. lebende Zellen des Produktionsstammes	keine	keine	n. festgelegt
13. Salmonellen	in 25 g negativ	negativ	1/50 g
14. Coliforme Bakterien	< 1/0,1 g	negativ	10

Standard (TGL-Entwurf) der erreichten Qualität und den Empfehlungen der JUPAC gegenübergestellt.

Für die Bestimmung des Kohlenwasserstoffgehaltes wurde eine eigene Methode entwickelt, die sog. Hydrolysemethode. Mit dieser Methode läßt sich der Absolutgehalt an Kohlenwasserstoffen in der fermosin-Futterhefe feststellen. Die Methode ist auch für die Bestimmung des Kohlenwasserstoffgehaltes in anderen Futtermitteln geeignet.

Die wesentlichen Stufen der neuen Methode sind:

- alkalische Hydrolyse der Hefe
- Extraktion der Kohlenwasserstoffe mit Lösungsmittel
- chromatographische Reinigung der KW-Fraktion
- gravimetrische Bestimmung der Kohlenwasserstoffe

Die Ausarbeitung der neuen Methode war notwendig, nachdem sich die bekannten Methoden, wie z. B. die JUPAC-Methode als nicht anwendbar für fermosin-Futterhefe bzw. die vorher entwickelten Methoden wie die Extraktionsmethode bzw. Quellmethode, als nicht ausreichend genau erwiesen hatten.

Zusammenfassend kann festgestellt werden, daß durch mikrobielle Entparaffinierung von Erdöldestillaten und Optimierung der entwickelten Verfahren hochqualitative Eiweißfuttermittel für die industrielle Tierproduktion und Biolipidextrakt für verschiedene Einsatzzwecke hergestellt werden können bei gleichzeitiger Produktion von Erdöldestillaten mit erniedrigtem Stockpunkt, die als Komponenten für tiefstockende Dieselkraftstoffe verwendbar sind.

Literatur

[1] Tschepigo, S. W., N. B. Gradowa, G. I. Worobjowa und W. S. Piterskij: Abh. Akad. Wiss. DDR, 1975, Nr. 1, 45–56

[2] ··· Prawda (Moskau), 11. Juli 1978

[3] Frohn, W.: Techn. Gemeinschaft (DDR), 1976, 24 (5), 43–45

[4] Bauch, J., L. I. Koslowa, K. Sobek, K. Triems, G. I. Meschtschankin und M. I. Roschkowa: Chem. Techn. 30. Jg., Heft 6 (1978), 284–287

[5] Voigt, B., H. Seidel, H. Müller, D. Beck, M. Ringpfeil, M. Riedel, J. Bauch, H. Gentzsch und D. Bohlmann: Chem. Techn. 31. Jg., Heft 8 (1979), 409–411

[6] Pokrowski, A. A., W. Laube, I. N. Aksjuk, G. Henk, T. M. Uschakowa und U. Herrmann: Chem. Techn. 30. Jg., Heft 7 (1978), 368–371

Institut für Polymerenchemie der Akademie der Wissenschaften der DDR, Teltow-Seehof, DDR

Einfluß der chemischen und physikalischen Struktur des Substrats auf den enzymatischen Abbau der Cellulose

B. Philipp, V. Jacopian, Dao Cong Dan und U. Kasulke

1. Einleitung

Bei Prozessen zur Wertstoffgewinnung durch enzymatischen Abbau cellulosehaltiger Substrate entscheiden vor allem 3 Faktoren über eine technisch-ökonomische Realisierbarkeit:

- die Verfügbarkeit hochleistungsfähiger Cellulasebildner;
- eine ausreichende Zugänglichkeit der Cellulose bzw. Lignocellulose für den Angriff der Enzymkomponenten;
- die Entwicklung geeigneter Verfahren zur Aufarbeitung des Reaktionsgemisches nach erfolgter Hydrolyse.

Mit unseren im Rahmen von Arbeiten über Heterogenreaktionen der Cellulose durchgeführten Untersuchungen sollte von der Cellulosechemie her ein Beitrag zu der an zweiter Stelle genannten Frage des Einflusses der Substratstruktur auf Geschwindigkeit und Vollständigkeit des enzymatischen Celluloseabbaues erbracht werden.

Grundsätzlich wird der Ablauf einer heterogenen Umsetzung am Cellulosemolekül durch Reaktivität und Molvolumen des angreifenden Reaktanten, durch das Reaktionsmedium und durch die physikalische Struktur des Celluloseausgangsmaterials bestimmt [1]. Beim enzymatischen Abbau sind diese Faktoren bis auf den zuletzt genannten weitgehend vorgegeben, aber es ist infolge der geringen Quellkraft des schwach sauren wäßrigen Reaktionsmediums und des großen Molvolumens der Proteinmoleküle des Enzymsystems eine besonders starke Beeinflußbarkeit des Reaktionsablaufes über die physikalische Struktur des Substrats zu erwarten. Bei vergleichenden Untersuchungen wurde für den enzymatischen Angriff ein Geschwindigkeitsunterschied von 10^4 zwischen streng heterogenem (hochkristallines Linterspulver) und homogenem (niedrig substituierte Carboxyethylcellulose [2]) Ablauf gefunden [3].

Neben der physikalischen Struktur der Cellulose kann bei vielen praxisrelevanten Substraten der vorhandene Ligninanteil eine wesentliche Rolle für die Abbaubarkeit spielen, so daß bei der Entwicklung von Vorbehandlungsverfahren sowohl eine Abwandlung der übermolekularen und morphologischen Struktur der Cellulose als auch eine Veränderung von Menge, Verteilung und chemischer Struktur des Lignins in Betracht zu ziehen ist.

Im folgenden Beitrag werden einige unserer Laborergebnisse zum Einfluß der Substratstruktur auf den enzymatischen Celluloseabbau zusammengefaßt und dabei sowohl die Auswirkung einer Strukturmodifizierung auf die Abbaubarkeit von Linters als Modellsubstrat, als auch der Einfluß von mechanischer Desintegration und delignifizierender Vorbehandlung auf den Abbau von Lignocellulose-Substraten behandelt.

2. Bemerkungen zur Versuchsmethodik

Einen Überblick über die von uns eingesetzten Substrate und die verschiedenen Varianten einer Substratvorbehandlung vermittelt Tab. 1. Bei Linters wurde sowohl der Cellulosegittertyp als auch der Ordnungszustand und der Quellungsgrad variiert. Bei den Lignocellulose-Substraten sollte durch die verschiedenen Vorbehandlungsvarianten vor allem geklärt werden, ob primär die absolute Höhe des Ligningehaltes oder eher die Ligninverteilung und Ligninstruktur den Abbau beeinflussen. In allen Fällen wurde dem Wassergehalt bzw. dem Trocknungszustand des Substrats besondere Aufmerksamkeit gewidmet.

Tabelle 1

Überblick über die verwendeten Substrate

Linters, gebeucht und gebleicht, $DP_{Cu} = 1670$

- unterschiedlich gequollen bzw. getrocknet
- naß gemahlen
- mit Natronlauge (10···30%ig) behandelt, mit Wasser ausgewaschen, unterschiedlich getrocknet
- mit flüssigem NH_3 behandelt, NH_3 auf unterschiedliche Weise entfernt
- mit Ethylendiamin (75 und 98%ig) behandelt, unterschiedlich gewaschen und getrocknet
- in der Kettenlänge unterschiedlich weit abgebaut
- Umfällung aus Cuoxamlösung

Fichte

- unterschiedlich weit mechanisch zerkleinert
- Schliff und thermomechanischer Zellstoff
- Sortierrückstände aus der Sulfitzellstoffproduktion, unterschiedlich delignifiziert und zerkleinert

Buche

- unterschiedlich zerkleinert und teildelignifiziert
- Sortierrückstände aus der Sulfitzellstoffproduktion
- Textilzellstoff (Sulfit), unterschiedlich getrocknet

Stroh

mit und ohne Natronlauge-Behandlung und Naßzerkleinerung

Der enzymatische Abbau erfolgte bei 1% Substratkonzentration mit einem auf pH 5 gepufferten Kulturfiltrat von Trichoderma viride bzw. Gliocladium spec. [4] bei 40 °C während unterschiedlicher Zeiten, wobei mit den hier herangezogenen Substraten zwischen den beiden Enzymsystemen keine grundsätzlichen Wirkungsunterschiede festgestellt wurden.

Zur Charakterisierung des Abbauverlaufes dienten einerseits die gravimetrisch bestimmte relative Rückstandsmenge bzw. der in Lösung gebrachte Anteil des Substrats sowie der RS-Wert und der Glukosegehalt des Hydrolysats, andererseits der DP und die morphologische Beschaffenheit sowie im Falle ligninhaltiger Substrate die chemische Zusammensetzung des Hydrolyserückstandes, wobei hinsichtlich Einzelheiten auf [5, 6, 7] verwiesen sei.

3. Ergebnisse und ihre Auswertung

3.1. Untersuchungen an Modellsubstraten von Linterscellulose

Zwischen gelöstem Anteil, RS-Wert und Glukosegehalt traten in keinem Falle signifikante Unterschiede auf, so daß unter den hier gewählten Bedingungen offensichtlich keine nennenswerte Anreicherung von oligomeren Zuckern im Hydrolysat erfolgte. Den für unsere Versuchsreihen typischen Verlauf von Rückstandsanteil und Rückstands-DP zeigt Abb. 1 an Hand von drei Beispielen. Zumeist lag der Minimalwert des Rückstands-

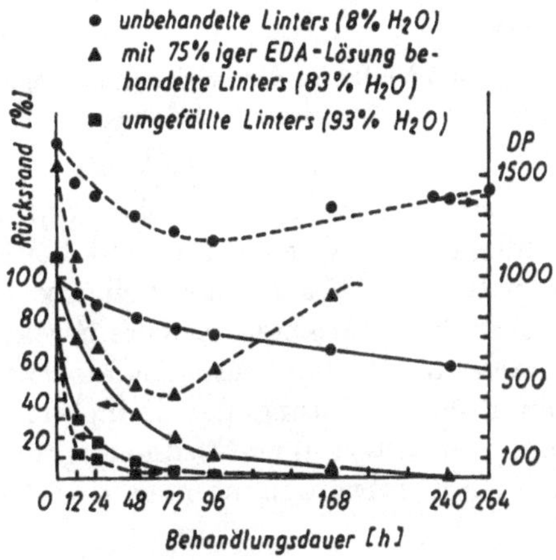

Abb. 1. Zeitlicher Verlauf von Rückstandsmenge und Rückstands-DP beim enzymatischen Abbau verschiedener Celluloseproben

DP um so niedriger, je geringer zu diesem Zeitpunkt der relative Rückstandsanteil war. Eine befriedigende Linearisierung des zeitlichen Verlaufs von Rückstandsmenge bzw. gelöstem Substanzanteil ließ sich bei längerer Hydrolysedauer nach einem Geschwindigkeitsgesetz 1. Ordnung entsprechend

$$\frac{dX}{dt} = k(A - X)$$

(X = gelöster Anteil in %, A = akzessibler Anteil in %, k = Geschwindigkeitskonstante 1. Ordnung)

vornehmen, wobei die Größe A einem für das Enzymsystem zugänglichen Substratanteil entspricht (Abb. 2).

Eine unterschiedliche Substratvorbehandlung kann sich sowohl über A als auch über k auf den Abbauverlauf bzw. den nach vorgegebener Abbauzeit in Lösung gebrachten Substratanteil auswirken (Tab. 2). Die Werte für die einzelnen Vorbehandlungsvarianten liegen zwischen denen der unbehandelten lufttrockenen Linters und denen eines durch Vorbehandlung mit Ethylendiamin (98%ig) erhaltenen hochgequollenen Präparates, dessen enzymatische Angreifbarkeit noch die einer aus Cuoxam umgefällten

Lintersprobe übertraf. Eine entscheidende Rolle für die Abbaubarkeit spielt offensichtlich der Wassergehalt bzw. der Trocknungszustand des Substrats. Eine quellwertserhöhende Naßfibrillierung in einer Kolloidmühle kann zu einer wesentlichen Erhöhung der Abbaurate führen, insbesondere bei nativer Cellulose.

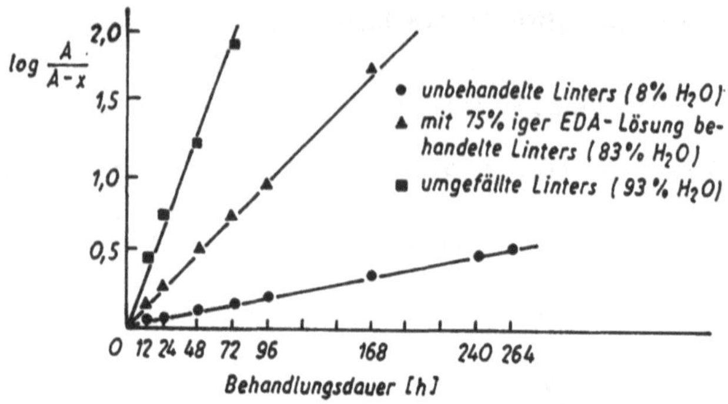

Abb. 2. Linearisierung des zeitlichen Verlaufes der Rückstandsmenge beim enzymatischen Abbau nach einem Zeitgesetz 1. Ordnung.

Eine Wichtung der einzelnen strukturellen Parameter, wie Gittertyp, Ordnungszustand, Fibrillierungsgrad und Trocknungs- bzw. Quellungszustand hinsichtlich ihres Einflusses auf den Verlauf des enzymatischen Abbaus reiner Cellulose wird dadurch erschwert, daß bei zahlreichen Vorbehandlungsvarianten mehrere Strukturparameter gleichzeitig verändert werden. So kann die Bildung eines Additionskomplexes mit Ammoniak bzw. mit Ethylendiamin nach Zerstörung des Komplexes durch Auswaschen gleichzeitig zu einer Änderung von Gittertyp und Ordnungsgrad der Cellulose führen [8]. Aus den in Abb. 3 dargestellten Kurvenzügen möchten wir jedoch schließen,

Tabelle 2

Auswertung des zeitlichen Verlaufs beim enzymatischen Abbau unterschiedlich vorbehandelter Linters

Probenvorbehandlung	H_2O %	WRV %	A %	$k/h^{-1}\ 10^2/$	gelöster Anteil nach 48 h %
unbehandelte Linters	8		63	0,45	19
unbehandelte Linters	80	48	62	0,56	22
Linters, kolloidgemahlen	82	105	95	0,96	61
Linters, mit 30%iger Natronlauge behandelt	7	57	75	0,46	24
Linters, mit EDA (75%ig) behandelt, mit H_2O gewaschen	83	72	100	2,45	68
Linters, mit EDA (98%ig) behandelt, mit H_2O gewaschen	91	96	100	6,20	93
Linters, mit EDA (98%ig) behandelt, mit Methanol gewaschen, getrocknet	9	65	85	0,75	37
umgefällte Linters	93	360	99	4,7	96

daß bei vergleichbarem Quellungs- und Ordnungszustand der Gittertyp der Cellulose eine untergeordnete Rolle spielt, während eine Verringerung des Ordnungsgrades von wesentlich größerem Einfluß ist. Als einen entscheidenden Faktor sehen wir den Quellungszustand des Substrats an, indem der nach bestimmter Abbauzeit gelöste Anteil mit steigendem Quellwert (WRV-Wert) erheblich ansteigt.

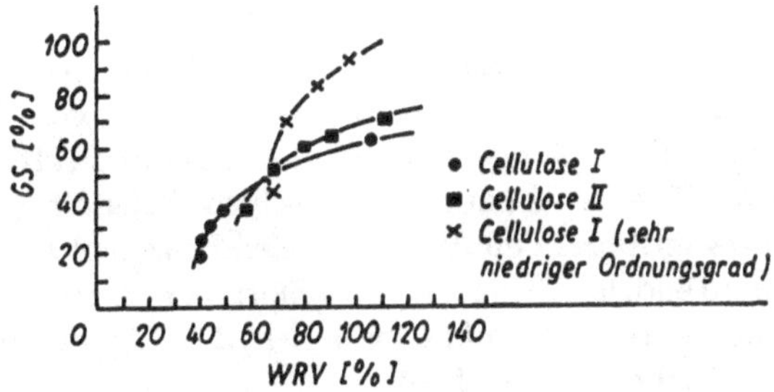

Abb. 3. Zusammenhang zwischen Wasserrückhaltevermögen (WRV) und gelöster Substanzmenge (GS) beim enzymatischen Abbau unterschiedlich vorbehandelter Linterscellulose (Abbau 48 h mit *Gliocladium* spec.)

3.2. Versuchsergebnisse mit ligninhaltigen Substraten

Im Gegensatz zu den Modellversuchen mit reiner Cellulose wurden beim Einsatz ligninhaltiger Substrate in vielen Fällen niedrigere RS- und Glukosegehalte im Hydrolysat festgestellt, als dem gelösten Substanzanteil entsprach. Die Ursache hierfür sehen wir einmal im Vorliegen oligomerer Zucker, zum anderen in einer teilweisen Solubilisierung abgebauter Ligninanteile.

Aussagen zum Einfluß einer unterschiedlich weit getriebenen Delignifizierung auf den unter konstant gehaltenen Abbaubedingungen gelösten Substanzanteil liefern die Tab. 3 und 4: Bei nicht delignifiziertem Buchenholz (Tab. 3) spielt offensichtlich weder der Zerkleinerungsgrad noch der Trocknungszustand eine Rolle; die Rückstandswerte lagen stets nahe 100%. Eine Teildelignifizierung mittels Natriumchlorit oder mittels

Tabelle 3

Enzymatische Abbaubarkeit verschiedener Substrate auf Basis von Buchenholz (68 h Abbauzeit, Trichoderma viride)

Material	Vorbehandlung	Trocknungszustand	Lignin %	gelöste Substanz %	R. S. %
Buchenhackschnitzel	—	trocken	22	1	—
Buchenschleifspäne	—	trocken	22	9	9,4
Buchenhalbzellstoff	defibriert	naß	17	63	60,4
Buchen-Sortierrückstand	unbehandelt	naß	13	55	—
Buchen-Sortierrückstand	defibriert	naß	13	89	95
Buchensulfit-Textilzellstoff	—	initialfeucht	—	99	—
Buchensulfit-Textilzellstoff	—	getrocknet bei 105 °C	—	63	—

Bisulfit (Sortierrückstände) führte zu der erwarteten Erhöhung der Angreifbarkeit durch Cellulase, wobei hier bereits ein gewisser Einfluß des Trocknungszustandes zu beobachten war. Dieser Unterschied in der Abbaubarkeit von initialfeuchtem und ofengetrocknetem Substrat trat bei einem ligninfreien Buchensulfit-Textilzellstoff noch wesentlich deutlicher in Erscheinung. Faserlängenmessungen an diesem Zellstoff vor und nach der enzymatischen Hydrolyse wiesen auf einen ausgesprochenen Querzerfall und auf eine Vergleichmäßigung der Faserlängen hin [5].

Unsere Untersuchungen an einer Reihe von Substraten auf Basis von Fichtenholz (Tab. 4) bestätigten und ergänzen die bei den Buchenholzpräparaten getroffenen Feststellungen: Eine den Ligninanteil in Menge und Struktur kaum verändernde Desintegration zu Fichtenholzschliff oder thermomechanischem Zellstoff (TMP) ergab Präparate, die gegenüber dem Angriff der Cellulase weitgehend resistent waren. Erfolgte dagegen bei diesen Proben eine Teildelignifizierung mit Chlorit oder fand bei Fichtenholz ein Angriff auf das Ligninnetzwerk statt, ohne daß sich der Ligninanteil merklich verringerte, so stieg die Abbaubarkeit erheblich an.

Tabelle 4

Enzymatische Abbaubarkeit verschiedener Substrate auf Basis von Fichtenholz (68 h Abbauzeit, Trichoderma viride)

Material	Trocknungs-zustand	Lignin %	gelöste Substanz %	R. S. %
Fichtenspäne	trocken	30,2	4,3	–
Fichtenholzmehl	trocken	31,4	9,3	–
Fichtenschliff	trocken	30,6	7,2	9,6
Fichtenschliff, teildelignifiziert	naß	22,2	65	–
Fichte TMP	trocken	29	18,7	14,8
Fichte TMP, teildelignifiziert	naß	17,8	81,1	65,8
Fichte-Sortierrückstand, defibriert	naß	29	71,2	71,4

Morphologische Untersuchungen mittels Rasterelektronenmikroskopie (Abb. 4 bis 7) an einem Fichtenholzschliff ließen erkennen, daß im nichtdelignifizierten Zustand die Einwirkung der Enzymlösung nur zu relativ wenigen, lochfraßartigen Veränderungen der Struktur führt, in Übereinstimmung mit dem hohen Rückstandswert, während bei dem mittels Natriumchlorit teildelignifizierten Präparat ein ausgesprochener Querzerfall der fibrillären Strukturen zu kurzen unregelmäßigen Fragmenten festzustellen war (vgl. [7]).

Bei verschiedenartigen Lignocellulose-Substraten wurde beobachtet, daß die Abbaurate bei der enzymatischen Hydrolyse besonders stark erhöht wird, wenn als Vorbehandlung eine Teildelignifizierung mit einer fibrillierenden Naßzerkleinerung kombiniert wird. Tab. 5 veranschaulicht dies für Stroh, das einer Kaltalkalibehandlung unterworfen wurde, sowie für Sortierrückstände von Buche aus dem Sulfitaufschluß, wobei in beiden Fällen noch ein erheblicher Restligningehalt vorhanden war und die Naßmahlung mit einem in der Zellstoff- und Papierindustrie gebräuchlichen Defibrator erfolgte.

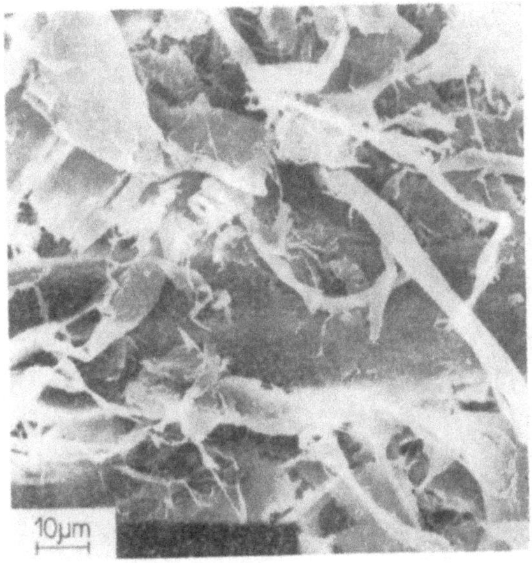

Abb. 4. REM-Aufnahme eines unbehandelten Fichtenholzschliffs

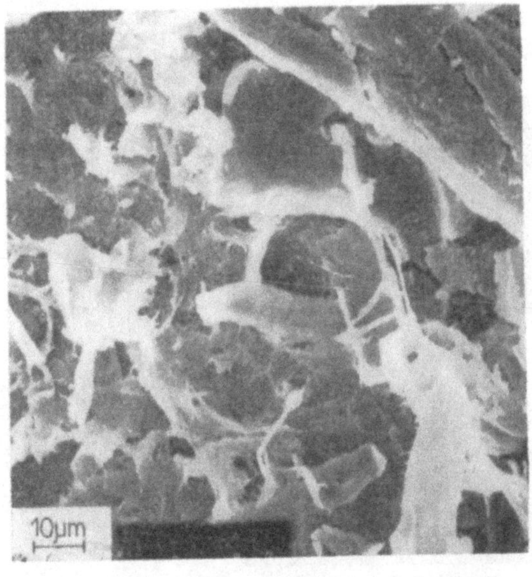

Abb. 5. REM-Aufnahme eines Fichtenholzschliffs
nach Behandlung mit Enzymlösung
(68 h Behandlung mit Kulturfiltrat von *Trichoderma viride*)

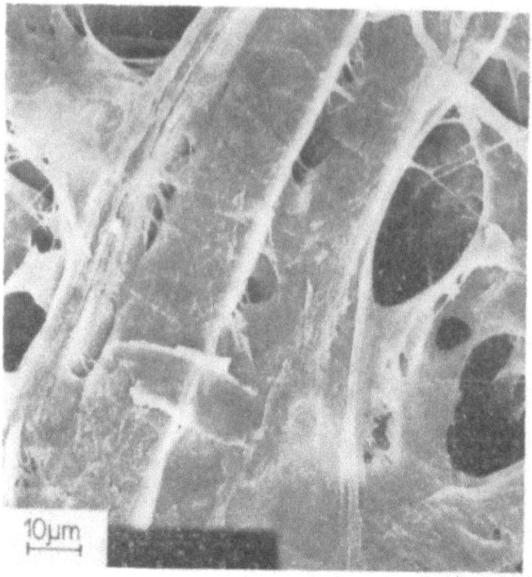

Abb. 6. REM-Aufnahme eines mittels Chlorit teildelignifizierten Fichtenholzschliffs

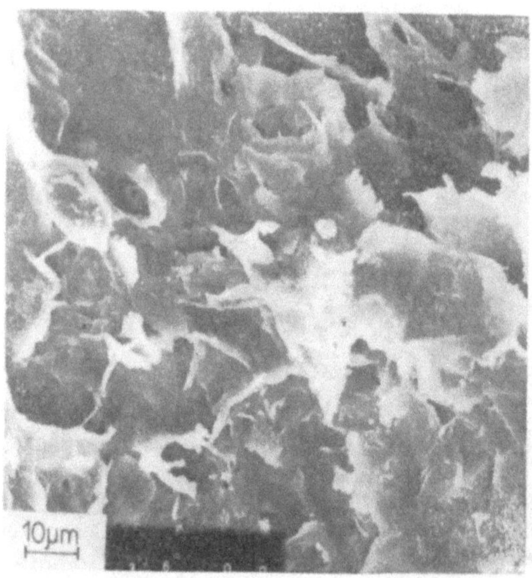

Abb. 7. REM-Aufnahme eines mittels Chlorit teildelignifizierten Fichtenholzschliffs nach Enzymbehandlung (68 h Behandlung mit Kulturfiltrat von *Trichoderma viride*)

Tabelle 5
Enzymatische Abbaubarkeit verschiedener Substrate vor und nach Naßmahlung im Defibrator

Substrat	gelöster Anteil	
	ohne Defibrierung %	nach Defibrierung %
Weizenstroh (mit 1%iger Natronlauge behandelt)	70	76
Sortierrückstand Buche	55	90

4. Zusammenfassende Diskussion und Schlußfolgerungen

Der bei unseren Untersuchungen an Modellsubstraten aus reiner Cellulose beobachtete zeitliche Verlauf von Rückstandsmenge und Rückstands-DP läßt sich mit Hilfe der von Eriksson [9] vertretenen Vorstellungen eines komplexen Zusammenwirkens von Endoglukanasen, Exoglukanasen und 1-4-β-Glukosidasen beim enzymatischen Abbau der Cellulose weitgehend interpretieren. Zur Deutung des beobachteten Minimums im Rückstands-DP nach Abbauzeiten von etwa 50 h nehmen wir eine gewisse zeitliche Versetzung der Wirkung von Endo- und Exoglukanasen an, indem zunächst die Bildung kürzerkettiger, aber noch unlöslicher Bruchstücke der Cellulosemoleküle zu einer DP-Abnahme führt, bis dann nach längerer Reaktionszeit der weitere Abbau dieser unlöslichen Bruchstücke durch Exoglukanasen und 1-4-β-Glukosidasen den maßgebenden Prozeß darstellt und infolge zunehmender Entfernung dieser kürzeren Ketten in Form löslicher Fragmente der Rückstands-DP wieder ansteigt. Zur weiteren Klärung des Wirkungsmechanismus cellulolytischer Enzymsysteme bei der heterogenen Hydrolyse der Cellulose erscheint uns die kombinierte Verfolgung von Rückstandsmenge, Rückstands-DP sowie der physikalischen Struktur des Rückstandes unter Einsatz einzelner Enzymkomponenten aussichtsreich.

Zum Einfluß verschiedener Strukturparameter der Cellulose auf die Abbaurate geht aus unseren Ergebnissen hervor, daß der Gittertyp offenbar nur eine untergeordnete Rolle spielt, während eine Verringerung des Ordnungsgrades in den kristallinen Bereichen die Abbaurate erheblich steigern kann. Nach unterschiedlicher Vorbehandlung mit wäßriger Natronlauge, flüssigem Ammoniak oder Ethylendiamin und anschließendem Auswaschen des „Aktivierungsmittels“ wiesen initialfeuchte Präparate grundsätzlich eine höhere Abbaubarkeit auf als luftgetrocknete; durch eine Kolloidmahlung des initialfeuchten Materials konnte die Abbaurate in manchen Fällen weiter erhöht werden. Innerhalb jeder Probenserie ergab sich ein gesicherter Zusammenhang zwischen Quellwert (Wasserrückhaltevermögen) des Substrats und seiner enzymatischen Abbaubarkeit, während eine von der Vorbehandlungsmethode unabhängige, verallgemeinerungsfähige Korrelation zwischen Quellwert und Abbaubarkeit offensichtlich nicht besteht. Unserer Auffassung nach stellt die mit dem Quellwert zusammenhängende Zugänglichkeit der fibrillären Struktureinheiten der Cellulose einen entscheidenden Faktor für die enzymatische Abbaubarkeit dar.

Substrate auf Basis von Lignocellulose weisen erst nach einer gewissen Schädigung des Ligninnetzwerkes eine merkliche Angreifbarkeit durch das Enzymsystem auf. Hierbei ist offensichtlich weniger die absolute Menge an Restlignin als vielmehr dessen Struktur und/oder Verteilung im Substrat maßgebend. Unsere Ergebnisse sprechen dafür, daß Lignin als solches den Wirkungsmechanismus des Enzymsystems nicht hemmend beeinflußt, sondern vielmehr in ungeschädigtem Zustand, d. h. bei intaktem Lignin-Polysaccharid-Netzwerk die Accessibilität der Cellulosefibrillen stark verringert und dadurch die Angreifbarkeit durch das Enzymsystem herabsetzt. Unsere Beobachtungen, daß nur bei teildelignifizierten Präparaten, nicht aber bei solchen mit nativem Lignin der Trocknungszustand die Abbaurate beeinflußt, und daß bei teildelignifizierten Substraten, nicht aber bei solchen mit ungeschädigtem Lignin eine defibrierende Naßmahlung die Abbaurate wesentlich erhöht, stehen mit diesen Überlegungen im Einklang und bestätigen erneut den schon diskutierten entscheidenden Einfluß der Zugänglichkeit der Cellulosefibrillen auf die Abbaurate. Nach unseren Ergebnissen sind zum Einsatz für enzymatische Abbauprozesse vor allem solche Substrate geeignet, bei denen das Lignin ausreichend weit geschädigt bzw. entfernt ist und die einen hohen Quellungsgrad aufweisen, wie z. B. bestimmte Altpapierfraktionen (vgl. [4]). Bei Substraten mit intaktem Lignin stellt eine gewisse Schädigung des Ligninnetzwerkes offensichtlich eine Voraussetzung zum Erreichen eines solchen hohen Quellungszustandes und damit einer guten Zugänglichkeit der Cellulosefibrillen dar.

Herrn Dr. HIRTE und Herrn Dr. SCHULZ, Humboldt-Universität Berlin, Außenstelle Kleinmachnow, und Herrn Dr. KLAPPACH, Institut für technische Chemie der AdW der DDR, Leipzig, danken wir für die Bereitstellung der Enzymlösungen.

Literatur

[1] PHILIPP, B.: Heterogenreaktionen der Cellulose — einige Ergebnisse und offene Probleme. Zeitschrift für Chemie **19** (1979), 433—441

[2] LUKANOFF, B., H. SCHLEICHER und B. PHILIPP: Herstellung wasserlöslicher Cyanäthyl- und Carboxyäthylcellulose aus aktivierter nativer Cellulose. Cellulose Chemistry and Technology **13** (1979), 417—427

[3] PHILIPP, B.: Plenarvortrag zum 3. Internationalen Symposium über Grundlagenforschung zur komplexen Nutzung des Holzes, 29. 9.—3. 10. 80 Grillenburg b. Tharandt, Tagungsband, 170—182

[4] PHILIPP, B., D. C. DAN, V. JACOPIAN, U. KASULKE, B. LUKANOFF, G. KLAPPACH, W. HIRTE, G. SCHULZ, L. MÜHLBERG und U. SCHOLZ: Untersuchungen zum Einfluß der chemischen und physikalischen Struktur des Substrates auf den enzymatischen Abbau der Cellulose. Zellstoff u. Papier **29** (1980), 7—12

[5] PHILIPP, B., V. JACOPIAN, F. LOTH, W. HIRTE und G. SCHULZ: Zum Einfluß der übermolekularen und morphologischen Struktur der Cellulose auf ihren enzymatischen und säurehydrolytischen Abbau. Papier **32** (1978), 12, 538—544

[6] DAN, D. C., V. JACOPIAN, U. KASULKE und B. PHILIPP: Zum Einfluß von Quellung und Mercerisierung auf den enzymatischen Abbau von Linterscellulose. Acta Polymerica **31** (1980), 388—393

[7] JACOPIAN, V., I. SAUER, B. PHILIPP und H. MENNINGER: Morphologische und chemische Untersuchungen zur enzymatischen Hydrolyse von Holzschliff und thermomechanischem Stoff. Zellstoff u. Papier **30** (1981), 60—63

[8] DAN, D. C., H.-P. FINK, U. KASULKE und B. PHILIPP: Einfluß einer aktivierenden Vorbehandlung mit Ammoniak oder Ethylendiamin auf die enzymatische Hydrolyse von Linterscellulose. Acta Polymerica **32** (1981), 164—171

[9] ERIKSSON, K. E.: Biotechnology and Bioengineering **20** (1979), 317—322

Institut für die Biofaktoren und Tierarzneimittel
Kouřim, ČSSR

Die Bedeutung von biosynthetischen Produkten für die Tierernährung in der ČSSR

Bělik, E.

Die biosynthetischen Stoffe spielen auch in der ČSSR eine sehr wichtige Rolle zur Ernährung der landwirtschaftlichen Nutztiere und in der Veterinärmedizin.

Es handelt sich vor allem um:

- Aminosäuren
- Antibiotika
- andere Stoffe (Enzyme, Kokzidiostatika usw.)

Aminosäuren, die auf dem biosynthetischen sowie auch synthetischen Wege erzeugt werden, finden ihre Anwendung hauptsächlich in der Ernährung von monogastrischen Tieren. Durch die Aminosäurenergänzung wird bei den Mischfuttermitteln eine Erhöhung des biologischen Wertes der pflanzlichen Proteine erzielt. Die Erhöhung der biologischen Wertigkeit beeinflußt sehr günstig die Gesamtleistung, insbesondere durch die Erhöhung der Lebendmassezunahmen und Verbesserung der Mischfutterverwertung. Die Anreicherung der Mischfuttermittel mit synthetischen Aminosäuren gewinnt in der letzten Zeit an Bedeutung, was die Folge des stetig steigenden Mangels an tierischem Protein guter Qualität und des Einsatzes von minderwertigen pflanzlichen oder sog. nicht herkömmlichen Proteinen ist.

Die wichtigste Energiequelle für die Ernährung der monogastrischen Tiere sind die Körnerfrüchte. Trotz des niedrigen Rohproteingehaltes decken die in den Körnerfrüchten enthaltenen Proteine in bezug auf die Höhe der aufgenommenen Gaben einen bedeutendenden Anteil des Gesamtbedarfes an Stickstoff.

Das gilt hauptsächlich für die Schweinemast, wo der Optimalbedarf an Stickstoff relativ niedrig ist und bei den höheren Alterskategorien nur mit Cerealien gedeckt werden kann, und zwar ohne Zugabe von Eiweißkonzentraten. Da praktisch in allen Körnerfrüchten Lysin die limitierende Aminosäure ist, erhöhen die Zugaben dieser essentiellen Aminosäure in Cerealmischfuttermitteln für Schweine im Lebendmasseabschnitt über 30—50 kg ihren nutritiven Wert. Die praktische Ausnutzung dieser Erkenntnisse kommt schon einige Jahre in der ČSSR zustande, wo für die Schweinemast im Lebendmasseabschnitt über 50 kg eine Cerealmischung mit L-Lysinzugaben erzeugt wird. Die Gewährleistung der Lysinproduktion für Futterzwecke gehört zu den wichtigsten Beiträgen der tschechoslowakischen pharmazeutischen Industrie für die Landwirtschaft. Man muß aber betonen, daß die gegenwärtige Kapazität für die Lysinproduktion ungenügend ist, und daß es unerläßlich ist, alle Maßnahmen zur baldigen Intensivierung der Produktion zu veranlassen. Eine der Möglichkeiten ist der allmähliche Übergang vom kristallinischen zum technischen Lysin. Die Zwischenstufe ist hier die Eluatenproduktion. Dadurch wird die Produktion bei den bestehenden Kapazitäten auf 3200 und später auf 4000 Tonnen erhöht. Auf der Grundlage der Forschungsarbeiten in unserem Institut wurde bewiesen, daß die biologische Verwertung des technischen L-Lysins der Verwertung des kristallinischen Lysins entspricht. Zu den Vorteilen dieser Produktion gehört die Herabsetzung der Verluste, insbesondere bei der Reinigung, die Erhöhung des Produktionsumfanges und die Beseitigung der Probleme mit dem Abfall. Das technische Produkt enthält auch andere biologisch verwertbare Stoffe wie weitere Aminosäuren, manche Vitamine usw. VÚAB und die Abteilung für technische Entwicklung im volkseigenen Betrieb BIOTIKA nehmen teil an der Forschung der Produktionstechnologie des L-Lysins, und Ergebnisse dieser Arbeit sind Anhaltspunkte auch für weitere Länder des RGW.

Auf diese Weise wird sich dieses Institut und der volkseigene Betrieb BIOTIKA auch an der Forschung für weitere für die tierische Produktion wichtige Aminosäuren, besonders des Tryptophans und Threonins beteiligen.

Die Fortifikation der Cerealien mit Aminosäuren, die auch an anderen Stellen limitieren, ergibt keine einschlägigen Ergebnisse mit Ausnahme des Maises, wo neben Lysin auch Tryptophan markant limitiert. Bei den Schweinen im Lebendmasseabschnitt über 50 kg wurden mit Lysin- und Tryptophanergänzungen zum Mais die gleichen Ergebnisse wie bei einer Sojaergänzung erzielt. Bei den früh abgesetzten Ferkeln, die eine Diät auf der Maisbasis erhielten, wurden nach einer Lysin- und Tryptophanzugabe optimale Ergebnisse bezüglich der Wachstumsrate erzielt, aber durch die Ergänzungen der weiteren Aminosäuren — des Threonins, Isoleucins, Methionins, Valine, Histidins usw. wurde die Wachstumsintensität nicht mehr erhöht. Bei der Erhöhung des Maisanteiles in unsereren Mischfuttermitteln für die Schweinemast zeigt sich die praktische Anwendung der Ergänzungen des synthetischen Tryptophans als reell, und deshalb wird eine perspektive Produktion dieser Aminosäuren in der tschechoslowakischen pharmazeutischen Industrie in Erwägung gezogen.

Relativ gute Erfahrungen gibt es weiter bei der Anwendung des Threonins, das die zweite limitierende Aminosäure im Weizen-, Gerste- und Mohrenhirseprotein ist. Auf unserem Arbeitsplatz wurde nachgewiesen, daß die L-Lysinzugabe in der Höhe von 0,4% und die 0,2%ige Zugabe des DL-Threonins zum Cerealmischfutter mit Weizen und Gerste die Wachstumsintensität der Schweine günstig beeinflußten. Auch bei der Futterkonversion wurde eine Verbesserung erzielt. Deshalb zeigt sich auch hier eine reelle Möglichkeit zur perspektivischen Durchsetzung in unsere Praxis, was wiederum große Ansprüche an die Gewährleistung der Produktion stellt.

In den Mischfuttermitteln für Geflügel limitieren gewöhnlich an den ersten Stellen Methionin und Lysin. Der Einsatz von reinen Cerealdiäten ist beim Geflügel infolge des hohen Stickstoffbedarfs kompliziert, und deshalb werden in der Mast und in der intensiven Aufzucht der Legehennen Kombinationen der Cerealien mit Ergänzungen der Eiweißkonzentrate (auch tierisches Protein enthaltend) angewendet. Bei der Broilermast, wo in der Regel die Hauptkörnerfrucht der Mais ist und an pflanzlichen Proteinen Soja, limitieren an der ersten Stelle die schwefelhaltigen Aminosäuren. Zugabe des synthetischen DL-Methionins wird laufend in die industriell erzeugten Mischfuttermittel dieses Typs eingereiht. Als weitere limitierende Aminosäuren wurden in diesen Mischungen Lysin und Tryptophan bestimmt, während bei der Kombination Mais—Erdnüsse die erste limitierende Aminosäure Lysin war und an den weiteren Stellen schwefelhaltige Aminosäuren und Tryptophan liegen. Die Bemühungen zum kompletten Ersatz der Eiweißkonzentrate in den Mischfuttermitteln für die Broilermast durch die Aminosäuren waren bis jetzt ohne Erfolg.

In den Mischfuttermitteln für Legehennen auf der Basis der Kombination Cerealien-Soja, limitiert beim niedrigen Sojagehalt Lysin, beim steigenden Sojaanteil wird zur ersten limitierenden Aminosäure Methionin. Eine weitere Aminosäure, die den nutritiven Wert des Mischfutters für Legehennen erhöhen kann, ist Isoleucin. Im Mischfutter mit dem Mais- und Sojagehalt im Verhältnis 60 : 40 limitiert Isoleucin gemeinsam mit Lysin an der ersten Stelle. Der alleinige Einsatz von Cerealien mit Aminosäurenergänzung bietet bei den Legehennen eine größere Erfolgsaussicht, da auch bei einem hohen nutritiven Niveau der Optimalbedarf an Rohprotein den Wert von 20% des Mischfutters nicht übersteigt. Neuere Versuche, die vor allem in der DDR durchgeführt werden, zeigen, daß der nutritive Wert von Cerealien mit erhöhtem Stickstoffgehalt, die mit Aminosäuren und weiteren essentiellen Ergänzungen fortifiziert wurden, dem Wert der kompletten Futtermischung für Legehennen völlig entspricht.

Die Effektivität der Anwendung von Aminosäuren ist nicht nur von den Eigenschaften des fortifizierten Proteins, sondern auch von den Eigenschaften des eigenen Präparates abhängig. Es ist gut bekannt, daß im Gewebe des höheren Lebewesens nur die L-Formen der Aminosäuren vorkommen und die Verwertung der D-Aminosäuren durch ihre Konversion in die L-Form bedingt ist. Der nutritive Wert ist bei den verschiedenen Aminosäuren und auch bei den einzelnen Arten abweichend. Die volle Verwertung des D-Isomers wurde bei Methionin und Phenylalanin nachgewiesen, im Gegenteil dazu werden die D-Formen von Lysin und Threonin als nicht verwertbar angesehen, wogegen D-Tryptophan teilweise bei Schweinen und Geflügel verwertet wird.

Die Anwendung von Aminosäuren in der Tierernährung muß dringend von der Perspektive der Produktion des Futterproteins ausgehen. Auch für die fernere Zukunft ist damit zu rechnen, daß die wichtigste Energie- und Stickstoffquelle für die monogastrischen Tiere Körnerfrüchte bleiben werden. Wenn auch die Züchtung von Körnerfrüchten mit hohem Inhalt an essentiellen Aminosäuren Gegenstand einer intensiven Forschung ist, wird die Fortifikation des minderwertigen Proteins der Cerealien durch die limitierenden Aminosäuren noch für lange Zeit eine bedeutende Methode zur Erhöhung des Nutritionswertes und der Verwertung bleiben.

Die in der Praxis zum Einsatz kommenden Antibiotika teilt man grundsätzlich in drei Hauptgruppen:

1. Klassische Antibiotika für Heilzwecke und Prävention
2. Spezifische Veterinärantibiotika, die fast ausschließlich zur Prävention und Therapie der Krankheiten der landwirtschaftlichen Nutztiere eingesetzt werden
3. Spezifische Nutritionsantibiotika, die in kleinen Dosen in den Mischfuttermitteln angewendet werden mit dem Ziel einer Stimulation der Tierleistungen, vor allem in der Mast.

Aus der ersten Gruppe werden in der ČSSR insbesondere die Antibiotika der Tetrazyclinreihe — Chloramphenicol, Penizillin, Streptomycin, Neomycin, Erythromycin, halbsynthetische Penizilline und weitere erzeugt und eingesetzt. Die Erzeugung erfolgt in verschiedenen Arzneiformen für individuelle und massenhafte Applikation. Große Unterschiede im Vergleich zur Humanmedizin beruhen in der Tatsache, daß für die Veterinärzwecke außer den üblichen Formen spezielle Arten, die eine orale Applikation bei einer größeren Anzahl von Tieren ermöglichen, nötig sind. Deshalb werden Präparate in pulveriger Form erzeugt, und zwar wasserlösliche zur Applikation im Trinkwasser (besonders für Geflügel) oder zur Applikation in Allein-Mischfuttermitteln (sog. Arzneifutterpräparate). Die Grundsätze ihres Einsatzes sind die gleichen wie in der Humanmedizin, sie werden ausschließlich unter Aufsicht des Veterinärarztes verabreicht. Von den wasserlöslichen Präparaten ist Erythromycin pulv. sol. von großer Bedeutung. Dieses Präparat wird hauptsächlich in der Geflügelgroßzucht beim CRD-Komplex angewendet. Weiter ist das Präparat Oxymykoin pulv. sol., welches OTC enthält, sehr wichtig.

Von den Arzneipräparaten muß man die Reihe der Präparate, die in der ČSSR unter dem Namen VUBIVET erzeugt werden, anführen. Diese Präparate enthalten verschiedene Antibiotika-Kombinationen und werden in der Kälbergroßzucht eingesetzt. Weiter ist das Präparat AUREOVIT comp. zu nennen, welches CTC und Sulfonamide enthält und in unserem Institut in der Zusammenarbeit mit dem volkseigenen Betrieb BIOTIKA entwickelt wurde. Von großer Bedeutung sind auch die Arzneipräparate für die Großzucht von Fischen, z. B. RUPIN und NEO-RUPIN mit einem Gehalt von Chloramphenicol, resp. Neomycin und OTC. Diese Präparate sind sehr anspruchsvoll bezüglich der Entwicklung der Arzneiform (Stabilität in Wasser; protrahierte Antibiotika-Niveaus). Eine bedeutsame Gruppe bilden die Präparate in Druckemballagen, und zwar die Spray-Präparate zur Außenapplikation und die Aerosolschaum-Präparate zur intramammaren und intrauterinalen Applikation. Eine ganze Reihe von diesen Präparaten mit dem Inhalt verschiedener Antibiotikas und ihrer Kombinationen wird in Zusammenarbeit mit dem volkseigenen Betrieb GALENA entwickelt, wo ein breites Sortiment dieser Präparate erzeugt wird. Präparate zur parenteralen Applikation verlieren stufenweise im Zusammenhang mit der Ausbreitung der Großzucht und mit dem Rückgang der individuellen Therapie in der Veterinärmedizin an Bedeutung. Zur Geltung kommen nur die Präparate mit einer protrahierten Wirkung, welche in VÚAB und im volkseigenen Betrieb „LÉČIVA“ entwickelt wurden. Diese Präparate werden auf der Basis verschiedener Antibiotika erzeugt.

Zur zweiten Gruppe gehören die für den Einsatz in der Veterinärpraxis entwickelten Antibiotika (manchmal auch als spezifische veterinäre Antibiotika bezeichnet), und zwar zur präventiven Heilapplikation, überwiegend in Form der Vormischungen oder wasserlöslichen Präparate, bzw. für Heilzwecke. Diese Antibiotika weisen zum größten Teil eine spezifische antibakterielle Wirkung auf gegenüber den ursprünglich schweren Erkrankungen der landwirtschaftlichen Nutztiere. In diese Gruppe können von den älteren Antibiotika z. B. Spiramycin, Oleandomycin, Tylosin, Spectinomycin, Linkomycin und von den neuentwickelten Stoffen z. B. Apramycin oder Thiamulin eingereiht werden. In der Gruppe der spezifischen Antibiotika ist Tylosin von großer Bedeutung. Dieses Präparat wurde ausschließlich für den veterinären Einsatz entwickelt. Das Antibiotikum wird in verschiedenen Arzneiformen angewendet (wasserlösliche Pulver, Vormischungen und Injektionen) zur Vorbeugung und Behandlung schwerer Erkrankungen, bei Schweinen hauptsächlich gegen Dysenterie, enzootischer Pneumonie und Rhinitis, weiter gegen verschiedene Formen der bakteriellen Enteritis usw., bei den Kälbern besonders gegen bakterielle Pneumonien und Mykoplasmosen, bei Geflügel gegen chronische Respirationserkrankung (CRD) und gegen die infektiöse Sinusitis bei Puten. Tylosin und von den weiteren Antibiotika nur Spectinomycin wirken also auf die gefährlichen Erreger der Massenerkrankungen bei Geflügel, Kälbern und Ferkeln — auf die Mykoplasmen, die unter unseren Bedingungen die Ursache der Massenverluste in den

Großzuchtanlagen sind. Diese spezifische Wirkung der angeführten Antibiotika kann man nicht durch andere Antibiotika sowie Chemotherapeutika ersetzen (teilweise, aber sehr schwachwirkend ist Erythromycin). Deshalb ist ihre indizierte Applikation in unserer Tierproduktion unentbehrlich und wird mittels Importen gelöst. Aus diesem Grunde befassen wir uns in unserem Institut mit der Frage der Produktionstechnologie dieser Antibiotika.

Die dritte Gruppe umfaßt die sog. „Nutritionsantibiotika", die zur Zeit in den meisten Ländern auf Grund der legislativen Maßnahmen ausschließlich als Stimulationsstoffe in der Ernährung der monogastrischen Tiere eingesetzt werden. Der Einsatz dieser Präparate beeinflußt in der Praxis die Erhöhung der Lebendmassezunahmen, die Verbesserung der Mischfutterverwertung und die Senkung der Tierverluste. Diese Antibiotika werden meistens nicht zu den therapeutischen oder präventiven Zwecken angewendet. Sie weisen keine oder nur minimale Residuen auf und eine Kreuzresistenz gegen die Antibiotika, die in der Humanmedizin angewendet werden, wurde auch nicht festgestellt. Aus der Sicht der Gesundheit und Hygiene sind sie also für einen Flächeneinsatz in Mischfuttermitteln ganz einwandfrei. In dieser Gruppe werden jetzt von den üblichen Stoffen Bacitracin, Virginiamycin, Flavophospholipol, Avoparcin, Thiopeptin und von den neuentwickelten Mocimycin und Nosiheptid eingereiht. In der ČSSR ist die Produktion des Antibiotikums Zn-Bacitracin in ausreichender Menge gesichert.

Zu den übrigen Stoffen biosynthetischer Herkunft, die für die Veterinärpraxis große Bedeutung haben, gehören die sog. Fermentationskokzidiostatika — polyätherische Antibiotika mit kokzidiostatischer Wirkung, welche auch als „Ionofore" bezeichnet werden. In diese Gruppe gehört vor allem Monensin, Lasalocid, Salinomycin, Septamycin, Lonomycin und einige weitere Stoffe.

Monensin (COBAN, ELANCOBAN der Firma Elanco) ist zur Zeit ein im Weltmaßstab maximal verbreitetes Kokzidiostatikum. Es wird in Dosen von 100 oder 121 ppm eingesetzt und wird heute auch in die ČSSR importiert.

Lasalocid (AVATEC der Firma Hoffmann-La Roche) ist das zweite kommerziell erzeugte Präparat dieser Gruppe. Es handelt sich um ein Produkt von *Streptomyces lasaliensis*. Die übliche Dosis beträgt 75 ppm, und die Wirkung ist gleich wie bei Monensin. Aus der Sicht des Einflusses auf die Wachstumsintensität weist Lasalocid bessere Ergebnisse auf. Während des Testes, der an unserem Arbeitsplatz durchgeführt wurde, erzielten wir gute Ergebnisse, und zwar vor allem aus der Sicht der Leistung (Mischfutterkonversion, positive Interaktionen mit Nitrovin).

Das dritte Kokzidiostatikum dieser Reihe ist Salinomycin. Dieses wurde ursprünglich in Japan isoliert. Lizenzen wurden in den USA stufenweise von den Firmen Pfizer Inc. und A. H. Robins und in Europa von der Firma Hoechst gesichert. Gegenwärtig begann schon die Firma Pfizer mit der Produktion, und zwar unter der geschützten Bezeichnung COXISTAC. Als optimale Dosis werden 60 ppm angegeben. Dieses Kokzidiostatikum wurde aus der Sicht der Wirkung und Toleranz an unserem Arbeitsplatz überprüft. Was die kokzidiostatische Wirkung betrifft, sind die Ergebnisse die gleichen wie bei Monensin, nachteilig ist jedoch wiederum die relativ niedrige therapeutische Breite und Verträglichkeit.

Weiter wurde die kokzidiostatische Wirkung bei Lonomycin, getestet in Laboratorien der Firma Squib, beschrieben (auch unter der Bezeichnung Emericid). Dann folgt Septamycin, getestet von den Firmen Sandoz und Narasin. In der letzten Zeit wird die kokzidiostatische Wirkung auch bei Mutalomycin, Carriomycin und bei den Noboritomycinen A und B und vielen weiteren Stoffen angeführt.

In der ČSSR (an unserem Institut) wird gegenwärtig außerordentliche Aufmerksamkeit der Sicherung einer eigenen Produktion eines biosynthetischen Kokzidiostatikums gewidmet.

Neben der angeführten Stoffgruppe verlangt die neue Gruppe wirksamer, antihelmintischer Stoffe biosynthetischer Herkunft, die Avermectine, eine außerordentliche Aufmerksamkeit. Es handelt sich um Produkte von Streptomyces avermitilis. Mit dieser Problematik befassen sich z. B. MSD und einige Gesellschaften in Japan. Diese Stoffe wirken hauptsächlich gegen Gastroenteronematoden.

In einigen Ländern, z. B. in der UdSSR spielen in der Ernährung der landwirtschaftlichen Nutztiere auch die enzymatischen Präparate, vor allem die, die proteolytische und amylolytische Enzyme enthalten, eine große Rolle. Gegenwärtig werden auch bei uns erneut die Möglichkeiten der Anwendung dieser Präparate zur Anreicherung der Mischfuttermittel geprüft. Ziel dieser Versuche ist die Erhöhung der Verwertung von Nährstoffen und die Verbesserung der Leistung. Die erzielten Ergebnisse sind nicht gleich und sind von vielen Faktoren abhängig (Zusammensetzung der Mischungen, Technologie der Produktion der Mischungen, von der Granulation, Thermostabilität und der Gesamtstabilität). Jetzt wird z. B. die Prüfung des Präparates Mikrozym (Milchindustrie) durchgeführt. Dieses Präparat weist bei der Geflügelmast in einigen Versuchen gute Ergebnisse auf. In der ČSSR werden jedoch die Enzyme noch nicht praktisch angewendet.

Aus diesen Ausführungen geht die Wichtigkeit der Fermentationsindustrie für die Gewährleistung der Bedürfnisse unserer landwirtschaftlichen Großproduktion hervor. Ohne diese biosynthetischen Stoffe wäre die Effektivität der tierischen Produktion viel niedriger.

Der Hauptproduzent von biosynthetischen Stoffen in der ČSSR für die humane sowie veterinäre Medizin und landwirtschaftliche Praxis ist SPOFA (Ressort des Gesundheitsministeriums). In den Forschungsinstituten und in den Produktionsbetrieben dieser Generaldirektion wurde schon eine Reihe der nötigen biosynthetischen Stoffe gesichert. Gegenwärtig werden die Produktionsmethoden der weiteren biosynthetischen Stoffe, die eine grundsätzliche Bedeutung für die weitere Entwicklung der tierischen Produktion in der ČSSR haben, gelöst.

Институт биохимии и физиологии микроорганизмов АН СССР, г. Пущино, СССР

Использование продуктов микробиологических и биохимических процессов

В. К. Ерошин

Биотехнологические процессы широко используются для получения разнообразных продуктов. К ним относятся как известные с древнейших времен алкогольные напитки, хлеб и продукты молочнокислого брожения, так и разнообразные антибиотики, ферменты, витамины, бактериальные удобрения, стимуляторы, органические и аминокислоты и многие другие вещества. В настоящем сообщении предпринимается попытка рассмотреть продукты биотехнологии в связи с основными проблемами, которые имеют тенденцию к обострению в современном человеческом обществе.

Человечество волнует нехватка энергии, недостаток пищи, загрязнение окружающей среды и борьба с болезнями, среди которых, в первую очередь, нужно назвать рак.

В последние годы большие надежды на лечение больных злокачественными опухолями возлагаются на интерферон. Некоторое количество интерферона получают культивированием клеток человека. Пока интерферон дефицитен и дорог. Используя технику генной инженерии, человеческий интерферон возможно производить с помощью *Escherichia coli*.

По-видимому, применение методов генной инженерии в биотехнологии, в первую очередь, наиболее целесообразно, когда нужно получать физиологически высоко активные вещества, такие как гормон роста, инсулин, продукция которых не составит значительную часть материальных и энергетических расходов клетки. Другой путь — это получение с использованием рекомбинантных штаммов ,,взрывного" сверхсинтеза ферментов и других веществ на заключительных этапах процесса путем снятия репрессии с летальных генов, ответственных за сверхсинтез.

Для борьбы с загрязнением окружающей среды возрастающее значение имеет как использование биотехнологических процессов, так и их продуктов. Особенно перспективно направление по борьбе с вредными насекомыми путем применения ферромонов и инициирования эпизоотий. С этой целью выпускаются препараты для борьбы со 150—200 видами насекомых. Применение биологических средств не наносит природе того значительного вреда, который наблюдается в результате использования синтетических инсектицидов.

Едва ли следует быть излишне оптимистичным, рассматривая перспективы использования живых культур для стимулирования разложения в природной обстановке пестицидов, углеводородов и некоторых других веществ. Искусственно введенные в биоценоз микроорганизмы зачастую погибает, не успев ,,поработать".

Получение энергии из возобновляемых источников в последние годы находится в центре внимания различных наук. Продуктами биотехнологии могут быть водород, метан, этанол.

Производство водорода может базироваться на использовании зеленых водорослей, цианобактерий, системы, включающей хлоропласты-ферредоксин-гидрогеназу и на применении гетеротрофных бактерий. Однако все эти способы пока неконкурентны с получением водорода химическими методами или электролизом воды. Улучшение показателей биотехнологического получения водорода возможно путем повышения энергетической эффективности процесса в расчете от использованного света. Пока эта величина составляет всего несколько процентов. При работе с гетеротрофными бактериями важно иметь высокое содержание клеток в среде. Поэтому перспективными представляются процессы с рециркуляцией клеток или с их иммобилизацией в реакторе.

Получение метана осуществляется при анаэробной переработке отходов. Образующийся биогаз содержит значительное количество углекислоты и имеет меньшую теплотворную способность, чем природный газ. Тем не менее биогаз позволяет обеспечивать энергией фермы, навоз которых перерабатывается на установке.

Основное внимание при биотехнологическом получении жидких топлив уделяется этанолу. При рассмотрении экономической оценки микробиологического производства этанола складывается впечатление, что возможно получить весьма различные результаты. В значительной мере это связано с тем, что экономическая оценка обусловлена специфическими для различных стран и районов затратами на сбор и транспортировку сырья, его хранение и переработку. Эти расходы зависят от цен на энергию. Учитывая процесс повышения цен на нефтепродукты, которому не видно конца, чисто экономическая оценка биотехнологического производства этанола представляется условной во времени и специфичной для тех или иных районов. Указанные соображения дополняются важными для многих стран вопросами экономии валюты. В связи с изложенным следует отметить новый подход в методологии оценки производства топлив. Показателем этой оценки является энергетическая выгодность производства, то есть показатель расходов энергии (на сбор, транспортировку сырья, строительство завода, складов, проведения процесса) в расчете на единицу энергии, получаемой в результате биотехнологического процесса.

Некоторой незавершенностью данного подхода является то, что он не учитывает качество затрачиваемой и получаемой энергии. В самом деле, энергия электричества, бензина, этанола, угля неравноценны с точки зрения транспортировки, хранения и использования энергоресурсов.

Для повышения энергетической выгодности биотехнологического производства этанола важно оптимальное решение вопроса о величине завода. На больших заводах возрастают расходы энергии на транспорт сырья, а на мелких — удельные энергетические затраты на строительство и эксплуатацию.

Возрастающее внимание привлекает культивирование водорослей после опубликованных в этом году работ Перта [1, 2]. Если водоросли достаточно обеспечить минеральными компонентами и углекислотой, а рост лимитировать только светом, энергетический выход процесса фотосинтеза удается довести до 50%. Суммарный энергетический выход роста в условиях смены дня и ночи достигает 18%. Такой выход в несколько раз выше максимума, предсказанного для рационального земледелия. Капитальные вложения при выращивании водорослей за счет солнечного света в фотореакторах составляют около 20 американских долларов на 1 $м^2$. По подсчетам Перта, квадрат со стороной 350 км в центре США, покрытый такими установками, позволит за год законсервировать в водорослях столько же энергии, сколько ежегодно потребляется в США. Хотя не все разделяют оптимизм Перта в отношении фотореакторного производства биомассы, данное направление может оказаться жизненно важным.

Следует отметить, что биомасса водорослей процентов на 80 состоит из воды. Содержание химической энергии в водорослях не сильно отличается от количества энергии, необходимой для их высушивания. Поэтому целесообразно получить топливо из невысушенных водорослей. Это возможно осуществлять ферментацией биомассы или ее прямым термохимическим сжижением. Последний процесс заключается в нагревании органического материала при 250—350° в слабом растворе щелочи в течение менее часа. В результате процесса получается маслянистая масса, не смешивающаяся с водой, которую можно использовать как аналог нефти [3].

Необходимо остановиться еще на одной важной группе продуктов биотехнологии — белках и аминокислотах. Белок является наиболее дефицитным компонентом питания, причем особенно остро не хватает продуктов с высоким содержанием белка, имеющего сбалансированный аминокислотный состав. В значительной мере потребность в таких белках покрывается за счет продуктов животного происхождения. Но и при кормлении животных главная проблема заключается в обеспечении их белком высокой питательной ценности.

Основой комбикормов является зерно злаковых, в котором белка мало, а его питательная ценность низка, прежде всего, из-за недостатка лизина. Среди вырабатываемых промышленностью аминокислот лизин имеет особенно важное значение. Существуют различные схемы его получения, позволяющие производить как разнообразные виды кормовых концентратов, так и кристаллический лизин. Очень чистый лизин производится из химического предшественника (α-аминокапролактама) под действием гидролазы и рацемазы аминокапролактама. Рассматривая вопрос о крупнотоннажном производстве лизина, важно расширить сырьевую базу за счет новых видов сырья. В связи с этим перспективным является получение рекомбинантных метанолокисляющих бактерий — продуцентов лизина.

Эффективность применения лизина и других аминокислот в животноводстве ниже, чем при добавлении аминокислот в составе белков. Частично это объясняют быстрым поступлением свободных аминокислот из пищеварительного тракта [4]. Поэтому понижение скорости всасывания аминокислот, например, закреплением их в белках водородными связями, должно повысить эффективность применения аминокислот.

Эффективность добавления свободных аминокислот в пищу дискуссируется на протяжении ряда лет. В литературе имеются данные, что даже при внесении комплекса дефицитных незаменимых аминокислот в пищу подростков из малообеспеченных и плохо питающихся семей положительного эффекта наблюдать не удалось.

Белковую ценность кормов и пищи можно повысить, используя богатую белком биомассу микроорганизмов. Давно уже производятся кормовые дрожжи из мелассы, гидролизатов растительного сырья и сульфитных щелоков. На сравнительно небольших установках кормовые дрожжи производят из отходов молочной, крахмало-паточной и других отраслей промышленности.

В последнее десятилетие возникло крупное производство кормовых дрожжей из углеводородов нефти, прежде всего, н-алканов. На повестке дня организация многотоннажного производства кормовых дрожжей и бактерий из метанола и этанола, а также бактериальной массы из природного газа [5].

Интенсивные усилия предпринимаются по разработке способов получения кормового белка на основе целлюлозо- и лигнинсодержащего сырья без применения химического гидролиза. Перспективность этого направления несомненна, причем, по-видимому, более выгодной явится переработка таких видов сырья на небольших установках, близко расположенных к сырьевой базе. Необходимо отметить также приемы обогащения белком крахмалистых и целлюлозосодержащих кормов методом сухой ферментации (картофель, кассава, кормовое зерно и т.д.), которые выполнимы непосредственно на крупных фермах.

Исключительно большое значение будут иметь продукты биотехнологических процессов, предназначенные для непосредственного питания человека. Это многогранное направление, в рамках которого хотелось бы подчеркнуть моменты, имеющие, на наш взгляд, особенно актуальное значение для получения белковых веществ.

Что использовать в качестве продуцентов: дрожжи, грибы или бактерии? В первую очередь, целесообразно использовать дрожжи, особенно *Saccharomyces cerevisiae*, в отношении которых у человечества имеется длительный опыт применения в питании в небольших количествах. Как известно, эти дрожжи являются эталоном непатогенности при проведении медико-биологических исследований [6]. Для развития проблемы использования микроорганизмов в питании большое положительное значение имеют результаты чехословацких исследований по добавлению в мясные продукты белков, выделенных из *Candida utilis*, выращенной на этаноле [7]. Особенно знаменательным событием является организация фирмой ,,Amoco Foods'' в США производства торутинов — пищевых добавок из цельных клеток *C. utilis*, выращенных также на этаноле [8]. Всем известны достаточно строгие требования ,,Food and Drug Administration'' в США. К этому следует добавить, что традиционными способами в США производится много высокоценного белка. Достаточно отметить, что на долю этой страны приходится большая часть мирового производства сои и подавляющая часть ее экспорта [9].

Для расширения списка микроорганизмов, биомассу которых можно использовать в питании, важное значение имеет принятое Правительством Великобритании разрешение на применение в питании биомассы *Fusarium graminiarum*, полученной на углеводах.

Еще более перспективными, чем дрожжи, могут оказаться отдельные штаммы бактерий. Применение их в питании в значительной мере сдерживается не их токсичностью, а недостатком доказательств безвредности. Было бы весьма полезным организовать токсикологическую оценку необычных компонентов клеток бактерий, таких как продукт конденсации β-оксимасляной кислоты, циклопропановых кислот, d-аминокислот и т. д.

Как быть с нуклеиновыми кислотами? Международная ,,Protein Advisory Group'' рекомендует, чтобы человек не получал с микробной биомассой более 2 г нуклеиновых кислот в сутки [10]. Это их количество содержится в 20—40 г высушенной биомассы. Соответствующее количество биомассы можно добавить, например, в такое количество хлеба, которое человек не может съесть за день. Возможно также использование не цельной биомассы, а автолизатов или ферментолизатов. При повышении нормы потребления микробной биомассы нуклеиновые кислоты следует удалять из нее более или менее полно. Для снижения содержания нуклеиновых кислот разработан ряд способов [11—13]. При дальнейшем увеличении количества потребляемого в питании микробного белка целесообразно использовать белковые изоляты и новые пищевые продукты, получаемые на основе изолированного микробного белка. Не следует только называть их синтетическими и дезинформировать таким образом общественное мнение.

Какие органические субстраты предпочтительны? В начальный период производства пищевых микроорганизмов предпочтительно использовать этиловый спирт. Этот субстрат является индивидуальным соединением, совершенно безвредным при рассматриваемом использовании. Сахара — тоже прекрасный субстрат, но следует иметь ввиду, что такие сахаросодержащие субстраты как меласса, гидролизаты и т.д., имеют нестабильный химический состав.

Как охарактеризовать питательную ценность микробных белков? Если микробный белок является единственным белком продукта или добавляется к продукту со сбалансированным аминокислотным составом белка, желательно, чтобы соотношение незаменимых аминокислот в микробном белке было бы максимально близким к таковому в эталонном белке, то есть в белке женского молока или куриных яиц [14]. Однако этот путь не является самым выгодным.

Наиболее целесообразно микробные белки использовать как добавки, причем добавлять их в продукты из злаков [5]. В злаках мало белка и он имеет низкую

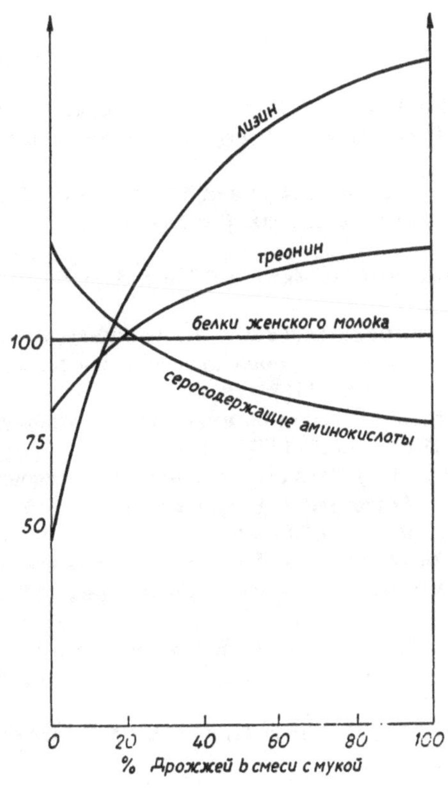

Рис. 1. Изменение скора белковой ценности ири добавлении сахаромицетов к пшеничной муке.
А — показатель скора аминокислот

питательную ценность, во-первых, всегда из-за нехватки лизина, а во-вторых, часто из-за недостатка треонина. Микробная добавка должна увеличить содержание белка в продукте и улучшить его аминокислотный состав. Второй момент не менее важен, чем первый. Например, питательную ценность белка пшеницы возможно увеличить вдвое, если компенсировать нехватку в нем лизина и треонина. Таким образом, нужно выбирать штаммы, имеющие ,,плохой" аминокислотный состав белка, комплементарно плохой по сравнению с плохим аминокислотным составом белка основного пищевого продукта. Поэтому стандартные методы оценки питательной ценности белка (PER, NPU) в лучшем случае не имеют смысла при оценке микробной добавки. Ее необходимо испытывать в составе полностью сбалансированного рациона. Важно также иметь ввиду, что несбалансированность можно ошибочно трактовать как токсичность микроорганизма. Отмеченный момент важно учитывать и при оценке экономической эффективности производства и применения пищевых микроорганизмов. Так, вполне реально от добавления 1 кг микробного белка получить эффект, соответствующий 2 кг белка наивысшей питательной ценности.

В заключение мне хотелось бы отметить, что ряд содержащихся в докладе соображений не являются общепринятыми, а отражают мнение докладчика. Но несомненно, что биотехнология и ее продукты играют возрастающую роль в жизни общества, причем биотехнология может внести существенный вклад в решение самых острых современных проблем.

Литература

[1] Pirt, S. J., Y. K. Lee, A. Richmond and M. W. Pirt: The Photosynthetic Efficiency of Chlorella Biomass Growth with Reference to Solar Energy Utilisation. J. Chem. Techn. Biotechnol., 30 (1980), pp. 25—34

[2] Pirt, S. J.: Fermentation: a question of life. Abstracts of VI International Fermentation Symposium and V International Symposium on Yeasts. July 20—25, 1980, London, Ontario, Canada, p. 2

[3] Molton, P. M.: Liquid fuel is produced from waste by direct thermochemical reaction. Chemistry International, N4, 20, 1980

[4] Усачева, Н. Т.: Скорости всасывания аминокислот в кишечнике и биологическая ценность белков. Всесоюзный симпозиум ,,Медико-биологические аспекты проблемы пищевого белка", Ташкент (тез. докладов), 1975, стр. 90—91

[5] Скрявин, Г. К. и В. К. Ерошин: Исследования по микробиологическому биосинтезу белка в СССР. Микробиология, XLVI, вып, 5, 1977, стр. 811—820

[6] Заикина, Н. А., Н. П. Елинов и Н. П. Забара: О патогенности дрожжеподобных грибов, применяющихся в микробиологической промышленности. Микробиологическая промышленность, 11 (95), (1972), стр. 33—35

[7] Machek, F., Z. Fencl, K. Beran, B. Běhalová, V. Šillinger and J. Kejmar: Production of Native Protein from yeasts. Advances in Microbial Engineering, Part 2 (1974), pp. 977—984

[8] Gorton, L. A.: Inactive dry yeast product replaces eggs. Baking Industry, 1975, October, 9

[9] Humphrey, H. H.: Proposal for World Protein Research Network. J. Amer. Oil Chem. Soc., 51 (1974), 53A

[10] ··· PAG Guideline No 12. 1975. Single-Cell Protein II, p. 672. Ed. Tannenbaum, S. and J. Wang. MJT Press

[11] MAUL, S. B., A. J. SINSKEY and S. R. TANNENBAUM: New Process for Reducing the Nucleic Acid Content of Yeast. Nature, 228 (1970), No 5267, 181

[12] VIIKARI, L. and M. LINKO: A Process for Reduction of the Nucleic Acid Content of SCP. Fifth International Fermentation Symposium, Abstracts (1976), 11. 08. Berlin

[13] БАДРТДИНОВ, Р. В.: Методы удаления нуклеиновых кислот из биомассы водородных бактерий для использования ее в пищевых целях. Управление биосинтезом водородных бактерий и других хемоавтотрофов. Тезисы Всесоюзного совещания, 26—28 мая 1976 г., Красноярск, стр. 6—7

[14] ... Всемирная организация здравоохранения (ВОЗ). Потребности в белке. Серия технических докладов, № 301. Доклад объединенной экспертной группы ФАО/ВОЗ. Женева (1966), перевод изд-ва ,,Медицина", стр.: 48

FSC
www.fsc.org
MIX
Papier | Fördert
gute Waldnutzung
FSC® C083411

Zeitfracht Medien GmbH
Ferdinand-Jühlke-Straße 7
99095 Erfurt, Deutschland
produktsicherheit@kolibri360.de